2025 최신개정

名品

최신 **출제기준** 반영

종자기사·산업기사

권현준 저

실기

BEST
명품강의
보러가기
www.kisa.co.kr

실시간 카톡문의
@kisa
1544-8509

PREFACE

　종자를 공부하는데 있어 처음 입문하는 사람에게는 용어 및 개념에 어려움이 많은 학문입니다. 단순히 종자의 종류만 알고 암기하는 것이 아니라 우리나라에 조건에 적합한 종자를 선택하고 새로운 산업군에 어울리는 종자를 개발하는 것까지 종자, 육종 나아가 작물에 대해서까지 학습을 해야하는 분야입니다.
　이러한 종자라는 학문을 접하는데 있어 좀더 쉽게 그리고 즐겁게 시작하는 것이 중요하다고 판단했습니다.

　종자자격증의 경우 종자생산학, 식물육종학, 재배원론, 종자법규가 출제기준으로 되어있습니다. 하지만 이론적으로만 보던 종자를 바로 실기에 적용하기에는 많은 어려움이 있습니다. 그래서 이러한 어려움에 도움이 되고자 최대한 시험의 양식 및 제도를 항상 최신에 맞추어 반영하도록 노력하고 있습니다.

　앞으로 종자분야는 사람들의 생활에 있어 식량문제를 해결하는 중요한 학문이 될것이고 이것을 인지하고 있기에 관련 법규도 개설하여 운영을 하고 있습니다.

　앞으로 이 책을 통해 공부를 하신 분들은 그러한 어려움을 조금이라도 줄여드리고 종자분야를 좀 더 쉽게 접하고 많은 분들이 접할 수 있도록 최선을 노력을 다하겠습니다.

지은이

자격시험안내

01 개요

농업 생산성을 증가시키고 농가 소득을 증대시키기 위한 정책적 배려에서 작물재배가 크게 장려되어 우수한 작물품종의 개발 및 보급이 요구되었다. 이에 전문적인 지식과 일정한 자격을 갖춘 자로 하여금 작물종자의 채종과 생산업무를 수행하도록 하기 위하여 자격제도 제정.

02 시행기관 및 원서접수

한국산업인력공단(www.q-net.or.kr)

03 진로 및 전망

- 작물시험장, 원예시험장, 종자생산업체, 국립종자원, 원예제배농장, 자영농, 종묘상, 농촌진흥청 등의 관련 분야 공무원으로 진출할 수 있다. 「종자산업법」에 따라 종자관리사로 진출할 수 있다.
- 최근 응시자와 합격자수가 증가하는 추세이며, 합격률도 높은 편이다.

04 시험과목 및 검정방법

구분	종자기사	종자산업기사
필기	① 종자생산학 ② 식물육종학 ③ 재배원론 ④ 식물보호학 ⑤ 종자관련법규	① 종자생산과 법규 ② 육종 ③ 재배 ④ 작물보호
실기(필답형)	종자생산실무(기사 2시간 30분, 산업기사 2시간)	

05 합격기준

필기·실기 : 100점 만점에 60점 이상 득점자

06 응시절차

필기원서접수
- Q-net를 통한 인터넷 원수접수
- 필기접수 기간 내 수험원서 인터넷 제출
- 사진(6개월 이내에 촬영한 90×120픽셀 사진파일(JPG)), 수수료 전자결제
- 시험장소 본인 선택(선착순)

필기시험
수험표, 신분증, 필기구(흑색 싸인펜 등) 지참

합격자 발표
- Q-net를 통한 합격확인(마이페이지 등)
- 응시자격(기술사, 기능장, 산업기사, 서비스 분야 일부 종목)
- 제한종목은 합격예정자 발표일부터 8일 이내에(토, 공휴일 제외)
- 반드시 응시자격서류를 제출하여야 되며 단, 실기접수는 4일임.

실기원수 접수
- 실기접수기간 내 수험원서 인터넷(www.q-net.or.kr) 제출
- 사진(6개월 이내에 촬영한 반명함판 사진파일(JPG), 수수료(정액)
- 시험일시, 장소, 본인 선택(선착순)
  단, 기술사 면접시험은 시행 10일 전 공고

실기시험
수험표, 신분증, 필기구, 수험자 지참준비물(작업형 시험한정) 지참

최종합격자 발표
Q-net를 통한 합격 확인(마이페이지 등)

자격증 발급
- (인터넷) 공인인증 등을 통한 발급, 택배 가능
- (방문수령) 여권규격사진 및 신분확인 서류

모두 바르게 빨리 **올배움** 한다.

이러닝교육기관 올배움이 특별한 이유!

01 SINCE 1997 국가기술자격증 이러닝교육기관 올배움
02 고객이 신뢰하는 브랜드대상 수상기관
03 합격생이 인정하는 최고의 명품강의

합격강의 올배움

올배움 www.kisa.co.kr　☎ 1544-8509　TALK 카톡 ID : kisa

07 전국 한국산업인력공단 안내

기관명	기술자격시험팀 연락처	주소
울산지사	• 자격시험부 : 052-220-3223~4 / 052-220-3210~3218	울산시 중구 종가로 347(교동)
서울지역본부	• 응시자격서류 제출검사 : 02-2137-0503~6 • 자격증발급 : [우편]02-2137-0516 [방문]02-2137-0509 • 실기(필답, 작업)시험 : 02-2137-0521~4	서울 동대문구 장안벚꽃로 279(휘경동 49-35)
서울서부지사 (구, 서울동부지사)	• 필기 및 실기 응시자격 서류 제출심사 및 자격증 발급 (필기서류제출심사) 02-2024-1707, 1708, 1710, 1728 (자격증발급)02-2204-1728 • 실기(필답, 작업)시험 : 02-2024-1702,1704,1706,1711,1712	서울시 은평구 진관3로 36(진관동 산100-23)
서울남부지사	• 자격증발급 : 02-6907-7137 • 필기 및 실기 : 02-6907-7133~9, 7151~156	서울시 영등포구 버드나루로 110(당산동)
강원지사(춘천)	• 자격증발급 : 033-248-8516 • 국가기술자격시험 : 033-248-8512~3, 8515~9	강원도 춘천시 동내면 원창 고개길 135(학곡리)
강원동부지사(강릉)	• 자격증발급 : 033-650-5711 • 국가기술자격시험 : 033-650-5713(필), 033-650-5717(실)	강원도 강릉시 사천면 방동길 60(방동리)
부산지역본부	• 국가기술자격시험 : 051-330-1918, 1922, 1925~6, 1928	부산시 북구 금곡대로 441번길 26(금곡동)
부산남부지사	• 자격시험부 : 051-620-1910~9	부산시 남구 신선로 454-18(용당동)
경남지사	• 자격시험부 : 0522-212~7240~245, 248, 250	경남 창원시 성산구 두대로 239(중앙동)
대구지역본부	• 국가기술자격시험 : 053-580-2451~2361	대구시 달서구 성서공단로 213(갈산동)
경북지사	• 국가자격검정(자격시험부) : 054-840-3031~34	경북 안동시 서후면 학가산 온천로 42(명리)
경북동부지사(포항)	• 국가자격검정(자격시험부) : 054-230-3251~8	경북 포항시 북구 법원로 140번길 9(장성동)
경북서부지사	• 국가기술자격시험 : 054-713-3022~3025	경북 구미시 산호대로 253(구미첨단의료기술타워)
인천지역본부 (구, 중부지역본부)	• 자격시험부 : 032-820-8619,8622~8635 • 자격증발급 및 응시자격 : 032-820-8679	인천시 남동구 남동서로 209(고잔동)
경기지사	• 자격증 발급 : 031-249-1224 • 기술자격 필,실기시험 : 031-249-1212~7, 219, 221, 224	경기도 수원시 권선구 호매실로 46-68(탑동)
경기북부지사	• 자격시험(필기) : 031-850-9122,9123,9127,9128 • 자격시험(실기) : 031-850-9123, 9173	경기도 의정부시 추동로 140(신곡동)
경기동부지사 (성남)	• 시험시행 및 응시자격서류 : 031-750-6222~9, 6216 • 자격증 발급 : 031-750-6226, 6215	경기 성남시 수정구 성남대로 1217(수진동)
경기남부지사	• 자격시험부 : 031-615-9001~9006 • 응시자격서류 및 자격증 발급 : 031-615-9001	경기 안성시 공도읍 공도로 51-23
광주지역본부	• 기술자격시험 : 062-970-1761~67, 69, 99	광주광역시 북구 첨단벤처로 82(대촌동)
전북지사	• 국가기술자격시험 : 063-210-9221~7	전북 전주시 덕진구 유상로 69(팔복동)
전남지사	• 정기시험 : 061-720-8531,8532,8534~8536,8539,8561	전남 순천시 순광로 35-2(조례동)
전남서부지사(목포)	• 기사필(실기) : 061-288-3327, • 기능사필(실기) : 061-288-3326	전남 목포시 영산로 820(대양동)
제주지사	• 국가자격검정(자격시험부) : 064-729-0701~2 • 국가기술자격 : 064-729-0712,0715,0717~8	제주 제주시 복지로 19(도남동)
대전지역본부	042-580-9131~7, 9139	대전광역시 중구 서문로 25번길 1(문화동)
충북지사	• 국가기술(정기) : 043-279-9041~9046	충북 청주시 흥덕구 1순환로 394번길 81(신봉동)
충남지사	• 국가기술자격 정기시험 : 041-620-7632~9	충남 천안시 서북구 천일고 1길 27(신당동)
세종지사	• 자격시험부 : 044-410-8021-8023	세종특별자치시 한누리대로 296(나성동)

08 출제기준

종자기사

직무 분야	농림어업	중직무 분야	농업	자격 종목	종자기사	적용 기간	2024.1.1. ~2028.12.31.

○ 직무내용
농작물의 새로운 품종개발을 위해서 교배, 돌연변이 유발, 형질전환, 선발 등의 육종행위를 수행하고, 선발된 신품종의 가장 적합한 재배조건과 번식방법을 확립하며, 우수한 성능을 가진 품종의 종자를 효율적으로 생산번식시키며, 종자검사 및 종자보증 등의 종자관리를 수행하는 직무이다.

실기검정방법	필답형	시험시간	2시간 30분

주요항목	세부항목	세세항목
1. 종자생산작업	1. 종자의 생산, 조제 저장하기	1. 종자생산포장을 선정할 수 있다. 2. 종자생산포장의 재배관리를 할 수 있다. 3. 종자생산포장의 결실관리를 할 수 있다. 4. 종자수확을 할 수 있다. 5. 종자저장을 할 수 있다. 6. 종자의 부가가치를 제고할 수 있다.
	2. 종자 식별하기	1. 종자의 구조를 식별할 수 있다. 2. 종자의 형태를 식별할 수 있다.
	3. 번식작업하기	1. 파종 및 이식작업을 할 수 있다. 2. 성형(Plug) 묘 작업을 할 수 있다. 3. 조직배양묘를 생산할 수 있다. 4. 영양번식(삽목, 접목, 분주, 분구 등) 작업을 할 수 있다.
2. 종자재배 및 검사	1. 육종과 채종작업하기	1. 유전자원선정관리를 할 수 있다. 2. 육종방법을 이해하고 활용할 수 있다. 3. 채종기술을 활용할 수 있다. 4. 생명공학 기술을 활용할 수 있다.
	2. 포장검사 및 종자검사 실시하기	1. 포장검사를 할 수 있다. 2. 종자검사를 할 수 있다.
3. 종자관련 규정 관리	1. 종자관련 법규 적용하기	1. 식물신품종보호법규를 이해하고 적용할 수 있다. 2. 종자산업법규를 이해하고 적용할 수 있다. 3. 종자관련규정(종자관리요강, 종자검사요령)을 이해하고 적용할 수 있다.

종자산업기사

직무 분야	농림어업	중직무 분야	농업	자격 종목	종자산업기사	적용 기간	2023.1.1. ~2026.12.31.

○ 직무내용
농작물의 새로운 품종 개발을 위해서 교배, 돌연변이 유발, 선발 등의 육종 행위를 수행하고 우수한 성능을 가진 품종의 종자 및 작물을 효율적으로 보호·생산·번식을 수행하는 직무이다.

실기검정방법	필답형	시험시간	2시간

실기과목명	주요항목	세부항목
종자생산 실무	1. 영양번식작물육종실행관리	1. 영양번식작물 육종방법 결정하기 2. 우량 영양계 탐색 선발하기 3. 영양번식작물 교배육종 실행하기 4. 영양번식작물 성능검정하기
	2. 자식성잡종강세육종실행관리	1. 자식성잡종강세모본 양성하기 2. 자식성잡종강세육종 실행하기 3. 자식성일대잡종종자 생산하기
	3. 타식성잡종강세육종실행관리	1. 타식성잡종강세모본 양성하기 2. 타식성잡종강세육종 실행하기 3. 타식성일대잡종종자 생산체계 확립하기 4. 종자생산 경제성 평가하기
	4. 돌연변이육종 실행관리	1. 돌연변이 창출하기 2. 돌연변이육종 실행하기
	5. 씨앗 생산 재배계획 및 모본육묘	1. 재배일정 수립하기 2. 모본 육묘하기
	6. 씨앗생산포장 재배관리	1. 관개·시비하기 2. 병해충 방제하기 3. 잡초 방제하기
	7. 씨앗생산포장 결실관리	1. 매개곤충 이용하기 2. 1대잡종 생산 양친 수분(授粉) 통제하기 3. 착과조절하기

실기과목명	주요항목	세부항목
종자생산 실무	8. 조직배양묘 생산	1. 증식모본 확보하기 2. 조직배양방법 결정하기 3. 대량배양하기 4. 이형개체 판별하기 5. 순화하기
	9. 묘목 생산	1. 생산포장 조성하기 2. 묘목 생산하기 3. 생산 묘목 보증하기
	10. 수도작 재배계획 수립	1. 재배방식 결정하기 2. 품종 선택하기 3. 토양 검정하기
	11. 전작 재배계획수립	1. 생산계획 수립하기 2. 재배입지 선정하기 3. 작부체계 수립하기
	12. 수도작 잡초방제	1. 제초제 선택하기 2. 제초제 처리하기 3. 종합 잡초 방제하기
	13. 수도작 병해충관리	1. 병해충 예방하기 2. 병해충발생 예찰 관찰하기 3. 병해충 방제하기
	14. 수도작 재해관리	1. 기상재해 유형 분석하기 2. 기상재해 사전 대처하기 3. 기상재해 응급 대처하기 4. 기상재해 사후 대처하기
	15. 전작 생육관리	1. 입모율 확보하기 2. 생육단계별 관리하기 3. 재해 관리하기

PART 01 종자생산학

1. 종자생산학

1.1	종자의 형성	2
1.2	꽃가루 형성	4
1.3	수분 방식	5
1.4	체세포분열	5
1.5	수정	6
1.6	꽃의 형태와 분류	8
1.7	과실의 발달과 종류	10
1.8	종자의 발달과 성숙	11
1.9	종자의 구조	13
1.10	종자의 외곽부	14
1.11	저장조직과 배	14
1.12	종자의 형태	15
1.13	생식의 양식과 채종	15
1.14	1대잡종 종자의 양산	17
1.15	자연교잡	18
1.16	개화기조절	19
1.17	채종지의 조건	20
1.18	채종포의 관리	20
1.19	정선	23
1.20	종자소독	24
1.21	종자프라이밍	25
1.22	종자코팅	26
1.23	종자저장	26
1.24	종자의 저장방법과 설비	27
1.25	발아에 관여하는 요인	27
1.26	종자의 발아 과정	29
1.27	발아의 촉진	30
1.28	발아억제	31
1.29	발아에 관여하는 물리적요인	31
1.30	발아능	31
1.31	종자세	33
1.32	휴면의 형태	34
1.33	휴면의 원인	35
1.34	휴면의 타파	36

1. 종자생산학

- 1.35 종자의 수명 ... 38
- 1.36 종자의 퇴화 ... 39
- 1.37 종자 퇴화의 원인 ... 39
- 1.38 종자 퇴화의 방지 ... 40
- 1.39 포장검사 ... 41
- 1.40 포장검사방법(종자검사요령) ... 72
- 1.41 종자검사(종자검사요령) ... 74
- 1.42 순도분석(Purity Analysis) ... 77
- 1.43 발아검사 ... 84
- 1.44 활력의 생화학적 검사 ... 89
- 1.45 종자병 검정 ... 91
- 1.46 수분함량 검사 ... 92
- 1.47 천립중 검사 ... 95
- 1.48 종자건전도 검사(Seed Health Testing) ... 96
- 1.49 ISTA 증명서 ... 97
- 1.50 종자검사요령 ... 99

PART1 기본 50제
단원 문제 및 해설 ... 190

PART 02 식물육종학

2. 식물육종학

- 2.1 육종의 기초 ... 200
- 2.2 변이의 정의 ... 201
- 2.3 변이의 분류 ... 201
- 2.4 후대검정 ... 201
- 2.5 유성생식 ... 202
- 2.6 아포믹시스 ... 202
- 2.7 영양생식 ... 202
- 2.8 불임성 ... 203
- 2.9 웅성불임성 ... 203
- 2.10 자가불화합성 ... 204
- 2.11 유전자의 작용 ... 206
- 2.12 치사유전자 ... 207
- 2.13 멘델의 유전법칙 ... 208
- 2.14 정역교배 및 검정교배 ... 209
- 2.15 연관의 강도 및 교차가 ... 209
- 2.16 교차 및 조환 ... 210
- 2.17 염색체 수 ... 211
- 2.18 염색체의 구조 변화 ... 211
- 2.19 양적형질 ... 212
- 2.20 질적형질 ... 212
- 2.21 폴리진 ... 212

2. 식물육종학	2.22 도입육종법 ··· 213
	2.23 분리육종법 ··· 213
	2.24 교잡육종법 ··· 215
	2.25 잡종강세육종법 ···································· 218
	2.26 배수성육종법 ······································ 221
	2.27 돌연변이육종법 ···································· 222
	2.28 생산력 및 지역적응성 검정 ······················ 224
	2.29 종자의 증식 및 보급 ····························· 226
	2.30 조직배양 ·· 227
PART2 기본 50제	단원 문제 및 해설 ·· 229

PART 03 재배원론

3. 재배원론	3.1 작물의 재배 ··· 240
	3.2 작물의 분류 ··· 240
	3.3 토양 중의 무기성분 ································ 243
	3.4 버널리제이션 ·· 244
	3.5 일장효과 ··· 245
	3.6 식물생장조절제 ····································· 245
	3.7 방사선 이용 ··· 247
	3.8 작부체계 ··· 248
	3.9 영양번식 ··· 251
	3.10 육묘 ··· 252
	3.11 정지 ··· 255
	3.12 파종 ··· 256
	3.13 이식 ··· 257
	3.14 생력재배 ·· 258
	3.15 재배관리 ·· 259
	3.16 수확 ··· 263
	3.17 수확 후 처리 ······································ 264
	3.18 저장 ··· 266
	3.19 포장 ··· 267
	3.20 수량구성요소 ······································· 269
PART3 기본 50제	단원 문제 및 해설 ·· 270

PART 04 종자법규

1. 종자관련법규

1 종자산업법	282
2 종자산업법 시행령	304
3 종자산업법 시행규칙	316
4 식물신품종 보호법	343
5 식물신품종 보호법에 따른 품종보호료 및 수수료 징수규칙	384
6 종자관리요강	389

🍃 PART4 기본 50제   단원 문제 및 해설 ·········· 405

PART 05 필답형 문제

🍃 필답 기출 100제   문제 및 해설 ·········· 416

🍃 종자 실기복원문제

2019년	제1회 종자기사	436
	제2회 종자기사	441
	제3회 종자기사	446
	제3회 종자산업기사	450
2020년	제1회 종자기사	454
	제1회 종자산업기사	458
	제2회 종자기사	462
	제2회 종자산업기사	466
	제3회 종자기사	470
	제3회 종자산업기사	474
	제4회 종자기사	478
2021년	제1회 종자기사	483
	제1회 종자산업기사	489
	제2회 종자기사	493
	제3회 종자기사	498
	제3회 종자산업기사	502
2022년	제1회 종자기사	507
	제1회 종자산업기사	511
	제2회 종자기사	515
	제3회 종자기사	520
	제3회 종자산업기사	525

종자 실기복원문제

2023년 제1회 종자기사 ·· 529
제1회 종자산업기사 ·· 534
제2회 종자기사 ··· 539
제3회 종자기사 ··· 545
제3회 종자산업기사 ·· 551
2024년 제1회 종자기사 ·· 557
제1회 종자산업기사 ·· 563
제2회 종자기사 ··· 568
제3회 종자기사 ··· 573
제3회 종자산업기사 ·· 578

PART 1

종자생산학

PART 01 종자생산학

1. 종자의 형성
(1) 화아유도와 분화
　① 식물의 기본 구성 단위는 세포이고 세포가 분열과 신장을 통해 기관을 형성하며 기관은 식물체를 형성하게 된다.
　② 식물은 뿌리, 줄기, 잎의 영양기관과 꽃, 종자, 과실의 생식기관으로 분류된다.
　③ 화아분화
　　㉠ 화아분화(꽃눈의 분화)는 식물의 생장점이나 엽맥에 꽃으로 발달할 원기가 생기는 것으로 영양생장에서 생식생장으로 전환하는 것을 말한다.
　　㉡ 화아분화에 영향을 주는 요인으로 일장, 온도(춘화처리 등), 습도 등의 외부환경요인이 있으며 내적요인으로는 식물의 성숙도, 영양상태(C/N율 등), 식물호르몬 등이 있다.
　　㉢ 작물에 있어 잎줄기채소와 뿌리채소는 영양기관을 수확하는 것이기에 화아분화가 늦을수록 유리하지만 채종을 위한 재배의 경우 화아분화가 빠를 수록 유리하다.
　　㉣ 열매채소는 꽃에서 나온 열매를 목적으로 하기에 화아분화를 유도한다.
　　㉤ 보통 화아분화가 시작되면 잎줄기채소는 잎의 수의 변화가 없고 생장속도가 둔해진다.
　　㉥ 화아분화 시기에는 뿌리채소는 뿌리의 비대가 불량해진다.

(2) 화아분화의 영향인자
　① 일장
　　㉠ 식물은 일장에 의해 화아분화가 유도되며 이러한 현상을 일장효과 혹은 광주성이라 한다.
　　㉡ 화아분화의 유도는 낮보다는 밤의 길이가 더 많은 영향을 미친다.
　　㉢ 일장에 자극을 받는 부위는 잎으로 노엽이나 미성엽은 자극에 둔하지만 어리고 충분히 전개된 잎은 반응을 잘 하는 편이다.
　　㉣ 일장의 자극을 받은 잎에서 생성된 화성물질은 사부를 통해 생장점으로 이동한다
　　㉤ 개화를 결정하는 일장을 한계일장이라 하며 보통 장일성 식물은 한계일장이상, 단일성 식물은 한계일장 이하의 빛을 받아야 개화가 유도된다.
　　㉥ 일장에 대한 개화 반응 및 관련 작물은 다음과 같다.

장일식물	• 한계일장보다 더 긴 일장에서 개화하는 식물 • 보리, 시금치, 상추, 양파, 당근, 감자 등
단일식물	• 한계일장보다 짧은 일장에서 개화하는 식물 • 콩, 옥수수, 담배, 고구마, 들깨, 국화, 코스모스 등
중성식물	• 개화에 일장의 영향을 받지 않는 식물 • 오이, 호박, 고추, 토마토, 가지, 완두콩 등
정일식물	• 특정 일장이나 일정 범위 내에서만 개화하는 식물 • 사탕수수
장단일식물	• 장일조건 후 단일조건에서 개화하는 식물 • 달리아
단장일식물	• 단일조건 후 장일조건에서 개화하는 식물 • 페튜니아

② 온도
  ㉠ 작물의 화아유도를 위해 저온이 필요한 현상을 춘화라 한다.
  ㉡ 생육 초기에 일정기간 인위적 저온처리를 하는 것을 버널리제이션(춘화처리)라고 한다.
  ㉢ 춘화처리는 보통 5°C 정도에서 가장 효과적인데 예외적으로 상추의 경우 고온에서 화아분화가 촉진된다. 월년생 장일식물은 0~10°C 저온 조건에서 유효하고 단일식물은 10~30°C 정도의 고온조건에서 유효하다.
  ㉣ 식물체가 온도에 자극을 받는 감응부위는 생장점이나 세포분열이 왕성한 부위이다.
  ㉤ 식물의 춘화형은 생육단계별 감온에 따라 종자춘화형, 녹식물춘화형, 무춘화형으로 구분된다.

종자춘화형	• 최아종자의 시기에 저온에 감응하여 개화 • 완두, 잠두, 무, 배추 등
녹식물춘화형	• 유묘의 시기에 저온에 감응하여 개화 • 양파, 파, 양배추, 당근, 담배, 사탕무 등
무춘화형	• 개화에 저온을 요구하지 않고 일장반응에 따라 개화 • 갓 등

③ C/N 율
  ㉠ C/N 율은 식물체 내의 탄수화물(C)와 질소(N)의 비율로서 식물의 영양상태를 나타내고 성장에 영향을 주는 요인이 된다.
  ㉡ C/N 율이 높을 경우 화성이 유도되고 C/N 율이 낮을 경우 영양생장이 이루어진다.

④ 화학물질
　㉠ 식물호르몬이나 외부에서 공급되는 화학물질 등에 의해 화아분화에 영향을 받으며 대표적으로 옥신, 지베렐린 등이 있다.
　㉡ 옥신에서 IAA, NAA 등은 장일식물의 개화를 촉진하나 단일식물의 개화는 억제한다.
　㉢ 지베렐린은 저온이나 장일을 대체하여 개화를 유도 및 촉진한다.
　㉣ 시토키닌, 에틸렌 등은 개화를 촉진하고 말릭하이드라자이드(MH, maleic hydrazide)는 개화를 억제한다.

(3) 화기구조
　① 꽃의 구조
　　㉠ 꽃은 대개 꽃잎, 꽃받침, 수술, 암술로 구성되며 꽃눈은 꽃받침, 꽃잎, 수술, 암술의 순서로 안쪽으로 분화해 들어간다.
　　　• 꽃잎은 암술과 수술의 보호 역할과 수분매개 시 곤충의 유인하는 역할을 한다.
　　　• 꽃받침은 꽃잎을 아래쪽에서 받쳐 전체를 보호한다.
　　　• 수술은 꽃가루를 만드는 기관으로 꽃밥과 수술대로 구성되어 있다.
　　　• 암술은 수술의 꽃가루를 받아 열매를 만드는 곳으로 암술머리, 암술대, 씨방으로 구성되어 있다.
　　㉡ 단자엽식물
　　　• 단자엽식물은 외떡잎식물이라 하며 자엽 1개와 3배수의 화기구조를 가진 식물이다.
　　　• 벼, 보리, 밀, 옥수수, 피, 갈대, 억새풀 등이 해당된다.
　　㉢ 쌍자엽식물
　　　• 쌍떡잎식물이라 하며 자엽 2개와 4~5배수의 화기구조를 가진 식물이다.
　　　• 완두콩, 녹두, 팥, 무, 배추, 상추, 당근, 사과나무, 토마토, 감자 등이 해당된다.

2. 꽃가루 형성

(1) 화분
　① 화분(꽃가루)는 종자식물의 꽃밥에서 만들어진 가루모양의 웅성 배우체이며 개개의 입자를 가리킬 때에는 화분립(pollen grain)이라고 한다.
　② 종자식물에서는 종에 다라 화분이 형태, 구성성분, 발아공의 수 등이 서로 다르며 특히 유사한 분류군에서는 서로 유사한 화분의 특성을 가지고 있으므로 식물을 분류하는데 중요한 특징이 된다.
　③ 화분립의 크기와 형태는 다양한데 일반적으로 직경이 25~100μm 정도이다.

(2) 화분의 형성
① 화분은 꽃의 웅성기관인 수술의 꽃밥에서 생성된다.
② 2배체 화분모세포가 제 1감수분열을 진행하여 반수체 2개의 화분을 만들고 이들은 다시 2감수분열을 통해 반수체인 4개의 화분을 만든다.

3. 수분 방식

① 한 개체의 화분이 같은 개체의 주두에 옮겨지는 자가수분이 있으며 벼, 보리, 콩, 밀, 토마토 등이 대표적이다.
② 타가수분은 한 꽃에서 형성된 화분이 다른 개체의 주두로 옮겨지는 것으로 무, 배추, 양배추, 시금치, 호밀 등이 대표적이다.
③ 피망, 갓, 수수 등은 자가수분이 원칙이나 타가수분이 가능하다.
④ 타가수분의 원인에는 화기의 구조적 원인, 자웅이숙, 자가불화합성, 웅성불임성, 자웅이주 등이 있다.

자가불화합성	동일개체 내의 암·수 생식세포 간에 수정이 이루어지지 않는 현상
자웅이숙	암술과 수술의 성숙 시기가 서로 달라 같은 꽃에서 자가수분이 일어나지 못한다.
자웅이주	암그루와 수그루가 따로 있는 경우로 시금치, 은행나무 등이 있다.
자웅동주	한 그루에 암꽃과 수꽃이 각각 피기 때문에 다른 꽃의 꽃가루가 전달되어야 하며 오이, 수박, 호박 등이 있다.
이형예	한 꽃 속에 있는 암술과 수술의 길이가 다른 것으로 보통은 이형예 단독으로 인하여 타가수분이 나타나기 보다 자가불화합성과 자웅이숙이 함께 작용하는 경우가 많다.
장벽수정	꽃밥이 암술대의 움푹한 곳에 위치하여 자가수정이 어려운 경우가 있다.

⑤ 폐화수분은 양성화 식물 중 꽃이 열리기도 전에 수술의 꽃가루가 나와 자가 수분이 되는 경우를 말한다. 콩류, 상추, 우엉 등이 여기에 속하며 자가수분에 해당된다

4. 체세포분열

① 유사분열
  ㉠ 유사분열은 몸의 크기를 증가시키기 위해 염색체와 방추사가 나타나는 분열로 체세포분열에 해당한다.
  ㉡ 유사분열 과정은 전기, 중기, 후기, 종기의 순서로 세포 내 염색체가 유사분열에 의해 복제 후 배가 되고, 딸세포는 복제 배가 되어 쌍을 이루게 되어 모든 염색체 1개씩을 받게 된다.

전기	• 염색사의 나선화로 염색체가 굵고 짧아진다. • 각 염색체는 2개씩의 염색분체를 구성하고 인과 핵막이 소실된다.
중기	• 세포의 양극에서 방추사가 형성되며 방추사가 동원체에 부착하여 각 염색체가 적도판에 배열된다. • 중기는 분열주기 중에서 가장 짧은 시기에 해당한다.
후기	• 각 염색체에서 동원체가 종단되고 염색분체의 종단된 동원체를 따라 분리되며 분리된 동원체는 방추사에 의해 각각 다른 극으로 이동하게 된다.
종기	• 염색체들의 각 한 벌씩이 양극에 접합하고 나선화가 풀리면서 핵막이 형성된다. 인이 다시 생성되며 방추사가 소실되고 세포판의 형성으로 세포질이 분열된다.

② 세포주기
  ㉠ 유사분열하는 세포의 일생을 유사분열기간과 중간기를 포함하여 세포주기라 한다.
  ㉡ 중간기는 DNA 및 여러 물질이 합성되는 시기로 DNA 합성 시기에 따라 G_1기, S기 G_2기 로 분류한다.
  ㉢ 세포주기는 M기, G_1기, S기, G_2기, M기 순으로 반복된다.

M기	유사분열이 진행되는 기간, 전기가 가장 길고 중기가 가장 짧다.
G_1기	유사분열이 끝나고 DNA가 합성될 때까지 기간을 말한다.
S기	DNA 복제 기간, DNA 합성은 각 염색체상의 여러 부위에서 동시에 시작된다.
G_2기	DNA가 복제되어 유사분열이 시작되기까지의 기간을 말한다.

5. 수정

① 수정
  ㉠ 수정은 화분의 정핵과 배낭의 난핵이 융합하는 현상이다
  ㉡ 배낭은 식물의 자성배우자(암배우자)로 대포자라 하며 화분은 웅성배우자(수배우자)로 소포자라 한다. 수정의 경우 자성배우자와 웅성배우자가 완전히 성숙했을 때 가능하다
  ㉢ 수분된 화분은 암술머리에서 발아하여 화주의 유도조직 내로 화분관을 신장하고 화분관이 배주의 주공에 도달하여 정핵이 이동하고 배낭 속에서 정핵과 난핵이 융합하게 된다.
  ㉣ 수정으로 접합자가 이루어질 때 접합자의 핵은 양친의 배우자가 융합하여 만들어진다. 세포질은 배낭이 가지고 있던 것으로 화분세포의 세포질은 후대에는 전해지지 않는다.
  ㉤ 피자식물(속씨식물)의 수정은 배낭 내로 들어간 2개의 정핵 중 하나는 난핵과 융합하여 2n 인 배를 형성하고 다른 하나는 2개의 극핵과 융합하여 3n 의 배유를 형성한다.

② 중복수정
　㉠ 중복수정은 배와 배유의 형성이 한 배낭 내에서 동시에 이루어지는 것을 말한다.
　㉡ 피자식물에서 꽃가루가 암술머리에 붙어 수분이 이루어지면 꽃가루가 발아하여 꽃가루관이 뻗어 나와 암술대를 통과하여 배낭으로 들어간다. 꽃가루에 있던 2개의 정핵 중 1개는 난핵과 결합하여 배가 되고 다른 1개는 2개의 극핵과 결합해서 배젖(배유)이 된다.

- 정핵(n)+난핵(n) → 배(2n)
- 정핵(n)+2개 극핵(2n) → 배젖(3n)

　㉢ 나자식물(겉씨식물)은 2개의 정핵 중에서 1개만이 난핵과 결합하여 배가 되고 배젖은 수정을 거치지 않고 배낭세포에서 유래한다.

- 정핵(n)+난핵(n) → 배(2n)
- 배낭세포 → 배젖(n)

　㉣ 속씨식물(피자식물)의 중복수정은 정핵(n)과 2개의 극핵(2n)이 만나 배젖(3n)의 유전자조성에서 부친의 유전자 1개가 모친의 유전자 2개보다 우성을 나타낼 경우 배젖의 형질이 부친 쪽을 닮게 되는데 이때 모체의 일부분인 배젖에 부친의 영향이 직접 당대에 나타나는 경우를 크세니아(Xenia)라고 한다.
　㉤ 크세니아의 경우 예를 들어 찰벼와 메벼를 교잡하여 얻은 교잡종자의 경우 배유가 메벼의 성질이 나타나는 경우를 말한다. 주로 찰성벼, 보리, 밀, 옥수수 등에서 나타난다
　㉥ 꽃가루의 유전적 특성이 배유에 나타나는 경우를 크세니아(xenia), 배유 이외의 열매껍질 같은 부분에 나타나는 현상을 메타크세니아(metaxenia)라 한다

③ 무수정생식
　㉠ 정핵과 난핵의 합작 없이 일어나는 생식으로 유성생식의 일종이지만 수정 없이 발생되는 생식으로 단위 생식을 의미한다.
　㉡ 무수정생식(아포믹시스, appomixis)는 난핵과 정핵의 결합이 없는 무성생식이다.
　㉢ 식물에서 감수분열과 수정의 결과로 배가 생기지 않고 배주안에 있는 2배체 세포에서 생기는 경우가 있는데 이러한 경우 어미에 해당되는 식물체의 세포와 유전적으로 동일한 개체가 만들어진다.

④ 무수정생식 유형
　㉠ 복상포자생식(Diplospory)

- 복상포자생식은 배주, 주심, 표피 내의 포원세포가 분화되고 대포자모세포로 발달하여 정상적으로 분화되지만 감수분열을 처음부터 생략하거나 감수분열 과정이 진행되는 도중 분열에 문제가 생겨 발생한다.
- 복상포자생식에서 난세포가 수정 없이 배발생을 하고 극핵도 수정 없이 단독으로 배유 형성을 한다.
- 즉 복상포자생식에 의해 형성된 난세포는 수정 없이 배발생을 해서 모체의 유전자형과 동일한 종자를 형성하게 된다.

ⓒ 무포자생식(Apospory)
- 배가 발생하는 배낭이 하나의 배주에서 2개 이상 발생하는 경우, 난세포에서 유래된 배낭은 퇴화를 하고 배낭을 둘러싸고 있는 일반적인 체세포에서 발생한 배낭이 정상적인 종자를 형성하게 된다.
- 무포자생식은 대포자가 아닌 체세포에서 생긴다고 하여 이름이 붙여졌다.
- 무포자생식의 경우 복상포자생식에 비해 비교적 세포학적 관찰이 쉬운 편이다.

ⓒ 부정배 형성
- 배낭을 둘러싸고 있는 많은 체세포들이 여러 개의 배가 발생하는 경우 부정배형성이라 한다. 자연상태에서 감귤류의 주심세포나 주피의 세포가 단위생식으로 부정배를 형성하기도 한다.
- 대표적으로 감귤류, 선인장 등에서 주로 관찰이 된다.

6. 꽃의 형태와 분류

① 꽃의 형태

㉠ 완전화, 불완전화
- 꽃잎, 꽃받침, 암술, 수술 등을 모두 갖추고 있는 경우를 완전화라고 하며 콩, 감자, 담배, 목화, 사과나무 등이 해당된다.
- 꽃잎, 꽃받침, 암술, 수술 중에서 하나라도 갖추지 않은 경우 불완전화라고 한다. 벼, 밀, 보리, 갈대 등은 꽃잎이 없는 불완전화이고, 튤립, 둥글레 등은 꽃받침이 없는 불완전화이다.

㉡ 양성화, 단성화
- 한 꽃에 암술과 수술이 함께 있는 경우 양성화(자웅동화)라고 하며 암술과 수술이 같은 꽃에 있지 않은 경우는 단성화(자웅이화)라고 한다.
- 양성화를 가진 식물은 자가수정에 유리하고 단성화를 가진 식물은 타가수정이 유리하다.
- 양성화의 경우 자가불화합성이 나타내지 않기에 자식률이 매우 높은 편이다.

- 양성화에서 암술이 먼저 성숙하는 것을 자예선숙이라 하며 질경이, 목련, 달맞이꽃 등에서 관찰된다.
ⓒ 자웅이화
- 암꽃과 수꽃이 동일한 개체에 있는 경우 자웅동주라 하며 오이, 호박, 참외, 수박, 옥수수, 소나무 등이 있다
- 암꽃과 수꽃이 서로 다른 개체에 있는 경우 자웅이주라하며 시금치, 아스파라거스, 주목, 은행나무 등이 있다

② 꽃의 분류
ⓙ 화서

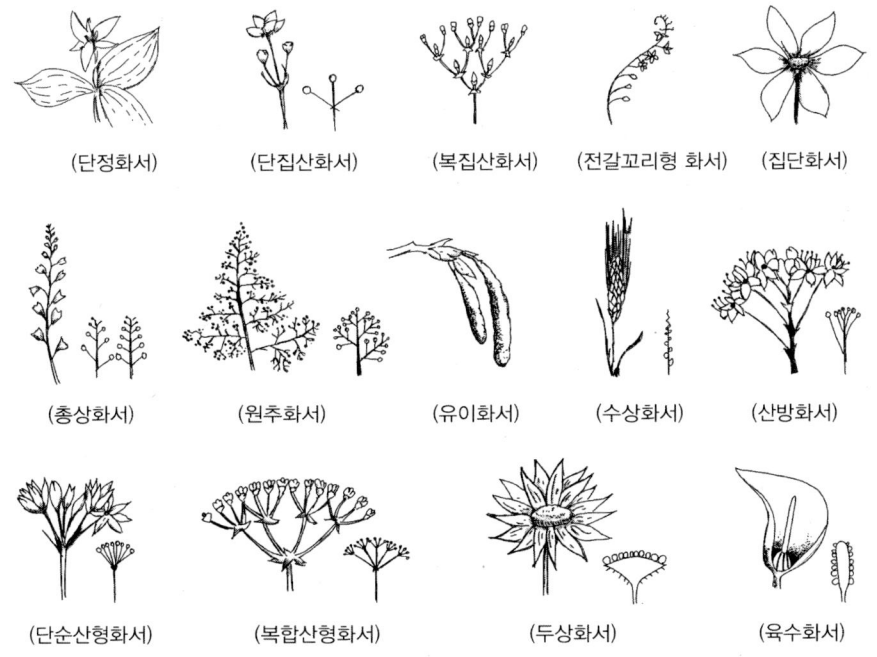

(단정화서) (단집산화서) (복집산화서) (전갈꼬리형 화서) (집단화서)

(총상화서) (원추화서) (유이화서) (수상화서) (산방화서)

(단순산형화서) (복합산형화서) (두상화서) (육수화서)

ⓛ 유한화서
- 화서는 꽃이 줄기의 맨 끝에 위치하는 유한화서가 있는데 식물의 성장이 꽃이 핌으로써 거의 정지하게 된다.
- 단정화서, 단집산화서, 복집산화서, 전갈꼬리형화서, 집단화서 등이 있다.
- 단정화서는 화서축의 선단에 1개의 꽃을 피우는 종류로 목련, 장미, 튤립 등이 있다.
- 단집산화서는 가운데 꽃이 맨 먼저 피고 다음 측지 또는 소화경에서 꽃이 핀다.
- 복집산화서는 2차지경 위에 꽃이 피는 것으로 작살나무 등이 있다.

ⓒ 무한화서
- 꽃이 측지에 착생하고 개화 후 다른 줄기들도 지속적으로 신장하는 것을 무한화서라 한다.
- 무한화서에는 총상화서, 원추화서, 수상화서, 유이화서, 육수화서, 산방화서, 산형화서, 두상화서 등이 있다.
- 두상화서는 꽃차례축의 끝이 원형판으로 되어 그 위에 작은 꽃자루가 없는 꽃들이 밀집하여 모여 달리는 머리모양을 띠고 있다.
- 총상화서는 긴 화경에 여러 개의 작은 소화경이 붙어 꽃이 배열되어 개화하는 형태이다.
- 산형화서는 화서축의 선단부에 우산살 모양의 소화경이 발생하며 화서의 선단부는 둥근 것이 특징으로 파, 양파, 부추 등이 있다.
- 수상화서는 길고 가느다란 꽃차례 축에 작은 꽃자루가 없는 꽃이 조밀하게 달린 꽃차례로 보리가 해당된다.
- 유이화서는 수꽃이나 암꽃이 따로 모여 있는 화서로 수상화서가 변형된 것이다.

7. 과실의 발달과 종류

① 과실의 발달
  ㉠ 과실은 성숙한 씨방으로 씨방은 배주를 가지고 있고 이 배주가 종자로 발달하게 된다.
  ㉡ 과실은 꽃의 발육에 따라 진과와 위과로 분류한다.
  ㉢ 진과는 암술의 양쪽 벽이 비대한 것으로 감, 포도, 복숭아, 매실, 은행, 자두 등이 여기에 해당된다.
  ㉣ 위과는 꽃받침이 발달해 과실이 되는 것으로 사과, 배, 무화과 등이 있다.
  ㉤ 복과는 많은 꽃의 자방들이 모여 하나의 덩어리를 이루는 것으로 라즈베리, 파인애플 등이 있다.
  ㉥ 그 외에 취과(집합과)는 여러 개의 심피가 1개의 열매처럼 되어 있으며 단과는 단지 1개의 씨방이 자라서 열매를 맺는 것이다.

② 과실의 분류
  ㉠ 과수는 형태적 분류에 따라 인과류, 핵과류, 장과류, 준인과류, 각과류로 분류된다.
  ㉡ 꽃받침이 발달하는 인과류에는 사과, 배, 비파 등이 대표적이다.
  ㉢ 중과피가 발달하는 특징이 있는 핵과류는 복숭아, 매실, 살구, 자두 등이 있다.
  ㉣ 씨방이 발달한 준인과류는 감귤, 감 등이 있다.
  ㉤ 씨방의 외과피가 발달한 장과류는 포도, 무화과, 딸기 등이 있다.

ⓑ 각과류는 씨의 자엽부분을 식용하는 밤, 호두 등이 대표적이다.
③ 단위결과
　㉠ 수정이 되고 종자가 생기지 않아도 과실이 형성되는 경우가 있는데 이를 단위결과라 한다.
　㉡ 단위결과는 염색체의 조성이 복잡하여 정상적인 배우자를 형성할 수 없는 경우 발생하는데 대표적으로 바나나, 포도, 오이, 감귤류 등이 해당된다.
　㉢ 단위결과는 화분의 자극이나 생장조절물질의 조절, 배수성 등을 이용하여 인위적으로 유발할 수 있다.
　㉣ 채소류 중 단위결과성이 높은 오이 등을 제외하고 단위결과로 정상과가 어려우므로 과실의 비대발육에 수정과 종자의 발달, 착과제 처리 등의 과정이 필요하다.
　㉤ 착과제 처리
　　· 착과제 처리 목적은 수분 및 수정이 불확실할 때 단위결과를 유기시키는 것이다.
　　· 보통 과실은 수정의 결과 이루어지는 종자의 형성과 함께 발육하나 수정이 되지 않고 자방이 발육하여 과실을 형성하는 단위결과가 발생하기도 한다.
　　· 포도, 수박 등 단위결과를 유도하여 씨 없는 과실을 생산할 수 있다.
④ 종자와 과실의 정의
　㉠ 식물학에서 배주가 수정하여 자란 것을 종자라 정의하고 수정 후에 자방과 관련기관이 비대한 것을 과실이라 한다.
　㉡ 식물학상 종자에 해당되는 종류에는 목화, 담배, 참깨, 유채, 두류 등이 있다.
　㉢ 식물학상 과실에 해당하고 나출된 것으로 밀, 쌀보리, 옥수수, 박하, 제충국 등이 있으며 과실의 외측이 내영, 외영에 싸여 있는 것으로 벼, 귀리, 겉보리 등이 있다.

8. 종자의 발달과 성숙

① 종자의 발달
　㉠ 종자는 종피와 배, 저장양분을 함유한 배유 등으로 구성되어 있으며 종자의 발달 관계는 다음과 같다.

> · 씨방(자방) → 열매
> · 밑씨(배주) → 종자
> · 주피 → 씨껍질(종피)
> · 주심 → 내종피
> · 극핵(2개)+정핵 → 배젖(속씨식물)
> · 난핵 + 정핵 → 배

ⓒ 종자는 세포분열과 신장을 위한 양분과 수분 흡수로 중량이 무거워지는데 종자에서는 배젖이 무게의 대부분을 차지한다. 수정 직후의 건물중은 과피가 가장 무거우나 약 1주일 정도 지나면 배젖이 종자무게의 대부분을 차지한다.
　ⓒ 배젖이 발달함에 따라 종자 내의 당 함량이 감소하고 탄수화물 함량이 증가하며 외종피 또는 과피의 DNA, RNA 함량은 종자의 발달 과정 중에 변화가 거의 없다.
　ⓒ 주심은 포원세포에서 자성배우체가 되는 기원으로 자방조직에서 유래하며 포원세포가 발달한다.

② 배의 발달
　㉠ 배(2n)은 배낭 속의 난핵과 정핵이 수정한 결과 발생하며 이후 식물체가 되는 접합자이다. 접합자의 첫 세포분열까지는 약 5시간 내외정도가 소요된다.
　ⓒ 쌍자엽식물은 분열에 의해 접합자가 정단세포와 기부세포로 나뉘고 분열과 발달을 계속하여 성숙한 배가 형성된다.
　ⓒ 기부세포가 분열하여 생성된 배병세포는 발육 중인 배에게 양분과 지베렐린 등을 공급한다.
　ⓒ 배의 발생 법칙에는 절약의 법칙, 기원의 법칙, 수의 법칙, 목적지불변의 법칙 등이 있으며 내용은 다음과 같다.

절약의 법칙	필요 이상의 세포는 만들지 않는다.
기원의 법칙	세포의 형성과 발달순서는 유전적으로 정해져 있으므로 어떤 세포의 기원은 이전의 세포에 의해 결정된다.
수의 법칙	세포의 수는 식물의 정에 따라 다르며 동일 세대에 있는 세포들은 세포분열 속도에 따라 다르다.
목적불변의 법칙	미리 정해진 방향에 따라 분열하고 미래에 발휘할 기능에 따라 일정한 위치를 정한다.

③ 배유(배젖)의 발생
　㉠ 배유(배젖, 3n)은 배낭 속 2개의 극핵과 정핵이 수정한 다음 세포분열을 통해 많은 저장물질이 축적되어 만들어지는데 주변 조직으로부터 얻은 양분을 배에 공급하게 된다.
　ⓒ 쌍자엽식물은 배유가 형성되나 발달과정에서 퇴화를 하며 성숙한 종자는 배로 구성된다. 이와 같은 무배유종자들은 떡잎이 발달하고 여기에 저장물질이 있다.
　ⓒ 외떡잎식물의 배젖은 종자 발아 시 양분을 공급해 준다.
　ⓒ 배젖은 발달하여 주공이나 합점 끝에 형성된 기생근을 통해 주위의 양분을 흡수한다.

ⓜ 성숙한 배젖은 바깥쪽 호분층에 단백질을 저장한다. 이 단백질은 주로 전분을 분해하는 가수분해효소들이다. 단자엽식물의 경우 배에서 생성된 지베렐린은 배반을 통해 방출되어 호분층으로 이동한다.
ⓗ 피자식물(속씨식물)의 종자 핵형은 배유 3n, 배 2n, 종피 2n 으로 구성되게 된다.

④ 종자의 성숙
 ㉠ 종자의 성숙은 크게 배의 발달, 양분의 축적, 종자의 성숙으로 이루어진다.
 ㉡ 양분의 축적 단계에는 광합성을 통해 생성된 양분이 성숙 중인 종자로 이동되어 축적된다. 종자의 수분함량은 50% 정도 수준이며 배의 세포 분열이 정지되고 크기만 증가한다.
 ㉢ 종자의 성숙 단계에서는 종자가 건조되어 수분 함량이 약 15% 내외 정도가 유지된다. 이때는 엽록소의 기능이 떨어지거나 상실되고 배유의 구조 변화가 나타난다.
 ㉣ 종자의 성숙 단계에서 배유의 변화에 따라 유숙기, 호숙기, 황숙기, 완숙기, 고숙기로 구분된다.

9. 종자의 구조

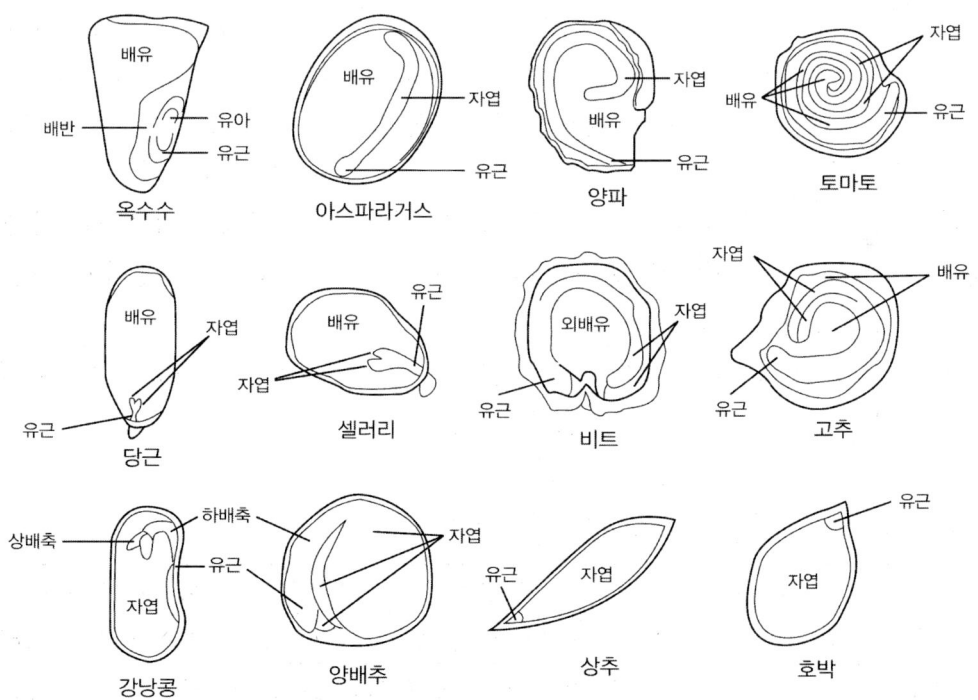

10. 종자의 외곽부

① 종피는 배주를 싸고 있는 주피가 변화하면서 만들어진 것으로 경층, 팽창층, 색소층 등으로 구성되어 있다.
② 종피는 모체의 일부이며 종자의 내부를 보호하는데 휴면이나 발아지연을 유발하기도 한다.
③ 종피의 표면은 식물에 따라 차이가 있는데 파 종자의 경우 주름이 있고 토마토 종자는 털이 있으며 소나무 종자는 날개가 있기도 하다.

11. 저장조직과 배

① 종자의 저장조직
  ㉠ 종자의 저장조직은 배유, 외배유, 자엽으로 구성되어 있으며 양분을 저장하는 배유종자와 배유가 없거나 퇴화된 무배유종자가 있다.

배유종자	• 배유에는 양분이 저장되고 배는 잎, 생장점, 줄기, 뿌리 등의 어린 조직이 모두 갖추고 있다. • 벼, 보리, 밀, 옥수수, 양파, 당근, 토마토 등
무배유종자	• 자엽에 양분이 저장되어 있고 배는 유아, 배축, 유근의 세부분으로 형성되어 있다. • 콩, 완두, 팥, 녹두, 클로버 등의 콩과식물 및 수박, 오이, 호박, 상추, 배추 등

  ㉡ 종자의 저장물질은 전분(탄수화물), 단백질, 지방, 유기산 등이 있으며 배유, 자엽, 배축, 외배유 등에 주로 저장되며 소량은 종자 전체 분포하기도 한다.
  ㉢ 외배유는 주심(중앙의 유조직)조직의 일부가 수정 후 발달해 영양을 저장한다.
  ㉣ 자엽에 양분을 저장하는 것으로 콩과식물은 단백질과 탄수화물을 저장하고 오이, 호박, 상추, 배추 등은 지방과 단백질을 저장한다.
  ㉤ 배유에 양분을 저장하는 것으로 단백질과 탄수화물을 저장하는 벼, 보리, 밀, 옥수수 등이 있고 지방을 저장하는 들깨, 참깨 등이 있다.

② 배
배는 유아, 떡잎, 배축, 유근 등으로 구성된다.

유아	배의 끝에 있는 눈으로 신장발달을 통해 지방부의 줄기, 잎을 형성한다.
떡잎	양분의 저장기관으로 종자가 발아할 때 본엽 출현 시까지 배에 양분을 공급한다.
배축	배에 있는 줄기 모양의 주축으로 배축 중 자엽 윗부분을 상배축, 자엽 아랫부분을 하배축이라 한다.
유근	뿌리가 될 부분으로 발아에 의해 신장한다.

12. 종자의 형태

(1) 외형적 특징

① 종자의 크기는 식물종에 따라 수mm ~ 수십 cm 까지 다양하다.

② 종자의 형상은 원형이나 타원형이나 식물의 종류에 따라 다양하게 나타난다.

형상	종류	형상	종류
타원형	벼, 밀, 팥, 콩	능각형	메밀, 삼
구형	배추, 양배추	난형	고추, 무, 레드클로버
방추형	보리, 모시풀	도란형	목화
방패형	파, 양파, 부추	난원형	은행나무
접시형	굴참나무	신장형	양귀비, 닭풀

③ 식물종에 따라 종자의 이동을 위한 편모나 날개가 있다.

④ 종자에 따라 고유색이나 무늬가 다양하게 나타난다.

(2) 외형에 나타나는 특수기관

① 성숙종자에는 제(배꼽), 주공(발아공), 봉선, 합점, 우류 등의 특수기관이 있다.

② 종자의 배병이나 태좌에 붙어있던 흔적인 제(배꼽)은 식물의 종류에 따라 위치가 다르다. 배추, 시금치는 종자의 끝에 위치하고 상추, 쑥갓은 종자의 기부에 위치한다. 콩의 경우 종자의 뒷면에 위치하는 것이 특징이다.

③ 주공은 제(배꼽)의 끝에 위치하며 꽃가루의 침입구이다.

④ 봉선은 가는 선이나 홈을 이룬 것으로 종피와 다른 색을 띠며 길이를 통해 종자의 구분이 가능하다.

⑤ 합점은 봉선의 가장 끝에 있는 혹 같은 점으로 여기서부터 관다발이 갈라지면서 종자의 내부로 들어간다.

⑥ 우류는 종자의 제 옆에 있는 주름이다.

13. 생식의 양식과 채종

① 종자 채종

㉠ 채종재배를 위해서 주요 작물별 적절한 집단 채종포를 선정한다. 종자의 생리적, 병리적, 유전적 퇴화 방지를 위해 지리적 격리지(섬, 산간지 등)의 인위적 격리가 요구된다.

㉡ 채종재배에 공용할 종자는 원종포 등에서 생산 관리된 우량종자를 선택한다.

㉢ 종자를 충실하게 하기 위해 영양생장을 억제할 필요가 있으며 질소 과용을 피하고 인산 및 칼륨을 충분히 공급한다.

ㄹ 작물의 특성은 특정 생육 시기 및 특정 환경에서 발현되기에 모본의 선택 및 이형주의 도태는 생육 초기에서 후기에 걸쳐 실시한다.
ㅁ 작물의 종자생산 관리체계는 기본식물, 원원종, 원종, 채종포(보급종), 농가의 순이다.
ㅂ 채종재배는 결론적으로 품종의 순도와 활력을 위해 재배지 선정, 재배법, 비배관리, 종자의 선택과 처리, 수확 및 조제에 대한 전반적인 관리가 요구되며 그 중에서도 종자의 순도와 활력을 유지하는것이 가장 기본이 된다.
ㅅ 채종재배에서 종자를 증식하고자 할 때는 박파, 다비, 소비재배 등의 방법을 통해 증식률을 높일 수 있다.

② 수정 양식 및 생식
ㄱ 유성생식 작물은 자가수정작물과 타가수정작물 및 자가수정과 타가수정을 함께하는 작물로 구분된다.
ㄴ 자가수정작물(자식성작물)에는 벼, 보리, 밀, 귀리, 조, 콩, 담배, 토마토, 가지, 고추, 상추, 완두 등이 있다. 자가수정작물은 약간 거리를 두거나 격리하지 않아도 좋으며 자연교잡률은 4% 이하를 기준으로 한다.
ㄷ 자식성 작물의 경우 다른 꽃가루와 수정이 잘 이루어지지 않도록 꽃이 열리지 않거나 암술머리가 꽃잎에 가려있는 등 선천적으로 자기 꽃 내에서의 수정이 용이한 구조를 가진다.
ㄹ 타식성작물에는 옥수수, 호밀, 메밀, 딸기, 양파, 마늘, 시금치, 아스파라거스 등이 있다. 타가수정작물은 격리해서 채종하며 자가수정률은 5% 정도를 기준으로 하며 자웅이주, 자웅동주이화, 자웅동주동화로 분류된다.

자웅이주	시금치, 아스파라거스
자웅동주이화	옥수수, 호박, 수박, 오이
자웅동주동화	무, 배추, 양배추

ㅁ 타식성 작물은 자가수분이 방해되는 화기구조를 가지고 있거나 꽃가루와 암술머리의 성숙기가 다른 특성을 지닌다.
ㅂ 유전적으로 순수하지 않은 타식성 작물은 자식을 계속하면 유전적으로 순수해지지만 후대에 자식약세 현상(자가열세)이 나타난다.
ㅅ 자식과 타식을 겸하는 작물도 있는데 주로 자가수정을 하며 자연교잡률이 높은 것이 특징이다. 작물에는 목화, 수수, 유채 등이 있다.

14. 1대잡종 종자의 양산

① 잡종강세
　㉠ 잡종강세는 잡종 자손의 형질이 부모보다 우수하게 나타나는 현상이다. 즉 다른 계통 간에 교잡을 하였을 때 잡종 1세대 부모보다 질병, 환경 등에 대한 저항성, 생산력, 성장 등이 뛰어나게 나타나는 현상이다.
　㉡ 1대 잡종은 값이 비싸고 매년 바꾸어야 하는 단점이 있으나 다수확성, 품질 균일성, 강건성, 내병성으로 많이 이용되고 있다.
　㉢ 1대 잡종에서 수확한 종자를 다시 심으면 변이가 일어나 균일성이 떨어지기에 매년 구입하여 사용하는 것이 좋다.
　㉣ 1대 잡종 종자 생산을 위해서는 웅성불임성, 자가불화합성 등의 유전적 특성을 활용하고 개화기를 일치시키는 등의 노력이 필요하다.
　㉤ 잡종강세 이용에 필요한 요건

> · 1회의 교잡에 의해 많은 종자를 생산할 수 있어야 한다.
> · 단위 면적당 재배에 요구하는 종자량이 적어야 한다.
> · 1대 잡종을 재배하는 이익이 1대 잡종을 생산하는 경비보다 커야 한다.
> · 교잡 조작이 용이해야 한다.

② 웅성불임성
　㉠ 웅성불임성은 웅성기관에 이상이 발생하여 불임이 생기는 현상이다.
　㉡ 웅성불임은 꽃밥이나 꽃가루가 기형이나 미발육으로 인하여 수정기능이 결여되어 있는 상태이지만 외관상으로는 정상으로 보이기도 한다.
　㉢ 유전적 원인에 의한 웅성불임성은 육종적으로 활용가능한데 웅성불임 품종을 모계로 하고 조합능력이 높은 다른 품종을 부계로 하여 제웅(자가수정 방지를 위한 작업) 등의 교배작업 없이 1대 잡종 종자를 얻을수 있다.
　㉣ 제웅은 자가수정을 방지하기 위해 꽃망울 상태에서 모계의 수술을 제거해 주는 것으로 제웅 시 꽃가루가 일부 남아 있으면 자식(自殖)이 될수 있어 꽃밥을 완전 제거하도록 한다.
　㉤ 양파, 당근, 고추, 토마토, 옥수수 등의 종자생산에는 웅성불임성을 이용한다.
　㉥ 제웅법에는 절영법, 개열법, 화판인발법 등의 기술이 있다.

절영법	· 영의 선단 부위를 가위로 잘라 핀셋으로 수술을 끄집어 낸다. · 벼, 보리, 밀 등에 적합하다
개열법	· 꽃봉오리의 꽃잎을 꽃망울 때 핀셋으로 밀어 내고 꽃밥을 제거한다. · 콩, 고구마, 감자 등에 적용한다.
화판인발법	· 꽃봉오리 끝을 손으로 눌러 잡아당겨 꽃잎과 꽃밥을 함께 제거한다. · 콩, 자운영 등에 적용한다.

  ⊙ 웅성불임성은 작용기작에 따라 세포질 유전자적 웅성불임, 세포질적 웅성불임, 유전자적 웅성불임 등으로 구분된다.
  ⊙ 세포질 유전자적 웅성불임은 잡종강세를 이용하기 위해 웅성불임친과 그 웅성불임성을 유지하는 유지친, 웅성불임성의 임성을 회복시켜 주는 회복인자친이 있어야 한다.

③ 자가불화합성
  ㉠ 생식기관에 이상이 없이 수분까지 정상적으로 이루어지나 수정이 안되어 결실이 불가능한 경우를 불화합성이라 한다. 이때 자가수분 또는 같은 계통 간에 결실을 못하는 경우를 자가불화합성이라 한다.
  ㉡ 자가불화합성을 이용하여 잡종강세를 나타내는 무, 배추 등의 1대 잡종 종자의 대량생산이 가능하다.
  ㉢ 교배양친을 유지하기 위해 자식하려면 자가불화합성을 일시적으로 타파해야 하며 뇌수분, 노화수분, 지연수분, 고온처리, 전기 자극, 이산화탄소 처리 등의 방법을 활용한다.
  ㉣ 뇌수분의 경우 자가수정률이 높은 편이며 양배추, 무 등의 식물에 적합하다. 배추 F_1의 원종 채종 시 뇌수분을 실시하는 이유도 개화 시에 자가불화합성이 나타나기 때문이다.

15. 자연교잡

① 자연교잡
  ㉠ 자연교잡은 인위교잡이 아닌 자연적으로 일어나는 교잡으로 다른 속, 종, 아종, 변종, 품종에 속하는 개체가 자연 상태에서 교배하여 잡종이 만들어진다.
  ㉡ 자연교잡에 의해 품종이 퇴화하는 경우도 있기에 격리재배를 통해 이를 방지하기도 한다.
  ㉢ 자연교잡에 영향을 주는 요인에는 품종, 채종포의 크기, 격리거리, 주위 환경, 매개충, 개화기 등 다양한 요인이 있다.
  ㉣ 제웅 없이 풍매나 충매에 의한 자연교잡을 이용하는 작물에는 양파, 고추와 같은 웅성불임 작물에 적합하다.

② 자연교잡 방지
　㉠ 격리법은 채종을 위한 작물은 꽃가루와 종자전염병 등에 있어 격리시키는 방법이다.

차단격리법	• 다른 화분의 혼입을 차단하는 방법이다. • 복대법이라하여 봉지를 씌우는데 육종이나 원종, 원원종 채종에서 이용되는 방법이다. • 그 외에도 망실재배, 망상 이용 등의 방법이 있다.
시간격리법	• 화분오염원과 개화기를 다르게 조절하는 방법이다. • 춘화처리, 일장처리, 생장조절제 처리, 파종기 조절 등의 처리방법이 있다.
거리격리법	• 다른 품종과 거리를 멀리 하여 재배하는 방법이다.

　㉡ 화판제거법은 벌을 유인하는 꽃잎을 제거하여 꽃가루를 이동시키는 벌의 접근을 막는 방법이다.
　㉢ 웅화, 웅예, 웅주를 제거하는 방법이 있는데 박과채소에서 교잡의 위험성이 있는 웅화(수꽃)을 제거하고 시금치의 경우 웅주(수그루)를 제거하는 방법을 활용한다.
　㉣ 웅예선숙은 암술보다 수술이 먼저 성숙하는 것으로 옥수수, 딸기, 양파, 수박, 당근 등이 있다.

③ 자연교잡의 영향인자
　㉠ 작물의 종류 및 품종에 따라 자연교잡율이 달라진다.
　㉡ 채종포가 크면 집단 내의 수정률이 높아지고 혼종이 방지된다.
　㉢ 교잡식물과 거리가 멀수록 교잡 위험이 줄어든다.
　㉣ 교잡식물과 사이에 강, 바다, 산 등과 같은 장애물이 있을 경우 교잡 위험이 줄어든다.
　㉤ 매개곤충의 개체수 및 활동범위에 따라 교잡률이 달라진다.
　㉥ 교잡식물과 개화기의 일치정도에 따라 교잡률이 달라지며 개화기가 비슷할수록 교잡률이 높아진다.

16. 개화기조절

① 개화기가 다른 두 품종간의 교잡을 위해 개화기를 조절하거나 특정 개화기를 피하기 위해 개화기를 빠르게 혹은 늦추게 조절한다.
② 다른 품종간의 교잡에 있어 양친 계통간의 개화기 차이로 채종량이 적어지는 경우, 수꽃과 암꽃의 개화기가 많이 차이나는 경우 개화시기를 일치시켜 교배하여 채종량을 늘리게 된다.
③ 개화기 조절 방법에는 파종기 조절, 일장처리, 저온처리, 생장조절제처리, 환상박피, 접목, 춘화처리 등의 방법이 있다.

17. 채종지의 조건

① 기후
- ㉠ 강우량이 많으면 임실률이 떨어지기에 강우량 및 습도가 적당해야 한다. 양파의 경우 공중습도가 높은 경우 수정이 잘 안되기에 강우가 적은 곳을 채종지로 선택하기도 한다.
- ㉡ 개화기에는 다소 건조한 것이 좋다.
- ㉢ 온도가 너무 높은 곳은 꽃가루가 건조하여 임실률이 떨어진다.
- ㉣ 겨울에는 기온이 온화하고 등숙기에 기온의 교차가 큰 곳이 좋다.

② 토양 및 포장
- ㉠ 토양의 경우 유기질이 풍부한 식양토~사양토가 적당하다.
- ㉡ 배수가 양호하고 지력이 좋은 곳을 선정한다.
- ㉢ 토양의 산도는 중성이 좋으며 pH가 낮을 경우 석회를 이용하여 pH 6~7 정도로 조절해준다.
- ㉣ 토양병원균 및 토양 해충의 발생밀도가 낮은 곳을 선정한다.
- ㉤ 유해잡초 발생지는 피하도록 한다.

18. 채종포의 관리

① 채종지 선정
- ㉠ 채종재배는 작물별로 적절한 집단채종포를 선정해야 한다.
- ㉡ 종자의 퇴화 방지를 위해 씨감자는 고랭지에서, 옥수수 및 십자화과작물 등과 같은 타가수정을 원칙으로 하는 작물은 유전적 퇴화 방지를 위해 섬이나 산간지에서 인위적 격절이 필요하다.
- ㉢ 벼, 맥류 등의 화본과작물은 과도한 비옥지 및 척박지 토양은 피하도록 한다.
- ㉣ 채종포 관리에 있어 가장 우선적으로 고려해야 할 사항은 자연적 교잡과 이품종 혼입에 대한 방지이다.
- ㉤ 겨울 기온이 온화하며 등숙기에 기온의 교차가 큰 곳을 선정한다.
- ㉥ 채종포는 꽃 피는 시기와 종자의 등숙기에 비가 적고 건조한 곳이어야 한다.

② 종자의 처리
- ㉠ 채종재배에 공용할 종자는 원종포 등에서 생산 관리된 우량종자를 선택한다.
- ㉡ 생리적 퇴화 방지를 위해 선종과 종자소독 등 필요한 처리를 하고 파종하도록 한다.

ⓒ 감자는 바이러스 병 등과 같은 전염 방지를 위해 바이러스 검정법을 적용하도록 한다.

③ 파종과 정식
  ㉠ 파종은 주로 조파(줄뿌림)으로 한다. 조파는 종자의 소요량이 적고 고르게 파종할 수 있어 이형주를 제거하거나 관찰할 경우 통로로도 이용할수 있다.
  ㉡ 파종기는 지역 및 품종에 따라 조정하되 너무 빠르거나 늦지 않도록 한다.
  ㉢ 파종 시에는 종자열의 간격을 유지하고 단위면적당 파종량을 조절한다.
  ㉣ 재식밀도는 토성, 비옥도, 가용수분 함량 등을 고려하여 결정하며 밀식보다는 소식하여 충실한 종자를 생산하도록 한다.

④ 격리재배
  ㉠ 채종재배는 다른 품종과의 교잡으로 퇴화의 가능성이 있기에 품종특성 유지를 고려한다면 다른 품종과 채종포장과의 격리를 해야 한다.
  ㉡ 격리거리는 작물별에 차이가 포장 검사 및 종자검사의 검사기준에 의거한다.

작물	포장격리
벼, 겉보리, 쌀보리, 맥주보리, 밀, 콩, 고구마, 팥, 땅콩, 녹두	• 원원종포·원종포는 이품종으로부터 3m이상 격리되어야 하고, 채종포는 이품종으로부터 1m이상 격리되어야 한다. 다만, 각 포장과 이품종이 논둑등으로 구획되어 있는 경우에는 그러하지 아니하다.
옥수수	• 원원종, 원종의 자식계통 및 채종용 단교잡종 : 원원종, 원종의 자식계통은 이품종으로부터 300m 이상, 채종용 단교잡종은 200m 이상 격리되어야 한다. 다만, 건물 또는 산림 등의 보호물이 있을 때는 200m 로 단축할 수 있다. • 복교잡종, 삼계교잡종 : 이품종 또는 유사품종으로부터 200m 이상 격리되어야 한다
감자	• 원원종포 : 불합격포장, 비채종포장으로부터 50m 이상 격리되어야 한다. • 원종포 : 불합격포장, 비채종포장으로부터 20m 이상 격리되어야 한다. • 채종포 : 비채종포장으로부터 5m이상 격리되어야 한다. • 십자화과, 가지과, 장미과, 복숭아나무, 무궁화나무, 기타 숙주로부터 10m 이상 격리되어야 한다. • 다른 채종단계의 포장으로부터 1m이상 격리되어야 한다. • 망실재배를 하는 원원종포·원종포 또는 채종포의 경우에는 격리거리를 포장격리기준의 10분 1로 단축할 수 있다.

작물	포장격리
참깨	• 이품종으로부터 500m 이상 격리되어야 한다. 다만, 동일 종피색 품종간의 격리거리는 5m 이상으로 하며, 망실재배시에는 격리거리를 적용하지 아니 한다.
들깨	• 이품종으로부터 5m 이상 격리되어야 한다.
유채	• 원원종은 망실재배를 원칙으로 하며, 이때 격리거리는 필요없다. • 원종, 보급종은 이품종으로부터 1,000m 이상 격리되어야 한다. 다만, 산림 등 보호물이 있을 때에는 500m 까지 단축할 수 있다.
화훼 구근류	• 불합격 포장, 다른 구근류 재배포장으로부터 20m 이상 격리되어야 한다. 다만, 망실재배를 하는 포장의 경우에는 10분의 1로 단축할 수 있다.

ⓒ 채소작물의 포장격리 기준은 다음의 내용에 따른다.

작물명	격리거리(m)	포장 내지 식물로부터 격리되어야 하는 것
무	1,000	① ②
배추	1,000	① ②
양배추	1,000	① ②
고추	500	① ②
토마토	300	① ②
오이	1,000	① ②
참외	1,000	① ②
수박	1,000	① ②
호박(박)	1,000	① ②
파	1,000	① ②
양파	1,000	① ② ③
당근	1,000	① ②
상추	60	① ②
시금치	1,000	① ②

① 같은 종의 다른 품종
② 바람이나 곤충에 의해 전파된 치명적인 특정병 또는 기타병에 감염된 같은 작물이나 다른 숙주식물
③ 교잡양파 양친계통 : ① ②로부터 1,600m

위의 격리거리 요건은 다른 종자작물과 종자포장에서 같은 시기에 개화하는 채소 생산작물에 적용된다. 종자포장내지 단지가 자연적 또는 인위적인 방어물로 불필요한 화분립원과 종자 전파성 질병을 충분히 방어할 수 있고 다른 작물에 의한 수분이 불가능 할 때는 무시한다. (예, "온실재배, 교배모본에 인위적 교배장치를 한 재배"등)

⑤ 시비와 관개
　㉠ 채종재배는 종자에 충실하기 위해 질소과용을 피하고 인산 및 칼륨을 충분히 공급한다.
　㉡ 채종재배 시 질소의 공급을 일찍 끊게 되면 개화 및 채종기가 빨라진다.
　㉢ 퇴비는 토성에 따라 충분히 부숙된 퇴비를 사용하도록 한다.
　㉣ 채종포가 건조하면 발아 및 유묘 출현이 불량하기에 충분히 물을 공급한다.
　㉤ 충분한 양분이 공급되지 못할 경우 신장 억제 및 꽃가루의 생산능력이 떨어지게 된다.
　　• 무, 배추, 양배추 등은 붕소가 결핍되면 화주가 돌출되고 개화가 불균일하게 된다.
　　• 완두, 옥수수, 멜론 등은 몰리브덴이 부족할 경우 꽃가루 생산능력이 떨어진다.
　㉥ 토양이 비옥하고 배수가 양호하며 보수력이 좋은 토양이 좋다.

⑥ 결실 조절
　㉠ 한 그루에 너무 많은 열매가 있으면 충분한 양분 공급이 어려워 생산된 종자의 활력이 떨어지고 수명이 짧다. 이러한 경우 적심, 적과, 가지치기 등을 통해 결실량을 조절하여 종자에 충분한 양분이 공급되도록 유도한다.
　㉡ 가능하면 균등하게 성숙시켜 수확기간을 단축하도록 한다.
　㉢ 적심은 성장과 결실을 조절하기 위하여 식물의 눈이나 생장점을 따 내는 작업으로 순따기 혹은 순지르기라고 한다. 과채류, 두류 등에 실시하기 좋으며 담배, 상추 등의 작물에 적용할 수 있다.

⑦ 이형주 제거
　㉠ 이형주는 동일 품종 내에서 고유한 특성을 갖지 않은 개체를 말한다. 이러한 개체는 빨리 제거해야 정상적인 식물체에 수분되는 것을 막아 품종의 유전적 순도를 높이거나 유지할 수 있다.
　㉡ 이형주는 출수개화기나 성숙기에 걸쳐 제거하도록 한다.

19. 정선
① 종자의 크기가 크고 충실하며 발아 및 생육에 좋은 종자를 가려내는 과정으로 종자의 용적, 중량, 비중, 색 등을 통해 이물질, 피해립, 중량이 가볍고 작은 종자 등을 선별하도록 한다.
② 종자를 정선할 때는 보통 대략정선, 건조, 정밀정선, 비중정선, 소독, 포장의 순서로 실시한다.

대략정선	바람과 적정 체에 의한 선별로 종자에 포함한 줄기, 잎, 죽은 곤충, 모래 등 이물과 종자로서 활용가치가 없는 미숙립 등을 대략적으로 선별한다.
정밀정선	바람과 적정 체에 의한 선별로 정상종자보다 작거나 큰 종자, 피해립(파쇄립, 현미 등) 등을 정밀하게 선별한다.
비중정선	종자의 무게에 의한 선별로 갑판의 진동과 바람의 세기에 의해 정상종자보다 가볍거나 무거운 종자를 선별한다.

③ 종자 정선에서 표면조직에 의한 선발에는 알팔파, 새삼 등이 적합하고 완충력을 이용한 선발에는 티머시, 액체친화성을 이용한 선발에는 클로버가 있다

20. 종자소독

① 종자소독
　㉠ 종자의 병균 및 선충을 제거하기 위해 화학적, 물리적 처리를 하는 것을 종자소독이라 한다.
　㉡ 종자소독을 통해 종자의 병균을 제거하여 확산 피해를 막을수 있고 발아 중 해충이나 토양미생물에 의한 피해를 경감시킬 수 있다.

② 화학적 방제
　㉠ 농약을 이용하는 화학적 방제는 종자를 약제에 침지하거나 분의하는 방법을 이용한다.
　㉡ 농약의 구비조건은 다음과 같다.

> - 살균, 살충력이 강하고 효과가 커야 한다.
> - 약효가 오래 가고 저장 중 변질되지 않아야 한다.
> - 값이 저렴하고 구입하기 용이해야 한다.
> - 다른 약제와의 혼용할수 있어야 한다.

　㉢ 종자소독용 약제는 다음과 같다.

• 다이아지논 유제 • 트리플루미졸 유제 • 페니트로티온 유제 • 베노밀 · 티람 수화제	• 카복신 · 티람 분제 • 프로클로라즈 유제 • 플루디옥소닐 종자처리액상수화제 • 알루미늄포스파이드 훈증제

③ 물리적 방제
　㉠ 냉수온탕침법은 종자를 20℃ 이하의 냉수에 6~24시간 동안 담갔다가 이것을 50~55℃ 물에 담근 다음 건져내는 방법으로 시간과 온도에 주의하도록 한다. 주로 키다리병, 벼세균성알마름병, 잎마름선충병 등의 방제에 효과가 있다.

  ⓒ 건열처리는 종자를 60~80℃ 온도에 일정기간 처리하여 종자에 있는 병원균이나 바이러스를 제거하는 방법이다.
  ⓒ 바이러스를 제거하기 위해 고온처리가 가장 널리 사용되고 있다. 고온처리를 통해 바이러스 복제를 저해하고 바이러스가 불활성화가 된다.
  ⓔ 그 외에도 온도, 습도, 방사선, 고주파 처리 등의 방법을 활용하여 종자의 병원균 및 바이러스를 제거한다.
 ④ 생물적 방제
  ㉠ 생물적 방제는 병원균에 의한 식물의 저항성을 유도하는 방법으로 환경의 보존과 생태계 균형 유지에 적합한 방법이다.
  ⓒ 식물 약독바이러스, 길항미생물, 근권미생물을 이용한 방제법이 있다.
  ⓒ 병원균의 생육을 억제하는 능력을 갖는 길항미생물을 이용하여 용균작용, 항생작용, 기생작용, 경쟁작용, 유도저항성 작용 등을 인위적으로 조절한다.
  ⓔ 생물학적 방제용 미생물 종류는 다음과 같다.

세균류	진균류
• *Agrobacterium* • *Bacillus* • *Pseudomonas* • *Streptomyces*	• *Ampelomyces* • *Candida* • *Coniothyrium* • *Glicoladium* • *Trichoderma*

21. 종자프라이밍

① 종자프라이밍은 일정 조건에서 종자에 삼투압 용액이나 수용성 화합물을 흡수시켜 종자 내 대사 작용이 진행되지만 발아하지 않도록 처리하는 기술로 발아 촉진과 발아 후 생육 촉진을 목적으로 한다.
② 종자프라이밍은 유근의 신장을 억제하는 범위에서 종자에 수분을 흡수시켜 종자가 발아에 필요한 생리적 준비를 갖추게 하는 것으로 최아는 유근이 출아하지만 프라이밍은 유근이 출아하지 않는다.
③ 종자 프라이밍 처리시 호랭성 종자는 10~20℃, 호온성 종자는 25~30℃ 조건에서 수일간 침지한다.
④ 종자 프라이밍은 발아 속도와 발아율 증대 뿐 아니라 발아의 균일성 향상, 포장 출현율 증대, 기계 파종과 휴면타파 등의 목적을 둔다.
⑤ 종자프라이밍에 사용되는 용액으로 PEG(polyehylene glycol), $Ca(NO_3)_2$, KNO_3 등을 활용한다.

⑥ 종자 프라이밍 약제는 종자 내에 일정 수분을 유지시키고 식물에 무독성이어야 한다. 용액을 이용한 종자프라이밍은 용액에 공기를 지속적으로 공급한다. 무기염 용액은 종자가 해를 입을 수 있기에 주의해야 한다.

22. 종자코팅

① 종자코팅은 종자피복이라고도 하는데 종자의 보호나 발아, 생육을 조장하기 위해 농약이나 필요한 재료를 종자의 외부에 바르는 작업을 말한다
② 종자코팅에 사용되는 물질에는 살균제, 살충제, 안정제, 염료, 생장조절제 등을 첨가한 필름코팅이 있으며 처리방법 및 목적에 따라 다음과 같이 다양한 방법들이 있다

필름코팅	농약, 색소를 혼합하여 접착제로 종자 표면에 코팅 처리를 한다.
팰릿종자 (seed pelleting)	기계화 파종 및 포장 발아율을 높이기 위해 점토로 코팅하여 크기를 증대시킨다.
피복종자	피복 재료 속의 살충, 살균제 등을 첨가하여 원형으로 처리한다.
장환종자	일정 크기의 구멍으로 압출하여 원통형으로 절단한다.
종자테이프	분해 가능한 좁은 띠에 종자를 몇 립씩 넣어 한줄로 배치한다.
종자매트	분해 가능한 넓은 판에 종자를 무작위로 배치한다.

23. 종자 저장

① 종자 저장은 호흡작용을 억제하여 종자의 활력을 유지하는 것이며 가장 중요한 외적요인은 온도와 상대습도이며 내적요인은 수분함량이다
② 종자의 저장을 위한 건조제에는 실리카겔, 염화칼슘(염화석회), 생석회, 나뭇재 등이 활용된다.
③ 장기 보관용 종자 저장고의 습도는 20~30% 정도에서 저장할 때 종자의 수명이 가장 길어진다
④ 종자 저장을 위해 사용되는 훈증제는 알루미늄포스파이드 훈증제, 메틸브로마이드 훈증제 등이 종자 소독 후 저장하는데 활용된다
⑤ 종자 저장시 철제용기가 종이재료 용기보다 종자의 안전저장에 유리한 이유는 철제용기가 수분의 함량을 유지시키는데 가장 효과적이기 때문이다. 캔과 같은 알루미늄 철제용기는 수분함량을 5% 수준으로 유지시킨다
⑥ 저장종자의 발아력 상실 원인은 다음과 같다
  ㉠ 종자 단백질의 변성
  ㉡ 호흡에 의한 종자의 저장물질의 소모
  ㉢ 저장기간 동안 저장고 온도 및 습도의 상승 혹은 급격한 변화

⑦ 종자 저장시 수분의 함량이 많을 경우 나타나는 문제점은 다음과 같다.
  ㉠ 저장 중 양분의 손실이 발생한다.
  ㉡ 호흡의 증가로 종자 사멸 및 발아 곤란하다.
  ㉢ 곰팡이가 번식한다.
  ㉣ 곤충의 번식장소가 되기도 한다.
  ㉤ 종자의 기계적 피해가 발생한다.

24. 종자의 저장방법과 설비
① 종자의 저장방법
  ㉠ 건조저장법
    · 수분함량 12~14% 이하로 건조시켜 저장하도록 한다.
    · 건조한 종자를 저온, 저습, 밀폐된 상태로 저장하면 수명이 연장된다.
  ㉡ 상온저장법
    · 상온저장법은 실온저장법이라 하며 종자를 건조시켜 용기에 담아 0~10℃ 정도의 실온에서 보관하는 방법이다.
    · 기온과 습도를 낮게 유지하는 것이 좋고 가을에서 이듬해 봄까지 저장한다
    · 장기간 저장하는 방법으로는 적합하지 않다.
  ㉢ 밀봉(저온)저장법
    · 종자를 건조시키고 탈기하여 진공상태로 밀봉시켜 냉장고와 같은 저장소에 보관하는 방법이다.
    · 함수율 5~7% 이하로 유지한 종자를 밀봉용기에 보관하는데 실리카겔과 같은 건조제와 황산칼륨과 같은 활력억제제를 종자 무게의 10% 정도 함께 넣어 보관하면 효과가 극대화 된다.
    · 수년~수십년까지 발아력을 유지할 수 있다.

25. 발아에 관여하는 요인
① 수분
  ㉠ 종자는 수분을 흡수하여 발아를 하는데 종피가 수분을 흡수하면서 연해지고 배, 배유 등이 팽창하면서 파열되기 쉽게 된다.
  ㉡ 연해진 종피는 가스교환이 쉽게 일어나고 산소가 종자의 내부로 공급되면서 호흡이 시작되고 효소가 활성화되면서 이산화탄소도 발생하게 된다.

ⓒ 수분이 흡수된 상태에서 내부세포의 원형질 농도가 낮아지고 저장물질의 이동이 활발해진다.
ⓔ 수분의 함량이 너무 높을 경우 오히려 종자의 발아율은 감소하게 된다.
ⓜ 식물의 종류에 따라 종자가 발아하기 위해 요구되는 수분 함량에 차이가 있다. 완두 59.8%, 콩 50%, 밀 40.8%, 사탕무 31%, 옥수수 30.5%, 벼 26.5% 정도이다.
ⓗ 수중에서도 발아가 잘되는 수종이 있는데 대표적으로 벼, 상추, 당근, 셀러리 등이 있다. 반대로 수중에서 발아가 잘 안되는 종자에는 밀, 콩, 무, 귀리, 양배추, 가지, 고추 등이 있다.
ⓢ 발아에 필요한 종자의 수분 흡수량은 종자무게 대비 벼 23%, 밀 30%, 콩 100% 정도이다.

② 온도
  ㉠ 종자의 발아는 온도의 영향을 받으며 최적온도 20~30℃에서 가장 빠르다.
  ㉡ 종자가 발아 가능한 최저온도 조건은 0~10℃, 최고온도는 35~40℃ 정도이다. 너무 고온이나 저온은 발아에 불리하며 발아가 되지 않는 경우도 발생한다.
  ㉢ 식물에 따라 온도의 주기적 변화를 주는 변온조건에서 발아가 촉진되는 경우도 있다.
  ㉣ 저온작물은 고온작물에 비해 발아 온도가 낮고 파종기의 기온이나 지온은 발아의 최저온도보다 높고 최적온도보다 낮다.
  ㉤ 저온에서 발아하는 종자에는 시금치, 상추, 부추 등이 있다.
  ㉥ 고온에서 발아하는 종자에는 토마토, 가지, 고추 등이 있으며 옥수수는 40℃ 내외의 최고온도 조건을 가진다.

③ 산소
  ㉠ 식물의 종자는 대부분 충분한 산소가 공급되어야 호흡이 이루어지면서 발아를 할 수 있다.
  ㉡ 종자에 따라 요구되는 산소 요구량이 다른데 벼, 상추 등의 종자는 산소가 없을 경우 무기호흡에 의해 발아하기도 한다.

산소가 없이 발아되는 종자	벼, 상추, 당근, 셀러리
산소가 없으면 발아가 감퇴하는 종자	담배, 토마토
산소가 없으면 발아하지 못하는 종자	밀, 무, 배추, 가지, 고추

④ 광(光)
　㉠ 식물의 종류에 따라 광선에 의해 종자가 발아되거나 억제되는 경우가 있다
　㉡ 광을 주어야 발아하는 호광성 종자는 담배, 상추, 우엉 등이 있으며 광을 싫어하는 혐광성 종자에는 호박, 고추, 양파, 오이 등이 있다.

호광성종자	담배, 상추, 우엉, 뽕나무, 베고니아, 샐러리
혐광성종자	호박, 토마토, 고추, 양파, 가지, 오이, 무, 부추

　㉢ 호광성 종자의 경우 발아를 촉진하는 광파장은 적색부분(660~700nm) 이며 660~670nm 파장에서 가장 활성화된다. 반대로 적외선 파장(730nm) 부근에서는 발아가 억제되는 현상을 보인다.
　㉣ 종자 발아에 있어 광의 효과에는 종자의 나이, 침윤시간, 침윤온도, 발아온도 등에 영향을 받는다.
　㉤ 식물에 존재하는 색소단백질인 파이토크롬(phytochrome)은 특정 파장을 흡수하여 광가역 반응을 일으킨다. 파이토크롬의 특징은 다음과 같다.
　　• 광흡수색소로서 일장효과에 관여하며 Pr 은 호광성 종자의 발아를 억제한다.
　　• 종자발아, 화아유도 등의 생리학적 조절에 관여한다.
　　• 적색광에 의해 가능한 반응이 적색광에 이어 바로 근적외광을 처리하면 무효화 된다는 것을 광가역성이라 한다.
　　• 적색광, 근적외광을 교대로 처리하면 마지막에 조사한 빛에 의해 발아율이 좌우된다.

26. 종자의 발아 과정

① 발아는 종피를 뚫고 유아 및 유근이 출현하는 것으로 자엽 및 저장기관의 위치에 따라 지상발아, 지하발아로 분류된다.

지상발아	• 자엽이 지반 외부로 나와 생장점에 양분이 공급한다. • 콩, 오이, 녹두, 강낭콩 등
지하발아	• 자엽 및 양분저장기관이 지하에 남고 유아는 지상으로 나온다. • 벼, 보리, 옥수수, 팥, 완두, 잠두 등

② 종자의 발아의 내적 요인에는 유전성, 육종, 선발효과, 종자 성숙도 등이 있다
③ 종자의 발아에 관여하는 외적 요인에는 수분, 온도, 산소, 광 등이 있다
④ 종자의 발아과정은 다음과 같다.

발아 과정	특징
1단계 : 수분 흡수	· 수분을 흡수하여 표면이 연해져 발아가 용이해진다. · 가스교환이 쉬워진다.
2단계 : 효소의 활성 3단계 : 배의 생장	· 배유와 자엽에 보유된 전분, 단백질, 지방 등의 양분이 효소작용으로 활성화된다.
4단계 : 종피의 파열 5단계 : 유묘의 형성	· 발아시 어린뿌리가 나와 땅속에 뿌리를 내리고 종피에서 떡잎과 어린줄기가 출현한다. · 유근과 유아의 출현은 보통 유근이 먼저 출현한다. · 세포의 신장, 세포의 분열을 통해 유근이나 유아, 자엽 등의 생장이 일어난다.

27. 발아의 촉진

① 발아촉진은 종자가 일정하게 발아하도록 종자휴면을 타파하는 것이다.
② 발아를 촉진하는 물질에는 지베렐린, 시토키닌, 에틸렌, 과산화수소, 질산칼륨, 티오요소 등이 있다.

지베렐린 (gibberellin)	· 지베렐린은 종자의 휴면타파의 효과가 있는 식물생장조절제로 옥신과 함께 사용시 효과가 극대화된다. · 지베렐린은 휴면하지 않는 종자에는 발아촉진효과가 있다. · 지베렐린은 극성이 없으며 미숙종자에 다량 포함되어 있다. · 주로 GA_3이 많이 이용되고 있다.
시토키닌 (cytokinin)	· 시토키닌은 주로 뿌리에서 합성되며 옥신과 함께 작용하여 세포분열을 촉진한다. 주로 물관을 통해 이동하며 측지발생 및 세포의 분열에 관여한다. · 어린종자나 과일에도 시토키닌이 많으나 열매가 성숙할수록 시토키닌의 함량은 감소한다. · 키네틴(kinethin)은 호광성종자의 암발아를 유도한다.
에틸렌	· 과실의 성숙을 촉진하는 물질로 주로 기체상태로 존재하며 전구물질은 메티오닌(methionine)이다. · 에틸렌은 0.1 ppm 정도의 낮은 농도로서 식물의 생장에 영향을 미친다. · 에틸렌을 생성하며 식물의 노화 및 과일의 숙기에 영향을 주는 약제를 에테폰이라 한다.
과산화수소	· 과산화수소(H_2O_2)는 콩과식물, 토마토, 보리 등의 발아를 촉진시키고 종자의 살균 역할도 한다.
질산칼륨	· 발아촉진에 사용되며 화본과 목초의 발아에 효과적이다.
티오요소	· 발아 촉진에 이용되며 발아에 필요한 광, 온도를 대체하는 효과가 있다.

28. 발아억제
① 발아억제는 종자가 싹이 트는 것이 저해되는 것으로 외부 환경적 요인 및 발아억제물질로 인하여 발아가 억제 된다.
② 발아 억제 물질은 종자의 과피의 껍질에 존재하며 암모니아(NH_3), 시안화수소(HCN), 쿠마린, 페놀산, 아브시스산(ABA, abscisic acid) 등이 있다.
③ 발아억제물질인 쿠마린(coumarin)의 경우 보리의 영 부위에 존재하면서 보리의 발아를 억제하기도 한다.

29. 발아에 관여하는 물리적요인
① 삼투압
  종자의 발아 용액의 삼투압이 높으면 침윤이 어렵게 되어 발아가 억제된다.
② 수소이온농도
  대부분의 종자는 pH 4.0 ~ 7.6 사이에서 종자의 발아가 이루어진다.
③ 온도
  저온은 수확 전 작물의 종자 발아의 활성화를 낮춘다.
④ 방사선
  감마선에 조사된 종자는 발아율이 떨어진다.
⑤ 기계적 손상
  종자의 수분 함량이 감소될수록 기계적 손상을 입을 가능성이 높아진다.

30. 발아능
① 발아능
  ㉠ 발아능은 종자가 발아하여 정상적인 식물을 만들 수 있는 능력으로 종자의 질을 평가하는 기준 중 하나이다.
  ㉡ 종자의 발아능을 검사하는데 표준발아검사가 가능 흔하게 이용된다.
② 표준발아검사
  ㉠ 종자의 준비
    순도검사를 마친 정립종자를 최소한 무작위로 400립 추출하여 100립씩 4반복 치상한다.
  ㉡ 치상재료 및 치상방법
    종자의 치상에는 샬레, 여과지, 발아지, 모래, 탈지면 등의 재료를 이용한다.
  ㉢ 수분과 공기

종자의 건조를 막기 위해 발아매체에 수분을 공급해야 한다.
    ② 온도
      규정온도에서 ±1℃ 범위만 허용한다.
    ⑩ 광
      광은 목초종자의 발아에 필요하며 암발아종자의 경우 암흑상태에서 조사한다.
    ⑪ 휴면 타파
      질산칼륨과 과산화수소가 보통종자의 발아증진에 이용된다.
    ⑫ 발아묘 판별
      발아묘는 정상묘, 비정상묘로 구분하고 발아하지 않은 종자는 경피종자, 휴면종자, 죽은종자로 구분한다.
  ③ 정상묘
    ㉠ 초생근을 포함한 근계가 잘 발육한 것
    ㉡ 하배축의 발육이 양호하고 통도조직까지 상해가 없는 것
    ㉢ 완전하고 녹색인 초생엽이 잎 안에 있거나 뚫고 나온 것
    ㉣ 정상적인 유아를 가진 완전한 상배축이 있는 것
    ㉤ 초생근이 피해를 받았지만 2차근이 여러 개 발육하여 생육에 지장이 없는 것
    ㉥ 상하배축과 자엽의 피해 및 부패면적이 작고 통도조직까지 미치지 않은 것
  ④ 기타 발아능검사
    ㉠ 전기전도율 검사
      죽은 종자는 세포막의 강도가 낮고 물의 투과가 잘되며 세포 내용물이 물에 용출되어 전기전도율을 증가시킨다는 근거에 두고 검사를 실시한다.
    ㉡ 배 절제법
      휴면종자의 배를 상처 없이 추출하여 배지에서 자라도록 하여 녹색으로 변하는 것을 보고 발아능을 검사하는 방법이다. 배를 절단하는 고도의 기술과 시간이 요구된다.
    ㉢ X-선 검사
      죽은 종자의 금속염 흡수 정도 차이를 X-선을 이용하여 종자의 발아능을 검사하는 방법이다.
    ㉣ 유리지방산 검사
      종자가 발아할 때 지방분해에 의해 발생하는 유리지방산을 측정하여 종자의 발아능을 검사한다.
    ㉤ 구아이아콜 검사(Guaiacol)
      종자를 절단하여 구아이아콜수용액을 주입하여 색의 변화를 관찰하는 방법이다. 발아력

이 강한 종자는 배 및 배유의 단면이 갈색이나 청색으로 변하며 죽은 종자는 색이 변하지 않는다.
ⓑ 지베렐린과 티오요소 혼합액 검사
휴면 중인 종자의 발아력을 신속하게 검사하는 방법이다.

31. 종자세

① 종자세
  ㉠ 종자세는 종자의 발아와 유묘의 출현 중에 보이는 활성과 능력의 정도를 결정하는 종자의 성질이나 광범위한 포장조건 하에서 신속 균일하게 출현하여 정상의 묘로 자라는 능력을 결정짓는 종자의 성질로 종자의 품질을 결정하는 척도라 할 수 있다.
  ㉡ 종자의 퇴화에 따라 종자세가 저하되는 경향을 보인다. 종자세와 발아능을 비교해보면 종자의 퇴화가 진행될수록 종자세와 발아능이 저하되는데 종자세의 저하가 더 빠르게 진행된다.
  ㉢ 종자세의 영향인자에는 종자의 충실도, 퇴화 정도, 기계적 손상의 정도, 종자균의 감염 상태 등이 있다. 외부적 요인에는 토양수분, 비옥도, 습도, 온도 등이 있다.

② 종자세 평가 방법
  ㉠ 전기전도율 검사
  종자 침출물의 전기전도도를 측정하는 방법이다.
  ㉡ 노화촉진검사
  저장력이 낮은 종자는 저장력이 큰 종자에 비하여 저장 중 활력을 빨리 잃는다는 것에 근거를 두고 평가하는 방법이다.
  ㉢ 저온검사
  종자 발에 저온 다습한 조건에서 감사하는 방법으로 가장 오래된 검증방법이다. 주로 옥수수, 대두 등에 이용되는 방법이다.
  ㉣ 퇴화조절검사
  당근, 양파, 상추 등 포장에서 발아율이 낮은 종자에 이용되는 방법이다.
  ㉤ 저온발아검사
  온도를 발아적온보다 낮게하고 나머지 조건은 표준발아검사에 준하는 조건에서 진행하는데 목화 등의 작물에 이용된다.
  ㉥ 유묘생장검사
  종자세가 높은 종자는 건물중이 빠르게 증가하는 경향을 이용하여 유묘의 생장 정도를

건물중(mg)/발아가능유묘수 로 나타낸다.
- ⊙ 테트라졸륨(tetrazolium) 종자세검사
  살아 있는 종자 조직의 착색 정도를 통해 종자세를 평가한다.
- ⊙ 유묘판별검사
  유묘를 정상묘와 비정상묘로 분류하고 정상묘를 다시 양묘와 불량묘로 구분한다.
- ㉣ 와사검사
  Fusarium 감염여부를 알기 위해 고안된 방법이나 종자의 불량묘 검사에도 이용된다. 종자를 벽돌가루나 모래가 들어 있는 용기에 파종하고 수분이 있는 벽돌가루를 3cm 정도 덮은 다음 실온의 암소에서 발아시키는 방법이다.
- ㉤ ATP 검사
  종자의 발아과정 중 유아에서 ATP 함량 변화를 확인하는 방법이다.
- ㉠ GADA 검사
  종자의 저장 능력 검사에 적합한 방법인데 보리와 같은 종자에 GADA(Glutamic acid decarboxylase)의 함량이 높으면 포장출현율이 높아 종자세 검사에도 적용이 가능하다.
- ㉡ glucose 대사검사
  종자의 발아과정에 평균대사반응을 측정하는 방법으로 glucose 가 재침출되지 않을수록 종자세가 높은 것으로 평가한다.

32. 휴면의 형태

① 종자 휴면
- ㉠ 휴면은 작물이 일시적으로 생장활동을 멈추는 현상으로 식물이 불리한 환경을 극복하기 위한 수단이다.
- ㉡ 성숙한 종자가 발아조건이 되어도 발아하지 않을 경우 휴면이라 하며 생육의 일시적 정지상태라 할 수 있다.
- ㉢ 종자의 휴면기간

  - 벼 : 1주일~6개월
  - 맥류 : 거의 없음 ~ 3개월
  - 감자 : 수일 ~ 5개월
  - 경실종자 : 수개월 ~ 수년

- ㉣ 야생종은 재배종에 비해 휴면성이 강한 편이다

② 휴면의 효과
　㉠ 작물재배나 육종에 있어 휴면을 통해 다양한 효과를 얻을 수 있다.
　㉡ 우량종자의 안전한 장기저장이 가능하다.
　㉢ 맥류의 수발아 억제가 가능하다.
　㉣ 괴근, 괴경 등 영양기관 맹아억제 및 추대를 방지한다.
　㉤ 과수류의 동상해 응급대책의 효과가 있다.

③ 휴면의 형태
　㉠ 자발적 휴면은 외적 조건이 생육에 부적당하지 않을 때, 내적 원인에 의해 유발되는 휴면으로 생리적 휴면, 미숙 배 휴면, 종피 휴면 등이 있으며 종피에 발아억제물질이 많이 함유하여 휴면하는 경우도 포함된다.
　㉡ 타발적 휴면은 발아력을 가진 종자에 수분, 광, 가스, 온도, 등의 외적 조건에 의해 유발되는 휴면이다.
　㉢ 자발적 휴면과 타발적 휴면을 1차 휴면이라 하고 성숙한 종자가 불리한 환경조건에서 장기간 보존되어 휴면이 새로이 발생하는 경우를 2차 휴면이라 한다.

33. 휴면의 원인

① 종피 불투수성
　㉠ 장기간 발아하지 않는 종자를 경실이라 하는데 종피가 수분의 투과를 저해하여 발아를 시작하지 못하는 경우를 말한다.
　㉡ 물의 투과성 저해로 인한 경실 종자에는 자운영, 고구마, 나팔꽃 등이 있다.

② 종피 불투기성
　㉠ 종피의 불투기성으로 산소 흡수가 저해되어 발아하지 못하는 경우가 있다.
　㉡ 보리, 귀리, 도꼬마리 등에서 주로 나타난다.

③ 종피의 기계적 저항
　잡초종자에서 종피가 기계적 저항으로 배의 늘어남이 억제되어 휴면하게 된다.

④ 발아 억제 물질
　㉠ 종실이나 과피에 발아 억제 물질이 존재하는 경우 휴면하는 경우가 있다.

ⓒ 순무종자는 과피, 옥수수종자는 배유, 토마토, 오이 등의 장과류는 장과에 발아억제물질이 존재한다.

ⓒ 종피휴면을 하는 식물에서 벼는 영에, 보리는 영과 과피, 도꼬마리는 내종피에 발아억제물질이 존재한다.

⑤ 배의 미숙
  ㉠ 장미과식물에서 종자가 모주를 이탈할 때 배의 발육이 미숙하여 발아하지 못하는 경우가 있다.
  ㉡ 배의 성숙에는 수주일~수개월의 기간이 필요한 경우가 있는데 이러한 기간 및 과정을 후숙이라 한다.
  ㉢ 후숙은 휴면하는 종자의 발아를 위해 종자의 수분함량을 조절하고, 다량의 산소를 공급하는 등의 작업을 하게 된다.
  ㉣ 화곡류 종자는 온도 15~20℃, 1~2개월 후숙을 하면 최대 발아율을 나타낸다.

⑥ 배유의 미숙
  ㉠ 배는 완숙되었지만 종자의 저장물질인 배유가 미숙하면 휴면이 발생하기도 한다.
  ㉡ 배유가 미숙하면 저장물질의 변화에 필요한 가수분해효소, 호흡에 필요한 산화환원효소가 불활성되어 휴면이 발생하게 된다.

⑦ 발아 촉진 물질(생장소)의 부족
  배유에서 배로, 자엽에서 유아 및 유근으로 생장촉진물질의 공급이 저해되면 휴면이 발생한다.

⑧ 식물호르몬 불균형
  생장억제물질인 ABA 와 생장촉진물질인 지베렐린의 함량비로 인하여 휴면이 발생되거나 조기에 타파되기도 한다.

34. 휴면의 타파

① 종피파상법
  ㉠ 경실의 휴면 타파를 통해 발아를 촉진시키기 위한 방법으로 종피에 상처를 내는 방법이다.
  ㉡ 자운영 경실종자는 모래와 섞어 절구에 가볍게 찧어 상처를 내며 고구마 종자는 손톱깎기

를 이용하여 상처를 낸다.

② 생장조절제
　㉠ 지베렐린, 시토키닌, 에틸렌, 질산칼륨, 티오요소, 키네틴, 과산화수소 등의 생장조절제를 처리하여 휴면을 타파할 수 있다.
　㉡ 지베렐린은 땅콩, 앵두, 셀러리, 씨감자 등, 시토키닌은 상추에 효과가 있다.

③ 광 처리
　㉠ 광발아종자는 광이 휴면을 타파한다.
　㉡ 가시광선 파장영역에서 600~700nm 의 적색광 파장영역은 휴면을 타파시킨다. 반대로 청색광(420~500nm)은 휴면을 유도하고 초적색광(720~780nm)에서는 휴면이 발생한다.

④ 온도 처리
　㉠ 종자가 침윤하기 전에 저온처리하면 휴면이 타파되고 이후 고온 처리를 하면 발아가 촉진된다.
　㉡ 배 휴면을 하는 종자는 0~6℃ 조건의 저온에서 수일~수개월 저장하면 휴면이 타파된다.
　㉢ 배휴면을 하는 종자를 저온습윤처리를 하면 불용성 물질이 분해되어 가용성 물질로 변화된다. 이때 삼투압이 낮아지면서 배의 물질이동이 쉬워지면서 휴면이 타파되며 새로운 조직의 형성을 위한 당류, 아미노산 등의 유기물질들이 나타난다.

⑤ 작물별 휴면타파
　㉠ 벼 종자는 40℃ 의 고온에서 3주 정도 처리한다.
　㉡ 맥류 종자의 경우 0.5~1% 과산화수소용액에 24시간 침지 후 저온(5~10℃) 조건에서 처리한다.
　㉢ 감자는 최아법, 박피절단법, 지베렐린 처리(GA처리), 에틸렌-클로로하이드린 처리를 한다. 지베렐린처리는 2ppm 에 30~60분 정도 침지하고 그늘에 말리도록 한다.
　㉣ 화본과 목초는 파종 전에 질산칼륨이나 지베렐린으로 처리한다.
　㉤ 시금치는 60℃ 고온에서 3~5일 정도 처리한다.
　㉥ 상추 및 자작나무의 경우 저온 및 광처리를 통해 휴면을 타파한다.

⑥ 층적처리
　㉠ 층적처리는 휴면의 타파 뿐만 아니라 발아력 저하방지, 발아억제물질 제거, 후숙 방지

등의 효과가 있다.
ⓒ 나무상자나 나무통에 습기가 있는 모래 혹은 톱밥과 종자를 층을 만들어 종자를 넣어 저온저장고에 보관한다. 일반적으로 모래 4cm, 종자 2cm 로 층을 쌓는다.

35. 종자의 수명

① 종자의 수명은 종자가 발아할수 있는 발아력을 가지고 있는 기간을 말한다. 종자의 수명에 따라 단명종자, 중명종자, 장명종자로 분류할 수 있다.

단명종자(1~2년)	양파, 파, 콩, 땅콩, 당근, 메밀, 고추, 상추, 우엉 등
중명(상명)종자(2~3년)	벼, 밀, 보리, 무, 완두 등
장명종자 (4~6년, 6년 이상)	비트, 수박, 호박, 오이, 배추, 가지, 토마토, 알팔파, 클로버 등

② 화훼류의 종자는 아래와 같이 분류할 수 있다
ⓐ 단명종자 : 거베라, 란타나, 플록스, 샐비어 팬지 등
ⓑ 상면종자 : 코스모스, 백일홍, 시네라리아, 글록시니아, 페츄니아, 채송화 등
ⓒ 장명종자 : 봉선화, 안개초, 매리골드, 루피너스, 맨드라미, 카네이션, 스토크 등

③ 종자의 수명에 관여하는 요인
ⓐ 종자의 유전성 및 성숙도
ⓑ 종자의 기계적 손상 정도
ⓒ 종자 저장고의 공기조성 및 환경
ⓓ 온도 및 상대습도
  • 저장기간 중에 종자의 수명이 짧아지는 요인으로 고온, 고습이 있다.
  • 대부분 종자는 80% 상대습도, 25~30℃ 온도에 저장하면 발아력이 빨리 저하되나 50% 이하의 상대습도, 5℃ 이하의 온도에서 저장하면 발아력을 유지할 수 있다. 장기저장을 위한 최적은 상대습도는 20~30% 이다.
ⓔ 종자의 수분함량
  • 종자가 더 이상 수분을 흡수하지 않고, 잃지 않는 상태를 수분평형이라 한다.
  • 종자를 저장하려면 종자를 최소한 평형수분함량까지 건조시켜야 한다. 전분종자의 평형수분함량은 약 14% 이고, 유료종자의 평형수분함량은 8% 정도이다.
  • 안전하게 저장하기 위한 종자의 최대수분함량은 일반종자 5~7%, 유지종자 3~5% 정도이다.

- 안전저장을 위한 종자 최대수분함량은 대략 벼 15%, 보리 13%, 콩 11%, 시금치 9%, 배추 5%, 고추 4.5% 정도이며 토마토는 일반적인 종자들보다 더 낮은 수준으로 해야 한다.

36. 종자의 퇴화

① 작물 재배에서 연수가 경과하는 동안 유전적, 생리적으로 생산력이 감퇴하는 경우 종자의 퇴화라고 한다.

② 종자의 퇴화 증상

• 종자의 호흡감소	• 발육 저하
• 종자 내부의 효소 활성 감소	• 저항력 저하
• 발아율의 저하	• 균일성 및 수량의 감소
• 발아조건 감소	• 유리지방산 증가
• 변색	• 종자침출액 증가

37. 종자 퇴화의 원인

① 유전적 퇴화
  ㉠ 세대가 경과함에 따라 유전적으로 변이가 발생하거나 순수하지 못해 유전적으로 퇴화하는 경우가 있다.
  ㉡ 돌연변이, 자연교잡, 근교약세 등이 있다.

돌연변이	원래의 특성을 잃고 세대가 경과되어 누적된다.
자연교잡	번식체계, 격리거리, 종자생산 규모, 꽃가루 매개 방법 등이 퇴화 정도를 결정하게 된다.
이형유전자의 분류	열성유전자 분리
근교약세	타식성 작물을 계속 자식시키면 세력이 약해진다.
기회적 부동	재식 개체수가 적거나 채종 개체수가 적은 경우 특정 유전자형만 채종되어 다음 세대 유전자의 비율이 달라지게 된다.
이형종자의 기계적 혼입	파종, 이앙, 수확 등의 작업과정에서 다른 품종이 혼입되는 경우가 있다.
역도태	수량과 품질이 개화, 추대로 쇠약해지면서 역도태가 된다.

② 생리적 퇴화
  ㉠ 생산지의 환경이 나쁘면 생리적 조건이 불량해지면서 퇴화하게 된다.
  ㉡ 콩 등은 동일 장소에서 재배 및 채종을 계속하면 미량원소가 결핍되고 다음해의 수량이

감소하게 되는데 이러한 퇴화를 후작용에 의한 퇴화라 한다.
ⓒ 온도와 일정에 의한 퇴화가 있는데 벼의 경우 고랭지에서 2년 정도 채종을 되풀이 한 것을 난지에 재배하였을 때 재래종에 비해 출수가 늦고 수량이 적어지게 된다.

③ 병리적 퇴화
종자로 전염하는 병해로 인하여 병리적으로 퇴화하는 것을 말한다.

④ 기타 종자 퇴화

• 종자 저장 양분의 고갈	• 효소의 분해와 불활성
• 분열조직세포의 기아	• 지질의 자동산화
• 유해물질의 축적	• 가수분해효소의 형성과 활성화
• 발아유도기구의 분해	• 병균의 침입
• 리보솜 분리의 저해	• 기능상 구조변화

38. 종자 퇴화의 방지

① 유전적 퇴화의 방지
  ㉠ 격리재배를 통해 자연교잡을 방지한다.
  ㉡ 이형종자의 혼입을 막기 위해 낙수 제거, 채종포 변경, 수확 및 조세의 주의, 완숙퇴비 사용한다.

② 생리적 퇴화의 방지
  ㉠ 재배적 조건이 불량해도 종자는 생리적으로 퇴화할수 있기에 이를 막으려면 재배시기의 조절, 비배관리의 개선, 착과수의 제한, 종자의 선별 등의 작업이 필요하다.
  ㉡ 벼 종자는 분지의 비옥한 점질토양이 좋으며, 감자의 경우 고랭지에서 채종하도록 한다.

③ 병리적 퇴화의 방지
  ㉠ 무병지에서 채종하는 것이 좋다.
  ㉡ 종자의 소독, 이병주 및 이병수를 제거하도록 한다.

39. 포장검사

(1) 포장검사

① 국가보증이나 자체보증을 받는 종자를 생산하려는 자는 농림수산식품부장관이나 종자관리사로부터 1회 이상 포장검사를 받아야 한다.

② 포장검사의 주된 목적은 품종의 유전적 순도검사이며, 주로 작물의 개화기를 전후하여 실시한다.

③ 포장검사는 <검사신청→달관검사→표본검사→표본조사구결정→표본조사구당 조사수량 결정→검사결과 판정→합격, 불합격 재관리→포장검사부에 기록 결과 처리>의 과정을 거친다.

(2) 관련 용어

① 백분율(%) : 검사항목의 전체에 대한 중량비율을 말한다. 다만 발아율, 병해립과 포장검사항목에 있어서는 전체에 대한 개수비율을 말한다.

② 품종순도 : 재배작물 중 이형주(변형주), 이품종주, 이종종자주를 제외한 해당품종 고유의 특성을 나타내고 있는 개체의 비율을 말한다.

③ 이형주(off type) : 동일품종 내에서 유전적 형질이 그 품종 고유의 특성을 갖지 아니한 개체를 말한다.

④ 포장격리 : 자연교잡이 일어나지 않도록 충분히 격리된 것을 말한다.

⑤ 작황균일 : 시비, 제초, 약제살포 등 포장관리상태가 양호하여 작황이 고르게 좋은 것을 말한다.

⑥ 제거 : 포장에서 검사규격상 불필요한 것을 뽑아 없애는 것을 말한다.

⑦ 소집단(lot) : 생산자(수검자)별, 종류별, 품위별로 편성된 현물종자를 말한다.

⑧ 1차시료(primary sample) : 소집단의 한 부분으로부터 얻어진 적은 양의 시료를 말한다.

⑨ 합성시료(composite sample) : 소집단에서 추출한 모든 1차시료를 혼합하여 만든 시료를 말한다.

⑩ 제출시료(submitted sample) : 검정기관(또는 검정실)에 제출된 시료를 말하며 최소한 관련 요령에서 정한 양 이상이여야 하며 합성시료의 전량 또는 합성시료의 분할시료이여야 한다.

⑪ 원원종 : 품종 고유의 특성을 보유하고 종자의 증식에 기본이 되는 종자를 말하며, "원원종포"라 함은 원원종의 생산포장을 말한다.

⑫ 원종 : 원원종에서 1세대 증식된 종자를 말하며, "원종포"라 함은 원종의 생산포장을

말한다.

⑬ 보급종 : 원종 또는 원원종에서 1세대 증식하여 농가에 보급하는 종자를 보급종 또는 보급종I이라 말하며, 보급종II는 보급종을 1세대 다시 증식한 것을 말하고, "채종포(또는 증식포)"라 함은 보급종의 생산포장을 말한다.

⑭ 검사시료(working sample) : 검사실(분석실)에서 제출시료로부터 취한 분할시료로 품위검사에 제공되는 시료이다.

⑮ 분할시료(sub-sample) : 합성시료 또는 제출시료로부터 규정에 따라 축분하여 얻어진 시료이다.

⑯ 봉인(sealing) : 종자가 들어있는 콘테이너(용기)나 포장이 파괴되거나 손이간 흔적을 남기지 않고는 다시 종자를 넣거나 뺄 수 없도록 봉하는 것을 말한다.

⑰ 수분 : 103±2°C 또는 130-133°C 건조법에 의하여 측정한 수분을 말하되 이와 같은 동등한 측정결과를 얻을 수 있는 전기저항식 수분계, 전열 건조식수분계, 적외선조사식 수분계 등에 의하여 측정한 수분을 말한다.

⑱ 정립 : 이종종자, 잡초종자 및 이물을 제외한 종자를 말하며 다음의 것을 포함한다.
  1) 미숙립, 발아립, 주름진립, 소립
  2) 원래크기의 1/2이상인 종자쇄립
  3) 병해립(맥각병해립, 균핵병해립, 깜부기병해립 및 선충에 의한 충영립을 제외한다)
  4) 목초나 화곡류의 영화가 배유를 가진 것

⑲ 발아 : 실험실에서의 종자의 발아란 알맞은 토양조건에서 장차 완전한 식물로 생장할 수 있는지의 여부를 가리키는 묘의 단계까지 필수구조 들이 출현하고 발달된 것을 말한다.

⑳ 발아율 : 일정한 기간과 조건에서 정상묘로 분류되는 종자의 숫자비율을 말한다.

㉑ 이종종자 : 대상작물 이외의 다른 작물의 종자를 말한다.

㉒ 이품종 : 대상품종 이외의 다른 품종을 말한다.

㉓ 잡초종자 : 보편적으로 인정되는 잡초의 괴근, 괴경 및 종실과 이와 유사한 조직을 말한다. 다만, 이물질로 정의된 것을 제외한다.

㉔ 메성배유개체출현율 : 찰성벼, 보리, 밀, 옥수수 등에서 키세니아 현상으로 일어나는 메성전분배유소지 개체의 출현율을 말한다.

㉕ 이물 : 정립이나 이종종자로 분류되지 않는 종자구조를 가졌거나 종자가 아닌 모든 물질로 다음의 것을 포함한다.
  1) 원형의 반 미만의 작물종자 쇄립 또는 피해립
  2) 완전 박피된 두과종자, 십자화과 종자 및 야생겨자종자

3) 작물종자 중 불임소수

4) 맥각병해립, 균핵병해립, 깜부기병해립, 선충에 의한 충영립

5) 배아가 없는 잡초종자

6) 회백색 또는 회갈색으로 변한 새삼과 종자

7) 모래, 흙, 줄기, 잎, 식물의 부스러기 꽃 등 종자가 아닌 모든 물질

㉖ 피해립 : 발아립, 부패립, 충해립, 열손립, 박피립, 상해립 및 기타 기계적 손상립으로 이물에 속하지 아니한 것을 말한다.

㉗ 기타 위에 명시된 용어의 정의 외에는 ISTA의 종자검정규정에 따른다.

㉘ 모수 : 원원종 또는 원종 등에서 유래된 무성 번식체로서 보급종 생산용 재료(대목, 접수, 삽수 등)를 생산하기 위해 사용되는 식물체를 말하고, "모수포"라 함은 모수가 식재되어 있는 포장을 말한다.

㉙ 무병(virus free) 묘목 : 바이러스 무병화 과정(열처리, 생장점 배양 등)을 거친 묘목 또는 포장검사 대상바이러스에 감염되지 않은 묘목을 말한다.

㉚ 격리망실 : 출입문 시건장치와 진딧물 등의 해충을 완전히 차단할 수 있는 시설이 구비되어 있는 망실을 의미하며, 망실의 그물망 격자 크기는 0.5×0.7 mm 이하 이어야 한다.

㉛ 미숙립율 : 벼의 껍질을 벗긴 현미만을 정선하여 1.7mm 줄체를 통과한 미숙현미의 무게를 전체 현미의 무게로 나눈값의 비율을 말한다.

㉜ 발아세 : 치상 후 일정기간까지의 발아율 또는 표준발아검사에서 중간발아조사일까지의 발아율을 말한다.

(3) 작물별 포장검사의 기준

1) 벼

가) 포장검사

- 검사시기 및 회수 : 유숙기로부터 호숙기 사이에 1회 검사한다. 다만, 특정병에 한하여 검사횟수 및 시기를 조정하여 실시할 수 있다
- 포장격리 : 원원종포·원종포는 이품종으로부터 3m 이상 격리되어야 하고 채종포는 이품종으로부터 1m 이상 격리되어야 한다. 다만, 각 포장과 이품종이 논둑 등으로 구획되어 있는 경우에는 그러하지 아니하다.
- 전작물 조건 : 없음
- 포장조건 : 파종된 종자는 종자원이 명확하여야 하고 포장검사시 1/3 이상이 도복 (생육 및 결실에 지장이 없을 정도의 도복은 제외)되어서는 아니 되며, 적절한 조사를 할 수 없을 정도로 잡초가 발생되었거나 작물이 왜화·훼손되어서는 아니 된다.

□ 검사규격

항목\채종단계	최저한도(%) 품종순도	이종종자주	최고한도(%) 잡초 특정해초	기타해초	병주 특정병	기타병	작황
원원종포	99.9	무	무	-	0.01	10.00	균일
원종포	99.9	무	0.00	-	0.01	15.00	균일
채종포 1세대	99.7	무	0.01	-	0.02	20.00	균일
채종포 2세대	99.0	무	0.01	-	0.02	20.00	균일

※ 정의
- 특정해초 : 피를 말한다.
- 특정병 : 키다리병, 선충심고병을 말한다.
- 기타병 : 도열병, 깨씨무늬병, 흰잎마름병, 잎집무늬마름병, 줄무늬잎마름병, 오갈병, 이삭누룩병 및 세균성벼알마름병을 말한다.

나) 종자검사

□ 검사규격

채종단계	최저한도(%) 정립	발아율	수분	최고한도(%) 이품종	이종종자	잡초종자 특정해초	기타해초	계	피해립	병해립 특정병	기타병	이물	메벼출현율
원원종	99.0	85	14.0	0.02	0.02	무	0.03	0.05	2.0	2.0	5.0	1.0	0.2
원종	99.0	85	14.0	0.05	0.03	무	0.10	0.10	3.0	5.0	10.0	1.0	0.4
보급종	98.0	85	14.0	0.10	0.05	0.00	0.10	0.20	3.0	5.0	10.0	2.0	0.6

※ 보급종 정립 중 미숙립율 최고한도는 4.0% 이하로 한다.

※ 정의
- 특정해초 : 포장검사규격에 준한다.
- 기타해초 : 물달개비, 여뀌, 마디꽃, 논뚝외풀, 사마귀풀 및 올챙이 고랭이를 말한다.
- 특정병 : 포장검사규격에 준한다.
- 기타병 : 도열병, 깨씨무늬병 및 이삭누룩병을 말한다.

2) 겉보리, 쌀보리 및 맥주보리

가) 포장검사
- 검사시기 및 회수 : 유숙기로부터 황숙기 사이에 1회 실시한다.
- 포장격리 : 벼에 준한다.
- 전작물 조건 : 품종의 순도유지를 위하여 2년 이상 윤작을 하여야 한다. 다만, 경종적

방법에 의하여 혼종의 우려가 없도록 담수처리, 객토, 비닐멀칭을 하였거나, 타 작물을 앞그루로 재배한 경우 및 이전 재배 품종이 당해 포장검사를 받는 품종과 동일한 경우에는 그러하지 아니하다.
- 포장조건 : 벼에 준한다.

□ 검사규격

채종단계		항목 최저한도(%) 품종순도	최고한도(%)					작황
			이종종자주	잡초		병주		
				특정해초	기타해초	특정병	기타병	
원원종포		99.9	0.01	-	-	0.10	10.00	균일
원종포		99.9	0.01	-	-	0.10	15.00	균일
채종포	1세대	99.7	0.05	-	-	0.40	20.00	균일
	2세대	99.0						

※ 정의
- 특정병 : 겉깜부기병, 속깜부기병 및 보리줄무늬병을 말한다.
- 기타병 : 흰가루병, 줄기녹병, 좀녹병, 붉은곰팡이병 및 바이러스병을 말한다.

나) 종자검사

□ 검사규격

채종단계	항목 최저한도(%)					최고한도(%)							
	정립	발아율	수분	이품종	이종종자	잡초종자			피해립	병해립		이물	메벼출현율
						특정해초	기타해초	계		특정병	기타병		
원원종	99.0	85	14.0	0.05	0.06	-	0.03	0.05	2.0	무	5.0	1.0	0.2
원종	99.0	85	14.0	0.10	0.12	-	0.05	0.10	3.0	2.0	10.0	1.0	0.4
보급종	98.0	85	14.0	0.20	0.20	-	0.10	0.20	3.0	4.0	10.0	2.0	0.6

※ 정의
- 기타해초 : 냉이 및 뚝새풀을 말한다.
- 특정병 : 포장검사규격에 준한다.
- 기타병 : 붉은 곰팡이병을 말한다.

3) 밀

가) 포장검사
- 검사시기 및 회수 : 유숙기로부터 황숙기 사이에 1회 실시한다.
- 포장격리 : 벼에 준한다.
- 전작물 조건 : 품종의 순도유지를 위해 2년 이상 윤작을 하여야 한다. 다만, 경종적

방법에 의하여 혼종의 우려가 없도록 담수처리·객토· 비닐멀칭을 하였거나, 이전 재배품종이 당해 포장검사를 받는 품종과 동일한 경우에는 그러하지 아니 하다.
- 포장조건 : 벼에 준한다.

□ 검사규격

채종단계		항목 최저한도(%) 품종순도	최고한도(%)					작황
			이종 종자주	잡초		병주		
				특정해초	기타해초	특정병	기타병	
원원종포		99.9	0.01	-	-	0.01	10.00	균일
원종포		99.9	0.01	-	-	0.01	15.00	균일
채종포	1세대	99.7	0.05	-	-	0.02	20.00	균일
	2세대	99.0						

※ 정의
- 특정병 : 겉깜부기병 및 비린깜부기병을 말한다.
- 기타병 : 흰가루병, 줄기녹병, 위축병, 좀녹병, 엽고병 및 붉은곰팡이병을 말한다.

나) 종자검사

□ 검사규격

채종 단계	최저한도(%)		최고한도(%)									
	정립	발아율	수분	이품종	이종 종자	잡초종자			피해립	병해립		이물	메벼 출현율
						특정 해초	기타 해초	계		특정병	기타병		
원원종	99.0	85	12.0	0.05	0.03	-	0.03	0.05	2.0	무	5.0	5.0	1.0
원종	99.0	85	12.0	0.10	0.06	-	0.05	0.10	3.0	0.1	10.0	10.0	1.0
보급종	98.0	85	12.0	0.20	0.10	-	0.10	0.20	5.0	0.2	10.0	10.0	2.0

※ 정의
- 기타해초 : 겉보리종자 검사규격에 준한다.
- 특정병 : 포장검사규격에 준한다.
- 기타병 : 붉은곰팡이병을 말한다.

4) 콩

가) 포장검사
- 검사시기 및 회수 : 개화기에 1회 실시한다.
- 포장격리 : 벼에 준한다.
- 전작물 조건 : 겉보리에 준한다.
- 포장조건 : 벼에 준한다.

□ 검사규격

채종단계		항목	최저한도(%) 품종순도	최고한도(%)					작황
				이종 종자주	잡초		병주		
					특정해초	기타해초	특정병	기타병	
원원종포			99.9	무	무	-	3.00	10.00	균일
원종포			99.9	무	무	-	5.00	15.00	균일
채종포	1세대		99.7	0.20	0.01	-	10.00	20.00	균일
	2세대		99.0	0.50					

※ 정의
- 특정해초 : 새삼을 말한다.
- 특정병 : 자주무늬병(자반병)을 말한다.
- 기타병 : 모자이크병, 세균성점무늬병, 불마름병(엽소병), 탄저병 및 노균병을 말한다.

나) 종자검사

□ 검사규격

채종 단계	항목 정립	최저한도(%) 발아율	수분	최고한도(%) 이품종	이종 종자	잡초종자			피해립	병해립		이물
						특정 해초	기타 해초	계		특정병	기타병	
원원종	99.0	85	14.0	0.10	무	무	-	0.01	2.0	3.0	5.0	1.0
원종	99.0	85	14.0	0.20	무	무	-	0.02	3.0	5.0	10.0	1.0
보급종	98.0	85	14.0	0.50	0.10	무	-	0.05	5.0	5.0	10.0	2.0

※ 정의
- 특정해초 : 포장검사규격에 준한다.
- 특정병 : 포장검사규격에 준한다.
- 기타병 : 모자이크병, 미이라병 및 탄저병을 말한다.

5) 옥수수

가) 교잡종

㉠ 포장검사

ⓐ 검사시기 및 회수 : 수술출현 1주일전·수술출현기·암술출현기 및 수확 1주일 전에 1회씩 실시한다. 다만, 수술출현 1주일 전의 검사와 암술출현기의 검사는 생략할 수 있다.

ⓑ 포장격리
- 원원종,원종의 자식계통 및 채종용 단교잡종 : 원원종, 원종의 자식계통은

이품종으로부터 300m 이상, 채종용 단교잡종은 200m 이상 격리되어야 한다. 다만, 건물 또는 산림 등의 보호물이 있을 때는 200m 로 단축할 수 있다.
- 복교잡종, 삼계교잡종 : 이품종 또는 유사품종으로부터 200m 이상 격리되어야 한다. 다만, 포장주위에 화분이 풍부한 숫옥수수를 심은 경우에는 다음에 따라 그 거리를 단축할 수 있다.

포장규모 포장주위 웅주줄수	4ha 미만	4 이상 8ha 미만	8 이상 12ha 미만	12 이상 16ha 미만	16ha 이상
2 줄	200 m	191 m	181 m	171 m	166 m
4	176 m	166 m	156 m	146 m	141 m
6	151 m	141 m	131 m	121 m	116 m
8	126 m	116 m	106 m	96 m	91 m
10	101 m	91 m	80 m	70 m	65 m
12	75 m	65 m	55 m	50 m	50 m
14	50 m	45 m	35 m	20 m	20 m

- 종자의 타화수정방지를 위하여 별도의 조치를 취하였거나 품종 간의 개화기가 달라 교잡의 우려가 없는 경우에는 당해 포장 격리 기준을 적용하지 아니할 수 있다.

ⓒ 전작물 조건 : 없음
ⓓ 포장조건 : 벼에 준한다.
ⓔ 검사규격

| 채종단계 | 항목 최고한도(%) | | 병주 | | 작황 |
	변형주	자연교잡율	특정병	기타병	
자 식 계 통	무	무	-	2.00	균일
단 교 잡 종	0.20	0.50	-	5.00	균일
삼계교잡종 변형단교잡종	0.30	0.50	-	5.00	균일
복 교 잡 종	0.40	1.00	-	5.00	균일

※ 정의
- 자연교잡율 : 종자친의 미제웅비율 및 화분비산기 이후에 제거되어 자연 교잡된 비율을 말한다.
- 기타병 : 매문병, 깨씨무늬병, 깜부기병 및 붉은곰팡이병을 말한다. 다만, 생육후기 검사시 우량종자생산에 지장이 없을 경우에 한하여 매문병과 깨씨무늬병을 적용하지 아니할 수 있다.

ⓛ 종자검사

ㅁ 검사규격

구분 \ 항목	최저한도(%)		최고한도(%)						
	정립	발아율	수 분	이품종	이종 종자	피해립	병 해 립		이 물
							특정병	기타병	
자식계통	98.0	85	13.0	무	무	5.0	-	2.0	2.0
교잡종	98.0	85	13.0	무	무	5.0	-	5.0	2.0

주) 교잡종이 보급종일 경우 이품종 및 이종종자의 최고한도를 0.01%로 한다.

※ 정의

· 기타병 : 포장검사규격에 준한다.

나) 합성품종 방임수분종

㉠ 포장검사

ⓐ 포장검사 및 회수 : 수술출현 초기에 1회, 호숙기에 1회 실시한다.

ⓑ 포장격리 : 교잡종에 준한다.

ⓒ 전작물 조건 : 교잡종에 준한다.

ⓓ 포장조건 : 교잡종에 준한다.

ⓔ 검사규격

채종단계 \ 항목	최고한도(%)			작황
	이품종주	병주		
		특정병	기타병	
원원종포	무	-	2.00	균일
채종포	무	-	5.00	균일

※ 정의

· 기타병 : 교잡종 검사규격에 준한다.

ⓛ 종자검사

ㅁ 검사규격

채종 단계 \ 항목	최저한도(%)		최 고 한 도 (%)						
	정 립	발아율	수분	이품종	이종 종자	피해립	병 해 립		이 물
							특정병	기타병	
원원종	98.0	85	13.0	무	무	5.0	-	2.0	2.0
보급종	98.0	85	13.0	무	무	5.0	-	5.0	2.0

※ 정의

· 기타병 : 교잡종 검사규격에 준한다.

6) 감자

　가) 포장검사
　　・검사시기 및 회수
　　・춘작 : 유묘가 15cm 정도 자랐을 때 및 개화기부터 낙화기 사이에 각각 1회 실시한다.
　　・추작 : 유묘가 15cm 정도 자랐을 때 및 제1기 검사후 15일경에 각각 1회 실시한다.

　나) 포장격리
　　・원원종포 : 불합격포장, 비채종포장으로부터 50m 이상 격리되어야 한다.
　　・원종포 : 불합격포장, 비채종포장으로부터 20m 이상 격리되어야 한다.
　　・채종포 : 비채종포장으로부터 5m이상 격리되어야 한다.
　　・십자화과·가지과·장미과·복숭아나무·무궁화나무 기타 숙주로부터 10m 이상 격리되어야 한다.
　　・다른 채종단계의 포장으로부터 1m이상 격리되어야 한다.
　　・망실재배를 하는 원원종포·원종포 또는 채종포의 경우에는 격리거리를 1) 내지 5)의 포장격리기준의 10분 1로 단축할 수 있다.

　다) 전작물 조건
　　・연작하지 아니한 포장이어야 한다. 다만, 연작피해 방지대책을 강구한 경우에는 그러하지 아니할 수 있다.
　　・윤부병 발생포장은 2년 이상 윤작하여야 한다.
　　・걀쭉병 발생포장은 5년간 감자 및 가지과작물을 재배하여서는 아니된다.

　라) 포장조건 : 벼에 준한다.

　마) 검사규격

| 채종단계\항목 | 이품종주 | 이종종자주 | 최고한도(%) ||||||| ||||| 작황 |
| | | | 특정병 ||||||| 기타병 |||| |
			모자이크바이러스	잎말림바이러스	기타바이러스	바이러스계	걀쭉병	둘레썩음병	풋마름병	흑지병	위조병	기타병	병해계	
원원종포	무	무	0.5	0.3	0.2	1.0	무	무	무	0.5	0.5	5.0	6.0	균일
원종포	무	무	1.0	0.5	0.5	2.0	무	무	무	1.0	1.0	6.0	8.0	균일
채종포	무	무	2.0	1.0	1.0	4.0	무	무	무	1.5	1.5	7.0	10.0	균일

　　※ 정의
　　　・특정병 : 모자이크바이러스·잎말림바이러스·기타 바이러스·걀쭉병 및 둘레썩음병·풋마름병을 말한다.
　　　・기타병 : 흑지병·후사리움위조병·역병·하역병 등을 말한다.

바) 종자검사

☐ 검사규격

채종단계	괴경중량	최 고 한 도 (%)											
		이품종	특정병				기타병	피해서				기형서	싹튼감자	이물
			바이러스	둘레썩음병	풋마름병	갈쭉병		계	동해	수분해	기타			
원원종	30-330g	무	1.0	무	무	무	1.0	13.0	무	10.0	3.0	0.5	무	0.5
원 종	30-330g	무	2.0	무	무	무	3.0	15.0	무	10.0	5.0	0.8	3.0	0.5
보급종	50-270g	0.01	4.0	무	무	무	5.0	18.0	무	10.0	8.0	1.0	6.0	1.0

주) · 인공씨감자를 재배하여 생산된 종자 또는 양액재배로 생산된 종자를 씨감자로 사용하는 경우는 괴경중량을 3-50g 으로 할 수 있으며 인공씨감자를 종자로 직접 사용하는 경우 괴경중량은 0.5g 이상으로 할 수 있다.

· 농림축산식품부장관 및 종자관리사는 괴경중량 기준 대신에 괴경크기 기준을 정하여 검사할 수 있다.

※ 정의

· 특정병 : 바이러스·둘레썩음병·풋마름병·갈쭉병을 말한다.
· 기타병 : 더뎅이병·흑지병·역병·무름병·마른썩음병 등을 말한다. 다만, 더뎅이병은 개체의 병반지름이 5mm이내이고, 병반지름의 합이 2cm 이하로서 병반면적이 전체 표면적의 3% 이내인 것은 제외한다.
· 피해서 : 중심공동서·동해·일소·기계적상해·개열서·충해·수분해 기타 원인에 의하여 손상을 받은 것을 말한다.
· 싹튼감자 : 눈이 5mm 이상 자란 것을 말한다.

7) 고구마

가) 포장검사

· 검사시기 및 회수 : 괴근비대 초기에 1회 검사한다.
· 포장격리 : 벼포장 검사규격에 준한다.
· 전작물 조건 : 감자에 준한다.
· 포장조건 : 벼에 준한다.
· 검사규격

항목 채종단계		이품종주	이종 종자주	변형주	최고한도(%)		기타병	작황
					특정병주			
					흑반병	위축병		
원원종포		무	무	무	0.10	무	0.10	균일
원종포		무	무	무	0.20	무	0.20	균일
채종포	1세대	무	무	무	0.30	무	0.50	균일
	2세대							

※ 정의
- 특정병 : 흑반병 및 마이코프라스마병을 말한다.
- 기타병 : 만할병 및 선충병을 말한다.

나) 종자검사

□ 검사규격

항목 채종단계	괴근중량	이품종저	최고한도(%)		피해저	싹튼 고구마
			병해충저			
			흑반병	기타병충		
원원종	70-400g	무	무	0.1	1.0	1.0
원종	70-400g	무	0.2	0.5	3.0	3.0
보급종	70-400g	무	0.5	1.0	5.0	5.0

※ 정의
- 특정병 : 흑반병을 말한다.
- 기타병 : 선충병·만할병·연부병·자문우병 등 기타병을 말한다.
- 피해저 : 상해저·압상저·부패저·병해저·충해저 및 퇴화저를 말한다.
- 싹튼고구마 : 눈이 20mm 이상 자란 것을 말한다.

8) 팥

가) 포장검사
- 검사시기 및 회수 : 개화기에 1회 실시한다.
- 포장격리 : 벼에 준한다.
- 전작물 조건 : 밀에 준한다.
- 포장조건 : 벼에 준한다.

- 검사규격

채종단계		항목	최저한도(%) 품종순도	최고한도(%)			작황
				이종종자주	병주 특정병	병주 기타병	
원원종포			99.9	무	3.00	10.00	균일
원종포			99.9	무	5.00	15.00	균일
채종포	1세대		99.7	0.10	10.00	20.00	균일
	2세대		99.0				

※ 정의
- 특정병 : 콩세균병 및 위축병을 말한다.
- 기타병 : 갈반병·엽소병·탄저병 등 기타병을 말한다.

나) 종자검사

□ 검사규격

채종단계	최저한도(%)		최고한도(%)					병해립		이물
	정립	발아율	수분	이품종	이종종자	잡초종자	피해립	특정병	기타병	
원원종	99.0	85	13.0	0.10	무	0.01	2.0	3.0	5.0	1.0
원종	99.0	85	13.0	0.20	무	0.02	3.0	5.0	10.0	1.0
보급종	98.0	85	13.0	0.50	0.10	0.05	5.0	5.0	10.0	2.0

※ 정의
- 특정병 및 기타병 : 포장검사규격에 준한다.

9) 땅 콩

가) 포장검사
- 검사시기 및 회수 : 개화초에 1회 실시한다.
- 포장격리 : 벼에 준한다.
- 전작물 조건 : 밀에 준한다.
- 포장조건 : 벼에 준한다.
- 검사규격

채종단계		항목	최저한도(%) 품종순도	최고한도(%)					작황
				이종종자주	잡초 특정해초	잡초 기타해초	병주 특정병	병주 기타병	
원원종포			99.9	무	-	무	0.20	5.0	균일
원종포			99.9	무	-	무	0.50	10.0	균일
채종포	1세대		99.7	0.3	-	무	1.00	15.0	균일
	2세대		99.0	0.5					

※ 정의
- 특정병 : 갈반병을 말한다.
- 기타병 : 검은무늬병, 균핵병 및 줄기썩음병을 말한다.

나) 종자검사

□ 검사규격

채종단계	최저한도(%)		최고한도(%)									
	정립	발아율	수분	이품종	이종종자	잡초종자			피해립	병해립		이물
						특정해초	기타해초	계		특정병	기타병	
원원종	99.0	85	13.0	0.10	무	-	0.01	0.01	2.0	1.0	2.0	1.0
원종	99.0	85	13.0	0.20	무	-	0.02	0.02	3.0	3.0	5.0	1.0
보급종	98.0	85	13.0	0.50	0.10	-	0.03	0.05	5.0	3.0	10.0	2.0

※ 정의
- 특정병 : 포장검사규격에 준한다.
- 기타병 : 검은무늬병, 균핵병을 말한다.

10) 참깨

가) 포장검사
- 검사시기 및 회수 : 개화기에 1회 실시한다.
- 포장격리 : 이품종으로부터 500m 이상 격리되어야 한다. 다만, 동일 종피색 품종간의 격리거리는 5m 이상으로 하며, 망실재배시에는 격리거리를 적용하지 아니 한다.
- 전작물 조건 : 채종 당해년도부터 2년 이내에 참깨를 재배하지 아니한 포장
- 포장조건 : 벼에 준한다.
- 검사규격

채종단계		항목	최저한도(%)	최고한도(%)			작황
			품종순도	이종종자주	병주		
					특정병	기타병	
원원종포			99.0	0.1	10.0	15.0	균일
원종포			98.0	0.1	15.0	20.0	균일
채종포	1세대		97.0	0.1	20.0	30.0	균일
	2세대		95.0				

※ 정의
- 특정병 : 역병 및 위조병을 말한다.
- 기타병 : 엽고병 등을 말한다.

나) 종자검사

□ 검사규격

항목 채종단계	최저한도(%)		최고한도(%)							
	정립	발아율	수분	이품종	이종종자	잡초종자	피해립	병해립		이물
								특정병	기타병	
원원종	99.0	90	10.0	3.0	0.1	0.2	2.0	3.0	5.0	1.0
원종	98.0	85	10.0	5.0	0.1	0.4	3.0	5.0	10.0	1.0
보급종	97.0	85	10.0	7.0	0.1	0.5	5.0	10.0	20.0	2.0

※ 정의
- 특정병과 기타병 : 포장검사규격에 준한다.

11) 들깨

가) 포장검사
- 검사시기 및 회수 : 개화기에 1회 실시한다.
- 포장격리 : 이품종으로부터 5m 이상 격리되어야 한다.
- 전작물 조건 : 밀에 준한다.
- 포장조건 : 벼에 준한다.
- 검사규격

항목 채종단계		최저한도(%)	최고한도(%)			작황
		품종순도	이종 종자주	병주		
				특정병	기타병	
원원종포		99.0	0.1	10.0	15.0	균일
원종포		98.0	0.1	15.0	20.0	균일
채종포	1세대	97.0	0.1	20.0	30.0	균일
	2세대	95.0				

※ 정의
- 특정병 : 녹병을 말한다.
- 기타병 : 줄기마름병 등을 말한다.

나) 종자검사

□ 검사규격

항목 채종단계	최저한도(%)		최고한도(%)							
	정립	발아율	수분	이품종	이종종자	잡초종자	피해립	병해립 특정병	병해립 기타병	이물
원원종	99.0	85	10.0	3.0	0.1	0.2	2.0	3.0	5.0	1.0
원종	98.0	85	10.0	5.0	0.1	0.4	3.0	5.0	10.0	1.0
보급종	97.0	85	10.0	7.0	0.1	0.5	5.0	10.0	20.0	2.0

※ 정의
- 특정병과 기타병 : 포장검사규격에 준한다.

12) 유채

가) 포장검사
- 검사시기 및 회수 : 추대기에 1회 실시한다.
- 포장격리
  - 원원종은 망실재배를 원칙으로 하며, 이때 격리거리는 필요없다.
  - 원종, 보급종은 이품종으로부터 1,000m 이상 격리되어야 한다. 다만, 산림 등 보호물이 있을 때에는 500m 까지 단축할 수 있다.
- 전작물 조건 : 밀에 준한다.
- 포장조건 : 벼에 준한다.
- 검사규격

항목 채종단계		최저한도(%)	최고한도(%)					작황
		품종순도	이종종자주	잡초 특정해초	잡초 기타해초	병주 특정병	병주 기타병	
원원종포		99.9	무	무	-	1.0	2.0	균일
원종포		99.9	무	무	-	5.0	5.0	균일
채종포	1세대	99.7	무	무	-	10.0	10.0	균일
	2세대	99.0						

※ 정의
- 특정해초 : 십자화과 잡초를 말한다.
- 특정병 : 균핵병을 말한다.
- 기타병 : 백수병, 근부병, 공동병을 말한다.

나) 종자검사
  □ 검사규격

채종단계	최저한도(%)		최고한도(%)									
	정립	발아율	수분	이품종	이종종자	잡초종자			피해립	병해립		이물
						특정해초	기타해초	계		특정병	기타병	
원원종	99.0	85	10.0	0.2	무	무	0.1	0.1	2.0	0.1	2.0	1.0
원종	99.0	85	10.0	0.5	무	무	0.2	0.2	3.0	0.2	4.0	1.0
보급종	98.0	85	10.0	1.0	0.10	무	0.5	0.5	4.0	0.3	6.0	2.0

※ 정의

• 특정해초 : 포장검사규격에 준한다.

• 특정병 : 포장검사규격에 준한다.

• 기타병 : 포장검사규격에 준한다.

13) 녹두

   가) 포장검사

      • 검사시기 및 회수 : 개화기에 1회 실시한다.

      • 포장격리 : 벼에 준한다.

      • 전작물 조건 : 밀에 준한다.

      • 포장조건 : 벼에 준한다.

      • 검사규격

채종단계		항목 최저한도(%)	최고한도(%)						작황
		품종순도	이종종자주	잡초		병주			
				특정해초	기타해초	특정병	기타병		
원원종포		99.9	무	무	-	3.0	10.0		균일
원종포		99.9	무	무	-	5.0	15.0		균일
채종포	1세대	99.7	0.50	무	-	10.0	20.0		균일
	2세대	99.0							

※ 정의

• 특정해초 : 새삼을 말한다.

• 특정병 : 녹두 황색모자이크바이러스병을 말한다

• 기타병 : 녹두 모틀바이러스병, 갈반병, 흰가루병을 말한다.

   나) 종자검사

      ㅁ 검사규격

항목 채종 단계	최저한도(%)		최고한도(%)								
	정립	발아율	수분	이품종	이종종자	잡초종자		피해립	병해립		이물
						특정해초	계		특정병	기타병	
원원종	99.0	85	13.0	0.10	무	무	0.01	2.0	3.0	5.0	1.0
원종	99.0	85	13.0	0.20	무	무	0.02	3.0	5.0	10.0	1.0
보급종	98.0	85	13.0	0.50	0.10	무	0.05	5.0	5.0	10.0	2.0

※ 정의
- 특정해초 : 포장검사규격에 준한다.
- 기타병 : 갈반병 등을 말한다.
- 특정병 : 포장검사규격에 준한다.

14) 채소작물

가) 포장검사

㉠ 검사시기 및 회수 : 개화기에 1회 이상 실시한다.

㉡ 포장격리 : 종자작물은 다른 꽃가루 및 종자전염병(종자바이러스 감염 및 질병의 원인이 될 수 있는 야생식물 포함)의 모든 원천으로 부터 격리되어야 한다. 작물별 격리거리는 다음 이상이어야 한다.

작물명	격리거리(m)	포장 내지 식물로부터 격리되어야 하는 것
무	1,000	① ②
배추	1,000	① ②
양배추	1,000	① ②
고추	500	① ②
토마토	300	① ②
오이	1,000	① ②
참외	1,000	① ②
수박	1,000	① ②
호박(박)	1,000	① ②
파	1,000	① ②
양파	1,000	① ② ③
당근	1,000	① ②
상추	60	① ②
시금치	1,000	① ②

(주) ① 같은 종의 다른 품종
② 바람이나 곤충에 의해 전파된 치명적인 특정병 또는 기타병에 감염된 같은 작물이나 다른 숙주식물

③ 교잡양파 양친계통 : ① ②로부터 1,600m

위의 격리거리 요건은 다른 종자작물과 종자포장에서 같은 시기에 개화하는 채소 생산 작물에 적용된다. 종자포장내지 단지가 자연적 또는 인위적인 방어물로 불필요한 화분 립원과 종자전파성 질병을 충분히 방어할 수 있고 다른 작물에 의한 수분이 불가능 할 때는 무시한다.(예, "온실재배, 교배모본에 인위적 교배장치를 한 재배" 등)

ⓒ 전작물 조건 : 전에 재배하였던 작물과 동일종의 작물을 재배하려는 경우에는 최소한 전작물과 2년이상의 간격을 두어야 한다. 다만, 연작 피해 대책을 강구하고 동일 품종을 재배하는 경우에는 예외로 한다.

ⓔ 포장조건 : 벼에 준한다. 다만, 기타 조건은 다음과 같다.

    ⓐ 종자생산용 포장 또는 온실은 다음 사항에 의한 종자의 오염을 방지하기 위하여 자생식물이 없어야 한다.
- 작물종자로부터 제거하기 어려운 종자
- 타가수분
- 자생식물로부터 전파되는 종자전염병

    ⓑ 앞작물 재배는 현존하는 토양전염병이 수확된 종자에서 전파될 수 있는 위험을 가능한 한 최소화시킬 수 있는 방법이 되어야 한다.

    ⓒ 앞작물로 인하여 포장 또는 온실이 상기 이유 등으로 부적합할 경우 적절한 조치를 취해야 한다.

ⓜ 포장검사 규격

작물명	최저한도(%) 순도		최고한도(%)			작황
	F1양친	교잡종	이종 종자주	특정 해초	병주	
무, 양배추, 파, 양파, 상추	99.0	98.0	0.05	0.05	2.0	균일
배추, 토마토, 당근, 시금치	99.0	98.0	0.05	0.05	5.0	균일
고추	99.0	98.0	0.05	0.05	8.0	균일
오이, 참외, 수박	99.0	98.0	0.05	0.05	10.0	균일
호박(박)	99.0	98.0	0.05	0.05	15.0	균일

※ 특정해초의 정의 : 해당작물의 야생종, 화분, 오염성 잡초 및 새삼과 작물을 말한다.

나) 종자검사

  □ 검사규격

작물명		최저한도(%)			최고한도(%)				병해립	
		정립	발아율	수분	이종종자	잡초종자	이물	손상립	특정병	기타병
무	원종	99.0	70	9.0	0.05	0.05	1.0	7.0		6.0
	보급종	96.0	70	9.0	0.20	0.10	4.0	7.0		6.0
배추	원종	99.0	75	9.0	0.05	0.05	1.0	10.0		7.0
	보급종	96.0	75	9.0	0.20	0.10	4.0	10.0		7.0
양배추	원종	99.0	75	9.0	0.05	0.05	1.0	10.0		6.0
	보급종	96.0	75	9.0	0.20	0.10	4.0	10.0		6.0
고추	원종	99.0	65	9.0	0.05	0.05	1.0	5.0		5.0
	보급종	96.0	65	9.0	0.20	0.10	4.0	5.0		5.0
토마토	원종	99.0	70	9.0	0.05	0.05	1.0	3.0		6.0
	보급종	96.0	70	9.0	0.20	0.10	4.0	3.0		6.0
오이	원종	99.0	80	9.0	0.05	0.05	1.0	5.0	무	5.0
	보급종	96.0	80	9.0	0.20	0.10	4.0	5.0	무	5.0
참외	원종	99.0	75	9.0	0.05	0.05	1.0	5.0	무	7.0
	보급종	96.0	75	9.0	0.20	0.10	4.0	5.0	무	7.0
수박	원종	99.0	75	9.0	0.05	0.05	1.0	5.0	무	6.0
	보급종	96.0	75	9.0	0.20	0.10	4.0	5.0	무	6.0
호박(박)	원종	99.0	75	9.0	0.05	0.05	1.0	7.0	무	10.0
	보급종	96.0	75	9.0	0.20	0.10	4.0	7.0	무	10.0
파	원종	99.0	65	9.0	0.05	0.05	1.0	5.0		4.0
	보급종	96.0	65	9.0	0.20	0.10	4.0	5.0		4.0
양파	원종	99.0	75	9.0	0.05	0.05	1.0	5.0		4.0
	보급종	96.0	75	9.0	0.20	0.10	4.0	5.0		4.0
당근	원종	99.0	65	9.0	0.05	0.05	1.0	3.0		7.0
	보급종	96.0	65	9.0	0.20	0.10	4.0	3.0		7.0
상추	원종	99.0	75	9.0	0.05	0.05	1.0	10.0		5.0
	보급종	96.0	75	9.0	0.20	0.10	4.0	10.0		5.0
시금치	원종	99.0	65	9.0	0.05	0.05	1.0	3.0		6.0
	보급종	96.0	65	9.0	0.20	0.10	4.0	3.0		6.0

※ 정의

- 손상립 : 발아립, 부패립, 충해립 등 물리적 피해립을 말한다.
- 특정병 : 오이녹반모자이크바이러스(CGMMV)를 말한다.
- 기타병 : CGMMV 이외의 병을 말한다.
- 잡초종자 : 모든 잡초 종자를 말한다.

15) 목초종자
   가) 포장검사
   - 검사시기 및 회수 : 개화기에 1회 이상 실시한다.
   - 격리거리

작물명	구 분	2ha미만 포장(m)	2ha이상 포장(m)
화본과 및 콩과	원원종, 원종	200	100
	보급종	100	50

   - 전작물 조건 : 밀에 준한다.
   - 포장조건 : 벼에 준한다.
   - 작황 : 균일
   - 검사규격

구분	작물명	최저한도(%) 품종순도		최고한도(%) 이종종자주		잡초종자주	
		원원종 원종	보급종	원원종 원종	보급종	원원종 원종	보급종
화본과	티머시	99.0	98.0	0.05	0.20	0.05	0.10
	레드톱	99.0	98.0	0.05	0.20	0.05	0.10
	톨훼스큐	99.0	98.0	0.05	0.20	0.05	0.10
	메도우 훼스큐	99.0	98.0	0.05	0.20	0.05	0.10
	오차드 그라스	98.0	97.0	0.05	0.20	0.05	0.10
	페러니얼 라이그라스	99.0	98.0	0.05	0.20	0.05	0.10
	리드카나리 그라스	99.0	98.0	0.05	0.20	0.05	0.10
	브롬 그라스	98.0	97.0	0.05	0.20	0.05	0.10
	켄터키 블루그라스	99.0	98.0	0.05	0.20	0.05	0.10
콩과	알팔파	99.0	98.0	0.05	0.20	0.05	0.10
	버어즈 풋트레포일	99.0	98.0	0.05	0.20	0.05	0.10
	화이트 크로바	99.0	98.0	0.05	0.20	0.05	0.10
	레드 크로바	99.0	98.0	0.05	0.20	0.05	0.10
	앨사이크 크로바	99.0	98.0	0.05	0.20	0.05	0.10

나) 종자검사

□ 검사규격

작물명		최저한도(%)				최고한도(%)					
		정립		발아율	수분	이종종자		이물		잡초종자	
		원원종 원종	보급종			원원종 원종	보급종	원원종 원종	보급종	원원종 원종	보급종
화본과	티머시	98.0	97.0	85	14.0	0.05	0.20	2.0	3.0	0.05	0.10
	레드 톱	98.0	97.0	80	14.0	0.05	0.20	2.0	3.0	0.05	0.10
	톨 훼스큐	98.0	97.0	85	14.0	0.05	0.20	2.0	3.0	0.05	0.10
	메도우훼스큐	98.0	97.0	80	14.0	0.05	0.20	2.0	3.0	0.05	0.10
	오차드그라스	95.0	92.0	85	14.0	0.05	0.20	5.0	8.0	0.05	0.10
	페러니얼 라이그라스	98.0	97.0	80	14.0	0.05	0.20	2.0	3.0	0.05	0.10
	리드카나리 그라스	98.0	97.0	75	14.0	0.05	0.20	2.0	3.0	0.05	0.10
	브롬 그라스	92.0	90.0	80	14.0	0.05	0.20	8.0	10.0	0.05	0.10
	켄터키블루 그라스	98.0	97.0	80	14.0	0.05	0.20	2.0	3.0	0.05	0.10
콩과	알팔파	98.0	98.0	80	14.0	0.05	0.20	2.0	2.0	0.05	0.10
	버어즈 풋트레포일	98.0	98.0	80	14.0	0.05	0.20	2.0	2.0	0.05	0.10
	화이트 크로바	98.0	98.0	85	14.0	0.05	0.20	2.0	2.0	0.05	0.10
	레드 크로바	98.0	98.0	85	14.0	0.05	0.20	2.0	2.0	0.05	0.10
	앨사이크 크로바	98.0	98.0	85	14.0	0.05	0.20	2.0	2.0	0.05	0.10

16) 사료 및 녹비작물종자

가) 포장검사

- 검사시기 및 회수 : 벼, 보리, 옥수수, 밀은 일반재배용 종자에 준하고 그 외의 종자는 개화기에 1회 이상 실시한다.
- 포장격리 : 벼에 준한다. (다만, 수단그라스와 이탈리안 라이그라스, 헤어리베치는 목초 종자에 준하고 호밀의 원원종, 원종은 300m, 보급종은 250m이상 격리되어야 한다.)
- 전작물 조건 : 밀에 준한다. 다만, 벼, 보리, 옥수수는 일반재배용 종자에 준한다.
- 포장조건 : 벼에 준한다.

- 작황 : 균일
- 포장검사 규격

작물명	최저한도(%)		최고한도(%)			
	품종순도		이종종자주		잡초종자주	
	원원종 원종	보급종	원원종 원종	보급종	원원종 원종	보급종
옥수수	99.5	99.0	0.05	0.20	0.05	0.10
벼	99.5	99.0	0.05	0.20	0.05	0.10
보리	99.5	99.0	0.05	0.20	0.05	0.10
밀	99.5	99.0	0.05	0.20	0.05	0.10
수수	99.5	99.0	0.05	0.20	0.05	0.10
호밀	99.5	99.0	0.05	0.20	0.05	0.10
라이밀(트리티케일)	99.5	99.0	0.05	0.20	0.05	0.10
귀리	99.5	99.0	0.05	0.20	0.05	0.10
수단그라스	99.5	99.0	0.05	0.20	0.05	0.10
이탈리안라이그라스	99.5	99.0	0.05	0.20	0.05	0.10
헤어리베치	97.0	94.0	0.05	0.20	0.05	0.10

나) 종자검사 규격

작물명	최저한도(%)				최고한도(%)					
	정립		발아율	수분	이종종자		이물		잡초종자	
	원원종 원종	보급종			원원종 원종	보급종	원원종 원종	보급종	원원종 원종	보급종
옥수수	98.0	98.0	85	14.0	0.05	0.20	2.0	2.0	-	-
벼	99.0	98.0	80	〃	0.05	0.20	1.0	2.0	0.05	0.20
보리	99.0	98.0	80	〃	0.05	0.20	1.0	2.0	0.10	0.10
밀	99.0	98.0	80	12.0	0.06	0.20	1.0	2.0	0.10	0.10
수수	99.0	98.0	80	14.0	0.05	0.20	1.0	2.0	0.05	0.10
호밀	99.0	98.0	80	〃	0.05	0.20	1.0	2.0	0.05	0.10
라이밀(트리티케일)	99.0	98.0	80	〃	0.05	0.20	1.0	2.0	0.05	0.10
귀리	99.0	98.0	80	〃	0.05	0.20	1.0	2.0	0.05	0.10
수단그라스	99.0	98.0	85	〃	0.05	0.20	1.0	2.0	0.10	0.10
이탈리안 라이그라스	99.0	98.0	85	〃	0.05	0.20	1.0	2.0	0.05	0.10
헤어리베치	99.0	98.0	80	14	0.05	0.20	1.0	2.0	0.05	0.10

※ 보리의 이품종 최고한도(%)는 원원종·원종 3.0%, 보급종 6.0%로 한다. 다만, 이품종은 겉보리, 쌀보리, 맥주보리 중 어느 한 품목이 섞인 것을 말한다.

17) 화훼 구근류
　가) 포장검사
　　㉠ 검사시기 및 회수 : 정식후 묘가 20cm 정도 자랐을 때(튤립, 글라디 올러스는 30cm)와 개화기 때 각 1회 실시한다.
　　㉡ 포장격리 : 불합격 포장, 다른 구근류 재배포장으로부터 20m 이상 격리되어야 한다. 다만, 망실재배를 하는 포장의 경우에는 10분의 1로 단축할 수 있다.
　　㉢ 전작물 조건 : 글라디올러스, 구근아이리스, 튤립은 2년 이상 윤작 하여야 하며 나리, 프리지아는 3년 이상 윤작하여야 한다. 단, 연작피해 방지대책을 강구한 경우에는 그러하지 아니할 수 있다.
　　㉣ 포장조건
　　　ⓐ 뿌리응애 및 구근부패병 발생이 없었던 포장이어야 한다.
　　　ⓑ 조사하기가 곤란할 정도로 잡초발생이 있거나 작물이 훼손되어서는 아니 된다.
　　㉤ 검사규격

구분 작물명	최저한도(%) 맹아율	최고한도(%)					
		이품종주	블라스팅 및 블라인드	특정병			
				바이러스	잎마름병	목썩음병	갈색반점병
나리	85	무	-	2.0	0.5	-	-
글라디올러스	85	무	-	2.0	-	무	-
프리지아	85	무	-	2.0	-	2.0	-
구근아이리스	85	무	-	1.0	-	-	-
튤립	85	무	-	2.0	-	-	2.0

구분 작물명	최고한도(%)							작황
	기타 병해충							
	진딧물	총채벌레	마늘줄기선충	역병	잿빛곰팡이병	균핵병	반점세균병	
나리	0.1	-	0.5	0.5	-	-	-	균일
글라디올러스	0.1	0.5	-	-	0.5	-	-	균일
프리지아	1.0	-	-	-	2.0	2.0	-	균일
구근아이리스	0.1	-	-	-	-	-	0.5	균일
튤립	1.0	-	-	-	-	-	-	균일

※ 정의
- 블라스팅 및 블라인드 : 동일한 규격의 구근을 심어도 꽃봉오리가 발생하지 않거나 조기에 고사한 것을 말한다.
- 특정병 : 바이러스병, 잎마름병(*Botrytis elliptica*), 목썩음병(*Buikholderia gladioli*), 갈색반점병(*Botrytis tulipae*)을 말한다.

<바이러스병>
- LSV : lily symptomless virus,
- CMV : cucumber mosaic virus,
- BYMV : bean yellow mosaic virus
- FMV : freesia mosaic virus
- TuMV : turnip mosaic virus
- IMMV : iris mild mosaic virus
- TBV : tulip breaking virus

- 기타병해충 : 목화진딧물(*Aphis gossyipii*), 총채벌레(*Thrips simlex*), 마늘줄기선충(*Ditylenchus dipsaci*), 역병(*Phytophthora* sp.), 잿빛곰팡이병(*Botryis gladiorum*), 균핵병(*Sclerotinia* sp.), 반점세균병(*Pseudomonas iridicola*)을 말한다.

나) 종자검사

□ 검사규격

구분 작물명	최저한도(%)		최고한도(%)					
	구근상태		구근상태		특정병			
	건전외피	밑뿌리 충실도	싹 또는 발근	블라스팅 및 블라인드	바이러스	뿌리 썩음병	목 썩음병	갈색 반점병
나리	90	90	5.0	-	2.0	1.0	-	-
글라디올러스	90	-	3.0	-	2.0	-	5.0	-
프리지아	90	-	3.0	-	2.0	-	2.0	-
구근아이리스	90	-	5.0	-	1.0	-	-	-
튤립	90	-	0.0	-	2.0	-	-	2.0

구분 작물명	최고한도(%)					
	기타병					
	줄기 썩음병	역병	마늘줄기 선충	감자썩이 선충	균핵병	잿빛 곰팡이병
나리	5.0	5.0	5.0	-	-	-
글라디올러스	-	-	5.0	5.0	-	-
프리지아	-	-	-	-	-	5.0
구근아이리스	-	-	-	-	-	5.0
튤립	-	-	-	-	-	-

※ 정의
- 건전외피 : 비늘잎(인편, 나리)이나 구근외피에 상처가 없고, 얼거나 마르지 않으며 고유의 색을 나타낼 것
- 싹 또는 발근
  - 나리 : 저장 중에는 없고, 정식 직전에는 5cm 이하이여야 한다.
  - 글라디올러스 : 저장 중에는 없고, 정식 직전에는 2cm 이하이여야 한다.
- 밑뿌리 충실도 : 밑뿌리(하근)는 싱싱하게 살아 있어야 하고, 4개 이상 많을수록 좋은 것을 말한다.
- 블라스팅 및 블라인드 : 동일한 규격의 구근을 심어도 꽃봉오리가 발생하지 않거나 조기에 고사한 것을 말한다.
- 특정병해충 : 바이러스(LSV, CMV, FMV, BYMV, TuMV, IMMV, TBV) 뿌리썩음병(*Pseudomonas cichori*), 목썩음병, 갈색반점병을 말한다.
- 기타 병해충 : 줄기썩음병(*Rhizoctonia solani*), 역병, 마늘줄기선충, 감자썩이 선충(*Ditylenchus destructor*), 균핵병, 잿빛곰팡이병(*Botrytis* sp.)을 말한다.

18) 버섯종균

종류 \ 항목	최고한도(%)			
	세균오염	진균오염	병징바이러스 보유	이품종 혼입
원균	무	무	무	무
접종원	무	무	무	무
종균	0.1	0.1	무	무

※ 정의
- 병징 바이러스 보유 : 병징을 일으키는 바이러스 종류를 보유하는 것을 말한다. 대부분의 곰팡이 바이러스(mycovirus)는 버섯에서 병징을 유발하지 않으나 일부 특수 종류의 바이러스가 병징을 가지므로 공식적으로 병징이 확인된 바이러스만 해당된다.

19) 과수
  가) 포장검사
    ㉠ 검사시기 및 회수 : 생육기에 1회 실시하며, 품종의 순도·진위성·무병성 등의 확인을 위해 필요할 경우 추가 검사한다. 다만, 과수 바이러스·바이로이드 검사는 3개 시기(4~6월, 7~9월, 10~익년 2월) 중 선택하여 2회 이상 실시한다.

ⓛ 포장격리
　ⓐ 무병 묘목인지 확인되지 않은 과수와 최소 5m 이상 격리되어 근계의 접촉이 없어야 한다.
　ⓑ 다른 품종들과 섞이는 것을 방지하기 위해 한 열에는 한 품종만 재식한다.
ⓒ 전작물 조건 : 핵과류, 장과류, 감귤은 다른 과수작물에 비해 연작 피해발생이 쉬우므로 동일포장에서 위 과종을 양묘할 때는 최소한 1년 이상의 간격을 두어야 한다. 다만, 연작피해 방지를 위하여 충분한 처리를 하고 재배하는 경우에는 예외로 한다.
ⓔ 포장조건
　ⓐ 토양소독 등을 통하여 토양선충 등 토양에 의한 오염원이 제거된 포장에서 건전한 생육이 담보되는 관리(시비, 관수, 배수, 잡초방제 등)가 이루어져야 한다.
　ⓑ 생육기간 동안 육안으로 확인할 수 있는 병과 해충의 피해가 있는 식물체는 제거되거나 소독·방제되어야 한다.
　※ 주요 병해충 종류
　・사과
　　- 병 : 흰가루병, 점무늬낙엽병, 겹무늬썩음병, 갈색무늬병
　　- 해충 : 응애, 진딧물, 잎말이나방, 굴나방
　・배
　　- 병 : 붉은별무늬병, 검은별무늬병, 흰가루병, 배나무잎검은점병
　　- 해충 : 응애, 진딧물, 꼬마배나무이, 복숭아순나방, 잎말이나방, 깍지벌레
　・복숭아
　　- 병 : 잎오갈병, 세균성구멍병, 탄저병, 잿빛무늬병
　　- 해충 : 진딧물, 복숭아 굴나방, 복숭아 순나방
　・포도
　　- 병 : 탄저병, 새눈무늬병, 흰가루병, 노균병, 갈색무늬병
　　- 해충 : 포도유리나방, 포도호랑하늘소, 박쥐나방
　・감 귤
　　- 병 : 검은점무늬병, 더뎅이병, 잿빛곰팡이병
　　- 해충 : 귤응애, 깍지벌레, 진딧물, 굴나방, 총채벌레
　・감
　　- 병 : 둥근무늬낙엽병, 탄저병, 흰가루병

- 해충 : 잎말이나방, 노린재류, 쐐기나방
- 자두
  - 병 : 잿빛무늬병, 세균성구멍병
  - 해충 : 응애, 진딧물, 깍지벌레, 복숭아유리나방
- 참다래
  - 병 : 궤양병, 줄기썩음병
  - 해충 : 뽕나무깍지벌레

※ 과수화상병 등 식물방역법령에 따른 금지병해충이 발생하는 경우 관계기관에 신고하고 그 조치에 따라 처리한다.

ⓒ 포장마다 재식상태를 알 수 있는 재식도가 있어야 하며, 재식열별로 품종명을 알 수 있는 라벨을 설치한다.

㉺ 검사규격

생산단계 \ 항목	최고한도(%)			
	이품종주	이종주	병주	
			특정병	기타병
원원종포	무	무	무	2.0
원종포	무	무	무	2.0
모수포	무	무	무	6.0
증식포	1.0	무	무	10.0

<특정병>

- 사과
  - ACLSV(Apple chlorotic leaf spot virus)
  - ASGV(Apple stem grooving virus)
  - ASPV(Apple stem pitting virus)
  - ApMV(Apple mosaic virus)
  - ASSVd(Apple scar skin viroid)
- 배
  - ACLSV(Apple chlorotic leaf spot virus),
  - ASGV(Apple stem grooving virus)
  - ASSVd(Apple scar skin viroid)
- 복숭아
  - ACLSV(Apple chlorotic leaf spot virus)
  - HSVd(Hop stunt viroid)

- 포도
  - GLRaV-1(Grapevine leafroll associated virus-1)
  - GLRaV-3 (Grapevine leafroll associated virus-3)
  - GFkV(Grapevine fleck virus)
- 감귤
  - CTLV(Citrus tatter leaf virus)
  - CTV(Citrus tristeza virus)
  - SDV(Satusma dwarf virus)
  - CiMV(Citrus mosaic virus)

※ 기타병은 사과·배·복숭아·감의 경우 근두암종병(뿌리혹병)을 포도는 근두암종병(뿌리혹병)·뿌리혹선충(필록세라)을 감귤은 궤양병을 참다래는 역병을 말한다.

※ 특정병(바이러스·바이로이드)에 대한 검사는 선택하여 실시(보증항목에서 제외)할 수 있다.

나) 종자(묘목)검사

㉠ 검사시기 : 판매 전까지 1회 실시한다. 다만, 과수 바이러스·바이로이드 검사는 3개 시기(4~6월, 7~9월, 10~익년 2월) 중 선택하여 2회 이상 실시한다.

㉡ <삭제 2009.6.>

㉢ 외형적 기준은 별표 14의 규격묘의 규격기준을 따른다. 다만 육안으로 보았을 때 과수화상병 등 식물방역법령에 따른 금지병해충이 발생하는 경우 관계기관에 신고하고 그 조치에 따라 처리한다.

㉣ 대목·접수 및 묘목 등은 계통 관리되어 어떤 원원종 또는 원종에서 유래되었는지 알 수 있어야 한다.

㉤ 묘목의 굴취는 잎이 떨어진 이후에 시작하여 다음해 잎눈 발아 전 까지 할 수 있다.

㉥ 검사규격

구 분	최고한도(%)		병주		최저한도(%)
	이품종주	이종주	특정병	기타병	뿌리 충실도
원원종	무	무	무	1.0	95.0
원종	무	무	무	1.0	95.0
모수	무	무	무	3.0	93.0
보급종	0.5	무	무	5.0	90.0

※ 특정병: 포장검사 규격에 준한다.
※ 기타병: 포장검사 규격에 준한다.

※ 뿌리충실도 : 뿌리가 싱싱하게 살아 있고 적당히 발근되어 충실히 근계가 형성되어 있으며, 적당한 길이를 유지한 상태로 굴취되었고, 기계적, 화학적, 기상재해에 의한 피해를 입지 않은 정도를 말한다.
- 사과(자근 및 이중접목묘 포함) : [(곁뿌리 10개 이상 + 뿌리털 70개 이상을 포함한 묘목수)/전체주수×100]
- 배, 감 : [(건전한 원뿌리 1개 이상 + 곁뿌리 3개 이상 + 뿌리털 30개 이상을 포함한 묘목수)/전체주수×100]
- 핵과류 : [(건전한 원뿌리 1개 이상 + 곁뿌리 20개 이상 + 뿌리털 100개 이상을 포함한 묘목수)/전체주수×100]
- 포도, 참다래(접목 및 삽목묘 포함) : [(곁뿌리 15개 이상 + 뿌리털 70개 이상을 포함한 묘목수)/전체주수×100]
- 감귤 : [(건전한 원뿌리 1개 이상 + 곁뿌리 15개 이상 + 뿌리털 100개 이상을 포함한 묘목수)/전체주수×100]

다) 과수 무병원종의 분양 및 관리
㉠ 농촌진흥청장은 아래의 조건을 모두 갖춘 기관에 무병원종을 분양 할 수 있다.
• 격리망실 등 외부 병해충을 차단할 수 있는 시설을 갖추고 있어 분양받은 무병원종의 보존 및 관리가 가능해야 한다.
• 엘라이자(ELISA), PCR 등 바이러스 검정 장비와 전문 검사인력을 갖추고 있어 지속적인 바이러스 검사가 가능해야 한다.
• 분양받은 무병원종은 무병묘목의 생산 등에 사용되어야 하며, 생산된 묘목에 대하여 보증이 가능하여야 한다.
㉡ 무병원종을 보존하고 있는 기관은 3년 주기로 보존중인 무병원종에 대하여 국립종자원장으로부터 바이러스 감염여부에 대하여 전수 검사를 받아야 한다. 단, 무병원종 보존 기관이 자체검사를 한 경우 검사의 적절성을 국립종자원장이 판단하여 이를 인정할 수 있다.

20) 뽕나무
가) 포장검사
㉠ 검사시기 및 회수 : 생육기에 1회 실시하며, 품종의 순도·진위성·무병성 등의 확인을 위해 필요할 경우 추가 검사한다.
㉡ 포장격리
ⓐ 무병 묘목인지 확인되지 않은 뽕밭과 최소 5m 이상 격리되어 근계의 접촉이

없어야 한다.
ⓑ 다른 품종들과 섞이는 것을 방지하기 위해 한 열에는 한 품종만 재식한다.
ⓒ 전작물 조건 : 동일포장에서 위 과종을 양묘할 때는 최소한 1년 이상의 간격을 두어야 한다. 다만, 연작피해 방지를 위하여 충분한 처리를 하고 재배하는 경우에는 예외로 한다.
ⓔ 포장조건
  ⓐ 토양소독 등을 통하여 토양선충 등 토양에 의한 오염원이 제거된 포장에서 건전한 생육이 담보되는 관리(시비, 관수, 배수, 잡초방제 등)가 이루어져야 한다.
  ⓑ 생육기간 동안 육안으로 확인할 수 있는 병과 해충의 피해가 있는 식물체는 제거되거나 소독·방제되어야 한다.
    ※ 주요 병해충 종류
    - 병 : 자주빛 날개무늬병, 흰빛 날개무늬병, 오갈병
    - 해충 : 뿌리혹 선충, 깍지벌레
  ⓒ 포장마다 재식상태를 알 수 있는 재식도가 있어야 하며, 재식열별로 품종명을 알 수 있는 라벨을 설치한다.
ⓜ 검사규격

생산단계	최고한도(%)			
	이품종주	이종주	특정병주	
			오갈병주	기타
원종포	무	무	무	2.0
모수포	무	무	무	6.0
증식포	1.0	무	무	10.0

※ 원종포 : 원종이 보존되어 있는 격리망실 내의 포장을 말한다.
※ 이품종주 : 다른 품종 / 원품종 × 100

나) 종자(묘목)검사
㉠ 검사시기 : 굴취 후 판매 전까지 1회 실시한다.
㉡ 외형적 기준은 별표 14의 규격묘의 규격기준을 따른다.
㉢ 대목·접수 및 묘목 등은 계통 관리되어 어떤 원원종 또는 원종에서 유래되었는지 알 수 있어야 한다.
㉣ 묘목의 굴취는 잎이 떨어진 이후에 시작하여 다음해 잎눈 발아 전까지 할 수 있다.
㉤ 검사규격

구분	최고한도(%)				최저한도(%)
	이품종주	이종주	특정병주		뿌리 충실도
			오갈병	기타	
원원종	무	무	무	1.0	95.0
원종	무	무	무	3.0	93.0
보급종	1.0	무	무	5.0	90.0

※ 기타병은 자주빛 날개무늬병, 흰빛 날개무늬병, 줄기마름병, 눈마름병을 말한다.
※ 뿌리충실도 : 뿌리가 싱싱하게 살아 있고 적당히 발근되어 충실히 근계가 형성되어 있으며, 원뿌리 20cm 이상의 길이를 유지한 상태로 굴취되었고, 기계적, 화학적, 기상재해에 의한 피해를 입지 않은 정도를 말한다.
- 〔(건전한 원뿌리 1개이상 + 곁뿌리 5개 이상 + 뿌리털 100개 이상을 포함한 묘목수)/전체주수×100〕

다) 뽕나무 무병원종의 분양 및 관리
  ㉠ 농촌진흥청장은 아래의 조건을 모두 갖춘 기관에 무병원종을 분양 할 수 있다.
     • 격리망실 등 외부 병해충을 차단할 수 있는 시설을 갖추고 있어 분양받은 무병원종의 보존 및 관리가 가능해야 한다.
     • 분양받은 무병원종은 무병묘목의 생산 등에 사용되어야 하며, 생산된 묘목에 대하여 보증이 가능하여야 한다.
  ㉡ 무병원종을 보존하고 있는 기관은 5년 주기로 보존중인 무병원종에 대하여 국립종자원장으로부터 오갈병 감염여부에 대하여 전수 검사를 받아야 한다. 단, 무병원종 보존 기관이 자체검사를 한 경우 검사의 적절성을 국립종자원장이 판단하여 이를 인정할 수 있다.

21) 기타 작물류
   상기에 포함되지 않는 작물에 대하여는 OECD의 보증제도와 ISTA의 종자검사 방법에 따른다.

40. 포장검사방법(종자검사요령)

① 검사방법
  ㉠ 포장검사는 달관검사와 표본검사로 구분하여 실시하되, 달관검사 결과 검사규격이 합격 또는 불합격 범위에 속하는 포장에 대하여는 표본검사를 생략할 수 있으며, 달관검사로 판정이 어려운 포장에 대하여는 표본검사를 실시한다. 단, 검사결과 규격미달 포장이라도 재관리하면 합격이 가능한 포장에 대하여는 재관리검사를 실시할 수 있다.
  ㉡ 검사단위는 필지별로 하되, 동일인이 동급의 동일품종을 인접 경계 필지에 재배하여

생육이 균일할 때에는 동일 필지 포장으로 간주하여 검사할 수 있다.
② 포장검사시기

포장검사 시기는 작물의 품종별 고유특성이 가장 잘 나타나는 생육시기에 실시하여야 하며, 작물의 생육기간을 고려하여 1회 이상 포장검사를 실시하되 작물별 검사시기와 검사횟수는 "종자관리요강(농식품부 고시)"에 따른다.

③ 달관검사

필지별로 포장주위를 돌면서 관찰하거나 포장안으로 들어가 조사하되, 필요한 경우 드론 등의 장비를 보조 수단으로 활용 할 수 있다. 그 결과 다음과 같은 조건을 충족한 상태일 때에는 표본검사를 실시하지 아니하고 합격 판정 한다.

- 이종종자주, 이품종주, 이형주, 특정잡초 및 특정병해가 검사규격이내인 경우
- 포장의 전반적인 작황이 균일한 경우. 단, 필지의 일부분의 (전체의 3분의 1 미만) 작황이 불량하고 그 외 부분의 작황이 양호할 때에는 구분 표시하고 부분 합격시킬 수 있다.
- 포장조건 및 격리거리가 적정할 때. 그리고 다른 시설물로 격리 효과가 유지되거나 포장주위의 작물이 동일 품종의 동급 이상의 작물로 재배되었을 경우도 포함시킬 수 있다.
- 기타 종자생산에 대한 장애 요인의 제거가 가능하다고 판단될 때

④ 표본검사

㉠ 표본 조사구수 결정

가) 일반재배
- 원원종·원종(전체작물)

포장의 크기	표본조사구수
2a 미만	전체면적 또는 전체면적의 50% 검사 (단, 벼의 경우 2개 조사구 이하로 한다)
2a 이상~10a 미만	3개 조사구 이상
10a 이상~20a 미만	5개 조사구 이상
20a 이상	20a 초과시마다 1구씩 추가 (예 : 35a 의 경우는 6개 조사구)

※ 전체면적의 50% 검사는 달관검사결과 성적이 양호할 때 실시한다.

- 보급종(전체작물)

포장의 크기	표본조사구수
40.0a 까지	3개 조사구 이상
40.1 ~ 60a	5개 조사구 이상
60.1a 이상	30a 초과시마다 1구씩 추가 (예 : 85a의 경우는 6개 조사구)

나) 망실 재배
- 감자류 : 검사신청 면적의 1/3 이상의 망실면적(3동 이하일 경우 1동)을 조사구로 한다. 다만, 1동의 포장 크기가 2.1a이상일 경우에는 일반재배에 따름
- 기타작물 : 일반재배에 따름

41. 종자검사(종자검사요령)

(1) 검사신청
① 검사대상은 포장검사에 합격한 포장에서 생산한 종자로 한다.
② 검사신청서는 종자산업법 시행규칙 별지 종자검사신청서 및 재검사신청서 서식에 따라 제출하되 일괄 신청할 때는 품종별, 생산자별(생산계획량과 검사신청량 표시)로 명세표를 첨부하여야 한다.
③ 신청서는 검사희망일 3일전까지 관할 검사기관에 제출하여야 하며, 재검사 신청서는 종자검사결과 통보를 받은 날로부터 15일 이내에 통보서 사본을 첨부하여 신청한다.
④ 종자검사 신청서를 접수한 관할 검사기관에서는 검사신청자가 요구한 검사 희망일에 검사함을 원칙으로 하되, 업무형편을 고려하여 검사신청자와 협의한 후 조정할 수 있으며, 검사희망일로부터 20일 이내 검사를 완료하여야 한다. 단, 발아시험 기간 등으로 20일 이내에 검사가 완료되지 않을 때에는 그 사유를 신청자에게 중간 통보하여야 한다.
⑤ 검정용 시료가 규정된 양보다 적을 때에는 신청자에게 통지하고 분석을 중지한다. 다만, 비싼 종자일 때에는 그러하지 아니할 수 있다.
⑥ 사전준비
㉠ 검사신청자는 검사현장에 필요한 저울, 시트, 깔판 등 기자재를 준비 하여야 한다.
㉡ 시료채취에 필요한 운반, 계량, 해장, 기타 필요한 비용은 해당 검사 신청자가 부담한다.

(2) 시료추출
① 소집단(lot)
㉠ 소집단의 구성
- 작물별, 생산자별, 품종별, 품위별로 편성하되 소집단(lot)의 크기는 제시된 소집단의 최대중량을 기준하여 5% 허용범위를 넘지 않아야 하며, 감자 등 서류작물은 최대 40톤 단위로 한다.
- 과수 원종 및 모수는 묘목 한 주를 한 개의 소집단으로 한다. 보급종은 과종별·생산자별·품종별·품위별로 편성하되 소집단 크기가 10,000주를 초과하지 않아야 한다.

- 소집단은 시료추출과 검사표시가 용이하도록 적재되어야 한다.
- 소집단의 시료채취는 대표성이 있어야 하며 그 시료의 품위가 확연히 불균일할 때에는 시료채취를 거부하여야 한다. 다만, 검사신청자가 희망할 경우 품위별로 소집단을 다시 편성하게 한 후 시료를 채취할 수 있다. 채취된 시료는 혼합, 교반하여 균일하게 한다.

ⓒ 소집단의 포장(용기)
- 포장(용기)은 봉인할 수 있거나 자동 봉인되는 것이어야 한다.
- 소집단의 시료 추출시 모든 용기는 소집단 내용을 증명하는 표시나 꼬리표가 있어야 하며, 소집단 식별 표시는 종자 검사기관에 의해 허가 또는 지정된 것이어야 한다
- 봉인은 포장할 경우 자동적으로 봉인이 되는 것 또는 종자검사기관(또는 검사원)이 인정하는 봉인이어야 한다. 만약 그렇지 않으면 시료 채취원의 통제에 따라 공인된 봉인 도장을 찍거나, 지울 수 없는 표시를 하거나, 개봉하면 파손 또는 흔적이 남는 라벨을 붙여야 한다. 시료가 채취된 종자 소집단이나 그 일부가 미봉인 상태로 있어서는 안된다.

② 포장(용기)검사
소집단의 포장재, 포장상태, 표시사항 등의 적정여부를 검사한다.

③ 중량검사
중량검사는 임의추출 방법에 의하되 소집단별 실 중량의 조사수량과 비율은 다음과 같다. 단, 포장재 중량이 균일한 것은 일정량의 포장재를 계량하여 포장재 평균 중량으로 실 중량을 추정할 수 있다.

소집단 크기	100대 까지	101~500대	501대 이상
조사수량 또는 비율	5대 이상	5% 이상	3% 이상 (최소 25대 이상)

④ 시료 추출
ⓘ 시료채취는 수검자 입회하에 시료채취원이 행한다.
ⓒ 시료 추출 밀도 및 추출량
소집단별 1차시료 추출은 다음 기준에 따르며, 합성시료의 양은 제출시료의 최소 중량 이상이어야 한다. 단, 고가품 종자이거나 이종종자 등을 판정하지 않는 경우에는 그러하지 아니할 수 있다.

가) 종 실(Seed)
- 15kg~100kg까지의 포장물에서 시료채취

소집단의 크기	채취해야 할 1차 시료의 개수	합성시료
1~4대	매 포장에서 3개소 이상의 1차 시료	1점
5~8대	매 포장에서 2개소 이상의 1차 시료	1점
9~15대	매 포장에서 1개소 이상의 1차 시료	1점
16~30대	총 15개소 이상의 1차 시료	1점
31~59대	총 20개소 이상의 1차 시료	1점
60대 이상	총 30개소 이상의 1차 시료	1점

※ 15kg 미만의 소형 포장물에서는 최대 100kg이 넘지 않도록 재구성하여 이를 1대의 소집단으로(5kg×20개, 10kg×10개 등) 보고 위의 기준에 따라 시료를 추출한다.

- 100kg을 초과하는 포장물이나 포장과정(주입과정)에서의 시료채취

소집단의 크기	채취해야 할 1차 시료의 개수	합성 시료
500kg 까지	5개소 이상	1점
501~3,000kg	매 300kg 당 1개소 이상, 합계 최소 5개소 이상	1점
3,001~20,000kg	매 500kg 당 1개소 이상, 합계 최소 10개소 이상	1점
20,001kg 이상	매 700kg 당 1개소 이상, 합계 최소 40개소 이상	1점

나) 종서류

구분		시료채취	시료 1점당 중량
포장물 또는 산물	10M/T 까지	5점 이상	20kg 이상 (포장물일 경우 포장단위로 채취하여 전량품위 계측)
	20M/T 까지	8점 이상	
	40M/T 까지	12점 이상	

다) 과수(묘목)류
- 바이러스 검정항목

  원원종·원종(포)의 소집단 조사시료 크기는 전수, 모수(포)는 10%, 보급종(증식포) 및 대목은 1%로 하며 소집단 크기에 따라 최소표본의 크기(표본추출 99% 신뢰수준, 5% 검출 수준) 이상으로 한다. 단, 모수의 경우 100주 이하는 전수조사 한다.

- 기타 검정항목
  원원종·원종(포)의 소집단 조사시료 크기는 전수, 모수(포)는 10%로 한다. 보급종 묘목의 시료추출량은 아래와 같다.

소집단의 크기	추출 주수
100주 이하	소집단 전체
101~1,000주	최소 100주 이상 또는 소집단 20% 중 많은 주수 (최소 10개소 이상에서 추출)
1,001~3,000주	최소 200주 이상 또는 소집단 10% 중 많은 주수 (최소 20개소 이상에서 추출)
3,001~10,000주	최소 300주 이상 또는 소집단 5% 중 많은 주수 (최소 30개소 이상에서 추출)

42. 순도분석(Purity Analysis)

① 목 적

순도분석의 목적은 시료의 구성요소(정립, 이종종자, 이물)를 중량백분율로 산출하여 소집단 전체의 구성요소를 추정하고, 품종의 동일성과 종자에 섞여 있는 이물질을 확인하는데 있다.

② 정 의

㉠ 정립(Pure seed)

정립은 검사(검정)신청자가 신청서에 명시한 대상작물로, 해당종의 모든 식물학적 변종과 품종이 포함되며 다음의 것을 포함한다.

- 미숙립, 발아립, 주름진립, 소립
- 원래 크기의 1/2보다 큰 종자 쇄립
- 병해립(맥각병해립, 균핵병해립, 깜부기병해립 및 선충에 의한 충영립은 제외)
- 기타 세부사항은 별표 4의 2에 있는 각 속 또는 종의 정립종자 정의에 따른다.

㉡ 이종종자(Other seeds)

- 이종종자는 대상작물 이외의 다른 작물의 종자를 말한다.
- 정립종자 정의 별표 4의 1에서 기술된 특성들은 다음의 경우를 제외하고 이종종자와 이물의 분류에도 적용된다. 복수발아 종자는 분리하고 단수종자는 제3장 7. 나. 정립의 정의에 따라 구분한다.
- 별표 4에 정립종자 정의가 없는 종과 속의 종자는 제3장 7. 나. 정립의 정의를 적용한다.
- 별표 4에 정립종자 정의에 명시된 경우를 제외하고는 복합구조, 껍질, 꼬투리는 열어서 종자는 분리하고 종자가 아닌 것은 이물에 포함시킨다.

ⓒ 이물(inert matter)

이물은 정립과 이종종자(잡초종자 포함)로 구분되지 않은 종자구조를 가졌거나 모든 다른 물질로서 다음의 것을 포함한다.

- 진실종자가 아닌 종자
- 벼과 종자에서 내영 길이의 1/3미만인 영과가 있는 소화(라이그라스, 페스큐, 개밀)
- 임실소화에 붙은 불임소화는 아래 명시된 속을 제외하고는 떼어내어 이물로 처리한다 - 귀리, 오차드그라스, 페스큐, 브로움그라스, 수수, 수단그라스, 라이그라스
- 원래크기의 절반 미만인 쇄립 또는 피해립
- 부속물은 정립종자 정의에서 정립종자로 구분되지 않은 것. 정립종자정의에서 언급되지 않은 부속물은 떼어내어 이물에 포함한다.
- 종피가 완전히 벗겨진 콩과, 십자화과의 종자
- 콩과에서 분리된 자엽
- 회백색 또는 회갈색으로 변한 새삼과 종자
- 배아가 없는 잡초종자
- 떨어진 불임소화, 쭉정이, 줄기, 바깥껍질(外穎), 안 껍질(內穎), 포(苞), 줄기, 잎, 솔방울, 인편, 날개, 줄기껍질, 꽃, 선충충영과, 맥각, 공막, 깜부기 같은 균체, 흙, 모래, 돌 등 종자가 아닌 모든 물질

③ 일반원칙

검사시료는 정립, 이종종자, 이물의 세 부분으로 구분하고 각 부분의 비율은 무게로 정한다. 가능한 모든 종자의 종과 각 이물의 종류를 동정하여야 하며 필요하면 이들 각각에 대한 중량의 백분율을 산출하여야 한다.

④ 검사용 기기

조명기구, 체, 확대경, 현미경 등과 같은 기구를 사용하여 검사시료의 구성 부분을 구분할 수 있다.

⑤ 절 차

㉠ 검사시료
- 순도분석은 제출시료를 균분하여 채취한 1개의 검사시료 또는 2개의 반량시료(검사시료량의 반 이상인 분할시료)로 한다.
- 검사시료(또는 반량시료)는 그 구성요소의 백분율을 소수점 이하 한자리까지 계산하는 데 필요한 자리 수까지 그램(g)으로 칭량하여야 하며 그 기준은 다음과 같다.

검사시료 또는 반량시료의 중량(g)	총중량 및 구성요소 중량의 칭량시 소수점 이하 자릿수	표시방법(g)
1 미만	4	~0.9999
1이상~10미만	3	1.000~9.999
10이상~100미만	2	10.00~99.99
100이상~1,000미만	1	100.0~999.9
1,000 이상	0	1000 ~

    ⓒ 분류
- 계량한 검사시료(또는 반량시료)는 순도분석 정의에 따라 항목별로 분류한다.
- 정립계측은 육안계측 또는 발아능력에 손상을 주지 않는 기계 또는 압력을 이용한 방법을 기본으로 해야 한다.
- 종간의 식별이 어렵거나 불가능할 때는 별표 4의5.라 에 정한 절차의 하나를 따른다.

⑥ 결과의 계산과 표현
    ㉠ 1개의 검사시료를 분석한 경우
- 분석기간 중의 시료중량의 증감조사

  각 항목의 무게를 합한 총중량을 원래의 중량과 비교하여 증감 여부를 확인하고 원래의 중량에서 5% 이상 차이가 있을 때는 재분석을 실시하고 그 결과를 분석치로 사용한다.
- 백분율

  각 항목의 중량 비율은 소수점 아래 1자리로 한다. 비율은 원래의 중량이 아닌 구성요소의 무게를 합한 총중량을 기준으로 해야 한다. 정립이 아닌 다른 특정 식물종이나 특정 이물의 백분율은 요청 받은 것이 아니면 계산할 필요가 없다.
- 사사오입

  > - 모든 항목의 비율을 합하여 100.0% 이어야 하며, 만약 합이 100.0%가 안 되면(예 : 99.9, 100.1%) 큰쪽(보통 정립종자부분)에서 가감한다.
  > - 흔적 또는 TR(trace)로 기록되는 항목은 이 계산에서 제외한다.
  > - 0.1%를 넘게 차이가 날 때에는 계산착오에 대한 조사가 필요하다.

    ㉡ 2개의 반량시료를 분석한 경우(반량검사)
- 분석기간 중의 시료중량의 증감에 대한 확인은 1개의 검사시료를 분석한 경우와 같다.
- 백분율

  각 항목의 중량 비율은 소수점 이하 2자리까지 산출하여 허용오차를 조사한다.

ⓒ 2개의 반량시료간의 차이 검정

2개의 반량시료 각 항목의 차이는 허용오차를 초과해서는 안 된다. 모든 구성요소가 허용범위 내에 있으면 각 항목의 평균을 계산한다. 만약 한 항목이 오차를 넘으면 다음 절차를 밟는다.

> - 모든 항목의 차이가 허용범위 내에 들어오는 쌍이 얻어질 때까지 새로운 반량시료를 조제하여 추가 분석을 실시한다. (총 4쌍까지)
> - 반량시료간 각 항목의 차이가 허용 한계의 두 배가 넘는 시료는 버린다.
> - 최종적으로 보고되는 각 항목의 백분율은 허용 범위 내에 있는 시료의 중량 평균으로부터 산출된 것으로 한다.

ⓔ 2개 이상의 검사시료를 분석한 경우

전량 검사시료를 가지고 다시 검사를 해야 할 필요가 있을 경우에 관한 것이다. 두 번째 검사가 실시될 때는 다음의 과정을 밟아야 한다.

> 가) 시료간 차이 검정
> - 반량검사 시료에 대한 분석에서와 같은 과정을 밟는다.
> - 만약 허용오차를 넘는 경우에는 최대 4개 검사시료 내에서 허용오차 범위 이내가 될 때까지 분석한다.
> - 오류에 의해 산출된 결과가 없고 무작위 추출에 의한 변이만 발생한 경우에, 최고치와 최저치의 차가 허용치의 2배를 넘지 않는 시료의 중량평균으로 기록한다.
> 나) 사사오입
> 항목별로 각 시료의 중량을 합하여 백분율을 산출하고 사사오입하여 정리한다.

⑦ 기타 검사항목

ⓐ 이품종(Other varieties)
- 검사신청자가 신청서에 명시한 것과 동일한 작물로 정립에 포함되나 품종이 다른 종자를 말한다.
- 이품종은 육안으로 형태학적 특성을 비교하여 검사하되, 보조수단으로 유전자분석을 활용할 수 있다.

ⓑ 피해립(damaged grain)
- 발아립, 부패립, 충해립, 열손립, 박피립, 상해립 및 기타 기계적 손상립을 말한다.

$$피해립률(\%) = \frac{피해립 중량(g)}{검사시료 중량(g)} \times 100$$

- 벼에서 발아립을 검사하기 위하여 제현하는 경우에는 시료를 별도로 추출(70~77g)하여 검사하되 제현은 벼 상태 검사시료에서 피해립을 제외한 시료로 하며 다음과 같이 계산한다.

$$피해립률(\%) = \left(\frac{피해립 중량(g)}{벼 상태 검사시료 중량(g)} + \frac{발아립 중량(g)}{현미 상태 검사시료 중량(g)}\right) \times 100$$

- 피해립 무게환산 : 검사시료량 × 피해립률

ⓒ 병해립(diseased seed)

병해립은 병에 의하여 해를 입은 종자를 말하며 정립종자 400립 이상으로 판정하여 다음과 같이 계산한다.

$$병해립률(\%) = \frac{병에 의해 해를 입은 종자수}{검사된 총 종자수(400립)} \times 100$$

ⓒ 잡초종자(weed seed)

종자관리요강에서 정의한 작물별 해초에 해당하는 잡초의 종자를 말한다.

⑧ 결과의 기록

순도분석의 결과는 소수점 이하 한자리로 하고 모든 항목의 합은 100.0 이어야 하며 구성이 0.05%미만일 때는 "흔적 또는 TR(trace)"로 기록한다. 어떤 항목이 전무일 때는 해당란에 "0.0"으로 기록한다. 단, 종자검사부에 기록할 경우에는 종자관리요강의 검사규격에 따라 종자검사부의 해당란에 기록하되 검사규격이 "무"일 경우에는 "무"로 기록한다.

⑨ 용어

- 종피·종의(種皮·種衣, aril arillus, pl. arilli) : 주병 또는 배주의 기부로 부터 자라나 온 다육질이며 간혹 유색인 종자의 피막 또는 부속기관.
- 망(芒, awn, arista) : 가늘고 곧거나 굽은 강모, 벼과에서는 통상 외영 또는 호영(glumes)의 중앙맥의 연장임.
- 부리(beak, beaked) : 과실의 길고 뾰족한 연장부.

- 포엽(包葉, bract) : 꽃 또는 볏과식물의 소수(spikelet)를 감싸고 있는 퇴화한 잎 또는 인편상의 구조물.
- 강모(剛毛, bristle) : 뻣뻣한 털, 간혹 까락(毛) 이 굽어 있을 때 윗부분을 지칭 하기도 함.
- 악판(꽃받침, calyx, pl. calyces) : 꽃받침조각으로 이루어진 꽃의 바깥쪽 덮개.
- 두상 화서(頭狀花序, capitulum) : 통상 무병화(sessile)가 밀집한 화서
- 씨혹(caruncle) : 주공(珠孔, micropylar)부분의 조그마한 돌기.
- 영과(穎果, caryopsis) : 외종피가 과피와 합쳐진 벼과 식물의 나출과.
- 화방(花房, cluster) : 빽빽히 군집한 화서 또는 근대 속에서는 화서의 일부.
- 석과(石果·核果實, drupe) : 단단한 내과피(endocarp)와 다육질의 외층을 가진 비열개성의 단립종자를 가진 과실.
- 배(胚, embryo) : 종자 안에 감싸인 어린 식물.
- 속생(束生, fascicle) : 대체로 같은 장소에서 발생한 가지의 뭉치.
- 임실의(fertile) : 기능적인 성기관을 가지고 있는(벼과식물에서 영과를 가지고 있는 소화)
- 소화(小花, floret) : 벼과의 자예와 웅예를 감싸고 있는 외영과 내영 또는 성숙한 영과. 본 규정의 목적상 여기서 소화란 부수적인 불임외영이 있거나 없는 임성 소화를 가리킴.
- 포영(苞穎, glume) : 볏과 소수의 기부에서 발생한 통상적으로 불임인 2개의 포엽 중에 하나.
- 모(毛, hair) : 단생 또는 복생하는 표피상의 돌기.
- 화탁(花托, hypanthium) : 자방을 둘러싸고 그 위에 꽃받침, 꽃잎 및 웅예를 발생하는 환상, 배상 또는 관상의 구조물.
- 미열개(indehiscent) : 열리지 않는, 성숙해도 열개하지 않는 과실.
- 주피(珠皮, integument) : 나중에 종피나 내종 피가 되는 배주를 감싸는 주머니(보통 2개의 주피가 있음)
- 2차 총포(2차 總苞, involucel) : 2차적인 총포, 종종 꽃송이 주변에 생긴다.
- 총포(總苞, involucre) : 화서의 기부를 감싸는 포엽 또는 강모의 환.
- 외영(外穎, lemma) : 벼과 소화의 바깥쪽(아래쪽) 포 때로는 꽃피는 호영 또는 하(外)내영으로도 불리움. 영과를 바깥쪽(등쪽)에서 싸고 있는 포(葉).
- 실(實·房, locule) : 종자를 포함한 자방의 소구획.
- 분과(分果, mericarp) : 분열과의 일부.
- 소견과(小堅果, nutlet) : 소형의 견과(nut).
- 내영(內穎, palea) : 목초류의 소화의 윗부분(안쪽)의 포엽, 때로는 inner 또는 upper palea라

부르기도 한다. 영과의 안쪽을 감싸고 있는 포(苞).
- 관모(冠毛, pappus) : 수과의 끝부분에 환상으로 붙어 있고, 가는 링으로 우모상의 털이 있는 조각.
- 화병(花柄, pedicel) : 화서에 있어서 각각의 단일 꽃의 병(stalk).
- 화피(花被, perianth) : 두 종류의 꽃잎(악편과 花변) 또는 그들 중의 하나.
- 과피(果皮, pericarp, fruit coat) : 성숙한 자방 혹은 과실의 벽.
- 협(莢, pod) : 열개한 건과. 특히 두과.
- 핵(核, pyrene) : 석과의 딱딱한 내과 피를 포함하는 종자(혹은 복수의 종자를 가진 과실에서 볼 수 있는 유사의 구조물).
- 지경(枝梗, rachila, rhachilla) : 2차의 화서 줄기. 특히 목초류에 있어서는 소화에 생긴 축을 말함.
- 종자단위(seed unit) : 보통 볼 수 있는 번식단위, 즉 수과 및 유사의 과실, 분리과, 소화 등.
- 화서경(花序莖, rachis, rhachis, rachides) : 화서의 주축.
- 무병의(無柄, sessile) : 화병(pedicel) 또는 줄기(stalk)가 없는 것.
- 분리과(分離果, schizocarp) : 성숙해서 2개 혹은 그 이상의 단위(分果mericarp)내에 분리되는 건과.
- 장각과(長角果, siliqua) : 열개성 건과, 2개의 심피로 유래된 2실의 과실. 예) Brassicaceae속(Cruciferae과)
- 소수(小穗, spikelet) : 한개 또는 두 개의 불임호영으로 감싸인 한 개 또는 그 이상의 소화를 갖고있는 벼과 화서의 부분. 본 규정의 목적상 소수 라는 말은 임실 소화를 뜻하고, 1개 또는 그 이상의 부가적인 임실 또는 완전한 불임소화 혹은 포영을 포함한다.
- 경(莖, stalk) : 식물기관의 줄기(stem).
- 웅화(雄花, staminate) : 수꽃만을 가진 꽃.
- 불임의(不稔, sterile) : 기능을 가진 생식기관이 없는(목초류의 소화에는 영과가 없다).
- 작은 가종피(strophiole) : 사마귀 모양의 돌기
- 외종피(外種皮, testa) : 종피(seed coat).
- 익(翼, wing) : 과실 또는 종자에서 생긴 평평한 막상의 돌기.
- 수과(瘦果, achene, achenium) : 미나리아재비과(Ranunculaceae)와 같이 하나의 심피(carpel)에서 형성되어 과피와 종피가 구분된 비열개성 건과.
- 약(葯, anther) : 수술(stamens)에서 꽃가루(pollen)를 만들어내는 부분.

43. 발아검사

① 목 적

발아검정의 궁극적인 목적은 종자집단의 최대 발아능력을 판정함으로써 포장 출현율에 대한 정보를 얻고, 또한 다른 소집단간의 품질을 비교할 수 있게 하는 데 있다.

② 정 의

㉠ 발 아

실험실에서 발아란 알맞은 토양조건에서 장차 완전한 식물로 생장할 수 있는지의 여부를 보여주는 유묘 단계까지 필수구조들이 출현하고 발달된 것을 말한다.

㉡ 발아율

기간과 조건에서 정상묘로 분류되는 종자의 숫자 비율을 말하며 종자검사부에 기록한다.

$$발아율 = \frac{정상묘\ 발아입수}{총\ 종자입수} \times 100(\%)$$

㉢ 유묘의 필수구조

완전한 식물로 묘가 계속 성장할 수 있는 필수구조는 뿌리, 싹, 떡잎, 끝눈, 초엽(벼과)이다.

㉣ 정상묘

정상묘는 질 좋은 흙과, 적당한 수분, 온도, 광의 조건에서 식물로 계속 자랄 수 있는 능력을 보이는 것으로 다음과 같이 구분된다.

- 완전묘 : 모든 필수 구조가 잘 발달하고 무병하며 균형이 완전한 묘
- 경 결함묘 : 완전묘와 비교하여 균형 있게 발달하고 다른 조건도 만족할 만한 묘이지만 필수구조에 가벼운 결함이 있는 묘
- 2차 감염묘 : 완전묘, 경결함 묘로서 종자 자체의 전염이 아닌 외부의 다른 원인으로 진균이나 세균의 감염을 받은 묘

㉤ 비 정상묘(Abnormal Seedlings)

적당한 수분, 온도, 광과 좋은 토양에서 정상 식물로 자랄 수 있는 가능성이 없는 묘로 다음의 것을 포함할 수 있다.

- 피해묘 : 어떤 필수 구조가 없거나 균형 있는 성장을 기대할 수 없는 심한 장해를 받은 묘
- 모양을 갖추지 못 했거나(기형) 또는 부정형묘 : 약하게 생장했거나 생리적인 손상 또는 필수구조가 형을 갖추지 못 했거나 균형을 잃은 묘
- 부패묘 : 필수구조가 종자 자체로부터 감염되어 발병 또는 부패로 정상 발달이 어려운 묘

ⓑ 복수 발아종자 단위(Multigerm seed units)
- 한 개의 종자 중에서 두 개 이상의 묘가 나오는 것을 말한다.
- 진실종자가 두 개이상 들어있는 단위
  [예. 복수발아종자인 오차드그래스, 페스큐, 귀리, 분리되지 않은 산형과의 분열과, 근대, 사탕무의 화방(cluster) 등]
- 두개 이상의 배가 들어있는 진실종자
  [어떤 종(복배) 또는 예외적인 다른 종(쌍둥이)에서 정상적으로 일어나고 쌍둥이는 보통 묘의 하나가 약하고 길쭉하나 간혹 둘 다 정상크기에 가까울 때도 있다.]
- 융합배(간혹 한 종자에서 함께 붙은 두 개의 묘가 나온다)

ⓢ 불발아 종자

시험기간이 끝나도 발아하지 않는 종자로 다음과 같이 구분된다.

- 경실종자 : 물을 흡수하지 못하여 시험기간이 끝나도 단단하게 남은 종자
- 신선종자 : 경실이 아닌 종자로 주어진 조건에서 발아하지는 못하였으나 깨끗하고 건실하여 확실히 활력이 있는 종자
- 죽은종자 : 경실 종자도 신선종자도 아니면서 시험기간이 끝나도 묘의 어느 부분도 출현하지 않은 종자
- 기타범주 : 종자 속이 비었거나 발아하지 않은 종자로 자세한 범주는 별표 5의 분류에 따른다.

③ 일반원칙

㉠ 발아시험은 순도분석을 끝낸 정립종자로 실시한다.
㉡ 발아촉진처리 방법에 따라 전처리를 행하여야 한다. 만약 다른 전처리 후 추가시험을 했을 때에는 전처리 사항과 그 결과를 발아검정대장 및 종자검사부에 기록해야 한다.
㉢ 반복으로 배열된 종자는 배지, 온도, 발아조사 조건에 따라 적당한 수분 조건하에서 발아검정을 실시한다.

④ 재 료
  ㉠ 흙 또는 인공토양은 기본시험 배지로 추천되지 않았으나 특별한 경우에 허용된다.
  ㉡ 종이배지
   • 구성 : 종이의 섬유는 화성목재, 면 또는 기타 정제한 채소섬유로 제조된 것이어야 하며, 진균, 세균, 독물질이 없어 묘의 발달과 평가를 방해하지 않아야 한다.
   • 조직 : 종이는 다공성 재질이어야 하나 묘 뿌리가 종이 속으로 들어가지 않고 위에서 자라야 한다.
   • 강도 : 시험 조작 중 찢어짐에 견디도록 충분한 강도를 가져야 한다.
   • 보수력 : 종이는 전 기간을 통하여 종자에 계속적으로 수분을 공급할 수 있는 충분한 수분 보유력을 가져야 한다.
   • pH : 범위는 6.0~7.5이어야 한다. 또는 이 범위 밖의 pH가 발아시험 결과에 어떠한 영향도 미치지 않았음을 증명할 수 있어야 한다.
   • 저장 : 가능하면 관계 습도가 낮은 저온실에 보관하며, 저장 기간 중 피해와 더러워짐에 보호될 수 있는 알맞는 포장이어야 한다.
   • 살균소독 : 저장 중 번식하는 균류를 제거하기 위해 종이의 소독이 필요할 수도 있다.
  ㉢ 모래
   • 구성 : 모래의 크기는 적당한 크기로 일정해야 하며, 큰 알맹이와 매우 작은 것이 없어야 한다. 거의 모든 알맹이는 직경 0.8mm 그물눈체를 통과하고 0.05mm 체위에 남아야 한다. 모래에는 종자의 발아, 묘의 생장, 또는 평가를 방해하는 다른 종자, 곰팡이, 박테리아, 독물질이 없어야 한다.
   • 보수력 : 알맞은 양의 물을 주었을 때 모래알은 종자와 묘에 물을 계속 공급할 수 있는 충분한 물을 가지는 능력이어야 하나, 가장 알맞는 발아와 뿌리 발육을 위한 공기 순환에 필요한 공극이 있어야 한다.
   • pH : 범위는 6.0~7.5이어야 한다. 또는 이 범위 밖의 pH가 발아시험 결과에 어떠한 영향도 미치지 않았음을 증명할 수 있어야 한다.
   • 살균소독 : 깨끗하게 하기 위하여 사용 전에 모래를 씻고 소독이 필요 하다. 소독은 종자 본래의 병해 조직을 죽이거나 억제하는 화학약품이 남아 있지 않은 방법으로 한다.
   • 재사용 : 몇 번 더 재사용할 수 있으나 미리 씻어 말리고 다시 소독해야 한다. 화학 처리한 시료를 시험했을 때에는 재사용하지 않고 버린다. 그러나 재사용할 때는 모래에 약품이 축적되어 식물독 증상이 일어나지 않는지 확인해야 한다.

② 흙
  - 구성 : 흙은 질이 좋고 뭉치지 않고 굵은 알맹이가 없어야 한다. 종자의 발아묘 생장 또는 평가를 방해하는 다른 종자, 세균, 진균, 선충, 독물질이 없어야 한다.
  - 보수력 : 알맞은 물을 함유토록 조정하여 발아와 뿌리생육에 적당한 공기순환을 도모해야 한다.
  - pH : 범위는 6.0~7.5이어야 한다. 또는 이 범위 밖의 pH가 발아시험 결과에 어떠한 영향도 미치지 않았음을 증명할 수 있어야 한다.
  - 살균소독 : 깨끗하게 하기 위하여 사용 전에 소독이 필요하다. 소독은 종자 본래의 병해 조직을 죽이거나 억제하는 화학약품이 남아 있지 않은 방법으로 한다.
  - 재사용 : 한번만 사용하기를 권한다.

⑩ 혼합물
  - 구성 : 질이 좋은 무토양 혼합물이어야 한다. 무토양 혼합물은 10%의 모래(예를 들어)를 더한 유기물질(예를 들면 토탄)이 포함되어야 한다. 다른 구성물(예를 들면 진주암, 질석)가 첨가될 수도 있다.
  - 보수력 : 적정 수분함량으로 조절할 때, 보수력이 점검되어야 한다.
  - pH : 범위는 6.0~7.5이어야 한다. 또는 이 범위 밖의 pH가 발아시험 결과에 어떠한 영향도 미치지 않았음을 증명할 수 있어야 한다.
  - 살균소독 : 발아시험 결과에 부정적인 영향을 미치지 않는 방법으로 한다.
  - 재사용해서는 안 된다.

⑪ 물
  - 깨끗함 : 배지에 사용하는 물은 유기, 무기의 불순물이 없어야 한다.
  - 품질 : 공급하는 보통의 물이 만족스럽지 못할 때는 증류수 또는 이온 정화수를 사용할 수 있다.
  - pH : 범위는 6.0~7.5이어야 한다. 또는 이 범위 밖의 pH가 발아시험 결과에 어떠한 영향도 미치지 않았음을 증명할 수 있어야 한다.

⑤ 방 법
  ㉠ 정립종자 중에서 무작위로 100입씩 반복하여 400입을 추출하여 일정한 공간과 알맞은 간격을 유지하여 젖은 배지 위에 놓는다. 반복은 종자크기와 종자 사이의 간격 유지에 따라 50 또는 25입인 준 반복으로 나눌 수 있다. 복수발아종자는 분리하지 않으며 단일종자로 취급한다.
  ㉡ 시험조건

허용된 배지(발아상), 온도, 기간, 추가적인 조치, 휴면종자에 대한 특수처리는 배지, 온도, 시험기간 등 규정된 방법을 사용하여야 한다.

ⓒ 발아촉진 처리

시험기간이 끝난 후 경실, 신선종자가 남아 있을 때는 특별처리와 발아촉진처리를 적용하여 재시험한다.

⑥ 시험기간

㉠ 시험기간 중이나 시험 전 휴면타파 처리기간은 시험기간에 포함하지 않는다.

㉡ 발아시험은 마감일 전이라도 검사규격 기준 이상 발아되었고 검사신청자의 요구가 있을 경우에는 발아시험을 종료하고 그 결과를 통보할 수 있다.

⑦ 재시험

㉠ 다음과 같은 상황으로 판단될 때는 통보를 보류하고 동일한 방법 또는 다른 지정된 방법으로 재시험을 해야 한다.

- 휴면으로 여겨질 때(신선종자)
- 시험결과가 독물질이나 진균, 세균의 번식으로 신빙성이 없을 때
- 상당수의 묘에 대해 정확한 평가를 하기 어려울 때
- 시험조건, 묘평가, 계산에 확실한 잘못이 있을 때
- 100입씩 반복간 차이가 최대허용오차를 넘을 때

㉡ 재시험 상세 절차 및 기록

- 100입으로 4반복의 발아시험에서의 반복간 최대허용범위 (2.5% 유의 수준에서의 이원검정)
- 이 표는 확률 0.025 수준에서의 무작위 표본변이를 받아들이는 반복간 발아율의 최대허용범위(최고치 와 최저치간의 차이)를 나타낸다.
- 최대허용범위를 찾기 위해서는 4반복의 평균발아율을 정수까지로 반올림하여 구하되 필요하다면 발아상내에서 가장 인접한 50입 또는 25입으로 세분된 반복들을 모아 100입 1반복으로 재구성할 수 도 있다.
- 평균을 제1항 또는 2항에서 찾고 반대편 제3항의 최대 허용범위를 읽는다.

평균 발아율		허용범위	평균 발아율		허용범위
1	2	3	1	2	3
99	2	5	87 to 88	13 to 14	13
98	3	6	84 to 86	15 to 17	14
97	4	7	81 to 83	18 to 20	15
96	5	8	78 to 80	21 to 23	16
95	6	9	73 to 77	24 to 28	17
93 to 94	7 to 8	10	67 to 72	29 to 34	18
91 to 92	9 to 10	11	56 to 66	35 to 45	19
89 to 90	11 to 12	12	51 to 55	46 to 50	20

⑧ 결과의 계산과 표현

　㉠ 결과는 개수 비율로 나타낸다.

　㉡ 100입씩 4반복 시험은 최대 허용오차 이내이어야 하고, 평균 발아율을 종자검사부에 반올림한 정수로 기록한다.

⑨ 결과의 기록

　㉠ 발아검정 결과는 서식으로 작성하여 보관하고, 아래 항목이 발아검정대장 해당란에 표시되어야 한다.

> - 시험기간
> - 정상묘, 비정상묘, 경실, 신선종자, 죽은 종자의 비율. 어느 항목이 전무일 때는 "0"으로 표시한다.
> - 재시험을 한 경우 그 사유를 검사부 특기사항 란에 반드시 기재하여야 한다.

44. 활력의 생화학적 검사

① 목 적

　㉠ 일반적으로 종자의 활력(특히 휴면성)을 신속하게 평가하고 발아시험 종료시 높은 휴면율을 보이는 특수시료의 경우 개개의 휴면종자나 검사시료의 활력을 판정하며, 신속한 발아능력의 판정이 필요한 경우 국내용 종자 수매 검사시 발아율 조사를 대신할 수 있다.

② 적용대상

별표 6에 방법이 설명된 종과 ISTA가 인정하는 종에 적용한다.

③ 시 약
　㉠ 0.1~1.0%의 테트라졸리움(이하 "TZ"라 한다)용액을 사용한다.
　㉡ 사용하는 증류수가 pH 6.5~7.5범위가 아닐 때는 아래와 같이 완충시켜야 한다.

> · 용액1 : 물 1,000mL에 9.078g의 KH_2PO_4를 녹인다.
> · 용액2 : 물 1,000mL에 9.472g의 Na_2HPO_4나 혹은 11.876g의 $Na_2HPO_4 \times 2H_2O$ 를 녹인다.
> · 용액1과 용액2를 2 : 3 비율로 섞는데, pH가 6.5~7.5사이에 있는지를 점검 하여야 한다.

④ 방 법
　㉠ 검사시료
　　검사는 100입씩 4반복으로 하는데 정립종자에서 무작위로 추출하거나 발아시험 종료시에 나온 하나의 휴면종자로 한다.
　㉡ 종자의 조제와 처리
　　· 종자는 TZ용액의 침투를 촉진하기 위하여 전처리를 한다.
　　· 전처리 한 종자 또는 배 부위를 규정된 시간과 온도로 TZ용액에 완전히 담근다.
　　· 규정된 시간이 지나면 용액은 버리고 종자를 물에 행군 후 조사한다.
　　· 각 종자의 조사는 염색상태와 조직의 건전도에 따라 활력과 비활력으로 평가한다.
　　· 일반적으로 활력 종자의 조직은 호흡으로 생긴 탈수소효소가 산화상태의 테트라졸륨과 결합하면 붉은색 계통을 띄게 된다.

⑤ 결과의 계산과 표현
　㉠ 시료의 검사에서 활력으로 간주하는 종자의 숫자는 각 반복구 별로 판정한다.
　㉡ 반복간의 차에 대한 최대 허용오차 범위는 발아율 조사 때와 같다.

⑥ 결과의 기록
　㉠ 검사부 발아조사 항목의 활력과 비활력 란에 구분 기록한다.
　㉡ 기타 쭉정이, 충해, 부서진 종자 또는 부패종자는 검사자의 재량으로 기록할 수 있다.

⑦ 생화학적 검사 방법
　㉠ 착색법

종자의 죽은 조직과 산 조직이 다르게 착색된다
ⓒ 효소활성 측정법
  침윤시킨 종자의 효소활성을 측정하여 발아능을 추정하며 산화효소법, 과산화수소법, 탈수소효소법, 말라차이트법 등이 있다
ⓒ ferric chloride 법
  기계적 상처를 입은 콩과작물의 종자를 20% $FeCl_3$ 용액에 15분간 처리하여 손상을 입은 종자는 검은색으로 나타난다.
ⓔ indoxyl acetate 법
  상처를 입은 종자의 종피는 녹자색으로 변하지만 정상의 종자는 자엽이 황백색으로 보인다. 저장 중인 종자의 활력평가에 효과적인 방법으로 색상의 변화가 뚜렷하여 판별이 용이하다.

45. 종자병 검정

① 종자전염성 병원
  ㉠ 진균
    • 균체는 실모양의 균사체로 되어 있다
    • 균사체 가지의 일부분을 균사라 하고 진균을 사상균이나 곰팡이라 하며 종자에서 가장 많은 질병을 일으키는 병원균은 진균이다.
  ㉡ 세균
    • 원핵생물로 세포벽을 가지고 있으며 이분법에 의해 증식한다.
    • 세균에 의한 종자전염병으로 벼 세균성줄무늬병, 벼 세균성알마름병 등이 있다.
    • 세균의 경우 종피에 많이 존재하나 배, 배유 등에도 침입한다.
  ㉢ 바이러스
    • 식물바이러스는 핵산과 단백질로 구성된 핵단백질로 세포벽이 없다.
    • 인공배양이 어렵고 살아있는 세포 내에서 증식이 가능하다.
    • 바이러스의 경우 미숙한 종자에 많이 분포한다.

② 종자병 검정
  ㉠ 배양법
    • 한천배지검정은 종자전염병균 검정에 있어 가장 간단하고 보편적인 방법으로 검정하려는 종자의 표면을 소독하고 종자 내부의 병원균을 배양하여 포자를 형성하여 상태를

조사한다.
- 흡수지 배양검정은 종자를 수분이 있는 흡수지나 여과지 위에 놓고 균류의 성장을 촉진시키는 배양 방법이다.

ⓛ 박테리오파지 검정
- 박테리오파지 바이러스를 이용하여 특정 세균의 특이성에 의해 계통 세균의 존재 및 월동 장소를 파악할 수 있다.
- 세균과 바이러스의 영양관계로 배지상에 맑은 파지상이 나타난다.

ⓒ 혈청학적 검정
- 병원체에 대한 혈청을 만들어 진단하는 방법이다. 주로 세균과 바이러스를 검정하는데 이용된다.
- 혈청학적 검정에는 면역이중확산법, 방사형 확산검정법, 형광항체법, 효소결합항체법(ELISA) 등이 있다.
- 효소결합항체법(ELISA)는 항체에 효소를 결합시켜 바이러스를 반응시켰을 경우 노란색이 나타나는 정도를 통해 감염여부 및 정도를 알 수 있다.

46. 수분함량 검사

① 정의 및 원리
ⓐ 수분함량은 이 규정에 따라 건조할 때 중량상의 감량을 말하며 원래 시료의 중량에 대한 백분율로 나타낸다.
ⓑ 규정된 방법은 수분의 감소가 이루어지는 동안 산화, 분해, 기타 휘발성분의 손실을 최소화 하도록 마련된 것이다.

② 장비
수분을 측정하는 데는 분쇄기, 항온기, 수분측정관 및 데시케이터 등 부속품, 분석용 저울, 체, 간이 수분측정기가 필요하다.

③ 방법
ⓐ 주의사항
- 측정은 시료 접수 후 가능한 한 빨리 시작해야 한다.
- 측정하는 동안 시료의 노출을 가급적 피해야 하며 분쇄가 필수적이 아닌 종은 시료가 접수된 상태의 용기에서 꺼내어 건조용기에 집어넣을 때까지 2분 이상을 경과해서는

안 된다.
ⓒ 계량

중량은 그램(g)으로 나타내며 소수점 아래 세 자리까지 단다.
ⓒ 측정시료

> 가) 검정실에 접수된 시료에서 독립적으로 두 점을 채취하여 중복 실시한다. 시료의 양은 측정관의 직경에 따라 다음과 같다.
>   - 직경 8cm 미만 4~5g
>   - 직경 8cm 이상 10g
>
> 나) 측정용 시료를 추출하기 전에 다음 중 한 가지 방법으로 시료를 충분히 혼합한다.
>   - 스푼으로 용기 안의 시료를 휘젓는다.
>   - 시료가 담긴 용기의 열린 곳에 다른 용기를 열어 맞대고 두 용기사이에 종자 쏟기를 반복한다. 측정용 시료는 규정에 의한 방법으로 추출하고 시료를 외부에 30초 이상 노출시키지 않는다.

ⓔ 분 쇄
- 분쇄가 필수적인 종에는 귀리, 콩, 땅콩, 메밀, 목화, 보리, 벼, 밀, 옥수수, 피마자, 호밀, 기장, 수수, 수단그라스, 벳지, 수박, 팥이 있다.
- 곱게 마쇄하여야 하는 종은 분쇄된 것이 0.50mm 그물체를 최소한 50%통과하고 남는 것이 1.00mm 그물체 위에 10% 이하이어야 한다. 거칠게 마쇄하여야 하는 종은 4.00㎜ 그물체를 최소한 50%는 통과하고 2.00mm체 위에 55% 이상 남아야 한다. 필요한 크기의 가루를 얻기 위해 분쇄기를 조정하고 견본의 적은 양을 분쇄하고 그것을 쏟아내야 한다. 분쇄 시간이 2분을 초과해서는 안 된다.
- 단, 유분함량이 높아 분쇄가 어려운 것 또는 산화로 중량이 늘어나기 쉬운 것(특히 요오드가 높은 유분을 가진 아마와 같은 종자)은 제외한다.

ⓜ 예비 건조
- 분쇄가 필요한 종으로서 수분이 17% 이상(콩은 10%, 벼는 13%)인 것은 예비건조를 해야 한다.
- 예비건조용 시료량은 각각 25±1g으로 하며, 예비건조는 수분17% 이하(콩은 10%, 벼는 13%)가 되도록 한다.
- 예비건조 후 건조비율을 알기 위해 용기 안에 넣은 채 다시 칭량하여 예비 건조비율을 측정하고 즉시 예비건조된 두 개의 시료를 별도로 분쇄하여 수분측정 작업을 계속한다.

ⓑ 측정방법

가) 저온항온 건조기법
- 측정용 시료는 수분측정관의 표면에 평평하게 편다.
- 시료를 채우기 전후에 수분측정관(덮개 포함)의 무게를 달아둔다.
- 수분측정관을 103±2℃로 유지되는 항온기에 신속하게 넣은 후 17±1 시간동안 측정관 덮개를 열고 건조시킨다. 건조의 시작은 필요한 온도에 도달하여서부터이다. 규정시간이 끝나면 수분측정관의 뚜껑을 닫고 데시케이터에 넣어 30~45분간 식힌다.
- 식힌 후 뚜껑을 닫은 채로 칭량한다.
- 측정 중 시험실 주변 공기의 관계 습도는 70% 이하이여야 한다.
- 이 방법은 마늘, 파, 부추, 콩, 땅콩, 배추씨, 유채, 고추, 목화, 피마자, 참깨, 아마, 겨자, 무에 적용한다.

나) 고온항온 건조기법
- 절차는 위와 같으나 단지 건조기의 온도를 130~133℃로 유지하고 건조시간을 옥수수 4시간, 다른 곡류는 2시간, 기타 종은 1시간으로 하고, 측정 중 시험실 주변 공기의 관계습도는 특별한 요구가 없다.
- 이 방법은 근대, 당근, 메론, 버뮤다그라스, 벌노랑이, 상추, 시금치, 아스파라거스, 알팔파, 오이, 오차드그라스, 이탈리안라이그라스, 페레니얼라이그라스, 조, 참외, 치커리, 켄터키블루그라스, 크로바, 크리핑레드페스큐, 톨페스큐, 토마토, 티머시, 호박, 수박, 강낭콩, 완두, 잠두, 녹두, 팥(1시간), 기장, 벼, 귀리, 메밀, 보리, 호밀, 수수, 수단그라스(2시간), 옥수수(4시간)에 적용한다.

ⓢ 보조 수분측정법

가) 수분은 저온 및 고온항온 건조기법에 의하여 측정함을 원칙으로 하되 이와 동등한 측정결과를 얻을 수 있는 전기저항식 수분계, 전열건조식수분계, 적외선 조사식 수분계 등 간이수분측정기에 의한 측정을 보조 방법으로 채택할 수 있다.
나) 보조 측정방법으로 사용되는 수분계는 반드시 원칙적 방법에 의한 기준값과 대비하여 점검하고 정확한 측정결과를 얻을 수 있도록 수시로 조정하되, 최소한 매년 1회 이상 이루어져야 한다.
- 간이수분측정기를 이용한 측정은 3회 이상 측정하여 근사치 범위 내에 있는 것의 평균값을 적용한다.
- 단립식 수분계 측정의 경우는 100립 이상 측정한다.
- 콩, 옥수수의 경우 저온항온건조법으로 측정하되, 간이 수분측정기를 사용할 경우 저온항온건조법으로 측정한 값으로 보정한 후 측정한다. 또한 수분계에 남아있는 유분을 수시로 제거하여야 한다.

◎ 결과의 계산

> 가) 항온 건조기법
>   수분함량은 다음 식으로 소수점 아래 1단위로 계산하며 중량비율로 한다.
> $$\frac{M2 - M3}{M2 - M1} \times 100$$
>
>   M1 = 수분 측정관과 덮개의 무게(g)
>   M2 = 건조전 총 무게(g)
>   M3 = 건조후 총 무게(g)
>
> 나) 예비 건조한 것은 처음(예비건조)과 두번째 결과를 계산하여 수분함량으로 한다. S1이 처음단계 수분 건조비율(%)이고 S2가 두 번째 수분건조비율(%)이라면 원시료의 수분함량(%)의 계산은
> $$(S1 + S2) - \frac{S1 \times S2}{100}$$
>
> 다) 허용오차
>   두 측정 사이의 차가 0.2%를 넘지 않으면 반복측정의 산술평균 결과로 하고 넘으면 반복측정을 다시 한다.

47. 천립중 검사

① 목적 및 원칙
  ㉠ 제시된 시료의 천립중을 결정하는 것이다.
  ㉡ 정립종자에서 종자 수를 세고 계량하여 천립중을 계산한다.
  ㉢ 적당한 계립기나 계립장비를 사용할 수 있다.

② 방법
  ㉠ 측정시료
    순도분석시의 정립종자로 한다.
  ㉡ 측정시료 전량의 계수
    • 기계에 검사시료 전량을 넣고 표시기의 종자숫자를 읽는다.
    • 계량은 순도분석 수치처리 요령에 따라 실시한다.
  ㉢ 반복 구의 계수
    • 검사시료로부터 무작위로 100입씩 추출한 여덟 개의 반복을 손 또는 계수기를 사용하여

계수하며 변이, 표준편차, 변이계수의 계산은 다음과 같다.

- 분산(변이) $= \dfrac{n(\sum X^2) - (\sum X)^2}{n(n-1)}$

  x = 각 반복의 중량(g)
  n = 반복수
  Σ = 합계

- 표준편차 (S) $= \sqrt{분산(변이)}$

- 변이계수 $= \dfrac{S}{X} \times 100$

  X = 100입의 평균 중량

- 거친 목초종자의 경우에는 변이 계수가 6.0을 기타종자의 경우에는 4.0을 넘지 않으면 그 측정결과로 계산한다. 변이계수가 한계를 넘으면 재차 8반복을 계수, 계량하고 16반복의 표준편차를 산출한다. 그렇게 산출된 표준편차보다 평균으로부터 두 배 이상 차이가 나는 반복의 측정치는 버린다.

㉢ 결과의 계산과 표현
  - 기계로 세었다면 전체 검사시료의 총 중량으로부터 천립중을 산출한다.
  - 반복으로 세었다면 100립씩 8반복 이상의 중량으로 1,000립의 평균중량을 계산한다.
  - 결과는 소수점으로 표현한다.

48. 종자건전도 검사(Seed Health Testing)

① 목적

종자의 건전도 검정의 목적은 종자 시료의 병해 상태의 이상유무를 판정하고 종자의 가치를 비교하는데 쓰인다.

- 종자전염은 포장에서 병의 전파를 가져오며 작물의 상업적 가치를 저하시킨다.
- 수입된 종자는 새로운 지역에 새로운 병을 퍼트린다. 격리시험은 이 때문에 필요하다.
- 종자의 건전도 검사는 묘의 평가와 낮은 발아율 또는 입모율의 원인을 밝혀 발아율 검사를 보충한다.

② 정의
  ㉠ 종자의 건전도(seed health)
     종자의 건전도는 필수성분 결핍과 같은 생리적 조건이 포함된 피해와 진균, 세균, 바이러스, 선충, 해충과 같이 병을 일으키는 병원의 유무로 평가한다.
  ㉡ 전처리
     시험을 촉진시키기 위해 배양 전에 실험실에서 행하는 모든 물리, 화학적 처리를 말한다
  ㉢ 처리
     시험을 위해 실시하는 모든 물리화학적인 과정을 말한다.

③ 원칙
  ㉠ 종자건전도검정은 의도하고자 하는 목적에 적합한 방법과 기기를 이용하여 실시해야 한다.
  ㉡ 필요한 숙련도, 검사기기, 감수성 및 재현성이 다양하므로 여러 다른 검정방법이 이용될 수 있다.
  ㉢ 이용하고자 하는 방법은 조사할 병원균 또는 조건, 종자의 종류와 검정의 목적에 의해 결정되며, 종자 소집단에 가한 처리는 판정에 영향을 줄 수 있다.

④ 방법
  • 시험방법에 따라 제출시료 전부나 일부를 검사시료로 사용한다.
  • 예외적으로 많은 제출시료가 필요할 때에는 적당한 양의 시료를 1차 시료 추출시 더 추출한다.
  • 보통 검사시료는 정립종자 400입 이상이거나 동등한 중량 또는 특정 종에 명시된 방법에 따른 개수 이상이어야 한다.
  • 지정된 종자 숫자로의 반복은 충분히 섞은 후 분할시료에서 무작위로 추출한다.

49. ISTA 증명서

① "주황색 ISTA 증명서"(ISTA Orange International Seed Lot Certificate)란 시료채취와 종자검정 모두 인증실험실에서 수행하였을 경우 발급하는 주황색의 증명서를 말한다.
② "청색 ISTA 증명서(ISTA Blue International Seed Sample Certificate)"란 시료채취가 인증실험실이 아닌 신청자의 책임 하에 이루어지고 해당 시료에 대해 인증실험실에서 종자검정을 수행하였을 경우 발급하는 청색의 증명서를 말한다.

③ "부본증명서(Duplicate Certificate)"란 원본과 효력과 내용은 동일하지만 '증명서의 종류(status)'란에 「원본(original)」 대신 「부본(duplicate)」으로 표기하는 증명서로서 신청자의 요청에 의해 발급된다.

④ "임시증명서(Provisional Certificate)"란 종자검정이 완료되기 전에 발급하는 증명서로서 '기타 판정(other determination)' 란에 검정이 완료되면 최종증명서가 발급될 것이라는 내용이 표기되며 신청자의 요청에 의해 발급된다.

50. 종자검사요령

[별표 1]

포장검사 병주 판정기준

작물별	구 분	병 명	병 주 판 정 기 준
벼	특정병	키다리병	증상이 나타난 주
	〃	선충심고병	〃
	기타병	이삭도열병	이삭의 1/3이상이 불임 고사된 주
	〃	잎도열병	위로부터 3엽에 각 15개이상 병반이 있거나, 엽면적 30%이상 이병된 주
	〃	기타도열병	이삭이 불임 고사된 주
	〃	깨씨무늬병	위로부터 3엽의 중앙부 5cm 길이 내에 50개 이상 병반이 있는 주
	〃	이삭누룩병	이병된 영화수 비율이 50%이상인 주
	〃	잎집무늬마름병	이삭이 불임 고사된 주
	〃	흰잎마름병	지엽에서 제3엽까지 잎가장자리가 희게 변색된 주
	〃	오 갈 병	증상이 나타난 주
	〃	줄무늬잎마름병	〃
	〃	세균성벼알마름병	이삭입수의 5.0%이상 이병된 주
맥류	특정병	겉깜부기병	증상이 나타난 주
	〃	속깜부기병	〃
	〃	비린 깜부기병	〃
	〃	보리줄무늬병	〃
	기타병	흰가루병	위로부터 3엽에 엽면적 50%이상 이병된 주
	〃	줄기녹병	〃 30%이상 〃
	〃	좀 녹 병	〃 30%이상 〃
	〃	붉은곰팡이병	이삭입수의 5.0%이상 이병된 주
	〃	위 축 병	증상이 나타난 주
	〃	엽 고 병	백수가 된 주
	〃	바이러스병	증상이 나타난 주

작물별	구 분	병 명	병 주 판 정 기 준
콩	특정병	자 반 병	병반이 10개이상 있거나 엽면적의 30%이상 이병된 잎의 엽수비율이 10%이상인 주
	기타병	모자이크병	증상이 나타난 주
	〃	세균성점무늬병	병반이 50개이상 있거나 엽면적의 30%이상 이병된 잎의 엽수비율이 50%이상인 주
	〃	엽 소 병	〃
	〃	탄 저 병	〃
	〃	노 균 병	〃
옥수수	기타병	매 문 병	이삭 붙은 하위 1엽이상 엽에 50개이상 병반이 있거나 엽면적의 30%이상 이병된 주
	〃	깨씨무늬병	〃
	〃	붉은곰팡이병	〃
	〃	깜부기병	증상이 나타난 주
감 자	특정병	바이러스병	증상이 나타난 주
	〃	둘레썩음병	〃
	〃	걀쭉병	〃
	〃	풋마름병	〃
	기타병	흑 지 병	증상이 나타난 주
	〃	후사리움위조병	〃
	〃	역병, 하역병	각 엽에 병반이 5개 이상이거나 엽면적의 10%이상 이병된 잎의 엽수비율이 50%이상인 주
	〃	기 타 병	각엽에 병반이 20개이상 있거나 엽면적 50%이상 이병된 잎의 엽수비율이 50%이상인 주
고구마	특정병	흑 반 병	각엽에 병반이 5개이상 있거나 엽면적의 5%이상 이병된 잎의 엽수비율이 50%이상인 주
	〃	마이코프라스마병	증상이 나타난 주
	기타병	만 할 병	줄기에 증상이 나타난 주
	〃	선 충 병	선충에 의한 피해가 현저한 주

작물별	구 분	병 명	병 주 판 정 기 준
감 자	특정병	바이러스병	증상이 나타난 주
	〃	둘레썩음병	〃
	〃	걀쭉병	〃
	〃	풋마름병	〃
	기타병	흑지병	증상이 나타난 주
	〃	후사리움위조병	〃
	〃	역병, 하역병	각 엽에 병반이 5개 이상이거나 엽면적의 10%이상 이병된 잎의 엽수비율이 50%이상인 주
	〃	기 타 병	각엽에 병반이 20개이상 있거나 엽면적 50%이상 이병된 잎의 엽수비율이 50%이상인 주
고구마	특정병	흑반병	각엽에 병반이 5개이상 있거나 엽면적의 5%이상 이병된 잎의 엽수비율이 50%이상인 주
	〃	마이코프라스마병	증상이 나타난 주
	기타병	만할병	줄기에 증상이 나타난 주
	〃	선충병	선충에 의한 피해가 현저한 주
팥, 녹두	특정병	콩세균병	각엽에 병반이 30개이상 있거나 엽면적의 10%이상 이병된 잎의 엽수비율이 30%이상인 주
	〃	바이러스병(위축병, 황색모자이크병)	병증이 나타난 주
	기타병	엽소병, 갈반병 및 탄저병	각엽에 병반이 50개이상 있거나 엽면적의 30%이상 이병된 잎의 엽수비율이 50%이상인 주
	〃	흰가루병	종자 품위에 영향이 있을 정도의 심한 주
	〃	녹두모틀바이러스병	병증이 나타난 주
참깨	특정병	역병	종자 품위에 영향이 있을 정도로 심한 주
	〃	위조병	〃
	기타병	엽고병	종자 품위에 영향이 있을 정도로 심한 주
들깨	특정병	녹병	종자 품위에 영향이 있을 정도로 심한 주
	기타병	줄기마름병	종자 성숙에 영향이 있을 정도로 심한 주
유채	특정병	균핵병	종자 품위에 영향이 있을 정도로 심한 주
	기타병	백수병, 근부병	종자 성숙에 영향이 있을 정도로 심한 주
	〃	공동병	〃
땅콩	특정병	갈반병	종자 품위에 영향이 있을 정도로 심한 주
	기타병	검은무늬병, 균핵병	〃
	〃	줄기썩음병	〃

작물별	구 분	병 명	병 주 판 정 기 준
사과주1	바이러스·바이로이드	사과황화잎반점바이러스병(ACLSV)	어린잎에서 황화반점이 보이거나 잎이 뒤틀림
	〃	사과줄기그루빙바이러스병(ASGV)	병징 없음(잠재)주2, 일부 품종에서 목질부 괴사
	〃	사과줄기홈바이러스병(ASPV)	병징 없음(잠재)주2, 일부 품종에서 목질부에 홈
	〃	사과모자이크바이러스병(ApMV)	잎에 밝은 크림 색의 원형 병반 및 옆맥을 따라 크림 색의 선이 생성됨
	〃	사과바이로이드병(ASSVd)	과피에 황색 반점 형성, 착색 불균형, 과피에 주름
	기타병	근두암종병(뿌리혹병)	근두나 지하경에 딱딱한 암갈색의 혹이 생긴 주
배주1	바이러스·바이로이드	ACLSV	둥근 모자이크 증상
	〃	ASGV	병징 없음(잠재)주2
	〃	ASSVd	과피에 녹이 슨 것 같은 증상, 기형과 형성
	기타병	근두암종병(뿌리혹병)	근두나 지하경에 딱딱한 암갈색의 혹이 생긴 주
복숭아주1	바이러스·바이로이드	ACLS	싹의 괴사, 잎의 변형 및 황화
	〃	호프스턴트바이로이드병(HsVd)	과피색이 얼룩덜룩하게 보임
	기타병	근두암종병(뿌리혹병)	근두나 지하경에 딱딱한 암갈색의 혹이 생긴 주
포도주1	바이러스·바이로이드	포도잎말림바이러스병-1(GLRaV-1)	초가을부터 잎이 아래쪽으로 말리며 황화 증상이 나타남
	〃	포도잎말림바이러스병-3(GLRaV-3)	초가을부터 옆맥을 제외한 잎 전체가 붉어짐
	〃	포도얼룩반점바이러스병(GFkV)	옆맥따라 황화 증상
	기타병	근두암종병(뿌리혹병)	근두나 지하경에 딱딱한 암갈색의 혹이 생긴 주
	〃	뿌리혹선충(필록세라)	증상이 나타난 주
감귤주1	바이러스·바이로이드	접목이상부바이러스병(CTLV)	병징 없음(잠재)주2, 일부 품종에서 잎 황화 증상
	〃	갈색줄무늬오갈병(CTV)	바이러스 타입별로 유묘의 황화 및 나무 고사
	기타병	궤양병	잎, 가지, 열매에 진한 갈색 반점이 나타난 주
감주1	바이러스·바이로이드	감잠재바이러스병(PeCV)	옆맥과 잎 가장자리에 괴사 증상
	〃	감바이로이드병(PVd)	잎에 검은 반점 및 과피의 괴사 반점
	〃	감귤바이로이드병(CVd)	나무의 왜화
	기타병	근두암종병(뿌리혹병)	근두나 지하경에 딱딱한 암갈색의 혹이 생긴

※ 상기에 명시되지 아니한 작물의 병주 판정기준은 포장에 나타난 병이 당대 종자품위 및 성숙에 미치는 영향과 차세대 종자에 미치는 영향 등을 고려하여 분류한다.

(주1) 과수바이러스병은 같은 바이러스에 의한 발병도 과종 및 품종에 따라 병징이 상이하게 나타날 수 있으며, 목측할 수 있는 병징은 대부분 이른 봄 어린 잎에서 가장 쉽게 관찰할 수 있다.

(주2) 병징이 없고, 잠재적인 바이러스병은 일부 감수성 품종에서는 병징이 나타나나 대부분 뚜렷한 병징을 보이지 않고, 다른 바이러스와 복합 감염 시 심한 증상을 야기하기도 한다. 과수에서 병징이 없더라도 지표식물(담배, 명아주 등)에서 병징을 유발하기도 한다.

[별표 2]
시료 추출 (Sampling)

1. 목 적
- 종자검사에서 균일하고 정확한 결과를 얻기 위해서는 1차, 합성, 제출시료의 추출 및 조제가 본 규정에 따라 수행되어야 한다.
- 시험실 작업이 정확했다 하더라도 그 결과는 시료의 품질만을 나타낸다.
- 따라서 시험실에 보내는 시료는 소집단 구성을 정확히 대표하는 것이 보장 되도록 모든 노력을 해야 한다.
- 또한 시험실내에서 시료를 축분할 때에도 제출된 시료를 대표하는 검사시료가 얻어질 수 있도록 노력해야 한다.

2. 소집단의 표시
- 모든 용기와 발행보증서에 표시되는 표시와 숫자는 해당 검사기관에 의해서 지정되거나 허가된 것이다.
- 시료추출자는 이 지시에 따른 표시나 숫자를 알아야 하고 소집단의 매 용기에 확실히 표시되어 있는지를 확인 할 책임이 있다.

3. 소형용기에서의 시료 추출의 정도
- 종자가 소매상에서 사용하는 알루미늄, 종이상자, 꾸러미와 같은 용기에 있을 때는 다음 절차가 권장된다.
- 종자중량 100kg이 기본단위이고, 적용용기는 5kg 용기 20개, 3kg 용기 33개, 1kg 용기 100개처럼 이 중량을 넘지 않는 범위를 시료추출 단위로 한다.
- 시료추출 목적을 위해 매 단위를 한 개의 용기로 간주하고 요령 Ⅲ. 6. 가에 정한 추출 정도를 적용한다.

4. 소집단 시료추출의 기구와 방법
   가. 막대 또는 유도관 색대와 사용법
   - 보편적으로 사용하는 기구의 하나는 안쪽은 알맞게 막히고 밖은 끝이 단단한 자루나 외관이 홈이 있는 놋쇠관으로 된 막대 또는 유도관형 색대이다.
   - 열린 홈이 있는 유도관은 선을 맞춰 돌리면 종자는 오목한 곳으로 흐르고 관을 절반 돌리면 열린 곳이 막힌다.
   - 관은 길이와 직경이 다양하여 여러 종류의 종자와 다양한 용기 크기에 따라 설계되어

있고 칸막이가 있거나 없기도 한다.
나. 노브 색대(Nobbe trier)와 사용법
- 이 색대는 여러 종류의 종자에 알맞게 다른 크기로 만들어져 있다.
- 끝 가까이에 타원형 구멍이 있고 자루의 중앙까지 도달하도록 충분한 길이로 되어 있다.
- 총길이는 손잡이 약 100mm 끝 60mm 자루에 들어가는 340mm를 포함 총길이 대략 500mm로 모든 형태의 자루 중앙에 충분히 도달할 수 있다.
- 곡류용의 관 내경은 약 14mm이나 클로버와 비슷한 종자는 10mm로 충분하다.
- 노브색대는 자루의 시료 추출에 적당하나 벌크에서는 그렇지 않다.
- 색대는 자루 수평에서 약 30도 각도 위쪽으로 가만히 찌르게 되는데 자루 중앙에 도달할 때까지 구멍 면을 아래로 향하게 한다.
- 색대를 180도 돌려 구멍 면이 위쪽이 되게 하고 천천히 빼내어 일정량의 종자가 중앙부 위로부터 바깥쪽까지 순차적으로 채취될 수 있도록 한다.

다. 손으로 시료추출
- 어떤 종 특히 부석부석한 잘 떨어지지 않는 종은 손으로 시료를 추출하는 것이 때로는 가장 알맞은 방법이 된다.
- 이 방법으로는 약 400mm이상 깊은 곳의 시료 추출은 어렵다.
- 이는 포대나 빈(산물)에서 하층의 시료를 추출하는 것이 불가능하다는 의미이다.
- 이 경우 추출자는 시료의 채취를 용이하게 하기 위하여 몇 개의 자루 또는 빈을 비우게 하거나 부분적으로 비웠다가 다시 채우게 하는 등의 특별한 사전 조치를 취하게 할 수 있다.

5. 시료의 표시·봉인 및 포장
- 제출시료는 봉인되고 소집단의 식별표시가 되어 있어야 한다.
- 소집단에 이미 준비된 레이블이라면 여분의 레이블을 부착하거나 시료에 넣는다.
- 보통 시료는 황마, 다른 천으로 된 재료, 또는 종이포대로 포장하게 된다.
- 추출자는 봉인, 표찰, 시료봉투에 직접 책임이 있으며 비 허가자의 접근방지로 안전유지가 그 의무이다.
- 1차 또는 합성시료 및 봉인되지 않은 제출시료를 비허가자의 수중에 절대로 두어서는 안 된다.

6. 검사 시료의 최소중량

- 표 2A에 있는 순결종자분석용 검사시료 중량은 최소한 종자 2,500입이 되도록 계산된 것이다.
- 이 중량은 순결종자검사에 보통 사용되도록 권장된 것이지만 요령 제3장. 8. 마. (1)를 참조토록 한다. 이종종자를 세기 위한 표 2A. 5란의 시료중량은 4란 시료중량의 10배로 최대한도 1,000g이다.

7. 검사실 내에서의 시료추출

분석자가 검사시료를 얻는 데는 필요 중량보다 조금 많은 량을 목표로 하고 다음 방법 중 하나를 사용해야만 한다.

가. 균분기 방법
- 이 방법은 매우 부석부석한 형태의 종자를 제외하고 모든 종자에 알맞다. 균분기에 시료를 통과시키면 거의 같은 두 부분이 된다.
- 제출시료는 균분기를 통과시켜 얻은 두 부분을 다시 합하여 통과시키므로 잘 혼합되며 필요하다면 같은 방법으로 3회 한다.
- 시료는 반복적으로 통과시켜 줄이고 매회 절반은 치운다.
- 이 계속적인 분할 절차는 검사시료보다 작지는 않고 같아질 때까지 계속하여 필요한 양을 얻는다.
- 균분기로서 다음과 같은 장비가 있다.

(a) 코니칼 균분기(Conical divider)
- 코니칼균분기(보너형)는 두 가지 크기로 나온다.
- 작은 종자용인 소형과 큰 종자(밀 이상 크기)용인 대형이다.
- 필수부분은 홉퍼(주입누두), 원추부, 조절판군, 두 출구로 종자를 내보내는 누두이다. 조절판은 같은 넓이의 공간과 홈이 교대인 형태이다.
- 코니칼 균분기를 구입할 때는 다음 구조 형태를 관찰해야 한다.
  (1) 발브나 문은 잘 움직여야 하나 닫혔을 때 가장자리에서 종자가 새지 않아야 한다.
  (2) 면이 거칠거나 작은 구멍이 없어 종자가 떨어질 때 갈라진 틈이나 끝에 머물러 다른 견본에 섞이지 않아야 한다.
- 이 균분기의 결점은 청결을 점검하기가 어려운 점이다.

(b) 토양 균분기(Soil divider)
- 코니칼균분기와 같은 원리로 만들어진 보다 간단한 것으로 소위 토양 균분기라

불린다.
- 홈은 코니칼 균분기의 원형 대신에 곧바른 열로 정렬되어 있다.
- 토양균분기는 관이나 홈이 붙은 홉퍼, 홉퍼를 지탱하는 틀, 두 개의 받는 접시와 한 개의 쏟는 접시로 되어 있다.
- 이 균분기는 큰 종자와 부석부석한 종자에 알맞지만 작은 종자용도 있다.

(c) 원심분리형 균분기(Centrifugal divider)
- 원심분리형 균분기(Gamet type)는 원심력을 이용하여 분리판 위에 섞여 뿌려지도록 되어 있다. 원심분리형 균분기는 조심하여 작동하지 않으면 다양한 결과가 나오는 경향이 있어 다음사항에 유의하여야 한다.
  □ 장비의 사전 준비
   ① 균분기의 조절 가능한 다리로 수평을 맞춘다.
   ② 균분기와 용기 4개의 청결도를 점검한다.
  □ 시료혼합
   ① 각 홈통 아래에 용기를 놓는다.
   ② 홉퍼에 시료 전부를 넣되 꼭 중앙에 쏟아야 한다.
   ③ 회전모를 작동시키고 용기 안으로 종자를 보낸다.
   ④ 채워진 용기는 빈 용기로 바꾼다. 두 개의 채워진 용기 내용물은 홉퍼에 함께 채우고 종자가 떨어지면서 섞이도록 한다. 회전 모를 작동시킨다.
   ⑤ ④의 절차를 1회 이상 반복한다.
  □ 시료축분
   ① 채워진 용기는 빈 용기로 바꾼다. 채워진 한 용기의 내용물은 따로 두고 다른 쪽은 다시 홉퍼에 채운다. 회전 모를 작동시킨다.
   ② 이 같은 절차를 검사시료량이 될 때까지 반복한다.

(d) 회전식 균분기(Rotary divider)
- 진동형 사면, 홉퍼(hopper) 및 6~10개의 분할시료 용기를 부착한 회전관으로 구성되어있고, 공급량의 비율과 균분 작동시간은 호퍼의 깔때기와 사면과의 간격과 사면의 진동세기에 의해 조절한다. 본 균분기는 작은 종의 종자와 대부분의 부석부석한 종자인 목초, 화훼, 향신료에 대해 적당하다. 다만, 매우 부석부석한 종자(Trisetum flavescens 등)는 호퍼 안에 달라붙기 때문에 본 균분기로는 분리할 수 없다.

나. 무작위 컵 방법
- ISTA 부록 2를 참고한다.

다. 수정된 이등분법
- 사각쟁반과 여기에 꼭 들어맞는 격자형의 틀로 이틀은 정육면체의 칸으로 이루어져 있고 위쪽이 터져 있으며, 한 구멍 걸러서는 바닥도 열려 있는 것이다.
- 1차 혼합 후 무작위 컵 방법에서처럼 칸막이 위로 고르게 종자를 쏟는다. 칸막이를 들어올릴 때 시료의 절반은 쟁반에 남는다.
- 송부시료는 검사시료가 될 때까지 이 방법으로 계속 나누어 필요한 양을 얻도록 한다.

라. 스푼방법
- 이 방법은 작은 종자에서 사용된다. 쟁반, 스파튜라, 숟가락은 끝이 반듯한 것이 요구된다. 미리 섞은 후 무작위 컵 방법과 같은 방법으로 쟁반 위에 고르게 종자를 쏟는다. 그 후 쟁반을 흔들지 않는다.
- 한 손에 숟가락을 다른 손에는 주걱을 들고 쟁반 위의 종자를 무작위로 5개 이상의 임의 장소에서 소량씩 채취한다.
- 충분한 대략의 소요량을 채취하되 요구되는 양보다 적지 않아야 한다.

8. 시료 보관
- 시료를 접수하여 가능한 한 즉시 검사해야 한다.
- 예를 들면 수분함량은 시험실 보관 중 실내온도와 습도에 따라 상당히 증감될 수 있다.
- 보관 중 조사와 통보에 중요한 휴면상태가 바꿔지거나 콩과 종에서 경실 숫자가 늘기도 한다.
- 그러므로 보관은 서늘하고 환기가 잘되는 곳에 해야 한다.
- 검사후의 오랜 기간 보관은 온도와 습도가 조절되는 특별한 방에서 해야할 것이다.
- 충해나 서해로부터의 보호가 필요하다.
- 종자원은 보관 중에 일어난 시료종자의 퇴화에는 어떠한 책임도 없다.

○ 표 2A. 소집단과 시료의 중량
- 이 표는 본 규정의 여러 장에 해당되는 것으로 소집단의 중량, 이종종자용 검사시료, 검사결과 통보 시 사용하는 학명 등을 나타낸 것이다.
- 매 시료크기는 해당 종의 보통 종자 천립중을 기본으로 구한 유용한 표준으로 주요 시료의 검사에 적당하다고 생각된다.

[표 2A. 소집단과 시료의 중량]

1. 작물 (Species)	2. 소집단의 최대중량	시료의 최소 중량			
		3.제출시료	4.순도검사	5.이종 계수용	6.수분 검정용
	톤	g	g	g	g
고추(*Capsicum spp.*)	10	150	15	150	50
귀리(*Avena sativa* L.)	30	1,000	120	1,000	100
녹두(*Vigna radiatus* L.)	30	1,000	120	1,000	50
당근(*Daucus carota* L.)	10	30	3	30	50
이탈리언라이그라스 (*Lolium multiflorum* Lam)	10	60	6	60	50
무(*Raphanus sativus* L.)	10	300	30	300	50
밀(*Triticum aestivum* L.)	30	1,000	120	1,000	100
배추(*Brassica rapa* L.)	10	70	7	70	50
벼(*Oryza sativa* L.)	30	700	70	700	100
보리(*Hordeum vulgare* L.)	30	1,000	120	1,000	100
땅콩(*Arachis hypogaea* L.)	30	1,000	1,000	1,000	100
레드톱(*Agrostis gigantea* Roth)	10	25	0.25	2.5	50
리드커네리그라스 (*Phalaris arundinacea* L.)	10	30	3	30	50
메밀(*Fagopyrum esculentum* L.)	10	600	60	600	100
버즈풋트레포일 (*Lotus corniculatus* L.)	10	30	3	30	50
브로움그라스 (레스큐:*Bromus catharticus* vahl)	10	200	20	200	50
(스므스:*Bromus inermis* Leysser)	10	90	9	90	50
수단그라스 (*Sorghum sudanense* P.)	10	250	25	250	100
수수(*Sorghum bicolor* L.)	30	900	90	900	100
트리티케일 (X *Triticosecale* Wittmack)	30	1,000	120	1,000	100
헤어리베치(*Vicia villosa*)	10	30	3	30	50
상추(*Lactuca sativa* L.)	10	30	3	30	50
수박(*Citrullus lanatus* S.)	20	1,000	250	1,000	100

1. 작물 (Species)	2. 소집단의 최대중량	시료의 최소 중량			
		3.제출시료	4.순도검사	5.이종계수용	6.수분검정용
	톤	g	g	g	g
시금치(*Spinacia oleracea* L.)	10	250	25	250	50
양배추(*Brassica oleracea* L.)	10	100	10	100	50
양파(*Allium cepa* L.)	10	80	8	80	50
오이(*Cucumis sativus* L.)	10	150	70	-	50
옥수수(*Zea mays* L.)	40	1,000	900	1,000	100
참외(*Cucumis melo* L.)	10	150	70	-	50
콩(*Glycine max* L.)	30	1,000	500	1,000	100
레드클로버(*Trifolium pratense* L.)	10	50	5	50	50
토마토(*Lycopersicon esculentum* M.)	10	15	7	-	50
파(*Allium fistulosum* L.)	10	50	5	50	50
톨페스큐(*Festuca arundinacea* S.)	10	50	5	50	50
호박(*Cucurbita moschata*)	10	350	180	-	50
앨펠퍼(*Medicago sativa* L.)	10	50	5	50	50
오차그라스(*Dactylis glomerata* L.)	10	30	3	30	50
유채(*Brassica napus* L.)	10	100	10	100	50
참깨(*Sesamum indicum* L.)	10	70	7	70	50
들깨(*Perilla frutescens* L.)	5	10	3	-	50
켄터키블루그라스(*Poa pratensis* L.)	10	25	1	5	50
티머시(*Phleum pratense* L.)	10	25	1	10	50
팥(*Vigna angularis* W.)	30	1,000	250	1,000	100
호밀(*Secale cereale* L.)	30	1,000	120	1,000	100
감자 (진정종자, *Solanum tuberosum* L.)	10	25	10	-	50

(주) · 기타종자는 ISTA Rules에 따른다.
　　 · ISTA Rules에 없는 종은 시료크기와 천립중 기준으로 분류한다.

표 2B. 과수 묘목 검사단위 크기에 따른 감염 수준별 최소 표본추출(임의표본추출)크기

검사단위의 크기(주)	95% 신뢰수준에서 검출(감염)수준 별 최소 표본의 크기					99% 신뢰수준에서 검출(감염)수준 별 최소 표본의 크기				
	5%	2%	1%	0.5%	0.1%	5%	2%	1%	0.5%	0.1%
25	24	-	-	-	-	25	-	-	-	-
50	39	48	-	-	-	45	50	-	-	-
100	45	78	95	-	-	59	90	99	-	-
200	51	105	155	190	-	73	136	180	198	-
300	54	117	189	285	-	78	160	235	297	-
400	55	124	211	311	-	81	174	273	360	-
500	56	129	225	388	-	83	183	300	450	-
600	56	132	235	379	-	84	190	321	470	-
700	57	134	243	442	-	85	195	336	549	-
800	57	136	249	421	-	85	199	349	546	-
900	57	137	254	474	-	86	202	359	615	-
1,000	57	138	258	450	950	86	204	368	601	990
2,000	58	143	277	517	1553	88	216	410	737	1800
3,000	58	145	284	542	1895	89	220	425	792	2353
4,000	58	146	288	556	2108	89	222	433	821	2735
5,000	59	147	290	564	2253	89	223	438	840	3009
6,000	59	147	291	569	2358	90	224	442	852	3214
7,000	59	147	292	573	2437	90	225	444	861	3373
8,000	59	147	293	576	2498	90	225	446	868	3500
9,000	59	148	294	579	2548	90	226	447	874	3604
10,000	59	148	294	581	2588	90	226	448	878	3689

[출처] 식물위생조치를 위한 국제기준(ISPM) 31(FAO/IPPC 사무국, 2016년)

[별표 3]

수분의 측정(Determination of moisture content)

1. 장비

가. 분쇄기

분쇄용 기계는 다음 조건을 충족시켜야 한다.
1) 비흡수성 물질로 만들어져야 한다.
2) 분쇄기는 가루가 되는 종자가 분쇄되는 동안 주변공기로부터 보호되도록 만들어져야 한다.
3) 분쇄시 분쇄기에 열이 나지 않아야 하며 수분을 잃게 되는 공기의 흐름을 최소화시킬 수 있어야 한다.
4) "라" 항에 제시한 입도를 얻을 수 있도록 조절 할 수 있어야 한다.

나. 항온기와 부속물

- 항온기는 중력에 의한 대류식 또는 기계적인 대류식(흡입력으로)의 두 가지 형태가 있다.
- 온도 조절에 의한 전기가열로 단열이 잘되고 챔버 내의 구석구석까지 일정한 온도를 유지시킬 수 있으며 챔버위에 온도계를 설치한 것이어야 한다.
- 항온기는3 다공식 또는 철망 식의 분리 가능한 선반을 갖추고 0.5℃까지 정확히 표시되는 온도계가 있어야 한다.
- 가열능력은 필요온도로 사전에 가열한 뒤 문을 열고 수분측정관을 넣어서 15분 이내에 필요온도에 다시 도달시켜야 한다.
- 측정관은 비부식성인 금속이나 유리로 된 약 0.5mm 두께로, 습기의 흡수나 방출을 최소화 할 수 있도록 적합한 뚜껑과 바닥은 평평하고 가장 자리는 수평이 잡혀 있어야 한다.
- 측정관과 뚜껑은 같은 번호가 있어 식별되어야 한다.
- 사용 전 측정관은 건조절차와 같게 130℃로 1시간 건조시킨 후 데시케이터에서 식힌다.
- 유효 표면은 $0.3g/cm^2$이하로 검사시료가 퍼질 수 있어야만 된다.
- 데시케이터는 측정관을 빨리 식힐 수 있게끔 두꺼운 금속판과 활성알루미늄, 또는 4A형 molecular sieves, 1.5mm의 펠릿와 phosporus pentoxide 같은 건조제가 들어 있어야 한다.

다. 분석용 저울

- 0.001g 단위까지 신속히 측정할 수 있어야 한다.

라. 체
- 0.50mm, 1.00mm, 4.00mm 목의 철제 그물체가 필요하다.

마. 절단 기구
- 수목종자나 경실 수목 종자와 같은 대립종자는 절단을 위하여 외과용 메스 또는 날의 길이가 최소 4cm 되는 전지가위 등을 사용해야 한다.

2. 분쇄
- 곱게 마쇄하여야 하는 종은 분쇄된 것이 0.50mm 그물체를 최소한 50%통과하고 남는 것이 1.00mm 그물체 위에 10% 이하이어야 한다.
- 거칠게 마쇄하여야 하는 종은 4.00mm 그물체를 최소한 50%는 통과하고 2.00mm체 위에 55% 이상 남아야 한다. 필요한 크기의 가루를 얻기 위해 분쇄기를 조정하고 견본의 적은 양을 분쇄하고 그것을 쏟아내야 한다.
- 분쇄 시간이 2분을 초과해서는 안 된다.

3. 절 단
- 분할시료를 취하여 종자를 신속히 절단하여 용기 속에 조각을 담는다.
- 스푼으로 혼합하고 함수량 측정을 위하여 2개의 검사 시료를 작성하는데 완전한 종자 5개 무게 정도로 한다.
- 측정용 용기에 시료를 넣는다.
- 직경이 15mm 이상인 수목종자에 대해서는 적어도 4~5편으로 조각을 낸다. 공기 중에 노출은 60초를 초과해서는 안 된다.

4. 예비건조
- 옥수수 종자가 수분이 높을 때는(25%이상) 깊이 20㎜이내인 그릇에 넣고 70℃로 최초 수분함량에 따라 2~5시간 건조시킨다.
- 수분이 30%를 넘는 종자는 건조기의 같은 따뜻한 곳에 하룻밤 견본을 말린다. 기타는 견본을 항온건조기로 130℃에서 수분함량에 따라 5~10분 예비건조 한다. 부분적으로 마른 것은 두 시간동안 시험실에 노출시켜 둔다.

□ 표.3A 분쇄가 필수적인 종

> 귀리, 콩, 땅콩, 메밀, 목화, 보리, 벼, 밀, 옥수수, 피마자, 호밀, 기장, 수수, 수단그라스, 벳지, 수박, 팥.

□ 표.3B 저온항온건조기법을 사용하게 되는 종

> 마늘, 파, 부추, 콩, 땅콩, 배추씨, 유채, 고추, 목화, 피마자, 참깨, 아마, 겨자, 무.

□ 표.3C 고온 항온건조기법을 사용하게 되는 종

> 근대, 당근, 메론, 버뮤다그라스, 벌노랑이, 상추, 시금치, 아스파라거스, 알팔파, 오이, 오차드그라스, 이탈리안라이그라스, 페레니얼라이그라스, 조, 참외, 치커리, 켄터키블루그라스, 크로바, 크리핑레드페스큐, 톨페스큐, 토마토, 티머시, 호박, 수박, 강낭콩, 완두, 잠두, 녹두, 팥(1시간), 기장, 벼, 귀리, 메밀, 보리, 호밀, 수수, 수단그라스(2시간), 옥수수(4시간)

[별표 4]
순도분석 (purity analysis)

1. 정립종자의 정의

- 작물별로 아래 표에서와 같이 해당 정립종자의 정의번호가 있고 정립종자의 정의를 설명하고 있다. 2의 정의에서 설명된 내용들은 정립으로 분류된다. 정의에서 특별히 언급되지 않은 부속기관은 정립종자로 분류하지 않는다.
- 작물별 정립종자의 정의 및 정립종자의 정의번호는 국제종자검정협회(ISTA) 순도분석 (chapter 3) 및 ISTA 핸드북 "Handbook of Pure Seed Definition"을 참조한다.

가. 정립종자 정의번호

정립종자 번호	해 당 작 물 명
①	쑥갓
②	시금치, 메밀
④	상추, 치커리, 엔다이브, 아티초크
⑩	참깨, 양파, 고추, 수박, 오이, 참외, 호박, 토마토
⑪	콩, 땅콩, 팥, 녹두, 배추, 양배추, 유채, 무, 버즈풋트레포일, 클로버, 베치, 알팔파, 자운영
⑱	들깨
㉘	브롬그라스, 티머시
㉙	리드카나리그라스
㉝	귀리, 브롬그라스, 오차드그라스, 톨페스큐, 이탈리언라이그라스
㊱	조
㊳	벼
㊵	밀, 호밀, 옥수수
㊶	귀리, 켄터키블루그라스
㊷	수수, 수단그라스
㊷	보리

2. 번호별 정립종자의 정의

- 간략하게 하기 위해 정립종자의 정의가 비슷한 몇 개의 속(屬)을 같은 번호로 묶었으며 해당되지 않는 정립종자 번호는 생략하였다.
- 보다 자세한 정의는 "Handbook of Pure Seed Definition"을 참조하도록 한다.

가. 정립종자의 정의번호(PSD number) 해설

① · 수과. 단, 종자가 들어있지 않은 것이 확실한 것은 제외.
  · 종자가 들어 있음이 확실한 수과편으로서 원형의 $\frac{1}{2}$보다 큰 종자.

- 과피나 외종피가 부분적으로 또는 완전히 벗겨진 종자.
- 원형의 $\frac{1}{2}$보다 큰 종자편으로 과피나 외종피가 일부 또는 전부 박피된 종자.

②
- 확실히 종자가 들어있는 수과로 화피가 붙어 있거나 없는 것.
- 종자가 들어 있음이 확실하고 원형의 ½보다는 큰 수과편.
- 과피나 외종피의 일부 또는 전부가 벗겨진 종자.
- 과피나 외종피의 일부 또는 전부가 벗겨지고 원형의 $\frac{1}{2}$보다는 큰 종자편.
  - Gomphrena : 종자가 들어 있음이 확실하고 유모(有毛)의 화피가 있거나 없는 수과

④
- 부리(beak)가 있거나 없고, 관모가 있거나 없으며 종자가 들어 있음이 확실한 수과.
- 종자가 확실히 들어 있고 크기가 원형의 절반이 넘는 수과편.
- 과피나 외종피가 일부 혹은 전부 제거된 종자.
- 과피나 외종피가 일부 혹은 전부 제거되고 원형의 절반이 넘는 크기의 종자편.

⑩
- 외종피가 있거나 없는 종자.
- 외종피가 있거나 없고 원형의 ½보다 큰 종자편.
  - 콩과, 배추과, 소나무과, 주목과, 낙우송과 : 외종피가 없는 종자 또는 종자편은 협잡물로 간주한다.
  - 콩과 : 분리된 자엽은 유근-유아축 또는 반이상의 외종피가 붙어 있건 없건 상관없이 협잡물로 간주한다.

⑪
- 외종피의 일부가 붙어있는 종자
- 외종피의 일부가 붙어있는 원형의 1/2보다 큰 종자편
- 외종피가 완전히 제거된 종자와 종자편은 유근-유아축 또는 반 이상의 외종피가 붙어 있건 없건 관계없이 이물로 간주한다.

⑱
- 종자가 들어 있음이 확실한 소견과(nutlet)
- 종자가 들어 있음이 확실하고 원형의 ½보다 큰 소견과片.
- 과피 또는 외종피가 일부나 전부 벗겨진 종자.
- 과피 또는 외종피가 일부나 전부 벗겨지고 원형의 ½보다 큰 종자片.

㉘
- 까락(awn)이 있거나 없고, 외영과 내영이 영과를 감싸고 있는 소화
- 영과
- 원형의 $\frac{1}{2}$보다 큰 영과편.

- (*Elytrigia repens* : 까락이 있거나 없고, 소화축의 기부로부터 재어서 최소한 내영의 $\frac{1}{3}$ 정도의 길이만큼이 외영과 내영에 감싸여 있는 영과 한 개를 가지고 있는 소화)

㉙ • 까락이 있거나 없고, 외영과 내영에 감싸인 영과와 불임 외영이 붙어 있는 소화.
• 외영과 내영이 영과를 감싸고 있는 소화.
• 영과(潁果)
• 원형의 $\frac{1}{2}$ 보다 큰 영과편

- Phalaris : 약(葯)이 돌출하여 있으면 이를 포함시킴

㉝ • 까락이 있거나 없고 외영과 내영이 영과를 감싸고 있는 소화.

- *Festuca, Lolium, Festulolium* : 영과의 크기가 소화축의 기부로부터 재어서 최소한 내영의 길이의 $\frac{1}{3}$ 은 되는 것

• 영과
• 원형의 $\frac{1}{2}$ 보다 큰 영과편.

주1) 소화는 한 개의 임성 또는 불임소화를 부착하고 있거나 없을 수 있다. 단, 부착된 소화는 까락을 제외하고 임성소화의 끝까지 뻗어 있어서는 안된다.(그림 1, 1~4)
주2) 등속도풍선법(uniform blowing method)을 사용하였을 때는 별표 3의 5.마를 참조할 것.

• 종자단위는 소수들이나 두 개 이상의 소화를 가진 소수의 일부를 포함할 수 있다. 그러한 구조물로서 호영이 있거나 없는 것이 다음과 같은 구조물들로 구성되어 있는 것을 복합종자단위(multiple seed units, MSU) 라고 칭한다.
- 한 개의 임성소화에 또 한 개의 임성소화나 불임소화가 부착되어 있고 부착된 소화의 끝이 까락을 제외하고 임성소화의 끝과 높이가 같거나 위로 뻗어 있는 것(그림1. 8~12).
- 한 개의 임성소화에 두개 이상의 임성 또는 불임소화가 길이에 관계없이 부착되어 있는 것(5~7)
- 한 개의 임성소화의 부분에 불임소화나 호영이 길이에 관계없이 부착되어 있는 것(13~14)

주3) 복합종자 단위는 생긴 그대로 정립종자분석에 포함된다. (5. 바. 참조)

□ 단일 및 복합종자 단위의 분류

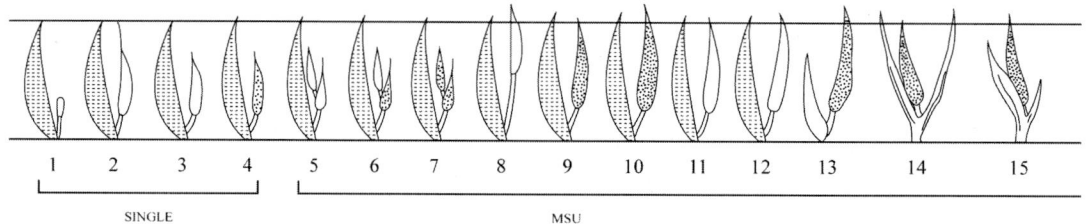

[그림 1] 단일 및 복합종자 단위의 분류
(점찍힌 부분은 임실 소화를, 점 안 찍힌 부분은 불임소화를 나타냄)

㊱ • 호영과 외영 및 내영이 영과를 감싸고 있고 불임외영이 부착된 소수
 • 외영과 내영이 영과를 감싸고 있는 소화.
 • 영과.
 • 원형의 $\frac{1}{2}$보다 큰 영과편.

  - *Axonopus* : 1개의 호영과 외영 및 내영이 영과를 감싸고 있고 불임 외영이 부착된 소수
  - *Echinochloa* 및 *Melinis* : 까락이 있거나 없는 부착된 불임 외영
  - *Panicum* 및 *Digitaria* : 영과의 존재 유무를 확인하지 않아도 됨.

㊳ • 소수, 호영이 있는 것, 영과를 갖춘 외영 및 내영, 까락(芒)의 크기와 관계없이 이를 포함하는 것
 • 소화, 불임외영의 유무와 관계없음, 영과를 갖추고 있는 외영 및 내영.
 • 영과, 까락의 크기와 관계없이 이를 포함하는 것.
 • 영과를 갖추고 있는 내영 및 외영이 있는 소화.
 • 원래크기의 $\frac{1}{2}$보다 큰 영과 편.

  ※ 주의 : 소화의 길이보다 긴 망을 갖춘 종자는 Ⅲ.7의 사에 따라 기록.

㊵ • 영과
 • 원형의 $\frac{1}{2}$보다 큰 영과 편.

㊶ • 까락이 있거나 없고 외영과 내영이 영과를 감싸고 있으며 불임소 화가 부착되어 있는 소수.
 • 까락이 있거나 없고 외영과 내영이 영과를 감싸고 있는 소화.

- 영과
- 원형의 $\frac{1}{2}$ 보다 큰 영과 편.

  주) 등속도풍선법이 사용되었을 경우(*Poa pratensis, Poa trivialis*)에는 별표 3의 5. 마를 참조할 것.

  (*Astrebla* : 영과가 있거나 없는 소수 또는 소화)

㊷
- 소수, 호영이 있는 것, 영과를 갖춘 외영 및 내영, 까락(芒)의 크기와 관계없이 이를 포함하는 것
- 소화, 불임외영의 유무와 관계없음, 영과를 갖추고 있는 외영 및 내영.
- 영과, 까락의 크기와 관계없이 이를 포함하는 것.
- 영과를 갖추고 있는 내영 및 외영이 있는 소화.
- 원래크기의 1/2보다 큰 영과 편.

㊷
- 영과를 갖춘 외영 및 내영이 있는 소화, 까락의 크기와 관계없이 이를 포함.
- 원래의 1/2보다 큰 영과를 포함하는 소화의 편.
- 영과.
- 원래크기의 1/2보다 큰 영과 편.

  ※ 주의 : 소화의 길이보다 긴 망을 갖춘 종자는 Ⅲ.7의 사에 따라 기록.

3. 장 치

- 확대경, 조명기구, 체, 풍선기 같은 것이 혼합시료의 시료분리에 보통 사용된다. 돋보기와 쌍안현미경은 작은 종자와 부스러기의 정확한 식별과 분리에 매우 필요한 것이다.
- 조명기구는 목초류의 임성소화와 불임소화를 분리하는데 매우 편리하고 균체나 선충충영을 찾는데도 사용된다.
- 체는 검사시료의 순결종자분석시 쓰레기, 흙, 기타 작은 물질의 분리에 사용 된다. 종자풍선기는 무거운 종자중 가벼운 물질. 즉 목초류의 이물, 쭉정이의 소화의 분리에 사용된다.
- 풍선기를 사용하면 보통시료(5g)까지 가장 정밀하게 분리할 수 있다.
- 좋은 풍선기는 공기를 일정하게 불어 주어 표준화할 수 있고, 분리된 모든 부분을 보존할 수 있다.
- 풍선기가 공기를 일정하게 부는 것을 계속하기 위해서 한개 이상의 공기 압축실이 있고 일정 속도의 모터로 날개를 돌리게 된다.
- 송풍관의 직경은 검사시료량에 맞추어 설정하고 시료가 완전히 분리 되도록 충분한 길이로 한다.

- 공기의 흐름을 정하는 밸브나 문은 정밀하게 조절할 수 있어야 하고, 읽기 쉽게 표시되고, 구조와 배치는 송풍관에서 흐름을 "강"과 "약"을 구분할 수 있어야 한다.
- 압력계는 풍선기의 표준화를 위해 바람직한 장치이다.
- 풍선법(uniform blowing method)을 하기 위한 풍선 능력은
    (a) 각 종에 알맞은 풍압으로 송풍한다.(기준눈금 시료의 사용으로 결정)
    (b) 필요한 풍압으로 송풍관에 공기를 일정하게 한다.
    (c) 필요한 풍압으로 신속히 조정한다.
       풍압 공급의 조정은 협회의 허가 하에 공급되는 기준눈금 시료로 송풍 하여 정기적으로 점검하게 된다.
    (d) 시간을 정확히 조정한다.

4. 선 별

가. 볏과 이외의 모든 과
- 수과, 분열과, 분과 및 기타 과실과 종자는 압력, 확대경, 투시경 기타 특별한 장비 없이 표면적으로만 검사한다.
- 그 같은 조사에서 구조 내에 씨가 없는 것이 확실하다고 판단되면 이물로 간주한다.

나. 볏과(Poaceae, Gramineae)
- 영과(caryopses) - 라이그라스, 페스큐, 개밀에서는 저자(底刺)기부로부터 재어 내영길이의 1/3이상인 영과를 가진 소화는 정립종자나 이종종자로 분류하고, 안 껍질 길이의 1/3미만인 영과가 있는 소화는 이물로 한다. 다른 속과 종은 영과 내에 배유가 있는 소화는 정립종자로 한다.
- 불임소화(sterile floret) - 다음 속은 임성소화에 붙은 불임소화를 떼지 않고 그대로 두고 정립종자에 포함시킨다 (귀리, 오차드그라스, 페스큐, 브로음그라스, 수수, 수단그라스). 라이그라스는 까락을 제외하고 임성소화의 끝까지 닿지 않은 정도로 부착된 불임소화도 정립종자에 포함한다.

다. 손상된 종자
- 요령 제18조제2항에 언급된 종자가 종피나 과피에 뚜렷한 장해를 보이지 않으면 정립종자 또는 이종종자로 분류하는데 종자가 쭉정이 이거나 충실할 때에는 상관없으나 종피나 과피가 열려 있을 때는 어려움이 있다.
- 가능하다면 검사자는 종자에 남아있는 부분이 원래 크기의 절반보다 큰지를 결정하고 이 요령을 적용하여야 한다.
- 그 같은 결정을 하기 어려우면 그 종자는 정립종자 또는 이종종자 쪽으로 분류한다.

매 종자마다 구멍의 유무나 다른 장해 부위 유무를 찾기 위해 뒤집을 필요는 없다.
- 부서진 소화나 영과는 원래 크기의 절반 이상이면 정립종자나 이종종자로 구분한다.

라. 식별할 수 없는 종

종간의 식별이 어려운 경우 다음의 한 절차를 따른다.

(a) 속명만 분석서에 기록하고 그 속의 모든 종자 (예 : 라이그라스의 경우 까락의 유무)를 정립종자로 분류하고 추가적인 사항을 "기타판정" 에 기록한다.

(b) 비슷한 종자들을 다른 구성 요소에서 분리 선별하여 무게를 단다.
- 이 혼합물로부터 최소한 400립, 가능하면 1,000입을 무작위로 취하고 최종분리 후 중량으로 각 종의 비율을 정한다.
- 전체 시료중의 종별 중량비를 계산한다.(6, 가 참조)
- 이 절차를 준수하였다면 종자 숫자를 포함한 상세한 내용을 보고한다.
- 제출자가 레드톱, 유채, 라이그라스, 레드페스큐 중의 하나라고 기술하였을 때나 분석자의 재량에 의한 기타의 경우에 적용할 수 있다.(아래 마. (4)항 참조)

마. 등속도 풍선법(uniform blowing method)
- 이 방법은 켄터키블루그라스와 오차드그라스에 필수적이다.
- 검사시료는 전자 1g, 후자 3g이다.
- 켄터키블루그라스와 오차드그라스의 풍압은 협회의 허가 하에 정한 기준 시료의 수치로 각 종별로 결정한다.
- 이 기준시료는 실험실 조건에 있어야 한다.
- 일반적으로 사용하는 송풍기가 없는 경우에는 ISTA의 사무국과 상의한다.

(1) 풍 선
- 기준시료에 의하여 구한 송풍 지점에 풍선기 눈금을 설치한다. 컵에 검사시료를 넣고 3분간 정확히 송풍한다.

(2) 무거운 것의 분리

가) 풍선후 컵에 남아있는 분석용 모든 종자는 다음 사항에 따라 정립종자로 분류한다.
① 완전한 단일소화, 오차드그라스(별표 3의 1항 참조)
② 켄터키블루그라스의 완전한 복합소화와 오차드그라스의 복수발아 종자 전부(별표 3의 1항 참조)
③ 맥각 같은 균체가 내영과 외영에 완전히 싸여있는 소화.
④ 병해충에 피해 입은 소화나 외영과 내영이 없는 영과 (스펀지, 코르크, 흰색, 무른 것 포함)
⑤ 원래 크기의 절반보다 큰 쇄립 소화와 쇄립 영과.

나) 이물로서 오차드 그라스나 켄터키 블루그라스의 소화와 영과는 다음과 같다.
   ① 소화의 끝에 맥각이 돌출한 경우.
   ② 원래 크기의 절반이하인 쇄립 소화와 쇄립 영과.
   ③ 타 poa속을 포함한 이종종자, 토막, 줄기, 모래 등은 요령 제18조제2항에 따라 분류한다.

(3) 가벼운 것의 분리
   · 가벼운 것은 기준시료에 의하여 구한 송풍지점에서 풍선기에 의해 날가려진 종자와 타 물질을 말한다.
      ㉮ 가벼운 켄터키블루그라스와 오차드그라스 소화와 영과 전부를 이물로 취급한다.
      ㉯ 켄터키블루그라스 안에 있는 타 poa 속을 포함하여 이종종자, 토막, 줄기, 모래 등은 요령 제18조제2항에 따라 분류한다.
   · 타 poa 속의 임성소화가 켄터키블루그라스 와 오차드그라스의 시료에 있는지 확대경으로 가벼운 것을 조사할 필요가 있다.
   · 만약, 이런 종자가 시료에 1-3%가 있다면 무거운 것과 가벼운 것으로부터 모든 소화를 제거하기 쉽고 전체무게에 대한 이종종자의 비율을 산출한다.
   · 타 poa속 종자가 켄터키블루그라스의 시료에 3-5% 있을 때 분석가는 다음의 "(4)"항의 선택적 방법을 사용할 수 있다.

(4) 켄터키블루그라스에서 이종종자로 분류된 타 poa 속의 선택적 방법.
   · 타 poa 속의 임성소화는 가벼운 것에서 골라내고 소화와 완전히 섞는다.
   · 적어도 400소화, 가능하면 1,000 소화를 혼합해서 무작위로 취한다.
   (만약 타 poa속이 가벼운 것에 없다면 무거운 것에서 소화를 취함)
   · 타 poa속은 확대경하에서 분리 할 수 있다.
   · 각각의 비율은 무게로서 측정된다(아래 6항 참조)

(5) 순도분석시 풍선법을 사용해야 하는 품종의 종자에 대한 화학적 처리 과정.
   · 화학적 처리가 풍선 법을 사용할 때 종자의 특성에 영향을 미칠 경우에는 견본의 순도분석은 hand method를 사용해야 하며 증명서 발급시 다음과 같은 내용을 기술해야 한다. 『Because of the chemical treatment the purity test has been carried out by the hand method』
   · 화학적 처리를 하기 전에 순도분석을 했고 화학적 처리를 한 후 발아시험을 했을 경우의 증명서 발급 시에는 다음과 같은 내용을 기술해야 한다. 『because of the chemical treatment, the pure seed used for the germination was obtained by the hand method』

바. 복합종자단위(MSU)

　신청자의 요청이 있으면, 다음 속의 식물들은 복합종자단위(정립종자 정의번호 33 참조)를 선별·계량하고 요령 제8조제3항에 따라 기록한다.(*Avena, Bromus, Dactylis, Festuca, xFestulolium, Koeleria, Lolium, Triticum spelta*)

사. 결과에 심한 영향을 미치는 불순물에 대한 처리절차

　시료에 비해 중량이나 크기에서 상당한 편차를 가져오는 불순물 (예, 작은 종자군에 큰 종자, 돌 등) 이 시험결과에 심한 영향을 미치기도 한다. 비교적 제거가 쉬우면(예를 들어 체로) 송부시료(또는 순결종자분석용 중량의 최소한 10배)내의 이 불순물을 제거하고 사용중량의 검사시료에서 물질을 제거한 후 정상 분석을 한다. 이같은 불순물은 기록하여 아래 6의 나 항에 따라 계산한다.

아. 부속물
- 어떤 속에서의 (정립종자 정의번호 38, 62) 종자/과실에는 여러 종류의 부속물이 있다 (까락, 줄기 등). 이런 부속물은 종자에 그대로 남겨둔다.
- 그러나 신청자의 요청이 있으면 종자의 최대의 크기보다 큰 부속물이 있는 종자의 중량은 요령 제18조제2항 및 제3항에 따라 종자검사부에 기록한다.

5. 결과의 계산

가. 분리가 어려운 종의 계산
- 분리가 어려운 둘 이상의 종이 시험용 시료일 때 위의 5. 라 및 마. (4)에 정한대로 400~1,000립으로 최종 구분한다.
- 혼합된 종 중의 한 가지 타종자의 중량 백분율은 다음과 같이 계산한다.
- 최초의 정립종자율을 P_1으로 하고, 400~1,000입의 총중량에 대한 A종의 종자 백분율을 계산한다.
- $A\% = \dfrac{A종의\ 종자무게}{400-1{,}000입의\ 총무게} \times P_1$
- 이 백분율은 이종종자의 백분율에 포함하고 정립종자 비율은 그만큼 줄어든다.

나. 결과에 심한 영향을 미치는 불순물들에 대한 계산
- 위의 5의 사. 항에 따라 시료 M(g)에서 들어 낸 것이 m(g)이고 그후 정립 종자분석에서 정립종자가 P_1(%), 협잡물이 I_1(%), 이종류 OS_1(%) 이라면 최종적인 정립종자의 결과는 다음과 같이 계산한다.
- 정립 $P_2 = P_1 \times \dfrac{M-m}{M}$

※ M = 결과에 큰 영향을 미치는 불순물이 있는 대로의 처음 종자중량.

- 이물 $I_2 = I_1 \times \dfrac{M-m}{M} + D_1$

  ※ m_1 = 큰 영향을 주는 이물을 제거한 중량

  ※ m_2 = 크게 영향을 주는 이종종자를 제거한 중량

- 이종자 $OS_2 = OS_1 \times \dfrac{M-m}{M} + D_2$

- 한편 $D_1 = \dfrac{m_1}{M} \times 100$

  $D_2 = \dfrac{m_2}{M} \times 100$

  ($P_2 + I_2 + OS_2 = 100.0\%$ 임을 확인)

다. 거칠거칠한 종자 (껍질이 붙은 종자, chaffy seed)구조

거칠거칠한 단위란 : 다음의 구조와 조직을 가진 단위를 말한다.

① 서로 부착되어 있거나 다른 물체에 부착되기 쉬운 것.

② 타 종자를 붙이거나 타 종자에 붙기 쉬운 것.

③ 정선, 혼합 또는 시료채취 등이 용이하지 않은 것. 거칠거칠한 구조물. 만약, 시료가 chaffy구조를 한 것이 시료량의 1/3이상 일 때 chaffy로 본다.

[별표 5]
발아검정(The germination test)

1. 정 의

   가. 묘의 필수구조

   검정되는 종에 따라 묘는 장차 발육하는데 기본적인 다음의 몇몇 특수한 구조들로 구성되어 있다.
   - 뿌리 (초생근 : 어떤 경우는 2차근)
   - 싹 (하배축, 상배축 : 일부 벼과는 중경 : 끝눈)
   - 자엽 (1개 ~ 여러 개)
   - 초엽 (모든 벼과 식물)

   더 상세한 것은 4의 바 항 참조

   나. 정상묘(Normal Seedlings)

   다음 세 가지 범주의 정상 묘가 있다.

   (1) 완전묘(Intact seedlings)

   완전묘는 몇 개의 필수구조로 구성되어 있다
   - 다음 중 한 가지를 포함하는 잘 발달한 뿌리
     - 길고 날씬한 초생근, 보통 많은 뿌리털(근모)로 덮여 있고, 뿌리 끝이 깨끗하다.
     - 지정된 검사기간 내에 발생된 2차근
     - 어떤 속(보리, 귀리, 밀, 호밀 등)에서는 한 개의 초생근 대신 몇 개의 종자근이 있다.
   - 다음 중 한 가지를 포함하는 잘 발달한 경축
     - 지상발아 하는 묘는 바르고 보통 날씬하며 길게 자란 하배축이 있다.
     - 지하발아 하는 묘는 잘 발달한 상배축이 있다.
     - 지상발아 하는 어떤 속의 묘는 긴 하배축과 상배축이 있다.
     - 벼과의 어떤 속은 긴 중경이 있다.
   - 자엽의 수
     - 단자엽식물과 쌍자엽 식물의 일부는 자엽이 한 개다. (녹색으로 잎 같거나 변형되어 종자 안에 일부 또는 전부가 남아있다.)
     - 쌍자엽식물은 자엽이 두개이다. (지상발아 하는 종은 녹색으로 잎 같고 크기와 형태는 시험하는 종에 따라 다양하며, 지하발아 하는 종은 반구형 으로 신선하게 종피 안에 남아 있다.)

- 구과식물은 자엽이 여러 개이다.(2-18개. 보통 녹색으로 길고 좁다)
- 녹색으로 된 초생엽 (제1본엽)으로
  - 한 장이며 어긋나는 잎과 함께 때때로 묘에서 간혹 몇 개의 비늘잎이 먼저 나오는 일이 있다.
  - 두 장이며 대생.
- 끝눈과 싹끝은 종에 따라 다양하게 발육한다.
- 볏과의 초엽은 잘 발달하고 반듯하며 나중에 초엽 내에서 길게 뻗은 녹색잎이 뚫고 나온다.

(2) 경 결함묘(Seedling with slight defects)

다음 묘는 경 결함묘이다.
- 초생근에 약간의 손상 또는 가벼운 성장 지연
- 초생근에 결함이 있으나 2차근이 충분히 잘 발달. (특히 대형 콩과, 화본과(옥수수), 박과, 아욱과 등)
- 단지 두 개의 종자근 : 귀리, 보리, 호밀, 밀 등
- 하배축, 중경, 상배축에 약간의 장해
- 자엽에 최소한의 장해(전 조직면적의 절반 이상이 기능을 가지고 있고 [50% 규칙적 용조건] 싹끝과 주변 조직이 부패되지 않았거나 그 밖의 장해를 받지 않았을 때)
- 쌍자엽 식물에서 한 개만 정상 자엽 (싹끝이나 주변조직의 심한 장해나 부패가 없을 때)
- 둘 대신 세 개의 자엽.(단 이들이 50% 규칙에 적용될 때)
- 최소한의 손상을 받은 초생엽(총 조직면적의 절반이상이 정상적인 기능일 때[50% 규칙적용 조건])
- 단지 한 개의 초생엽 : 팥(끝눈에 명백한 손상이나 부패가 없어야 함)
- 초생엽이 바른 형태이나 크기가 작을 때는 최소한 정상크기의 ¼이상. (팥, 강낭콩, 녹두)
- 둘 대신 세개의 초생엽(팥, 강낭콩, 녹두, 50%규칙에 합당할 때)
- 초엽에 약간의 장해
- 초엽이 끝에서 길이의 $\frac{1}{3}$을 넘지 않게 찢어짐(옥수수는 여러 가지 경미한 초엽의 결함이 있어도 초생엽이 완전하고 경미하게 손상되었다면 정상묘임).
- 느슨하게 꼬이거나 고리모양을 이룬 초엽(이것은 내·외영 또는 종피 밑에 걸리기 때문이다)

・녹색 잎이 초엽 끝까지 닿지 않았으나 최소한 초엽 길이의 절반 이상에 도달함.
  (3) 2차 감염묘(Seedling with secondary infection)
   모든 필수구조가 있고 명백히 종자 자체가 감염원이 아닌 것으로 판정되면 곰팡이(진균)나 박테리아(細菌)에 의해서 심하게 부패되어 있다 하더라도 정상묘로 분류한다.

다. 비 정상묘(Abnormal Seedlings)
 묘에 다음 결함이 하나 또는 복합되어 있을 때에는 비정상묘이다.
 I. 초생근(1차근, primary root)
  1. 발육중지 (stunted)
  2. 뭉툭함 (stubby)
  3. 지연 (遲延, retarded)
  4. 없음 (missing)
  5. 부스러짐 (broken)
  6. 끝부터 찢어짐 (split form the tip)
  7. 잘록함 (constricted)
  8. 길쭉함 (spindly)
  9. 종피에 걸림 (trapped in the seed coat)
  10. 배지성 (背地性, negative geotropism)
  11. 유리 같음 (glassy)
  12. 일차감염에 의한 부패 (decayed as a result of primary infection)
  □ 종자근(seminal root, 맥류만 해당) <개 정>
  13. 하나뿐 또는 없음(only one or none)
  (주) 위의 결함이 하나 이상인 2차근이나 종자근은 비정상적이고 여러 개의 2차근이 있거나(예 : 오이) 적어도 한 개의 종자근(예 : 밀)이 묘 가치를 결정하는 경우에는 비정상 초생근으로 취급할 수 없다.

 II. 하배축(hypocotyl), 상배축(epicotyl), 배축(중경- mesocotyl)
  1. 짧고 두꺼움(시클라멘속 제외)
  2. 球를 만들지 않음(시클라멘)
  3. 심하게 깨지거나 부서짐
  4. 관통해서 바로 찢어짐
  5. 없음

6. 잘록함.

7. 심한 뒤틀림

8. 꺾임(bent over)

9. 환상(環狀) 또는 나선형(螺旋形)

10. 길쭉함

11. 유리 같음

12. 일차감염에 의한 부패

Ⅲ. 자엽(cotyledons) : 50% 규칙 적용

1. 부풀음 또는 말림(swollen or curled)

2. 기형(不定形, deformed)

3. 부서지거나 다른 장해

4. 분리 또는 없음

5. 변색(discoloured)

6. 괴저(necrotic)

7. 유리 같음

8. 1차 감염에 의한 부패

　(주) 묘축에 붙어 있는 지점의 떡잎이나 싹끝 인접부위에 장해나 부패가 나타나면 비정상이며 50% 규칙을 적용하지 않는다.

□ 특수한 자엽의 결함(파, 양파)

9. 짧고 두꺼움

10. 잘록함

11. 꺾임

12. 환상(環狀) 또는 나선형(螺旋形)

13. 확실한 "무릎형(knee)" 돌출이 없음

14. 길쭉함

Ⅳ. 초생엽(제1옆, primary leaves) : 50%규칙 적용

1. 기형

2. 장해

3. 없음

4. 변색

5. 괴저

6. 1차 감염엽에 의한 부패

7. 정상 형태이나 정상잎 크기의 ¼ 미달

Ⅴ. 끝눈(頂芽, terminal bud)과 주변조직

1. 기형

2. 장해

3. 없음

4. 1차 감염에 의한 부패

　(주) 끝눈이 결함 또는 없을 때에는 한 두 개의 곁눈(예 : 강낭콩, 팥, 녹두) 이나, 가지가 나와 있어도(예 : 완두) 비정상임.

Ⅵ. 초엽(자엽초, coleoptile)과 제 1 본엽(first leaf) (벼과)

□ 옥수수를 제외한 모든 종의 초엽

1. 기형

2. 장해

3. 없음

4. 끝이 장해 또는 없음

5. 심하게 꺾임

6. 환상 또는 나선형

7. 심한 꼬임

8. 끝으로부터 충넘게 찢어짐.

9. 기부가 찢어짐

10. 길쭉함

11. 일차감염에 의한 부패

□ 옥수수를 제외한 모든 종의 초엽

12. 초생엽이 평가시기에 출현한 경우

　- 상부에서 아래로 1/3이상 찢어진 초엽

　- 심하게 구부러진 초엽

　- 끝부분이 손상되었거나 없는 초엽

　- 끝부분 아래 어느 위치든 찢어진 초엽

13. 초생엽이 평기시기에 출현하지 않은 경우
  - 초엽의 끝부분 손상 또는 없음
  - 상부에서 아래로 1/3이상 찢어진 초엽
14. 초엽의 끝부분 아래에서 출현한 잎
□ 제1본엽
15. 초엽의 절반에 미치지 못함
16. 없음
17. 찢어짐 또는 기타 기형

Ⅶ. 묘 일반
 1. 기형
 2. 조각남
 3. 뿌리보다 먼저 떡잎이 나옴
 4. 둘이 합쳐짐(융합)
 5. 배유목(endosperm collar)이 있음
 6. 황색 또는 백색
 7. 길쭉함
 8. 유리 같음
 9. 1차 감염에 의한 부패

라. 복수발아종자단위(Multigerm seed units, MSU)
 몇몇 종자에서는 2개 이상의 묘가 나오는 경우가 있다.
  · 진실종자가 두 개이상 들어있는 단위 [예. 복수발아종자인 오차드그래스, 페스큐, 귀리, 분리되지 않은 산형과의 분열과, 근대, 사탕무의 화방(cluster) 등]
  · 두개 이상의 배가 들어있는 진실종자 [어떤 종(복배) 또는 예외적인 다른 종(쌍둥이)에서 정상적으로 일어나고 쌍둥이는 보통 묘의 하나가 약하고 길쭉하나 간혹 둘 다 정상크기에 가까울 때도 있다.]
  · 융합배(간혹 한 종자에서 함께 붙은 두 개의 묘가 나온다)

마. 불발아 종자(Ungerminated seeds)
 1. 경실 종자 : 경실의 성질은 휴면상태이다. 콩과의 다수 종에서 많이 볼 수 있으며, 다른 과에서도 있다. 이 종자는 표 4A의 조건하에서도 물을 흡수하지 못해 단단한

채로 남아있게 된다.
2. 신선한 종자 : 생리적인 휴면 결과이다. 이 종자는 표 4A의 조건에서 물을 흡수하더라도 발아의 과정이 차단된 것이다.
3. 죽은 종자 : 보통 물렁하고, 변색되어 있으며 흔히 곰팡이가 피어 있거나 전혀 발아의 징후가 보이지 않는 것을 말한다.
4. 기타 범주 : 불발아 종자를 더 세분하면
   - 쭉정이(종자 안이 완전히 비었거나 단지 일부 잔류조직만이 있음)
   - 무배종자(배우체 조직 또는 성숙하지 않은 배유로 된 종자로서 embryonic cavity가 없음)
   - 충해종자(유충이 있어 확실히 발아에 지장을 줄 정도로 감염된 종자)
   이러한 경우는 모든 종자에서 있을 수 있으며, 특히 수목종자에서 많이 나타난다.

바. 추가 정의
- 초엽(자엽초, coleoptile) : 단자엽식물(예 : 벼과)의 어린 묘와 배의 줄기 시원체를 둘러싸서 보호하고 있는 껍질이며 자엽의 한 부분으로 본다.(참조. 배반)
- 자엽(子葉, cotyledon) : 최초의 잎(본엽이 아닌) 또는 묘나 배에서 쌍을 이룬 잎(참조, 초생엽)
- 부패(腐敗, decay) : 유기체 조직의 괴사로서 통상 미생물의 존재와 관련 되어 있는 것
- 변색(變色, discolouration) : 색의 변화 또는 탈색
- 쌍자엽식물(雙子葉植物, dicotyledons) : 배가 보통 두개의 자엽을 가져서 분류된 식물 그룹.
- 발병(發病, diseased) : 미생물의 존재와 활동 또는 화학적인 결함 효과를 나타내는 것.
- 배(胚, embryo) : 종자 내에 있는 시원식물로서 통상 약간 분화된 축과 자엽이 부착되어 있는 것
- 배유(胚乳, endosperm) : 수정으로 생긴 영양조직으로 어떤 종자에서는 성숙시 영양공급원으로 남아 있는 것
- 상배축(上胚軸, epicotyl) : 자엽 바로 위부터 초생엽 아래까지의 배축부분
- 지상발아(地上發芽, epigeal germination) : 하배축 신장으로 자엽과 줄기가 땅 위로 출현하는 발아형태.
- 배우체 조직(配偶體組織, gametophytic tissue) : 침엽수의 종자 내에 있는 영양조직
  ○ 굴지성(屈地性, geotropism) : 중력에 반응하는 식물의 생장
    - 정(正)의 동력굴성 (positive geotropism) : 아래 방향으로의 성장(예 : 정상적인 1차근)

- 부(負)의 중력굴성(negative geotropism) : 위쪽 방향으로의 성장(예 : 정상적인 지상줄기)
○ 하배축(下胚軸, hypocotyl) : 초생근 바로 위부터 자엽 아래까지 묘축부분.
○ 지하발아(hypogeal germination) : 자엽 혹은 그와 비교가 되는 기관(예: 배반)이 종자와 함께 흙 속에 남는 발아형태로 줄기는 상배축(쌍자엽식물) 또는 중경(일부 단자엽식물)이 신장하여 토양선 위로 올라온다.(참조. 지상발아)
○ 감염(感染, infection) : 살아 있는 것(예 : 묘의 기관)에 병원체가 침입, 전파하는 것으로 대개 병징과 부패가 일어난다.
  - 1차 감염(primary infection) : 종자 자체에 병원체가 있고 활성을 가지는 것.
  - 2차 감염(secondary infection) : 병원체가 다른 종자나 묘에서 전파된 것.
○ 환상구조(環狀構造, looped-structure) : 둥그렇게 구부러진 형태의 묘 구조 (예 : 하배축, 초엽)
○ 중경(中胚軸, mesocotyl) : 고도로 분화된 단자엽식물(예 : 벼과)에서 생장점부터 배반이 붙은 지점까지 묘축 부분으로 하배축에 자엽부분이 밀착된 혼합구조의 형태.
○ 단자엽식물(單子葉植物, monocotyledon) : 배가 보통 한 개의 자엽을 가져서 분류된 식물 그룹 (참고. 쌍자엽 식물)
○ 식물독(植物毒, phytotoxic) : 식물에 해로운 독.
○ 초생엽(제1엽, primary leaf) : 자엽 다음에 나타나는 첫 번째의 잎 또는 한 쌍의 잎
○ 초생근(1차근, primary root) : 배의 유근으로부터 발육한 묘의 주 뿌리.
○ 지연근(遲延根, retarded root) : 보통 끝이 완전한 뿌리이나 묘의 다른 구조와 비교하여 너무 짧고 약한 것.
○ 근모(根毛, root hair) : 가느다란 돌기의 최외층 뿌리세포로 토양에서 염류와 물을 빨아들인다.
○ 배반(胚盤, scutellum) : 많은 단자엽식물(예 : 볏과)에서 매우 분화된 받침 모양의 자엽 부분이며 배유로부터 배로 양분을 흡수 공급한다.(참조. 초엽)
○ 2차근(secondary root) : 초생근 이외의 다른 뿌리를 의미하는 것으로 종자검정시 사용됨 (참조. 부정근 및 측근)
○ 묘(苗, seedling) : 종자내부의 배로부터 발육한 어린 식물
○ 종자근(種子根, seminal root) : 곡물류에 있어서 배의 축선상에 발생하여 근계를 이루게 되는 초생근 및 수 개의 이차근을 말함. (예 : 밀, 시클라멘)
○ 싹끝(莖頂, shoot apex) : 묘축의 주 생장점. 지상줄기의 선단 부.
○ 뭉툭한 뿌리(stubby root) : 식물독 증상인 묘의 특유한 뿌리로 종종 뿌리 끝은 완전하더라도 보통 짧고 곤봉 모양이다 (참조. 발육중지근)

- 발육중지근(發育中止根, stunted root) : 길이에 관계없이 뿌리 끝이 없거나 결함이 있는 뿌리 (참조. 뭉툭한 뿌리)
- 끝눈(頂芽, terminal bud) : 다소 분화된 몇 개의 잎으로 싸인 싹의 끝.
- 꼬인 구조(twisted structure) : 묘의 구조(예 : 하배축, 초엽)가 한쪽 끝은 고정되어 있으나 그 고유의 축이 돌아간 것 (참조. 나선형구조)
  - 느슨한 꼬임 (loose twisted) : 구조의 긴 부위가 돌아간 것.
  - 심한 꼬임 (tightly twisted) : 구조의 짧은 부위가 돌아간 것.

2. 재료

가. 종이배지

종이배지는 여과지, 흡습지, 수건 형태를 취한다.

(1) 일반요건
- 구성 : 종이의 섬유는 화성목재, 면 또는 기타 정제한 채소섬유로 제조된 것이어야 하며, 진균, 세균, 독물질이 없어 묘의 발달과 평가를 방해하지 않아야 한다.
- 조직 : 종이는 다공성 재질이어야 하나 묘 뿌리가 종이 속으로 들어가지 않고 위에서 자라야 한다.
- 강도 : 시험 조작 중 찢어짐에 견디도록 충분한 강도를 가져야 한다.
- 보수력 : 종이는 전 기간을 통하여 종자에 계속적으로 수분을 공급할 수 있는 충분한 수분 보유력을 가져야 한다.
- pH : 범위는 6.0~7.5이어야 한다. 또는 이 범위 밖의 pH가 발아시험 결과에 어떠한 영향도 미치지 않았음을 증명할 수 있어야 한다.
- 저장 : 가능하면 관계 습도가 낮은 저온실에 보관하며, 저장 기간 중 피해와 더러워짐에 보호될 수 있는 알맞는 포장이어야 한다.
- 살균소독 : 저장 중 번식하는 균류를 제거하기 위해 종이의 소독이 필요할 수도 있다.

(2) 품질의 조정
- 품질을 알 수 없는 종이배지의 사용시 독성물질이 없는지 양호한 품질로 알려진 종이와 함께 유해물질에 대한 생물학적인 시험으로 비교해야 한다.
- 이 비교 시험에는 종이배지 독에 민감한 것으로 알려진 종의 종자를 사용한다.(예. 보리, 레드톱 등) 종이의 평가는 두 종류의 종이 위에서 자라는 묘의 뿌리 발달로서 판단해야 하는데 주된 독성증상은 짧은 뿌리, 변색된 뿌리끝, 반굴지성이다.

- 독성평가는 표 5A 에 정해진 종별 발아조사 시작일 또는 전에 해야 하는데 이는 배지 독에 대한 증상이 뿌리 생장의 초기 단계에 보다 잘 나타나기 때문이다.
- 이 같은 증상은 짧은 뿌리와 간혹 변색된 뿌리 끝, 종이로부터 뿌리가 일어섬·근모가 "다발"이 된다. 목초류의 초엽은 넘어지고 짧게 되기도 한다.

나. 모래
  (1) 일반조건
  - 구성 : 모래의 크기는 적당한 크기로 일정해야 하며, 큰 알맹이와 매우 작은 것이 없어야 한다. 거의 모든 알맹이는 직경 0.8㎜ 그물눈체를 통과하고 0.05㎜ 체위에 남아야 한다. 모래에는 종자의 발아, 묘의 생장, 또는 평가를 방해하는 다른 종자, 곰팡이, 박테리아, 독물질이 없어야 한다.
  - 보수력 : 알맞은 양의 물을 주었을 때 모래알은 종자와 묘에 물을 계속 공급할 수 있는 충분한 물을 가지는 능력이어야 하나, 가장 알맞는 발아와 뿌리 발육을 위한 공기 순환에 필요한 공극이 있어야 한다.
  - pH : 범위는 6.0~7.5이어야 한다. 또는 이 범위 밖의 pH가 발아시험 결과에 어떠한 영향도 미치지 않았음을 증명할 수 있어야 한다.
  - 살균소독 : 깨끗하게 하기 위하여 사용 전에 모래를 씻고 소독이 필요 하다. 소독은 종자 본래의 병해 조직을 죽이거나 억제하는 화학약품이 남아 있지 않은 방법으로 한다.
  - 재사용 : 몇 번 더 재사용할 수 있으나 미리 씻어 말리고 다시 소독해야 한다. 화학 처리한 시료를 시험했을 때에는 재사용하지 않고 버린다. 그러나 재사용할 때는 모래에 약품이 축적되어 식물독 증상이 일어나지 않는지 확인해야 한다.
  (2) 품질의 조정
  새 모래는 독성물질이 없는지 종이의 경우처럼(2의 가) 생물학적인 시험을 하여 확인하여 둔다.

다. 흙
  - 구성 : 흙은 질이 좋고 뭉치지 않고 굵은 알맹이가 없어야 한다. 종자의 발아·묘 생장 또는 평가를 방해하는 다른 종자, 세균, 진균, 선충, 독물질이 없어야 한다.
  - 보수력 : 알맞은 물을 함유토록 조정하여 발아와 뿌리생육에 적당한 공기순환을 도모해야 한다.
  - pH : 범위는 6.0~7.5이어야 한다. 또는 이 범위 밖의 pH가 발아시험 결과에 어떠한 영향도 미치지 않았음을 증명할 수 있어야 한다.

- 살균소독 : 깨끗하게 하기 위하여 사용 전에 소독이 필요하다. 소독은 종자 본래의 병해 조직을 죽이거나 억제하는 화학약품이 남아 있지 않은 방법으로 한다.
- 재사용 : 한번만 사용하기를 권한다.

라. 혼합물
- 구성 : 질이 좋은 무토양 혼합물이어야 한다. 무토양 혼합물은 10%의 모래(예를 들어)를 더한 유기물질(예를 들면 토탄)이 포함되어야 한다. 다른 구성물(예를 들면 진주암, 질석)가 첨가될 수도 있다.
- 보수력 : 적정 수분함량으로 조절할 때, 보수력이 점검되어야 한다.
- pH : 범위는 6.0~7.5이어야 한다. 또는 이 범위 밖의 pH가 발아시험 결과에 어떠한 영향도 미치지 않았음을 증명할 수 있어야 한다.
- 살균소독 : 발아시험 결과에 부정적인 영향을 미치지 않는 방법으로 한다.
- 재사용해서는 안 된다.

마. 물
(1) 일반조건
- 깨끗함 : 배지에 사용하는 물은 유기, 무기의 불순물이 없어야 한다.
- 품질 : 공급하는 보통의 물이 만족스럽지 못할 때는 증류수 또는 이온 정화수를 사용할 수 있다.
- pH : 범위는 6.0~7.5이어야 한다. 또는 이 범위 밖의 pH가 발아시험 결과에 어떠한 영향도 미치지 않았음을 증명할 수 있어야 한다.

(2) 품질의 조정 : 만족할만한 물을 사용하는지 자주 분석하여 확인하여야 한다.

3. 장 치
가. 계수장치

계립판 또는 진공계립기를 사용한다.

나. 발아장치

(1) 벨자(bell jar)와 야콥센 기구(copenhagen tank)
- 이 장비는 보통 종자를 치상하는 여과지를 얹을 발아선반으로 되어 있다.
- 배는 아래의 물그릇으로부터 발아선반의 구멍이나 틈에 연결된 심지로 수분 유지가 계속된다.
- 배지의 건조를 막기 위해 과도한 증발이 안되는 환기 구멍이 있는 벨자를 덮는다.

온도조절은 물그릇의 물을 가열/냉각시키는 간접 조절이거나 발아판을 가온하는 직접 조절 방법이 있는데 보통 자동조절이 된다.
- 장비는 모든 규정의 변온과 항온에 사용할 수 있는데 온도범위에 도달하는 것이 가능하기는 하나 개개의 야콥센 장비의 디자인 때문에 한계가 있을 수 있다.

(2) 발아시험기(germination cabinet)
- 다른 형태의 장비로서는 광과 어둠에서 종자 발아를 위한 밀폐된 캐비닛이 있다. 현대화된 캐비닛은 격리가 잘되고 가온과 냉각 설비를 갖추고 있다. 알맞은 모델은 요구되는 모든 범위의 항온과 변온이 가능하다.
- 온도는 물이나 공기의 순환, 또는 양자가 순환되면서 유지된다.
- 장비가 항온만 가능하다면 다른 온도로 가동시킨 다른 시험기로 옮겨서 바라는 변온주기를 만들 수 있다. 습도까지 조절되는 발아시험기는 뚜껑을 열어 두어도 습도조절이 가능하다. (습식발아시험기)
- 그러나 소위 습식 시험기라도 모두 습도가 항상 충분히 유지되지 않으므로 습도 정도가 의심스러울 때는 수분을 보호하는 용기 안에다 넣어 두는 것이 좋다. 건식 시험기는 항상 밀폐되어야 한다.

(3) 발아시험실(room germinator)
- 발아시험실은 발아시험기의 변형이다. 같은 원리의 조작이나 내부에서 작업하도록 충분히 크고 중앙통로 양쪽을 따라 시험장소가 있다.
- 변온시험은 시험기간에 실내에서 바퀴로 움직이는 수레 위에서 할 수 있다.

4. 방 법
  가. 검사시료
   - 잘 혼합된 정립종자에서 무작위로 400입을 센다.
   - 편향된 종자 선택이 되지 않도록 주의한다. 반복당 100입씩의 치상하는 것이 관행이며 묘의 발달에 인접 종자의 영향이 최소화 되도록 발아상에서 서로 충분히 떨어지게 한다.
   - 특히 종자 전염병이 있어 필요하다면 50 또는 25입까지 나누어 알맞는 공간을 확실히 유지한다. 심하게 감염된 종자일 때는 역시 중간 조사 시 배지의 교환이 필요하다.

  나. 시험조건
   (1) 배 지(발아상)
      □ 종이 사용법
        - 종이 배지는 다음 방법으로 한다.

① TP(top of paper)
- 종이 1매 이상을 깔고 그 위에 종자를 놓고 발아시킨다.
- 야콥센(Jacobsen)기구에 치상
- 투명한 상자나 페트리접시안, 알맞은 양의 물을 주고 시험을 시작하며 증발을 최소화하기 위해 꼭 맞는 뚜껑을 하거나 플라스틱 봉지로 접시를 싼다.
- 발아시험기의 선반에 바로 놓는다.
- 시험기 내의 관계습도는 될 수 있으면 건조를 방지하기 위해서 포화상태 정도로 유지한다. 젖은 종이나 탈지면을 배지 밑에 쓸 수 있다.

② BP(between paper)
- 두층의 종이 사이에서 발아시킨다.
  - 여과지 위에 종자를 치상하고 그 위에 한층 더 종이를 덮어주는 방법
  - 종자를 봉투처럼 접은 종이 안에 넣고 이를 눕히거나 세운 상태에서 발아시키는 방법
  - 종이 수건으로 말아 놓는 방법 (만 것은 수직으로 세워 놓는다)
- 배지는 밀폐된 상자 내에 두고 비닐자루로 싸거나 시험기 내의 관계습도가 포화 상태에 가깝게 유지되는 시험기의 선반에 바로 놓는다.

③ PP(pleated paper)
- 아코디언처럼 50회 접고 접힌 곳에 2입씩 넣는다.
- 접힌 조각은 상자나 젖은 시험기내에 바로 넣는데 일정한 수분 조건이 유지되도록 종이 주위를 간혹 평평한 조각으로 싼다.
- 이 방법은 TP나 BP방법이 지정되어 있는 종에 대한 대안으로 사용될 수 있다.

□ 모래 사용법
① TS(top of sand)
모래 표면에 종자를 놓는다.

② S(in sand)
- 축축한 모래 위에 종자를 놓고, 종자 크기에 따라 덩어리지지 않은 모래로 10~20mm 덮는다. 공기 순환을 좋게 하기 위해 파종 전에 깔은 모래는 느슨하게 하는 것이 좋다.
- 이병된 시료가 종이배지를 오염시킴으로써 평가가 실질적으로 불가능한 것으로 판단되었을 때에는 표 5A에 규정하지 않았더라도 종이 대신 사용할 수 있다.

· 묘 판정이 의심스러울 때의 확인과 조사 목적으로 흙을 사용하는 것이 좋으나 모래도 종종 사용한다.

□ 흙·혼합물 사용법

흙과 혼합물은 일반적으로 기본 시험배지로 권장되지 않는다. 그러나 예를 들어 종이나 모래배지에서 묘가 식물독 증상을 보이거나 묘 평가가 의심 스러울 때 흙을 사용할 필요가 있다. 흙 또는 혼합물은 비교조사 또는 연구조사 목적으로 사용된다.

(2) 수분 및 통기

· 배지는 발아에 필요한 충분한 수분을 전 기간 함유해야 한다.
· 그러나 수분은 과도하거나 통기를 억제해서는 안 된다.
· 처음 물주는 양은 배지 넓이와 재료, 시험 종자의 크기에 따라 다르므로 적당한 양은 경험으로 결정한다. 추가로 물주기는 시험간과 반복간의 변이성이 늘어나는 경우가 있으므로 될 수 있으면 피해야 한다.
· 그러므로 시험기간 중 계속 충분한 수분이 공급되어 배지가 마르지 않도록 사전에 충분히 조치한다.
· 페트리 접시나 치상된 TP와 PP는 통기를 위한 특별한 조치가 보통 필요하다.
· 그러나 BP는 덮는데 주의하고 종자에 충분한 공기가 닿도록 느슨해야 한다. 같은 이유로 모래나 흙에서는 덮은 것이 눌리지 않게 한다.

(3) 온 도

· 온도는 표5A에 규정되어 있는데 종자가 노출된 부분 내지 배지 안의 온도를 뜻한다.
· 발아기구, 발아기, 발아실 모두 균일해야 하나 직사광이나 인공 광으로 시험온도가 규정선을 넘지 않도록 주의한다.
· 지정되어 있는 온도는 상한선으로 생각하여야 하며, 기기에 따르는 변이 폭은 ±2℃를 넘지 않게 주의한다.
· 변온은 보통 저온 16시간 고온 8시간을 나타낸다. 3시간 동안 천천히 변온 하는 것이 좋으나 급격히 한 시간 이내 또는 저온인 다른 발아기에 옮기는 것은 휴면 등이 있는 종자에 필요하기도 하다.

(4) 광

· 표 5A의 모든 종자는 광이나 어둠에서 발아한다.
· 묘 발달이 좋아 보다 쉽게 평가할 수 있도록 인공광 또는 태양광의 굴절의 조절로 배지의 조명이 권장된다.
· 완전한 어둠 속에서 묘가 자라면 퇴색하고 백색이 되어 미생물의 공격에 보다 민감해

지며, 엽록소 결핍증으로 발아율을 조사할 수 없게 되는 경우가 생길 수 있다.
- 어떤 경우(예 : 일부 열대 아열대 그라스類)광이 휴면종자의 발아를 촉진 하나 몇몇 종은 방해를 하므로 암소에서 발아시켜야 한다.
- 각 명암에 대한 특별지시는 표 5A의 휴면타파등 권고사항에 있다.

(5) 방법의 선택
- 방법을 변경할 때는 표 5A에 나타난 것 중 하나(배지와 온도의 조합)를 사용해야 한다. 방법의 선택은 장비, 검정실의 경험, 유래정도, 시료 상태에 따른다. 만약 선택한 방법에서 만족할 만한 결과가 나오지 않은 경우에는 다른 변경된 방법으로 재시험을 할 필요도 있다.

다. 발아촉진 처리
- 여러가지 원인(생리적 휴면, 경실, 배지의 방해 등)으로 시험기간이 끝나도 경실 또는 신선한 종자가 상당히 남기도 한다.
- 아래에 열거한 한 가지 또는 몇 개의 조합에 의해 보다 완전한 발아율을 얻을 수 있다.
- 휴면이라 여겨지면 이들 방법을 본 시험에 적용할 수 있다.
- 규정된 처리는 표 5A의 끝란에 나타냈다.
- 전 처리기간은 발아시험기간에 포함되지 않지만 분석보증서에는 처리방법과 기간을 기록해야 한다.

㉠ 생리적 휴면타파 방법
① 건조보관 : 휴면이 짧은 것은 짧은 기간 건조한 곳에 보관하는 것으로 충분하다.
② 예냉 : 표 5A. 3란에 나타낸 온도로 발아시키기 전에 먼저 젖은 배지 상태로 저온에 처리한다. 일반작물, 채소, 화훼종자는 5~10℃로 7일간 유지시킨다. 어떤 경우는 예냉처리 기간을 늘리거나 재 저온처리가 필요할 수 도 있다.
③ 예열 : 규정 발아시험 조건에 두기 전에 7일까지 환기가 잘되는 곳에 30~35℃가 넘지 않는 온도로 둔다. 어떤 경우에는 기간의 연장이 필요하다. 어떤 열대, 아열대 산 종은 40~50℃로 하기로 한다. (예. 땅콩 40℃, 벼 50℃)
④ 광 : 매 24시간 주기에 적어도 8시간 동안 그리고 변온으로 발아하는 종자는 고온기 간에 광을 준다. 광의 강도는 750~1,250 lux의 열이 없는 백색광을 사용한다. 광에 대한 지시는 표 5A의 마지막 항에 기재되어 있다.
⑤ 질산카리(potassium nitrate, KNO_3) : 1ℓ의 물에 2g KNO_3을 녹인 0.2%의 용액으로 시험 시작할 때 배지를 포화시킨다. 그 후 수분 공급은 물로 한다.

⑥ 지베렐린산(gibberellic acid, GA₃) : 이 방법은 주로 귀리, 밀, 호밀, 보리, 트리티케일에 사용한다. 물 1L에 GA₃ 500mg을 녹인 0.05%(500ppm) 액으로 배지를 적신다. 휴면정도가 약하면 0.02%, 강하면 0.1%까지 사용한다.

농도가 0.08%이상이면 인산완충용액에 GA₃을 녹여 사용하는데 완충용액은 1.7799g의 $Na_2HPO_4 \cdot 2H_2O$와 1.3799g의 $NaH_2PO_4 \cdot H_2O$를 1ℓ 의 증류수에 녹인 것이다.

⑦ 폴리에틸렌(polyethylene)으로 싸서 봉하기 : 시험이 끝나도 발아하지 않은 신선한 종자가 많으면 (예, 클로버 등) 만족할 말한 시험을 얻기 위해 충분한 크기의 폴리에틸렌으로 싸서 봉해 재시험하면 이들 종자는 보통 발아를 할 것이다.

ⓛ 경실 종자 처리방법
- 경실 종자가 나타나는 많은 종에 대하여는 이들을 발아시켜 보려는 시도는 이루어지지 않고 있으며 나타난 퍼센트를 보고할 뿐이다.
- 보다 완전한 평가가 요구되는 경우 약간의 특별한 처리가 필수적이다.
- 본 처리방법은 발아시험에 들어가기 전에 적용할 수도 있겠고 혹은 본 처리가 비처리 종자에 불리하게 영향할 지도 모르겠다는 의심이 될 때는 지정된 발아시험기간이 끝난 후에 남은 경실종자를 가지고 시행하여야 한다.

① 침지 : 단단한 종피를 가진 종자는 24~48시간 물에 침지하거나, 아카시아속 경우에는 끓을 정도의 물에 종자를 넣어 물이 식을 때까지 침지를 3번 반복하면 쉽게 발아될 것이다. 침지시간은 작물의 특성에 따라 연장할 수 있으며 발아시험은 침지 후 바로 실시한다.

② 기계적인 상처내기 : 휴면상태가 충분히 깨지도록 종피를 조심스럽게 구멍 뚫기, 깎기, 줄 또는 사포로 문지른다. 종피에 상처를 낼 때는 배, 즉 묘에 장해가 생기지 않도록 종피의 적합한 위치를 선택하도록 주의해야 한다. 기계적인 상처를 내는데 가장 좋은 위치는 자엽끝 바로 위이다.

③ 산으로 상처내기 : 어떤 종은 진한 황산(H_2SO_4)에 침지하는 것이 효과가 있다. 종피가 얽은 자국이 나도록 담근다. 침지는 짧게 끝날 수 도 있고 한 시간 이상 요할 수도 있으나 몇 분마다 조사해 보아야 한다. 침지 후에는 흐르는 물에 잘 씻어야 한다. 벼의 경우는 1N의 질산(HNO_3)에 24시간(50℃로 고온처리 후) 담금으로 상처를 낼 수 있다.

ⓒ 발아 억제물질의 제거
① 사전에 씻기 : 종피나 과피에 있는 발아장해 물질은 발아시험 전에 25℃의 흐르는 물로 씻어낸다. 씻은 후 종자는 25℃이내의 온도로 말린다.(예 : 근대)

② 종자에 붙은 물질 제거 : 어떤 종의 발아는 硬毛의 總苞, 볏과의 외영과 내영 같은 바깥 구조를 떼어내면 촉진된다.

ⓒ 종자소독

땅콩이나 근대를 살균제 처리를 하지 않았을 때 발아를 위해 종자를 심기 전에 살균제 처리를 하기도 한다. 살균제로 전 처리 했을 때는 처리약제의 명칭, 유효성분의 비율, 처리방법이 분석증서에 기록되어야 한다.

라. 시험기간

- 각 종별로 시험기간은 표 5A에 있다. 휴면타파나 처리기간은 발아시험 기간에 포함되지 않는다.
- 예를 들어 어떤 종자가 규정된 발아기간을 지난 다음에 발아를 시작하고 있다면 시험기간을 7일 또는 규정 기간의 절반을 연장할 수 있다.
- 한편 규정기간이 끝나기 전에 최대로 발아가 되었다면 시험은 끝낼 수 있다. 1차 조사시기는 정확한 판정을 할 수 있도록 묘가 충분한 발달 단계에 도달해야 한다. 표 5A에 표시한 시기는 제일 높은 온도로 기준한 것이다.
- 낮은 온도를 택했을 때에는 1차 조사 시작 일을 늦추어야 한다.
- 모래 배지일 때 조사기간이 7~10일이면 첫 조사는 생략할 수 있다.
- 중간조사 시 충분히 잘 발달한 묘는 제거하는 것이 계산을 쉽게 하고 다른 묘의 발달을 방해하는 것을 막기 위해 권장된다.
- 중간조사의 날짜와 횟수는 시험자의 재량이지만 충분히 발육하지 못한 묘에 장해의 위험을 줄이기 위해 최소한으로 해야 한다.

마. 평가

(1) 묘

- 모든 필수구조를 정확히 평가할 수 있는 단계에 도달한 묘는 첫 조사 및 중간조사 시 들어낸다. 심한 부패 묘는 2차 감염 위협을 줄이기 위해 들어 내되, 다른 장해로 비정상 묘 일 때는 마지막까지 남겨둔다.
- 묘는 보통 기본배지 위에서 평가를 하나, 묘의 평가가 어렵거나 식물독 증상을 보일 때에는 표 5A에 지시된 온도로 모래나 흙에 재시험한다.
- 발아가 좋다고 여기는 같은 종의 다른 시료를 병행하여 심으면 재 시험의 평가기준으로 유용할 것이다.

(2) 복수발아 종자단위(Multigerm seed units)
- 한 개 이상의 정상묘가 자란 종자는 단지 한 개만 발아율 결정에 계산한다. 요구가 있을 때는 100개종자에서 정상묘가 나온 숫자를 구분 조사할 수도 있다.

(3) 불발아 종자
(가) 경실 종자(hard seed) : 발아시험이 끝나고 경실 종자를 조사하여 분석 보증서에 그대로 기록한다. 그러나 발아시험 전에 경실을 없애는 것이 필요할 때는 4의 다 항에 언급한 처리로 발아촉진을 한다.
(나) 신선종자(fresh seed) : 특히 많은 수가 신선 불발아 종자인 것으로 나타 나면 4의 다 항에 언급된 방법을 써서 발아율을 유도시켜야 한다. 보고 될 신선종자의 비율이 5% 이상이면 이들 종자가 정상묘를 생산할 능력을 가지고 있는지의 여부를 입증하여야 하며 이는 생화학적검정 이나 기타 방법에 의해 실시될 수도 있다. 종자가 죽은 것인지 신선한 것인지 의심이 가면 죽은 종자로 분류하여야 한다.
(다) 죽은 종자(dead seed) : 확실히 죽은 종자(물렁하고 곰팡이 핀 것)는 조사하여 분석보증서에 기록한다. 만약 평가시에 부패를 보일지라도 묘의 어느 부분이 나오면(예. 초생근의 끝)비정상묘로 하고 죽은 종자로 하지 않는다.
(라) 빈 또는 불발아 등 기타 범주의 종자 : 검사 신청자의 요구에 따라 빈 종자, 무배유 종자 또는 충해 종자를 결정하고 분석보증서에 "기타판정"난에 기록한다. 이 같은 범주에 종자를 찾는 데는 다음 방법이 사용된다.
① 발아시험 전
- X선 조사를 발아시험용 시료에 실시한다.
- 절단조사 : 실온에서 24시간 담근 400입을 100입씩 4반복으로 나누어 실행한다. 매 종자는 배측의 긴 방향으로 잘라 내용물을 조사하고 위와 같이 구분한다.
② 발아시험 후 : TZ 방법에 의한다. TZ방법으로 검사한 경우에는 준비 및 평가과정 중에 빈 종자와 충해종자의 비율이 산출될 수 있다.

5. 재시험

다음의 경우에는 발아시험을 다시 해야 한다.
가. 휴면중일 가능성이 있을 때는 표 5A의 제5항 또는 위의 4. 다. 항의 휴면 타파 방법을 써서 한 번 이상 추가시험을 할 수 있다. 검사부나 분석증명서에는 얻어진 가장 좋은 방법을 기재하고 또한 사용한 방법도 표시한다.

나. 발아시험 결과가 식물 독이나 곰팡이, 박테리아의 번식으로 신빙성이 없을 때에는 표 5A의 한 가지 또는 그 이상의 다른 방법이나 모래 또는 흙을 사용하여 재시험한다. 종자 간격을 넓힐 필요가 있으면 넓힌다. 가장 좋은 결과가 나오면 분석서에 기록하고 또한 사용방법도 표시한다.

다. 판정이 어려운 묘가 많으면 표 5A의 한 가지 또는 그 이상의 다른 방법이나 모래 또는 흙을 사용하여 재시험한다. 가장 좋은 결과가 나오면 분석서에 기록하고 또한 사용방법도 표시한다.

라. 시험조건, 묘평가, 계산에 확실한 잘못이 있을 때는 같은 방법으로 재시험하고 재시험 결과를 분석서에 기록한다.

마. 100입씩의 반복간에 별표 8의 표 5. 1의 최대 허용범위를 넘으면 같은 방법으로 재시험한다. 2차 결과가 처음과 모순이 없으면 (차이가 별표 8의 표5. 2의 허용오차를 넘지 않으면) 두 시험의 평균을 분석보증서에 기록한다. 만약 2차 결과가 1차 결과와 차이가 있고 표 5. 2의 허용오차를 넘으면 세번째 시험을 같은 방법으로 하고, 모순 없는 결과의 평균을 기록한다.

6. 결과의 계산과 표현

발아시험 결과는 100입씩의 4반복 (50또는 25입씩의 준 반복은 100입 반복으로 합친다)의 평균으로 계산한다.

정상묘 숫자를 비율로 표시하며, 비율은 정수로 한다(4사5입 정수 자리로 한다)

비정상묘, 경실, 신선, 죽은 종자의 비율도 같은 방법으로 한다.

비정상, 정상, 불발아 종자의 합은 100이 되어야 한다.

정상묘의 비율은 xx.00과 xx.25는 xx로 절사, xx.50과 xx.75는 xx+1로 절상하여 반올림한다. 남은 비율의 정수 부분을 계산하여 합한다. 그 합이 100이면 계산을 끝내고, 그렇지 않으면 다음 단계를 반복한다.

비정상묘, 경실종자, 신선종자, 죽은 종자의 비율에 대해서 :

① 남은 비율 중에서 소수점 이하 값이 가장 큰 것을 찾아 반올림한 값과 남은 비율의 정수 부분을 합한다.

② 합이 100이면 계산을 끝내고, 그렇지 않으면 ①의 과정을 반복한다.

- 소수점 이하 값이 같은 경우에, 우선순위는 비정상묘, 경실종자, 신선종자, 죽은 종자 순이다.
- 복수발아 종자에서는 단위당 한 개의 정상묘만 시험결과 계산에 넣는다.
- 요청이 있으면 종자에서 발아한 하나, 둘 또는 그 이상의 정상묘를 낸 종자수도 별도로

□ 허용오차
- 발아시험 결과는 반복간 최고치와 최저치 사이의 차가 허용오차 이내일 때는 믿을 수 있다. 시험결과의 신뢰성을 확인하고 반복간의 평균 비율을 계산하여 별표 8의 표 5. 1과 비교한다. 반복간 최고와 최저치의 차가 지시된 허용오차를 넘지 않을 때는 그 결과는 신뢰할 만한 것으로 간주한다. 같은 시료를 가지고 실시한 두 개의 검사결과가 부합되는 것인지의 여부를 판정하기 위해서는 별표 8의 표 5. 2를 사용한다. 두 시험 발아율 간의 차가 해당 허용오차를 넘지 않으면 신뢰할 수 있는 결과로 간주한다.

□ 표 5A. 발아시험의 방법
- 이 표는 허용할 수 있는 배지(발아상), 온도, 시험기간과 휴면종자에 권장되는 부가적인 처리를 나타낸다.
- 발아상 : 선택의 순서는 모두 같으며 어떤 우선권을 나타내는 것이 아니다.
  TP : BP : S
  BP나 TP는 PP(pleated paper)로 바꿀 수 있다.
- 온도 : 온도 선택의 순서는 모두 같으며 어떤 우선권을 나타낸 것이 아니다. 변온은 높은 것이 먼저, 항온도 높은 것이 우선 이다.
- 첫 조사(first count) : 1차 조사일은 개략적인 것이며 종이배지에서 높은 온도를 선택했을 경우의 일자임. 낮은 온도를 선택했을 때나 모래에서는 처음 조사 일을 연기할 수 있다. 모래배지 검사로서 최종 조사일이 7~10(14)일 후인 것은 처음조사를 생략할 수 있다.
- 광 : 시험에서 조명은 보다 좋은 묘 발달을 위해 보통 권장된다. 어떤 경우 휴면 종자의 발아촉진에 광이 필요하기도 하고 한편 광이 발아에 방해가 되면 배지는 암소에 두어야 하는데 이것은 표의 5항에 표시되어 있다.
- 약자의 의미는 다음과 같다.

TP : 종이 위 치상
BP : 종이 사이 치상
PP : 주름진 종이에 치상
S   : 모래 속에 치상
TS : 모래위 치상

더 상세한 것은 4의 나 참조

KNO_3 : 물 대신 0.2%질산카리용액 사용
GA_3 : 물 대신 지베렐린산용액 사용
H_2SO_4 : 발아시험 전에 농황산에 종자를 침지
HNO_3 : 발아시험 전에 1N질산 액에 종자를 침지

더 상세한 것은 4의 다 참조

TPS : 모래를 덮은 종이 위 치상

[표 5A]

1. 작물	2. 배지	3. 온도(℃)		4. 발아조사(일)		5. 휴면타파 등 권고사항
		변온	항온	시작	마감	
고추	TP, BP, S	20-30	-	7	14	KNO_3
당근	TP, BP	20-30	20	7	14	-
라이그라스	TP	20-30 15-25	20	5	14	예냉, KNO_3
무	TP, BP, S	20-30	20	4	10	예냉
밀	TP, BP, S	-	20	4	8	예냉, GA_3, 예열(30-35℃)
배추	BP, TP	20-30	20	5	7	예냉, KNO_3
벼	TP, BP, S	20-30	25	5	14	예열 50℃, 물 또는 KNO_3에 24시간 침지
보리	BP, S	-	20	4	7	예냉, GA_3, KNO_3 예열(30-35℃)
상추	TP, BP	-	20	4	7	예냉, 광
수박	BP, S	20-30	25	5	14	PP사용
시금치	TP, BP	-	15, 10	7	21	예냉
양배추	BP, TP	20-30	20	5	10	예냉, KNO_3
양파	TP, BP, S	-	20, 15	6	12	예냉
오이	TP, BP, S	20-30	25	4	8	PP사용
옥수수	BP, S	20-30	25, 20	5	8	-
참외	BP, TPS, S	20-30	25	4	8	PP사용
콩	BP, TPS,, S	20-30	25	5	8	-
토마토	TP, BP, S	20-30	-	5	14	KNO_3
파	TP, BP, S	-	20, 15	6	12	예냉
호박	BP ,S	20-30	25	4	8	PP사용

1. 작물	2. 배지	3. 온도(℃) 변온	3. 온도(℃) 항온	4. 발아조사(일) 시작	4. 발아조사(일) 마감	5. 휴면타파 등 권고사항
귀 리	BP, S	-	20	5	10	예열(30-35℃)
녹 두	BP, S	20-30	25	5	7	예냉, GA$_3$,
땅 콩	BP, S	20-30	25	5	10	탈협, 예열(40℃)
들 깨	TP, BP	20-30	20	5-7	21	예냉, GA$_3$,
레 드 톱	TP	20-30	-	5	10	예냉, KNO$_3$
리드커네리그라스	TP	15-25 20-30	-	7	21	예냉, KNO$_3$
메 밀	TP, BP	20-30	20	4	7	-
버어즈풋트레포일	TP, BP	20-30	20	4	12	예냉
벳 지	BP, S	-	20	5	14	예냉
브로음그라스 (레스큐)	TP	20-30	-	7	28	예냉, KNO$_3$
(스무스)	TP	15-25 20-30	-	7	14	예냉, KNO$_3$
수단그라스	TP, BP	20-30	-	4	10	예냉
수 수	TP, BP	20-30	25	4	10	예냉
앨팰퍼	TP, BP	-	20	4	10	예냉
오처드그라스	TP	15-25 20-30	-	7	21	예냉, KNO$_3$
자운영	TP, BP	15-25	20	10	21	-
조	TP, BP	20-30	-	4	10	-
참 깨	TP	20-30	-	3	6	-
켄터키불루그라스	TP	20-30 15-25 10-30	-	10	28	예냉, KNO$_3$
클로우버	TP, BP	-	20	4	10	예냉
티머시	TP	15-25 20-30	-	7	10	예냉, KNO$_3$
페스큐	TP	15-25 20-30	-	7	14	예냉, KNO$_3$
팥	BP, S	20-30	-	4	10	-
호 밀	TP, BP, S	-	20	4	7	예냉, GA$_3$,
유 채	BP, TP	20-30	20	5	7	예냉, KNO$_3$
감자(진정종자)	TP	20-30	-	3	14	GA$_3$ 1500ppm에 24시간 침지

[별표 6]
활력의 생화학적 검정

1. 적용분야

- TZ 검정은 종자의 활력을 신속하게 평가할 수 있는 생화학적 검정방법으로, 수확 후 얼마 지나지 않은 종자를 심은 경우, 해당 종자가 심한 휴면상태에 있는 경우, 발아가 느리게 출현하는 경우에 종자의 발아 잠재력을 신속하게 평가할 필요가 있는 경우에 사용 가능하다.
- 또한, 이 방법은 발아율 검정이 끝날 무렵의 휴면이 의심되는(별표 5의 4.다)각각의 종자의 활력을 측정할 수 있으며, 싹의 존재나 수확과정 내지 유통과정에서 손상(고온피해, 기계적인 피해, 곤충피해)을 감지할 수 있으며, 비 정상묘의 원인이 확실치 않거나 살충제처리가 의심되는 등 발아율 검정을 다시 해야 되는 문제를 해결할 수 있다.
- 활력종자는 정상묘로 자랄 수 있는 모든 조직에 염색이 된다. 품종에 따라서는 조직에서 염색이 되지 않는 부분이 있을 수 있다.
- 이 검정의 목적은 활력종자를 생화학적인 검정으로 정상 묘로 자랄 수 있는 잠재력을 측정하는 것이다.
- 비활력 종자는 정상묘로 자랄 수 있는 능력이 부족하므로 염색이 안되거나 비정상적인 모양을 나타낸다.
- TZ 검정은 국제 분석보증서 발급에서 참고가 되는 검사이다.
- 이 방법에 대한 상세한 설명은 "Tetrazolium Testing Handbook"에 기록되어 있다.

2. 시 약

- pH 6.5~7.5의 2,3,5-triphenyl tetrazolium chloride 또는 bromide 수용액을 사용한다. 일반적으로 사용되는 농도는 1.0%이다.
- 어떤 경우에는 낮거나 높은 농도가 적정할 수도 있다.
- pH 범위를 교정하기 위한 완충용액이 필요하기도 한데, 완충용액은 다음처럼 만든다.

  ▫ 두 용액을 만든다.
  - 용액 1. 물 1,000㎖에 9.078g의 KH_2PO_4를 녹인다.
  - 용액 2. 물 1,000㎖에 9.472g의 Na_2HPO_4나 혹은 11.876g의 $Na_2HPO_4 \times 2H_2O$를 녹인다.
  - 용액1과 용액2를 2 : 3 비율로 섞는데, pH가 6.5~7.5사이에 있는지를 점검 하여야 한다.

- 맞는 농도를 얻기 위해 이 완충용액에 TZ염(Cl염이나 Br염)을 녹인다.
  (예 : 100㎖의 완충용액에 1g의 염을 녹이면 1% 용액이 된다)

3. 방 법

   가. 검사시료

   정립종자를 완전히 섞고 100입 종자를 4반복으로 무작위 채취한다.

   나. 종자의 염색전 처리

   (1) 종자의 사전 흡습
   - 사전흡습은 종의 염색전 필요한 과정이다.
   - 흡습된 종자는 건조종자보다 부서짐이 적고 자르거나 구멍을 내는데 보다 쉽다. 또한 염색이 잘되고 평가를 쉽게 한다.
   - 20℃에서의 최소 사전 흡습기간은 표 6A에 있다.
   - 만약 종피가 흡습을 방해하면 종피에 구멍을 뚫어야 한다.
   - Fabaceae(Leguminosae)〕. 사전흡습 기간동안에 20℃보다 온도가 높거나 낮을 경우에는 ISTA 종자분석 증명서에 사용된 시간과 온도를 명시해야 하다.

   (a) 천천히 흡습
   - 종자는 발아검사 방법(표 5A)에 따라 BP나 TP에서 흡습하도록 한다.
   - 이 방법은 물에 직접 담그면 부서지기 쉬운 종에 사용하게 된다.
   - 많은 종에 있어 오래되었거나 건조된 종자는 서서히 흡습하는 것이 유리하다. 어떤 종은 서서히 흡습되어 충분한 흡수가 되지 않아 물에 담그는 시간이 더 필요할 수도 있다.

   (b) 물에 담금
   - 종자를 물에 완전히 담가 충분히 흡수하도록 둔다.
   - 담그는 시간이 24시간 이상 되면 물을 갈아준다.
   - 콩과 종자의 경실률을 국제보증서에 기록할 경우에는 종자를 20℃의 물에 22시간 담가야 한다.
   - 다른 방법을 쓰면 결과가 지나치게 들쭉날쭉하게 나올 수도 있다.

   (2) 염색전 조직의 노출
   - 다수의 종(표 6A)에 TZ액의 침투가 보다 쉽고, 평가하기 쉽도록 염색 전에 조직을 노출시킬 필요가 있다.
   - 종자의 활력을 결정하기 위해 필수 조직의 관찰에 주력하여야 한다.

- 내부조직을 노출하는 조작은 준비(전처리)로 표준화되어 있어서 조제기술에 따라 야기되는 불가피한 손상이 쉽게 식별될 수 있게 되었다. 종피는 아래에 정한 것과 같은 다양한 기술을 사용하여 절개하거나 제거할 수 있다. 조제가 완료되면 TZ용액에 침지하는데 그때까지 종자는 습한 상태를 유지하여야 한다.
- 사전 흡습하는 동안 어떤 종자는 점액을 내어 다음 준비를 방해한다.
- 점액은 종자의 표면을 건조시키거나, 종이나 헝겊 내에서 비벼주거나 1~2%의 황산가리알미늄[$AIK(SO_4)_2 \cdot 12H_2O$]용액에 5분간 담가두면 시험에 편리하다.

□ 종자에 구멍 뚫기

흡습된 종자 또는 경피종자를 바늘이나 예리한 메스로 종자의 비필 수 부위에 구멍을 뚫는다.

□ 세로(길게) 자르기

① 이등분
　(a) 페스큐 이상의 크기인 모든 곡류와 목초류 종자는 배축의 중앙과 배유의 약 $\frac{3}{4}$ 길이로 자른다.
　(b) 배유가 없고 배가 반듯한 쌍자엽 식물의 종자는 자엽끝쪽(頂部) 절반을 중앙에서 세로로 자르며, 배축은 자르지 않고 그대로 둔다.

② 살아있는 조직으로 배가 둘러싸여 있는 종자는 배곁을 따라 조심하여 세로로 자른다.

□ 가로 자르기

가로 절단은 해부칼, 면도날, 개발톱깎기, 기타 편리한 분할기로 비필수 조직을 가로로 자르는 것이다.

① 목초류 종자 : 배 바로 위를 가로로 자르고 배의 첨단이 TZ용액에 잠기게 한다.
② 배유가 없고 곧은 배를 가지고 있는 쌍자엽 식물 종자 : 자엽 끝쪽을 1/3 ~ 2/5 부위에서 잘라 그 조직은 버린다.

□ 가로로 째기(가로절개)

가로로 째기는 가로 자르기 대신 쓸 수 있는데 레드톱, 티머시, 켄터기 블루그래스 같은 작은 종자의 전처리 방법이다.

□ 배 절제

- 보리, 밀, 귀리에서 행한다.
- 해부용 핀셋으로 배반 바로 위 중앙을 조금 벗어나게 찌르고 배유가 세로로 찢어지게 가볍게 비틀어 배를 도려낸다.

- 배(배반포함)는 배유에서 느슨해져 적출해 낼 수 있게 되며 이를 꺼내어 TZ용액에 담근다.
□ 종피제거
- 절단방법이 부적당할 때는 모든 종피(기타 덮인 조직포함)를 벗겨야 한다. 종자 겉을 싸고 있는 것이 견과나 핵과처럼 단단하면 배에 장해가 가지 않도록 조심하여 종자가 건조한 때 또는 흡습 후에 찢거나 깨트린다.
- 가죽 같은 종피는 흡습 후에 예리한 해부용 칼이나 해부용 바늘로 조심하여 찢고 벗긴다.

(3) 염색
- 종자는 TZ용액에 완전히 잠기고 TZ염이 환원을 일으키는 직사광선에 용액이 노출되지 않도록 주의한다.
- 각각의 종자에 대한 염색시간이 표 6A에 명시되어있으나 종자의 조건에 따라 시간이 변경되기 때문에 표 6A의 염색시간이 절대적인 것은 아니다.
- 반복실험을 통하여 염색의 초기 또는 후기 단계에서 평가할 수도 있다.
- TZ염색처리 결과 종자가 불완전하게 염색되었다면 염색 부족이 종자내의 결점보다 TZ염의 흡수가 느렸기 때문인지를 알기 위해 염색시간을 연장한다. 그러나 과도한 염색은 동해, 약한 종자 등의 표시가 다른 염색모습으로 되어 감춰지므로 피해야 한다.
- 어떤 종(표 6A)은 극소량의 살균제나 항생물질(예. 0.01% preventol 115)을 검게 침전하는 거품용액이 생기지 않도록 각 반복 구에 넣는다.
- 취급이 어려운 작은 종자는 흡습처리하고 싸거나 말은 종이에 치상하여 TZ 용액에 담근다.

다. 평 가
- TZ 검사의 주된 목적은 활력과 비 활력종자를 구분하는 것이다.
- 종자를 활력 내지 비 활력으로 평가하기 위해서는 정상묘의 출현과 발육에 관련된 다른 종자 조직의 품종 특유의 특징으로 구별한다.
- 완전히 염색된 종자 또는 필수구조의 일부만 염색된 종자라도 표 6A. 6항의 미착색 최대허용범위 이내인 것은 활력을 의미한다.
- 비 활력 종자는 비정상적인 착색과 무기력한 필수기관을 나타내는 종자를 포함한다.
- 배나 다른 필수구조가 확실히 비정상적인 발달을 나타내는 종자는 염색이 되든 안되든

- 비 활력으로 간주한다.
- 구과(毬果)의 미발달된 배는 비 활력이다.
- 적절한 종자평가를 위해 배나 다른 필수조직의 노출이 필요하다.
- 적당한 조명과 확대경은 정확한 평가를 위해 꼭 있어야 한다.
- 대부분의 종자는 필수구조와 비 필수구조를 가지고 있다.
- 필수구조는 분열조직과 정상 묘로 발달하는데 필요하다고 인정된 모든 구조이다.
- 잘 발달하고 분화된 종자/배는 적은 괴저를 커버할 능력이 있다.
- 이러한 경우 표면의 괴저가 일부분일 경우 허용될 수 있다.

라. 허용오차
- 활력검정 결과는 반복간 최고치와 최저치 사이의 차가 허용오차 이내 일때는 믿을 수 있다. 시험결과의 신뢰성을 확인하고 반복간의 평균비율을 계산하여 별표 8의 표 5. 1과 비교한다. 반복간 최고와 최저치의 차가 지시된 허용오차를 넘지 않을 때는 그 결과는 신뢰할 만한 것으로 간주한다. 두 시험이 동일한 실험실에서 독립적으로 실시한 경우에는 별표 8의 표 6. 1을 사용하고, 다른 실험실에서 실시한 경우에는 별표 8의 표 6. 2를 사용한다. 두 시험발아율간의 차가 해당 허용오차를 넘지 않으면 신뢰 할 수 있는 결과로 간주한다.

[표 6A]
테트라졸리움 검사방법

- 다음 표는 사전흡수(방법과 시간), 염색전의 처리, 염색(용액 농도와 시간), 평가 준비, 염색 형태에 따른 평가에 대한 것이다.
- 보통 배가 완전히 염색되는 모든 종자와 6란 정도의 미염색 및 괴저부분인 것은 활력이 있는 것으로 본다.
- 어떤 종은 배부(진실배유, 외배유, 배우체조직)역시 완전히 염색된다.
- 검사방법을 완전히 이해하도록 요령과 별표 6의 내용을 주의하여 읽어야 한다.
- 평가의 기록은 의심 가는 모든 구조를 고려해야 하는데 염색전 준비중에 떼어낼 부분은 떼어냈는지, 완전히 염색되었는지, 미염색된 최대면적 부분은 어떤지를 고려하여 평가한다.

  BP : 물을 흡수한 종이 사이,
  W : 물속에 침지
  BP+W : 천천히 흡습시킨 후 최소한 2~3시간 물에 담가 모든 종자를 완전히 흡수시킴.

종	사전흡수 (20)		염색전의 처리	30℃에서 염색		평가를 위 한 준 비	평 가 미착색, 연화, 괴사조직의 최대 허용범위	비 고
	방법	시간		용액농도 (%)	기간 (시간)			
1	2		3	4		5	6	7
벼	W	18	1. 배는 완전히 배유를 ¾을 세로로 자른다.	1.0	2	절단면을 관찰	유근의 ⅔	필요한 경우 외영 제거
콩	BP+W	18	1. 종자그대로	1.0	6	1.배가 드러 나게 종피 제거	유근(어린뿌리)끝 에서부터 측정되는 2/3의 유근, 자엽말단 1/2	단단한 씨의 생존 능력이 결정될 때, 자엽 말단의 종피를 절개하고, 4시간동안 물에 침지할 수 있음
보리	W	4	1. 배반을 포함한 배 절제	1.0	3	1. 관찰 - 배반뒷면 - 배표면 바깥쪽	1개의 뿌리시원체를 제외하고 뿌리 부위와 배반 말단부의 ⅓	배반 중앙부 조직이 미착색된 것은 열에 의해 손상된 것임.
	W	18	2. 배는 완전히 배유는 ¾을 세로로 자른다.	1.0	3	2. 관찰 - 잘린 표면 - 배반뒷면 - 배표면 바깥쪽	-	-
밀	W W	18 4	1. 보리와 같음 2. 〃	1.0 1.0	3 3	1. 보리와 같음 2. 〃	1개의 뿌리시원체를 제외한 뿌리 부위와 배반 말단부의 ⅓	배반 중앙부 조직이 미착색된 것은 열에 의해 손상된 것임.
옥수수	W	18	1. 벼와 같음	1.0	2	1. 보리와 같음	1차근과 배반의 말단 ⅓	배반 중앙부 조직이 미착색된 것으로 열에 의해 손상됨.

종	사전흡수 (20)		염색전의처리	30℃에서 염색		평가를 위한 준비	평가		비고
	방법	시간		용액농도(%)	기간(시간)		미착색,연화,괴사조직의최대허용범위		
호밀	W W	18 4	1.보리와같음 2. 〃	1.0 1.0	3 3	1.보리와같음 2. 〃	1개의뿌리시원체를 제외한뿌리부위와 배반말단부의 1/3		배반중앙부조직이미착색된것은열에의해손상된것임.
귀리	흡수전호영제거, BP.W	18	1.보리와같음 2.배근처를가로절단	1.0 1.0	2.0 1.8	1.보리와같음 2. 〃	1개의뿌리시원체를 뺀뿌리		배반중앙부조직이미착색된것은열에의해손상된것임.
수수	W 7℃	18	배와배유의1/4를 세로로절단	1.0	3	절단면관찰	유근의정단부에서 1/3		7℃는발아를피하기위해필요
조	W 7℃ 흡수전내영.외영제거	5	배가까이가로로절단	1.0	16	배바깥쪽관찰, 배를세로로절단한후절단면관찰	유근의 정단부에서 1/3,배반말단부의1/4		7℃는발아를피하기위해필요
레드클로버	W	18	종자그대로	1.0	18	배노출이되도록종피제거	유근의1/3, 자엽선단부1/3, 표면의1/2		경실종자의활력을보려면자엽선단부의종피를절단하여4시간흡수
레드톱	BP W	16 2	배근처를뚫는다	1.0	18	배가노출되도록외영제거	유근의1/3		-
브롬그라스	BP W	16 3	1.호영을제거하고배곁을가로로자른다. 2.배는완전히, 배유부는3/4을가로로자른다	1.0	18 2	1.배표면바깥쪽을관찰 2.절단면을관찰	유근의1/3		
라이그라스	BP.W	16 3	1.브롬그라스와같음 2. 〃	1.0 1.0	18 2	1.브롬그라스와같음 2. 〃	유근의1/3		
리드커너리그라스	BP W	18 6	1.브롬그라스와같음 2. 〃	1.0 1.0	18 18	절단에의해배노출	유근의1/3, 배반의1/4		-
버즈풋트레포일	W	18	종자그대로	1.0	18	배노출을위해종피제거	유근의1/3, 자엽선단부1/3, 표면의1/2		경실종자의활력을 보려면자엽선단부의종피를절단하여4시간흡수
앨팰퍼	W	18	종자그대로	1.0	18	배노출을위해종피제거	〃		버즈풋트레포일과같음
오차드그라스	BP W	18 2	호영을제거하고배곁을가로로절단	1.0	18	배표면바깥쪽을관찰	유근의1/3		-
티머시, 켄터키블루그라스	BP W	16 2	배근처를뚫는다	1.0	18	배가노출되도록외영제거	유근의1/3		-

□ 준비(전처리) 방법

그림은 염색전 행하는 절단위치를 보여준다.

1. 곡류와 목초류 종자에서 배는 완전히, 배유는 약 $\frac{3}{4}$를 길게 2등분 함.
2. 횡절(橫切) : 귀리와 목초류 종자에서 배 가까이 가로로 자름.
3. 목초류 종자에서 횡절(점선과 같이)과 배유 끝쪽(頂部)을 완전히 길게 자름.
4. 목초류 종자의 배유에 구멍을 뚫음.
5. 상추와 기타 국화과 종자에서 자엽의 끝쪽 절반을 길게 자름.
6. 세로 절개 5처럼 자르려 할 때 외과용 칼의 위치를 보임.
7. 배 곁을 길게 자름.
8. 침엽수 종자의 배 곁을 길게 자름.
9. 오목한 배를 드러내기 위해 양끝을 가로로 자르고 배유(배우체조직)부분을 제거.

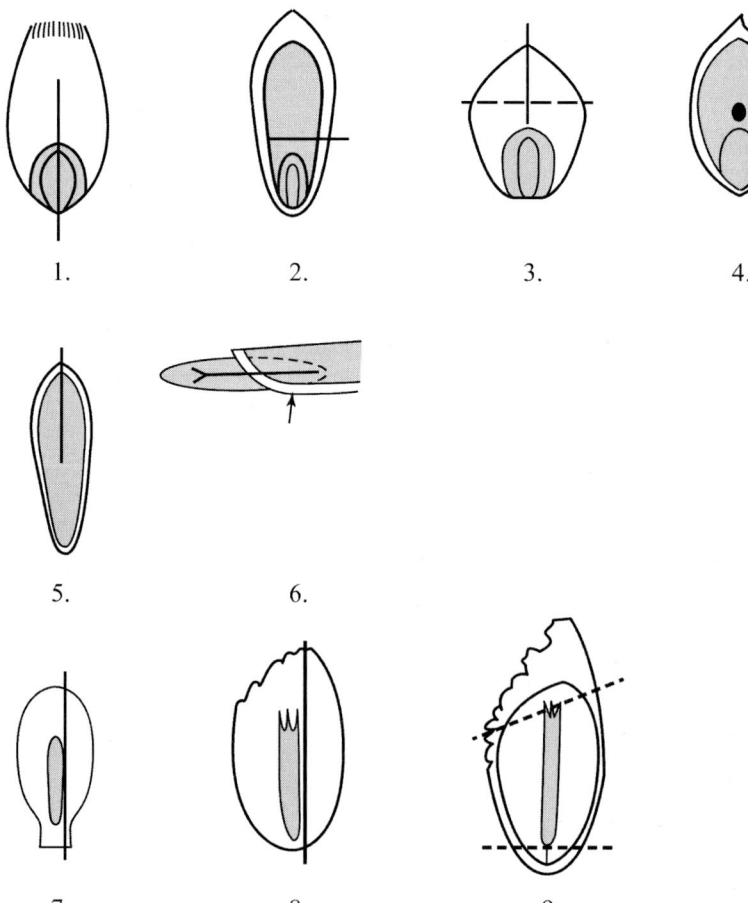

□ 곡류의 평가지침
- 그림 Ⅰ난은 완전히 염색되었고 활력이 있다.
- 나머지 그림은 활력종자에서 최대로 허용되고 있는 미염색부분으로 유약하거나 괴저조직을 나타내고 있다.
- 단, 맨 윗줄의 그림 Ⅲs는 고온장해를 나타내는 배반 중앙부위의 미염색 조직 때문에 비활력종자로서 예외이다.
- 첫째 줄 : 그림은 밀, 호밀, 보리, 귀리에서 2등분하는 준비나 평가를 위한 2등분의 표본이다.
- 둘째 줄 : 가로로 잘라 준비한 귀리.
- 셋째 줄 : 배 추출법으로 준비한 보리.
- 넷째 줄 : 배 추출법으로 준비한 호밀.
- 다섯째 줄 : 배 추출법으로 준비한 밀.

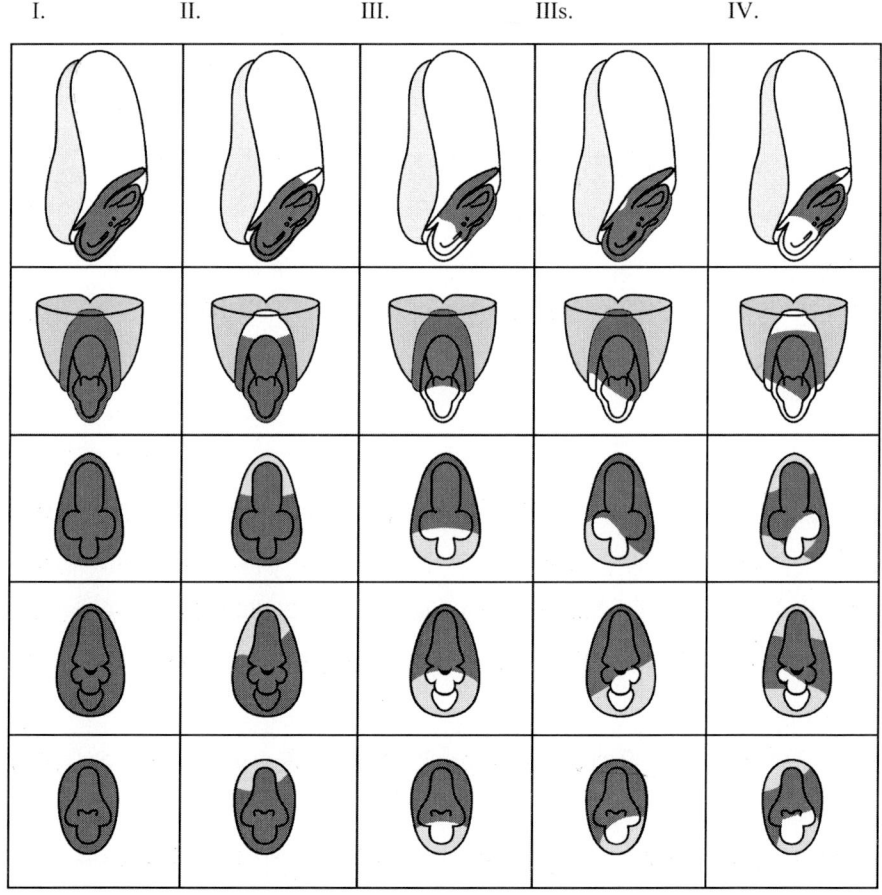

[별표 7]
종자 건전도 검정(Seed health testing)

1. 일반지침
- 종자전염성병해에 대한 중요한 정보원으로는 ISTA 규정 별첨 7장에 있다.
- 종자건전도 검사의 방법을 사용함에 있어서 경험 있는 병리학자의 도움을 받으면서 일하는 것이 결과의 균일성을 얻는데 가장 좋은 방법이다.
- 그리고 조사방법을 세세히 숙지하고 장비를 잘 갖추는 것보다도 이에 대한 훈련을 받는 것이 보다 중요할 것이다.
- 종자의 소집단 단위 혹은 시료 내에서의 종자의 미생물은 종자의 활력이 만족스럽게 유지되는 저장조건하에서도 상당히 변화할 수 있다.
- 검정에서의 부생곰팡이의 풍부한 발달과 저장진균류(storage fungi)는 그 종자가 부적절한 수확, 정선, 포장 혹은 저장조건이나 노화 등으로 인하여 좋은 품질이 아니라는 징표일 수 있다.
- 어떤 곰팡이류(Rhizopus spp. 같은 것)는 흡습지 위의 검사에서 아주 빠르게 퍼져서 원래 건강했던 아생(芽生)도 부패시킬 수 있다.
- 이런 경우는 종자 전처리가 바람직하다.
- 포자의 형성을 촉진시키기 위해서는 12시간 교호의 암기와 근적외선(NUV)의 처리가 권장된다.
- 광원으로는 흑광(Black light) 형광등(360nm에서 최대)이 바람직하나 일반 형광등만으로도 충분하다.

2. 특별지침
- 다음의 방법은 깜부기병균 검정을 제외하고는 종자소독을 하지 않은 시료를 대상으로 개발되어 온 것이기 때문에 약제 처리된 종자에 대해서는 부적합하다. 별도로 언급되지 않는 한 차아염소산소다(sodium hypochlorite)로 전 처리했다는 것은 종자를 중량비 1%의 허용성 염소를 포함한 차아염소산소다 용액에 10분간 담갔다가 남은 용액을 따라 버린 것을 의미한다.
- 흡습지나 한천배지를 이용한 검사에서는 증류수(distilled water)나 이온 정화수를 사용하여야 한다.
- 치상밀도를 샤레당 종자의 수로 표시하였을 때는 사례의 직경은 90mm인 것으로 본다.
- 배양된 종자가 두 번이상 조사되었을 때는 총감염율만 보고되어야 한다.

가. 산형과

  (1) 당근 검은 잎마름병(黑葉枯病)
- 시험시료 : 400입
- 방 법 : 플라스틱 샤레에 흡습지 3장을 깔고 샤레당 10입씩 치상, 흡지는 살균된 증류수를 흡수시키고 남는 물은 따라 버림.
- 배 양 : 암흑상태에서 20℃로 3일간 두었다가 -20℃로 하룻밤 보내고 최종적으로는 암기 12시간, 명기 12시간씩 20℃에서 7일간 배양
- 조 사 : 종자 하나하나에 대해 30~80배의 배율로 분생포자 형성여부 조사, 보통 단생하고 길이 450μ정도까지 자라는 방망이 모양으로 처음에는 연한 녹갈색 이었다가 나이를 먹으면서 갈색으로 변하고 체장의 3배에 달하는 길고 연한 부리(beak)를 가지고 있다. 분생자병은 종자의 표면으로부터 단생 하거나 소규모로 군생한다. 균사체의 생장과 더불어 분생자병도 공중으로 뻗어 나오거나 포복성 균사 또는 균사다발로부터 발생하게 된다.

  (2) 당근 검은무늬병(黑班病)
- 시험시료 : 400입
- 방 법 : 플라스틱 샤레에 흡습지 3장을 깔고 샤레당 10입씩 치상, 흡지는 무균의 증류수로 흡습시키고 여분의 물은 버린다.
- 배 양 : 암흑상태 20℃에서 3일 경과시키고 -20℃에서 하룻밤 재운 다음 최종적으로 암기 12시간, 명기 12시간씩 20℃에서 7일간 배양
- 조 사 : 종자 하나 하나를 30~80배의 배율로 분생포자를 관찰한다.
  단생 또는 2~3개가 연결되어 나오고 타원형 또는 술통형이며 부리(beck)확실치 않고 75μ까지 자란다.
  색깔은 브라운올리브에서 암녹갈색으로 특징적으로 광택이 있다. 분생포자들은 보통 종자 표면에서 단생하나 기생 또는 포복성 균사나 균사 가닥에서도 자주 나온다.

나. 배추과

  (1) 뿌리썩음병(根腐病)
- 시험시료 : 1,000입
- 방 법 : 샤레에 여과지(Whatman No.1) 3장씩을 깔고 5mL의 2,4-D의sodium염 0.2% 용액을 떨어트려 종자발아를 억제시킨다.
  여분의 2,4-D액을 따라 버리고 종자를 무균수로 씻은 다음 샤레에 50입씩 치상한다.
- 배 양 : 명기 12시간, 암기 12시간씩 20℃에서 11일간 배양
- 조 사 : 6일 후에 25배의 배율 하에서 종자 및 배지표면에서 엉성하게 자라는 은백색

의 균사와 Phoma lingam의 분포자기(pycnidia)의 원기가 있는가 살핀다.

11일 후에는 2차 검사를 하여 감염된 종자상의 분포자기와 감염종자 부근의 여과지를 관찰한다.

- Phoma lingam의 분포자기가 발달하고 있는 종자를 감염된 것으로 기록한다.

다. 두 과

(1) 완두 갈색무늬병(褐班病)
- 검사시료 : 400입
- 전 처 리 : 차아염소산소다
- 방 법 : malt 또는 potato dextrose agar 배지.
  한천배지표면에 샤레당 10입씩 치상.
- 배 양 : 암상태에서 20°C로 7일간
- 조 사 : 7일 후 종자 하나 하나를 육안으로 감별한다.
  주안점은 풍부한 백색의 균사이며 감염된 종자를 뒤덮고 있는 일이 많다. 의심스러운 colony를 25배로 확대해 보면 그 가장자리를 밀랍질의 균사가 보이는 것이 그것이다.

(2) 강낭콩 탄저병(炭疽病)
- 검사시료 : 400입
- 전처리 : 차아염소산소다.
- 방 법 : 흡습시킨 350×450mm 종이 타월을 겹으로 그 위에 50입 일 반복으로 종자를 편다. 종자 위에 흡습시킨 종이타월을 한 장 덮어 준다. 종이를 두 번 길게 접고 그 위에 폴리에틸렌을 한 장 덮어서 배양 온도를 유지해 준다.
- 배 양 : 암상태 20°C에서 7일간
- 조 사 : 7일 후 종피를 제거하고 자엽상에 테두리가 뚜렷한 검은 점이 있는가 관찰한다. 25배 입체현미경을 사용하고 검고 격막을 가진 강모가 있는 분생포자층(acervuli)을 가진 종자의 수를 기록한다.

라. 벼 과

(1) 벼의 깨씨무늬병균
- 시험시료 : 400입
- 방 법 : 샤레당 25입씩 흡습시킨 흡습지 위에 치상
- 배 양 : 암기 12시간, 명기 12시간씩 22°C에서 7일간 배양
- 조 사 : 종자 하나 하나를 12~50배의 배율로 깨씨무늬병균 분생자 유무를 검경. 이 곰팡이의 분생자병은 종피상에 발생하며 또 종자의 전부 혹은 일부를 감싸는 연회색의 기생균사체로 생성되기도 한다.

이 곰팡이는 흡습지 위까지도 퍼질 때가 있다.

판정이 어려울 때는 분생자를 200배로 확대해 보아서 확인한다.

분생자는 초승달처럼 생겼고 크기는 35~170μ × 7~11μ이며, 연한갈색에서 갈색으로 나타나며 가운데 또는 가운데의 아래쪽이 가장 넓고 둥그스름한 끝쪽으로 향하면서 가늘어진다.

(2) 벼 도열병(稻熱病)
- 검사시료 : 400입
- 방 법 : 샤레당 25입씩 흡습시킨 흡수지 위에 치상.
- 배 양 : 암기 12시간, 명기 12시간씩 22℃에서 7일간
- 조 사 : 종자 하나 하나에 대해 12~50배의 배율로 도열병의 분생자, 존재 유무를 검경한다. 이 곰팡이는 작고 눈에 띄지 않는 회색에서 녹색의 균군을 호영위에 형성하는데 끝에 분생자총을 달고 있는 짧고 섬세한 분생자병을 가지고 있다. 균군이 발달하여 종자 전체를 덮는 일은 드물다.

  판별이 어려운 경우에는 분생자를 200배로 확대하여 검경하여 확인 할 수 있다. 분생자는 전형적인 도이형(倒梨型)의 투명하고 기부가 짧은 이빨같이 끝이 잘린 격막으로 二分되어 있으며 끝이 날카롭고 크기는 20~25μ×9~12μ정도이다.

(3) 보리의 깜부기병, Ustilago nuda(Jens.) Rostr
- 검사시료 : 천립중에 따라 2,000~4,000입을 포함하는 100~120g 시료 2반복.
- 방 법 : 검사시료를 갓 준비한 5% 가성소다(sodium hydroxide, NaOH) 수용액 1ℓ에 넣고 20℃로 24시간 경과시킨다.

  24시간 경과 후 시료를 적당한 용기로 옮기고 종자를 따뜻한 물로 씻어서 연화된 과피내에 나타나 있는 종자를 분리해 준다.

  시료를 1mm mesh의 체로 걸러 배를 긁어모은다.

  배유의 파편과 왕겨를 모으기 위해 눈금이 더 큰 체를 추가적으로 사용할 수 있다. 배를 락토페놀(글리세롤, 페놀 및 낙산 1:1:1로 섞은 것)과 물을 등량 혼합한 액으로 옮겨서 배와 껍데기가 더 분리되도록 한다.

  배를 신선한 무수 락토페놀 75mm가 담긴 비커에 옮기고 중기 찬장에 넣고 대략 30초간 비등점으로 유지함으로써 이들을 정제한다. 배를 신선하고 따스한 glycerol로 옮겨서 조사에 사용한다.
- 조 사 : 반복당 1000개의 배를 16~25배의 배율로 깜부기병균의 특징인 황갈색 균사체를 잘 구분할 수 있도록 충분한 보조광을 사용하여 검경한다.

(4) 벼 키다리병
 • 배지검정
  - 검사시료 : 104립(13립×8반복)
  - 방 법
   ① 2ℓ플라스크에 4~8g의 KCl, 15~20g의 Agar를 넣은 뒤 1L가 될 때까지 증류수를 넣는다.
   ② 삼각플라스크를 호일로 덮고 멸균테이프를 붙여서 121°C, 15lb에서 15분간 고압증기 살균한다.
   ③ 오토클레이브의 부저가 울린 후 기압이 0, 온도가 100°C 이하일 때 살균한 배지를 꺼내서 실온에서 식힌다.
   ④ 배지를 식히는 동안 클린벤치 안에 샬레를 준비해 둔다.
   ⑤ 살균한 배지가 적당히 식으면 샬레에 분주한다.
   ⑥ 배지 위에 볍씨를 13립씩 치상한다. (※ ISTA 규정: 1품종당 400립 조사)
  - 배 양 : 밀폐용기에 치상이 끝난 샬레를 넣고 26°C에서 7일간 배양
  - 조 사 : 치상한 볍씨 주변으로 균사가 직경 0.5~1㎝ 정도 자랐을 때 현미경 관찰을 시작한다. 치상한 볍씨에 최대한 근접한 부분에서 볍씨 1개당 agar 블록을 1개씩 메스로 자른다. 슬라이드 글라스 1장에 agar 블록 13개를 모두 올린다. 저배율에서 상을 잡은 후 미동나사로 초점을 맞추면서 분생포자 형성유무를 확인한다.
 • 유묘검정
  - 방법
   ① 볍씨를 물에 침종한다. 침종일수는 수온에 따라 결정하며 깨끗한 물로 매일 갈아준다(적정 파종량 : 육묘상자당 130g).

주간수온(°C)	10	15	22	25	30
침종일수	20	6	3	2	1

   ② 볍씨눈이 통통하게 나와 침종이 충분히 이루어지면 볍씨를 건져 망에 넣고 30~32°C 정도에서 1~2일간 암상태에 두어 최아시킨다.
   ③ 모판은 어린모용으로 제조하며 종자시료 1점당 3~4판을 준비하여 최아된 볍씨를 모판에 골고루 파종한 뒤 복토한다.
   ④ 키다리병 발병을 위해 주간온도가 30°C 이상인 곳에서 육묘한다.
   ⑤ 3반복 중 평균적이라고 생각되는 모판 1반복을 선정하여 이병주율을 조사한다.

[별표 8]

허용범위 (許容範圍 Tolerance)

1. 서 언
   - 본 항에서는 앞의 장에서의 규정들에 관한 모든 허용범위를 수록하였다.
   - 본 규정에서 서술하고 있지 않는 기타의 상황을 위한 허용한계와 이에 부수되는 사항들에 관해서는 S.R. Miles저 「종자검사의 허용범위 및 정밀측정에 관한 핸드북」 (Handbook of Tolerances and of Measures of Precision for Seed Testing Proc. int. Seed Test. Ass. 28(3), 1963)에 있다.

2. 허용범위표의 이용법
   - 허용범위표의 이용법은 각 표의 제목 아래에 기록되어 있다.
   - 어떤 허용범위표에서는 별표 4의 6. 다. 에 정의한 거친(chaffy) 종자와 그렇지 않은 (non-chaffy) 종자에 관한 참고사항을 제시하였다.
   - 각 표에는 일정 확률수준 또는 유의성 수준이 나와 있다.
   - 이것은 실제로는 아무런 차이가 없을 때 허용한계를 넘어서는 확률을 말하는 것이다.
   - 一元檢定(one-way test)은 어떤 평가(estimate)가 기준(specification) 보다 유의하게 떨어지는지의 여부를 판정하기 위하여 실시 되나 또한 두 번째의 평가가 첫 번째의 평가보다 유의하게 떨어지는지의 여부를 판정하기 위해서도 사용된다.
   - 二元檢定(two-way test)은 하나의 값이 다른 것에 비하여 유의하게 월등 하거나 열등한지, 또는 반대로 두 값이 양립할 수 있는지의 여부를 결정하기 위해서도 사용된다.

3. 적용표 찾기
   (1) 정립 검정용 허용범위
   - 두 개의 반량검사시료(Half working sample)   3.1
   - 동일한 제출시료로부터의 전량 검사시료(Whole working sample)   3.1
   - 두 개의 다른 제출시료로부터의 두 개의 전량 검사시료(일원검정)   3.2
   - 두 개의 다른 제출시료로부터의 두 개의 전량 검사시료(이원검정)   3.3

   (2) 이종종자에 관한 허용범위
   - 동일 또는 하나의 다른 제출 시료로부터의 두 개의 전량 검사시료   4.1
   - 두 개의 다른 제출시료부터의 두 개의 전량 검사시료(일원검정)   4.2
   - 두 개의 다른 제출시료부터의 두 개의 전량 검사시료(이원검정)   4.1

(3) 발아시험에 관한 허용범위
- 100입 4반복간의 최대범위   5.1
- 동일한 제출시료로부터의 두개의 400입 전량 검정시료   5.2
- 두 개의 다른 제출시료로부터의 두개의 400입 전량 검정시료(일원검정)   5.3
- 두 개의 다른 제출시료로부터의 두개의 400입 전량 검정시료(이원검정)   5.2

(4) 활력검정에 관한 허용범위
- 동일한 실험실에서 동일하거나 다른 제출시료로부터의 두 개의 400립 검사시료(이원검정) 6.1
- 다른 실험실에서 두 개의 다른 제출시료로부터의 두 개의 400립 검사시료(일원검정)   6.2

(5) 전기전도도 검정에 관한 허용범위
- 4반복간의 최대허용범위   7.1
- 동일한 제출시료로부터의 두 개 전량 검사시료   7.2
- 두 개의 다른 제출시료로부터의 두 개 전량검사시료7.3

(6) 퇴화촉진검정에 관한 허용범위
- 2반복간의 최대허용범위   7.4
- 동일한 제출시료로부터의 두 개 전량검사시료   7.5
- 두 개의 다른 제출시료로부터의 두 개 전량검사시료   7.6

표 3.1 동일실험실에서 동일제출시료로 한 정립에 대한 허용범위(5%유의성 수준에서의 이원검정)
- 이 표는 같은 실험실내에서 분석된 동일 제출시료로부터의 부시료(duplicate sample)에 대한 순도검사 결과를 비교하기 위한 허용범위를 제시하고 있으며 순도검사의 모든 구성요소에 사용할 수 있다.
- 두 개의 검사결과의 평균을 표에서 찾고(제1항 또는 2항)이에 대한 적당한 허용범위는 3~6항에서 찾되 종자가 거칠거칠한지(chaffy) 아닌지(non-chaffy) 또는 반검사(50립) 시료를 분석했는지 검사시료를 분석했는지에 따라 검정한다.

두 검사결과의 평균		허용범위			
		반검사 시료		온 검사 시료	
		non-chaffy 종자	chaffy 종자	non-chaffy 종자	chaffy 종자
1	2	3	4	5	6
99.95~100.00	0.00~0.04	0.20	0.23	0.1	0.2
99.90~99.94	0.05~0.09	0.33	0.34	0.2	0.2
99.85~99.89	0.10~0.14	0.40	0.42	0.3	0.3
99.80~99.84	0.15~0.19	0.47	0.49	0.3	0.4
99.75~99.79	0.20~0.24	0.51	0.55	0.4	0.4
99.70~99.74	0.25~0.29	0.55	0.59	0.4	0.4
99.65~99.69	0.30~0.34	0.61	0.65	0.4	0.5
99.60~99.64	0.35~0.39	0.65	0.69	0.5	0.5
99.55~99.59	0.40~0.44	0.68	0.74	0.5	0.5
99.50~99.54	0.45~0.49	0.72	0.76	0.5	0.5
99.40~99.49	0.50~0.59	0.76	0.82	0.5	0.6
99.30~99.39	0.60~0.69	0.83	0.89	0.6	0.6
99.20~99.29	0.70~0.79	0.89	0.95	0.6	0.7
99.10~99.19	0.80~0.89	0.95	1.00	0.7	0.7
99.00~99.09	0.90~0.99	1.00	1.06	0.7	0.8
98.75~98.99	1.00~1.24	1.07	1.15	0.8	0.8

두 검사결과의 평균		허용범위			
		반검사 시료		온 검사 시료	
		non-chaffy 종자	chaffy 종자	non-chaffy 종자	chaffy 종자
1	2	3	4	5	6
98.50~98.74	1.25~1.49	1.19	1.26	0.8	0.9
98.25~98.49	1.50~1.74	1.29	1.37	0.9	1.0
98.00~98.24	1.75~1.99	1.37	1.47	1.0	1.0
97.75~97.99	2.00~2.24	1.44	15.4	1.0	1.1
97.50~97.74	2.25~2.49	1.53	1.63	1.1	1.2
97.25~97.49	2.50~2.74	1.60	1.70	1.1	1.2
97.00~97.24	2.75~2.99	1.67	1.78	1.2	1.3
96.50~96.99	3.00~3.49	1.77	1.88	1.3	1.3
96.00~96.49	3.50~3.99	1.88	1.99	1.3	1.4
95.50~95.99	4.00~4.49	1.99	2.12	1.4.	1.5
95.00~95.49	4.50~4.99	2.09	2.22	1.5	1.6
94.00~94.99	5.00~5.99	2.25	2.38	1.6	1.7
93.00~93.99	6.00~6.99	2.43	2.56	1.7	1.8
92.00~92.99	7.00~7.99	2.59	2.73	1.8	1.9
91.00~91.99	8.00~8.99	2.74	2.90	1.9	2.1
90.00~90.99	9.00~9.99	2.88	3.04	2.0	2.2
88.00~89.99	10.00~11.99	3.08	3.25	2.2	2.3
86.00~87.99	12.00~13.99	3.31	3.49	2.3	2.5
84.00~85.99	14.00~15.99	3.52	3.71	2.5	2.6
82.00~83.99	16.00~17.99	3.69	3.90	2.6	2.8
80.00~81.99	18.00~19.99	3.86	4.07	2.7	2.9
78.00~79.99	20.00~21.99	4.00	4.23	2.8	3.0
76.00~77.99	22.00~23.99	4.14	4.37	2.9	3.1
74.00~75.99	24.00~25.99	4.26	4.50	3.0	3.2
72.00~73.99	26.00~27.99	4.37	4.61	3.1	3.3
70.00~71.99	28.00~29.99	4.47	4.71	3.2	3.3
65.00~69.99	30.00~34.99	4.61	4.86	3.3	3.4
60.00~64.99	35.00~39.99	4.77	5.02	3.4	3.6
50.00~59.99	40.00~49.99	4.89	5.16	3.5	3.7

표 3.2 이차검사가 동일한 또는 다른 실험실에서 이루어졌을 때 동일한 소집단으로부터의 두 개의 다른 제출시료에 대한 순도검사 결과를 위한 허용범위 (1%수준 일원검정)

- 이 표는 같은 소집단으로부터 채취되고 동일한 또는 다른 실험에서 분석된 두개의 다른 제출시료의 정립검사 결과를 위한 허용범위를 나타내고 있다.
- 두 번째의 검사결과가 첫 번째보다 못하면 순도분석의 모든 구성요소에 대하여 사용할 수 있다. 두 검사결과의 평균을 제1항이나 2항에 찾고 허용범위를 3항이나 4항에서 허용범위를 찾는다.

두 검사결과의 평균		허 용 범 위	
1. 50~100%	2. 50% 미만	3. non-chaffy 종자	4. chaffy 종자
99.95~100.00	0.00~0.04	0.2	0.2
99.90~99.94	0.05~0.09	0.3	0.3
99.85~99.89	0.10~0.14	0.3	0.4
99.80~99.84	0.15~0.19	0.4	0.5
99.75~99.79	0.20~0.24	0.4	0.5
99.70~99.74	0.20~0.29	0.5	0.6
99.65~99.69	0.30~0.34	0.5	0.6
99.60~99.64	0.35~0.39	0.6	0.7
99.55~99.59	0.40~0.44	0.6	0.7
99.50~99.54	0.45~0.49	0.6	0.7
99.40~99.49	0.50~0.59	0.7	0.8
99.30~99.39	0.60~0.69	0.7	0.9
99.20~99.29	0.70~0.79	0.8	0.9
99.10~99.19	0.80~0.89	0.8	1.0
99.00~99.09	0.90~0.99	0.9	1.0
98.75~98.99	1.00~1.24	0.9	1.1
98.50~98.74	1.25~1.49	1.0	1.2

두 검사결과의 평균		허 용 범 위	
1. 50~100%	2. 50% 미만	3. non-chaffy 종자	4. chaffy 종자
98.25~98.49	1.50~1.74	1.1	1.3
98.00~98.24	1.75~1.99	1.2	1.4
97.75~97.99	2.00~2.24	1.3	1.5
97.50~97.74	2.25~2.49	1.3	1.6
97.25~97.49	2.50~2.74	1.4	1.6
97.00~97.24	2.75~2.99	1.5	1.7
96.50~96.99	3.00~3.49	1.5	1.8
96.00~96.49	3.50~3.99	1.6	1.9
95.50~95.99	4.00~4.49	1.7	2.0
95.00~95.49	4.50~4.99	1.8	2.2
94.00~99.49	5.00~5.99	2.0	2.3
93.00~93.99	6.00~6.99	2.1	2.5
92.00~92.99	7.00~7.99	2.2	2.6
91.00~91.99	8.00~8.99	2.4	2.8
90.00~90.99	9.00~9.99	2.5	2.9
88.00~89.99	10.00~11.99	2.7	3.1
86.00~87.99	12.00~13.99	2.9	3.4
84.00~85.99	14.00~15.99	3.0	3.6
82.00~83.99	16.00~17.99	3.2	3.7
80.00~81.99	18.00~19.99	3.3	3.9
78.00~79.99	20.00~21.99	3.5	4.1
76.00~77.99	22.00~23.99	3.6	4.2
74.00~75.99	24.00~25.99	3.7	4.3
72.00~73.99	26.00~27.99	3.8	4.4
70.00~71.99	28.00~29.99	3.8	4.5
65.00~69.99	30.00~34.99	4.0	4.7
60.00~64.99	35.00~39.00	4.1	4.8
50.00~59.99	40.00~49.99	4.2	5.0

표 3.3 이차검사가 동일한 또는 다른 실험실에서 이루어졌을 때 동일한 소집단 으로부터의 두 개의 다른 제출시료에 대한 순도검사 결과를 위한 허용범위(1% 수준 이원검정)

- 이 표는 소집단으로부터 채취되고 같은 또는 다른 실험실에서 분석된 두 개의 다른 제출시료의 순도검사 결과에 대한 허용범위를 제시하고 있다.
- 이것은 순도 검사의 모든 구성요소에 대하여 두 개의 평가가 접근한 것인지 (compatible)의 여부를 알기 위해 사용한다.

두 검사결과의 평균		허 용 범 위	
1. 50~100%	2. 50% 미만	3. non-chaffy 종자	4. chaffy 종자
95.00~95.49	4.50~4.99	2.0	2.4
94.00~94.99	5.00~5.99	2.1	2.5
93.00~93.99	6.00~6.99	2.3	2.7
92.00~92.99	7.00~7.99	2.5	2.9
91.00~91.99	8.00~8.99	2.6	3.1
90.00~90.99	9.00~9.99	2.8	3.2
88.00~89.99	10.00~11.99	2.9	3.5
86.00~87.99	12.00~13.99	3.2	3.7
84.00~85.99	14.00~15.99	3.4	3.9
82.00~83.99	16.00~17.99	3.5	4.1
80.00~81.99	18.00~19.99	3.7	4.3
78.00~79.99	20.00~21.99	3.8	4.5
76.00~77.99	22.00~23.99	3.9	4.6
74.00~75.99	24.00~25.99	4.1	4.8
72.00~73.99	26.00~27.99	4.2	4.9
70.00~71.99	28.00~29.99	4.3	5.0
65.00~69.99	30.00~34.99	4.4	5.2
60.00~64.99	35.00~39.99	4.5	5.3
50.00~59.99	40.00~49.99	4.7	5.5

두 검사결과의 평균		허 용 범 위	
1. 50~100%	2. 50% 미만	3. non-chaffy 종자	4. chaffy 종자
99.95~100.00	0.00~0.04	0.2	0.2
99.90~99.94	0.05~0.09	0.3	0.4
99.85~99.89	0.10~0.14	0.4	0.5
99.80~99.84	0.15~0.19	0.4	0.5
99.75~99.79	0.20~0.24	0.5	0.6
99.70~99.74	0.25~0.29	0.5	0.6
99.65~99.69	0.30~0.34	0.6	0.7
99.60~99.64	0.35~0.39	0.6	0.7
99.55~99.59	0.40~0.44	0.6	0.8
99.50~99.54	0.45~0.49	0.7	0.8
99.40~99.49	0.50~0.59	0.7	0.9
99.30~99.39	0.60~0.69	0.8	1.0
99.20~99.29	0.70~0.79	0.8	1.0
99.10~99.19	0.80~0.89	0.9	1.1
99.00~99.09	0.90~0.99	0.9	1.1
98.75~98.99	1.00~1.24	1.0	1.2
98.50~98.74	1.25~1.49	1.1	1.3
98.25~98.49	1.50~1.74	1.2	1.5
98.00~98.24	1.75~1.99	1.3	1.6
97.75~97.99	2.00~2.24	1.4	1.7
97.50~97.74	2.25~2.49	1.5	1.7
97.25~97.49	2.50~2.74	1.5	1.8
97.00~97.24	2.75~2.99	1.6	1.9
96.50~96.99	3.00~3.49	1.7	2.0
96.00~96.49	3.50~3.99	1.8	2.1
95.50~95.99	4.00~4.49	1.9	2.3

표 4.1 같거나 다른 실험실에서 같거나 다른 제출시료에 대해 이종종자 검사가 이루어졌을 때의 검사결과에 대한 허용범위(5% 수준에서의 이원검정)

- 이 표는 두 개의 검사결과가 양립할 수 있는 것인 지의 여부를 알기 위해서 사용되는 이종종자 계수간 최대허용차를 제시하고 있다.
- 검사는 같거나 다른 실험실에서 같거나 다른 제출시료를 가지고 이루어진 것이다. 두 개의 시료는 대략 같은 중량이어야 한다.
- 제1항에서 두 검사 결과의 평균을 찾으면 제2항의 최대허용 차이를 알 수 있다

두검사결과의 평균	허용범위	두검사결과의 평균	허용범위	두검사결과의 평균	허용범위
1	2	1	2	1	2
3	5	76~81	25	253~264	45
4	6	82~88	26	265~276	46
5~6	7	89~95	27	277~288	47
7~8	8	96~102	28	289~300	48
9~10	9	103~110	29	301~313	49
11~13	10	111~117	30	314~326	50
14~15	11	118~125	31	327~339	51
16~18	12	126~133	32	340~353	52
19~22	13	134~142	33	354~366	53
23~25	14	143~151	34	367~380	54
26~29	15	152~160	35	381~394	55
30~33	16	161~169	36	395~409	56
34~37	17	170~178	37	410~424	57
38~42	18	179~188	38	425~439	58
43~47	19	188~198	39	440~454	59
48~52	20	199~209	40	455~469	60
53~57	21	210~219	41	470~485	61
58~63	22	220~230	42	486~5.01	62
64~69	23	231~241	43	502~518	63
70~75	24	242~252	44	519~534	64

표 4.2 검사가 다른 제출시료에 대하여 이루어졌고 이차검사가 동일한 또는 다른 실험실에서 이루어졌을 때 이종자계수 결과에 대한 허용범위(5% 수준에서의 일원검정)

- 이 표는 같은 소집단에서 채취된 두 개의 제출시료가 같거나 다른 실험실에서 분석되었을 때의 이종종자계수결과에 대한 허용범위를 제시하고 있다.
- 두 시료의 대략의 양이 같아야 한다.
- 이 표는 이차검정결과가 일차보다 못한 때 사용할 수 있다.
- 두 검사결과의 평균을 제1항에 대입하여 제2항에서 최대허용 차이를 찾는다.

두검사결과의 평균	허용범위	두검사결과의 평균	허용범위	두검사결과의 평균	허용범위
1	2	1	2	1	2
3~4	5	80~87	22	263~276	39
5~6	6	88~95	23	277~290	40
7~8	7	96~104	24	291~305	41
9~11	8	105~113	25	306~320	42
12~14	9	114~122	26	321~336	43
15~17	10	123~131	27	337~351	44
16~21	11	132~141	28	352~367	45
22~25	12	142~152	29	368~386	46
26~30	13	153~162	30	387~403	47
31~34	14	163~173	31	404~420	48
35~40	15	174~186	32	421~438	49
41~45	16	187~198	33	439~456	50
46~52	17	199~210	34	457~474	51
53~58	18	211~223	35	475~493	52
59~65	19	224~235	36	494~513	53
66~72	20	236~249	37	514~532	54
73~79	21	250~262	38	533~552	55

표 5.1 100입으로 4반복의 발아시험에서의 반복간 최대허용범위(2.5%유의 수준에서의 이원검정)

- 이 표는 확률 0.025수준에서의 무작위 표본변이를 받아들이는 반복간 발아율의 최대허용범위 (최고치 와 최저치간의 차이)를 나타낸다.
- 최대허용범위를 찾기 위해서는 4반복의 평균발아율을 정수까지로 반올림하여 구하되 필요하다면 발아상내에서 가장 인접한 50입 또는 25입으로 세분된 반복들을 모아 100입 1반복으로 재구성할 수 도 있다.
- 평균을 제1항 또는 2항에서 찾고 반대편 제3항의 최대 허용범위를 읽는다.

평균 발아율		허용범위	평균 발아율		허용범위
1	2	3	1	2	3
99	2	5	87 to 88	13 to 14	13
98	3	6	84 to 86	15 to 17	14
97	4	7	81 to 83	18 to 20	15
96	5	8	78 to 80	21 to 23	16
95	6	9	73 to 77	24 to 28	17
93 to 94	7 to 8	10	67 to 72	29 to 34	18
91 to 92	9 to 10	11	56 to 66	35 to 45	19
89 to 90	11 to 12	12	51 to 55	46 to 50	20

표 5.2 400입에 대하여 동일하거나 상이한 실험실에서 검사가 이루어졌을 때 동일하거나 상이한 제출시료에 대한 발아검사 허용범위(2.5%유의 수준에서의 이원검정)

- 이 표는 동일하거나 상이한 실험실에서 동일하거나 상이한 제출시료를 가지고 검사가 이루어졌을 때 정상묘, 비정상묘, 죽은 종자, 경실 종자 및 이들의 여하한 조항의 백분율에 대한 허용범위를 나타낸다.
- 두 개의 검사가 양립할 수 있는 것인 지의 여부를 알기 위하여는 두 검사의 평균을 정수로 반올림하여 산출하고 제1항 또는 제2항에 대입한다.
- 두 검사결과 간의 차이가 3항의 허용범위를 넘지 않으면 이들 결과는 양립할 수 있는 것으로 한다.

평균 발아율		허용범위	평균 발아율		허용범위
1	2	3	1	2	3
98 to 99	2 to 3	2	77 to 84	17 to 24	6
95 to 97	4 to 6	3	60 to 76	25 to 41	7
91 to 94	7 to 10	4	51 to 59	42 to 50	8
85 to 90	11 to 16	5			

표 5.3 400입으로 동일한 또는 다른 실험실에서 두 개의 다른 제출시료에 대해 실시한 발아검사 결과를 위한 허용범위(5% 수준에서 일원검정)

- 이 표는 발아검사가 동일한 또는 다른 실험실에서 동일한 소집단으로부터 채취한 시료에 대하여 이루어졌을 때 정상묘, 비정상묘, 죽은 종자, 경실 종자 또는 이들의 여하한 조합의 백분율을 위한 허용범위를 제시하고 있다.
- 이 표는 이차검사의 결과가 일차검사보다 못할 때 사용할 수 있다.
- 두 검사의 결과의 평균(정수로 반올림)을 제1항과 2항에서 찾고 3항의 해당되는 최대 허용치를 읽는다.

평균 발아율		허용범위	평균 발아율		허용범위
51% 이상	50% 이하		51% 이상	50% 이하	
1	2	3	1	2	3
99	2	2	82 to 86	15 to 19	7
97 to 98	3 to 4	3	76 to 81	20 to 25	8
94 to 96	5 to 7	4	70 to 75	26 to 31	9
91 to 93	8 to 10	5	60 to 69	32 to 41	10
87 to 90	11 to 14	6	51 to 59	42 to 50	11

표 6.1 400입에 대하여 동일한 실험실에서 검사가 이루어졌을 때 동일하거나 상이한 제출시료에 대한 TZ활력 검사결과에 대한 허용범위 (2.5%유의 수준에서의 이원검정)
· 본 허용범위는 TEZ 기술위원회 보고서 1998-2001에 명시된 실험실 내의 실험오차를 고려하여 인용한 것이며, Miles(1963)에서 발췌한 것이 아님.

평균 활력비율		허용범위	평균 활력비율		허용범위
1	2	3	1	2	3
98 to 99	2 to 3	2	83 to 88	13 to 18	6
96 to 97	4 to 5	3	75 to 82	19 to 26	7
93 to 95	6 to 8	4	58 to 74	27 to 43	8
89 to 92	9 to 12	5	51 to 57	44 to 50	9

표 6.2 400입에 대하여 다른 실험실에서 검사가 이루어졌고 두 개의 상이한 제출시료에 대한 TZ활력 검사결과에 대한 허용범위 (5%유의 수준에서의 일원검정)
· 본 허용범위는 TEZ 기술위원회 보고서 1998-2001에 명시된 실험실간의 실험 오차를 고려하여 인용한 것이며, Miles(1963)에서 발췌한 것이 아님.

평균 활력비율		허용범위	평균 활력비율		허용범위
1	2	3	1	2	3
99	2	4	86 to 88	13 to 15	11
98	3	5	82 to 85	16 to 19	12
97	4	6	78 to 81	20 to 23	13
95 to 96	5 to 6	7	73 to 77	24 to 28	14
93 to 94	7 to 8	8	65 to 72	29 to 36	15
91 to 92	9 to 10	9	51 to 64	37 to 50	16
89 to 90	11 to 12	10			

표 7.1 전기전도도 검사에 있어서 4반복간의 최대 허용범위(5% 유의수준)

- 본 표는 전기전도도 수치의 최대 허용범위(최대치와 최소치의 변이)를 나타내며, 이는 반복간의 허용범위를 의미한다. 최대 허용범위를 알기 위해서는 4반복간의 전기전도도 평균값을 먼저 구한다. 표 1항과 2항에 있는 해당 평균값을 찾고 3항에 있는 최대 허용범위를 읽는다.
- 본 허용범위는 활력 기술위원회 1998-2001에 수행된 비교검정에 참가한 실험실간의 실험오차를 고려하여 인용한 것이다.

평균 전기전도도 ($\mu scm^{-1}g^{-1}$)		허용범위 ($\mu scm^{-1}g^{-1}$)	평균 전기전도도 ($\mu scm^{-1}g^{-1}$)		허용범위 ($\mu scm^{-1}g^{-1}$)	평균 전기전도도 ($\mu scm^{-1}g^{-1}$)		허용범위 ($\mu scm^{-1}g^{-1}$)
부터	까지		부터	까지		부터	까지	
1	2	3	1	2	3	1	2	3
10	10.9	3.1	25	25.9	6.8	39	39.9	10.3
11	11.9	3.3	26	26.9	7.0	40	40.9	10.5
12	12.9	3.6	27	27.9	7.3	41	41.9	10.8
13	13.9	3.8	28	28.9	7.5	42	42.9	11.0
14	14.9	4.1	29	29.9	7.8	43	43.9	11.3
15	15.9	4.3	30	30.9	8.0	44	44.9	11.5
16	16.9	4.6	31	31.9	8.3	45	45.9	11.8
17	17.9	4.8	32	32.9	8.5	46	46.9	12.0
18	18.9	5.1	33	33.9	8.8	47	47.9	12.3
19	19.9	5.3	34	34.9	9.0	48	48.9	12.5
20	20.9	5.5	35	35.9	9.3	49	49.9	12.8
21	21.9	5.8	36	36.9	9.5	50	50.9	13.0
22	22.9	6.0	37	37.9	9.8	51	51.9	13.3
23	23.9	6.3	38	38.9	10.0	52	52.9	13.5
24	24.9	6.5	39	39.9	10.3	53	53.9	13.8

표 7.2 동일한 실험실에서 검사가 이루어지고 동일한 제출시료에 대하여 2반복의 전기전도도 검사에 대한 허용범위(5% 유의수준에서의 이원검정)

- 본 표는 전기전도도 수치의 최대 허용범위를 나타내며, 동일한 실험실에서 동일한 시료에 대하여 행해진 실험간의 허용범위를 의미한다. 2개의 검사가 신뢰할 수 있는지를 판정하기 위해서, 두 검사의 결과의 평균을 구한 뒤 표 1항 또는 2항에 있는 해당 값을 찾는다. 두 검사의 전기전도도 수치간의 변이가 3항에 제시된 허용범위를 초과하지 않을 경우에는 두 검사는 신뢰성이 있다고 판정할 수 있다.
- 본 허용범위는 활력 기술위원회 1998-2001에 수행된 비교검정에 참가한 실험실간의 실험오차를 고려하여 인용한 것이다.

평균 전기전도도 ($\mu scm^{-1}g^{-1}$)		허용범위 ($\mu scm^{-1}g^{-1}$)	평균 전기전도도 ($\mu scm^{-1}g^{-1}$)		허용범위 ($\mu scm^{-1}g^{-1}$)	평균 전기전도도 ($\mu scm^{-1}g^{-1}$)		허용범위 ($\mu scm^{-1}g^{-1}$)
부터	까지		부터	까지		부터	까지	
1	2	3	1	2	3	1	2	3
10	10.9	2.0	25	25.9	4.1	40	40.9	6.2
11	11.9	2.1	26	26.9	4.2	41	41.9	6.4
12	12.9	2.3	27	27.9	4.4	42	42.9	6.5
13	13.9	2.4	28	28.9	4.5	43	43.9	6.6
14	14.9	2.5	29	29.9	4.7	44	44.9	6.8
15	15.9	2.7	30	30.9	4.8	45	45.9	6.9
16	16.9	2.8	31	31.9	4.9	46	46.9	7.1
17	17.9	3.0	32	32.9	5.1	47	47.9	7.2
18	18.9	3.1	33	33.9	5.2	48	48.9	7.3
19	19.9	3.2	34	34.9	5.4	49	49.9	7.5
20	20.9	3.4	35	35.9	5.5	50	50.9	7.6
21	21.9	3.5	36	36.9	5.6	51	51.9	7.8
22	22.9	3.7	37	37.9	5.8	52	52.9	7.9
23	23.9	3.8	38	38.9	5.9	53	53.9	8.0
24	24.9	4.0	39	39.9	6.1			

표 7.3 상이한 실험실에서 검사가 이루어지고 상이한 제출시료에 대하여 2반복의 전기전도도 검사에 대한 허용범위(5% 유의수준에서의 이원검정)

- 본 표는 전기전도도 수치의 최대 허용범위를 나타내며, 상이한 실험실에서 상이한 시료에 대하여 행해진 실험간의 허용범위를 의미한다. 2개의 검사가 신뢰할 수 있는지를 판정하기 위해서, 두 검사의 결과의 평균을 구한 뒤 표 1항 또는 2항에 있는 해당 값을 찾는다. 두 검사의 전기전도도 수치간의 변이가 3항에 제시된 허용범위를 초과하지 않을 경우에는 두 검사는 신뢰성이 있다고 판정할 수 있다.
- 본 허용범위는 활력 기술위원회 1998~2001에서 수행된 비교검정에 참가한 실험실간의 실험 오차를 고려하여 인용한 것이다.

평균 전기전도도 ($\mu scm^{-1}g^{-1}$) 부터	까지	허용범위 ($\mu scm^{-1}g^{-1}$)	평균 전기전도도 ($\mu scm^{-1}g^{-1}$) 부터	까지	허용범위 ($\mu scm^{-1}g^{-1}$)	평균 전기전도도 ($\mu scm^{-1}g^{-1}$) 부터	까지	허용범위 ($\mu scm^{-1}g^{-1}$)
1	2	3	1	2	3	1	2	3
10	10.9	3.6	25	25.9	6.6	40	40.9	9.7
11	11.9	3.8	26	26.9	6.8	41	41.9	9.9
12	12.9	4.0	27	27.9	7.0	42	42.9	10.1
13	13.9	4.2	28	28.9	7.2	43	43.9	10.3
14	14.9	4.4	29	29.9	7.4	44	44.9	10.5
15	15.9	4.6	30	30.9	7.7	45	45.9	10.7
16	16.9	4.8	31	31.9	7.9	46	46.9	10.9
17	17.9	5.0	32	32.9	8.1	47	47.9	11.1
18	18.9	5.2	33	33.9	8.3	48	48.9	11.3
19	19.9	5.4	34	34.9	8.5	49	49.9	11.5
20	20.9	5.6	35	35.9	8.7	50	50.9	11.8
21	21.9	5.8	36	36.9	8.9	51	51.9	12.0
22	22.9	6.0	37	37.9	9.1	52	52.9	12.2
23	23.9	6.2	38	38.9	9.3	53	53.9	12.4
24	24.9	6.4	39	39.9	9.5			

표 7.4 퇴화촉진 발아율검정에 있어서 100립 종자의 2반복간의 최대 허용범위(2.5% 유의수준에서의 이원검정).

- 본 표는 퇴화촉진 발아율검정에 있어서 반복간의 발아율 허용범위의 최대 허용 범위를 나타낸 것이다(최고치와 최저치의 변이). 해당 구간의 최대 허용범위를 알기 위해서는 두 반복간의 평균비율을 구한 뒤 반올림 처리하여 정수를 구한다(50립씩 2반복을 합친 100립 반복간). 표 1항과 2항에 있는 해당 평균값을 찾고 3항에 있는 최대 허용범위를 읽는다.

평균 발아율		허용범위	평균 발아율		허용범위
1	2	3	1	2	3
99	2	-*	84 to 87	14 to 17	11
98	3	-*	80 to 83	18 to 21	12
96 to 97	4 to 5	6	76 to 79	22 to 25	13
95	6	7	69 to 75	26 to 32	14
93 to 94	7 to 8	8	55 to 68	33 to 46	15
90 to 92	9 to 11	9	51 to 54	47 to 50	16
88 to 89	12 to 13	10			

* 검정될 수 없음

표 7.5 동일한 실험실에서 200립 종자에 대한 검사가 이루어지고 제출시료도 동일한 경우의 퇴화촉진 검사에 대한 허용범위(5% 유의수준에서의 이원검정)

- 본 표는 검사가 동일한 실험실에서 수행된 경우의 퇴화촉진 발아율검사에 대한 허용범위를 나타낸 것이다. 두 검사의 신뢰성을 판정하기 위해서는, 두 검사결과의 평균발아율을 구한 뒤 반올림 처리하여 정수를 구하며 표 1항과 2항에 있는 해당 평균값을 읽는다. 두 검사의 발아율 변이가 3항에 제시된 허용범위를 초과하지 않을 경우에는 두 검사는 신뢰성이 있다고 판정할 수 있다.

평균 발아율		허용범위	평균 발아율		허용범위
1	2	3	1	2	3
99	2	-*	86 to 88	13 to 15	12
98	3	-*	83 to 85	16 to 18	13
97	4	6	79 to 82	19 to 22	14
96	5	7	74 to 78	23 to 27	15
95	6	8	68 to 73	28 to 33	16
93 to 94	7 to 8	9	55 to 67	34 to 46	17
91 to 92	9 to 10	10	51 to 54	47 to 50	18
89 to 90	11 to 12	11			

표 7.6 상이한 실험실에서 200립 종자에 대한 검사가 이루어지고 제출시료도 상이한 경우의 퇴화촉진 검사에 대한 허용범위(5% 유의수준에서의 이원검정) 허용범위는 Miles(1963)의 표 G1, L 항에서 발췌한 것이다.

- 본 표는 검사가 상이한 실험실에서 수행된 경우의 퇴화촉진 발아율검사에 대한 허용범위를 나타낸 것이다. 두 검사의 신뢰성을 판정하기 위해서는, 두 검사결과의 평균발아율을 구한 뒤 반올림 처리하여 정수를 구하며 표 1항과 2항에 있는 해당 평균값을 읽는다. 두 검사의 발아율 변이가 3항에 제시된 허용범위를 초과하지 않을 경우에는 두 검사는 신뢰성이 있다고 판정할 수 있다.

평균 발아율		허용범위	평균 발아율		허용범위
1	2	3	1	2	3
99	2	-*	85 to 87	14 to 16	13
98	3	-*	82 to 84	17 to 19	14
97	4	-*	79 to 81	10 to 22	15
95 to 96	5 to 6	8	74 to 78	23 to 27	16
94	7	9	68 to 73	28 to 33	17
92 to 93	8 to 9	10	57 to 67	34 to 44	18
90 to 91	10 to 11	11	51 to 56	45 to 50	19
88 to 89	12 to 13	12			

* 검정될 수 없음.

[별표 9]
보증표시의 분류번호

1. 작물번호

구분	작물번호	구분	작물번호
식량	11	화훼 구근류	16
특용·약용	12	버섯종균	17
채소	13	과수(묘목)	18
목초	14	기타	19
사료·녹비	15		

2. 종류번호

작물	종류번호
식량	벼: 01, 겉보리: 02, 쌀보리: 03, 맥주보리: 04, 밀: 05, 콩: 06, 옥수수: 07, 감자: 08, 고구마: 09, 팥: 10, 녹두: 11
특용·약용	땅콩: 01, 참깨: 02, 들깨: 03, 유채: 04,
채소	무: 01, 배추: 02, 양배추: 03, 고추: 04, 토마토: 05, 오이: 06, 참외: 07, 수박: 08, 호박(박): 09, 파: 10, 양파: 11, 당근: 12, 상추: 13, 시금치: 14
목초	티머시: 01, 레드톱: 02, 톨훼스큐: 03, 메도우훼스큐: 04, 오차드그라스: 05, 페레니얼라이그라스: 06, 리드카나리그라스: 07, 브롬그라스: 08, 켄터키 블루그라스: 09, 알팔파: 10, 버즈풋트레포일: 11, 화이트 클로바: 12, 레드클로바: 13, 앨사이크 클로바: 14
사료·녹비	옥수수: 01, 벼: 02, 보리: 03, 밀: 04, 수수: 05, 호밀: 06, 라이밀(트리티케일): 07, 귀리: 08, 수단그라스: 09, 이탈리안라이그라스: 10, 헤어리베치: 11
화훼	나리: 01, 글라디올리스: 02, 프리지아: 03, 구근아이리스: 04, 튤립: 05
과수(묘목)	사과: 01, 배: 02, 복숭아: 03, 포도: 04, 감귤: 05, 감: 06, 자두: 07, 참다래: 08

[별표 10]

검사표시인 및 검사일부인

□ 검사표시인(수매검사 시 활용가능)

도 안	구분 \ 종류	치 수	
		1호	2호
씨	종	30㎜	15㎜
	횡	25	13
	획 폭	4	2

□ 검사일부인

도 안	구분 \ 종류	치 수		비고
		1호	2호	
(원형 도안)	외원직경	28mm	14mm	• 원내 상단에는 검사기관명을 삽입한다. • 두줄 중앙에는 검사일자를 삽입한다. • 원내 하단에는 검사원번호를 삽입한다.
	내원직경	16	8	
	일자인락폭	8	4	

※ 소포장에는 포장규격에 따라 알맞게 조정할 수 있다.

※ 종자관리사는 개인명의의 도장을 사용한다.

[별표 11]

과수 바이러스 · 바이로이드 검정방법

1. 시료 채취 시기 및 부위

과수 바이러스·바이로이드 검정을 위한 시료 채취 시기는 1년 중 2회 실시하며 아래 표에 따라 3개 시기중 적당한 시기를 선택하여 수행한다. 단, 바이로이드의 경우 과일 과피를 이용할 수 있다.

시료 채취시기 및 부위	채취량	마쇄
· (4~6월) 발아신초, 경지수피, 꽃 · (7~9월) 신초선단부 유엽, 성엽, 엽병, 과일과피 · (10~2월) 줄기수피, 성엽, 과피	묘목당 5잎 (고르게)	부위 전체 * 잎 부위는 잎자루를 포함하여 마쇄하여야 한다.

2. 시료 채취 방법

가. 시료 채취는 1주 단위로 잎 등 필요한 검정부위를 나무 전체에서 고르게 5개를 깨끗한 시료용기(지퍼백 등 위생봉지)에 채취한다.

나. 생산단계별 조사시료는 크기별로 준비한다. 원원종·원종은 조사시료 전체, 모수는 10%, 보급종 및 대목은 1%로 [표 2B]로 최소표본의 크기(표본추출 99% 신뢰수준, 5% 검출수준) 이상으로 한다. 단, 모수 수량이 100주 미만인 경우에는 전수조사를 실시한다. 검정 대상 묘목은 소집단 내에서 무작위로 고르게 선정하여 시료의 대표성이 충분히 확보되도록 한다.

그림 1. 바이러스·바이로이드 검정을 위한 시료 채취 부위(예시)

3. 시료 전처리 및 보관

채취한 시료 전체(잎의 경우 잎자루 포함)를 액체질소에 급랭 후 막자사발을 이용하여 최대한 곱게 마쇄하거나 유사기구(조직 마쇄기 등)를 사용하여 마쇄한다. 마쇄된 시료 일부는 검정용으로 사용하고 나머지는 적당한 시료 튜브(보관용) 또는 식물체 자체로 일부분을 냉동(-80℃) 보관한다.

4. RNA 추출 및 정제

가. RNA 추출

RNA를 추출하는 방법은 시판 RNA 추출키트 또는 자동핵산추출기를 이용하여 추출한다.

나. RNA 순도 및 농도확인

추출한 RNA의 순도와 농도를 측정한다. RNA는 RT-PCR의 주형으로 사용하기에 적합한 적절한 순도와 농도여야 한다.

5. RT-PCR 검정

가. 검정 방법

검정 대상 바이러스·바이로이드는 1개씩 개별적으로 검정하거나 2개 이상 또는 전체를 동시에 검정(다중검정) 할 수 있다. 다중검정 결과가 명확하지 않는 경우에는 개별검정으로 재확인 한다.

나. 검정 시료

검정시료는 1점씩 개별검정 하거나 10점 이하의 검정시료를 혼합하여 검정(혼합검정)할 수 있다. 혼합검정 결과가 명확하지 않는 경우에는 개별검정으로 재확인 한다.

다. 검정 조건

작물별 바이러스·바이로이드 검정을 위한 RT-PCR 프라이머 조합은 다음을 기준으로 하되, 최적 검정을 전제로 변형된 조건으로 사용할 수 있다. 이 경우 연구센터의 장은 사전에 그 적합성을 판단하여야 한다. 반응 혼합물의 조제와 증폭반응의 조건은 사용제품에 따른다.

1) 사과배 RT-PCR 프라이머 조합

과종	바이러스·바이로이드	염기서열(5'→3')	밴드 크기
사과, 배	ACLSV (*Apple chlorotic leaf spot virus*)	F: GCAGACCCCTTCATGGAAAGA R: CGCAAAGATCAGTCGTAACAGA	509bp
사과	ASPV (*Apple stem pitting virus*)	F: AAGCATGTCTGGAACCTCATG R: GATCAACTTTACTAAAAAGCATAAGT	367bp
사과, 배	ASGV (*Apple stem grooving virus*)	F: AATGAGTTTGGAAGACGTGCTTC R: TGAACCGGAGGGGTATCAAATCC	264bp
사과, 배	ASSVd (*Apple scar skin viroid*)	F: ACGAAGGCCGGTGAGAAAG R: CCGCTGCGTCAAAGAAAAAG	202bp
사과	APMV (*Apple mosaic virus*)	F: CTCCAAACACAACTTTTGATGACTT R: GTAACTCACTCGTTATCACGTACAA	123bp
사과, 배	nad5 (반응 대조구)	F: GATGCTTCTTGGGGCTTCTTGTT R: GCATAAAAAAGTAAGAATGGATAA	163bp

2) 포도 RT-PCR 프라이머 조합

과종	바이러스 및 대조구	염기서열(5'→3')	밴드 크기
포도	GLRaV-3 (*Grapevine leafroll associatedvirus-3*)	F: GCCCGAAAAATACGTATTCGCCA R: CTTCTTACACAGCTCCATCAATGC	310bp
	GLRaV-1 (*Grapevine leafroll associated virus-1*)	F: TATGTGCTGAAGTGATGGGTAAT R: GTGTCTGGTGACGTGCTAAACG	100bp
	GFkV (*Grapevine fleck virus*)	F: ATGCCGCCTCTCCGTCTGCTGACCA R: GTGATGTCATACCACAGGAACT	166bp
	18s rRNA (반응 대조구)	F: AGGAAGGCAGCAGGCGCGCAAATTAC R: CTATGATGTTATCCCATGCTAATGTAT	400bp

3) 복숭아 RT-PCR 프라이머 조합

과종	바이러스·바이로이드	염기서열(5`→3`)		밴드 크기
복숭아	ACLSV (*Apple chlorotic leaf spot virus*)	F:	GCAGACCCCTTCATGGAAAGA	509bp
		R:	CGCAAAGATCAGTCGTAACAGA	
	HSVd (*Hop stunt viroid*)	F:	CTGGGGAAT TCTCGAGTTGC	296bp
		R:	AGGGGCTCAAGAGAGGATC	
	nad5 (반응 대조구)	F:	GATGCTTCTTGGGGCTTCTTGTT	163bp
		R:	GCATAAAAAAAGTAAGAATGGATAA	

4) 감귤 RT-PCR 프라이머 조합

과종	바이러스 및 대조구	염기서열(5`→3`)		밴드 크기
감귤	CTLV (*Citrus tatter leaf virus*)	F:	CGAAAACCCCTTTTTGTCCT	607bp
		R:	ATAGACCCGGCAAAGGAACT	
	CTV (*Citrus tristeza virus*)	F:	ACGGGTATAACGGACACT	372bp
		R:	TCAACGTGTGTTGAATTTCCCAAG	
	SDV/CiMV (*Satusma dwarf virus /Citrus mosaic virus*)	F:	GCACGGTCTACTCAGGGA	1,139bp
		R:	TACCTGCAAATATATCGCAGGTTG	
	Actin(반응 대조구)	F:	TCCACCATGTTCCCAGGTAT	210bp
		R:	CATCTCTGTCTGCCACCTGA	

5. 검정결과의 판정

RT-PCR 증폭산물을 아가로즈겔 전기이동을 실시하고 음성(미감염주) 및 양성(감염주 또는 핵산) 대조군과 비교하여 해당 바이러스에 대한 증폭산물이 고유 밴드로 명확하게 나타나는 것을 감염주로 판정한다.

6. 기타

검정방법을 변경할 경우에는 무병화 과정을 시작하는 원원종부터 적용하되 이미 무병화 과정이 시작된 원원종에 대해서는 적용하지 아니한다.

PART 1 종자생산학 기본50제

01 식물의 영양기관 2가지를 적으시오.
해답
뿌리, 줄기, 잎

02 종자춘화형에 대해 설명하시오.
해답
최아종자의 시기에 저온에 감응하여 개화하는 것으로 완두, 잠두, 무 등이 있다.

03 장벽수정에 대해 적으시오.
해답
꽃밥이 암술대의 움푹한 곳에 위치하여 자가수정이 어려운 경우를 말한다.

04 아래 보기 중에서 식물학상 종자에 해당하는 것을 모두 고르시오.

< 보기 >
밀, 담배, 옥수수, 박하, 참깨, 두류, 겉보리

해답
담배, 참깨, 두류

05 종자의 외형이 방패형인 것을 2가지 적으시오.
해답
파, 양파, 부추

06 적심에 대해 설명하시오.
해답
적심은 성장과 결실을 조절하기 위하여 식물의 눈이나 생장점을 따 내는 작업으로 순따기 혹은 순지르기라고 한다.

07 종자 프라이밍에 사용되는 용액의 종류 2가지를 적으시오.

해답
PEG(polyehylene glycol), $Ca(NO_3)_2$, KNO_3

08 저장종자의 발아력이 상실되는 원인 3가지를 적으시오.

해답
- 종자 단백질의 변성
- 호흡에 의한 종자의 저장물질의 소모
- 저장기간 동안 저장고 온도 및 습도의 상승 혹은 급격한 변화

09 팰릿종자에 대해 설명하시오.

해답
기계화 파종 및 포장 발아율을 높이기 위해 점토로 코팅하여 크기를 증대시킨 것이 특징이다.

10 종자의 봉선에 대해 설명하시오

해답
봉선은 가는 선이나 홈을 이룬 것으로 종피와 다른 색을 띠며 길이를 통해 종자의 구분이 가능하다.

11 아래 보기의 작물을 보고 단자엽식물과 쌍자엽식물을 구분하시오

< 보기 >
보리, 옥수수, 팥, 무, 벼, 당근, 토마토, 밀

해답
- 단자엽식물 : 벼, 보리, 옥수수, 밀
- 쌍자엽식물 : 팥, 무, 당근, 토마토

12 중복수정에 대해 설명하시오

해답
중복수정은 배와 배유의 형성이 한 배낭 내에서 동시에 이루어지는 것을 말한다.

13 총상화서에 대해 설명하시오

해답
총상화서는 긴 화경에 여러 개의 작은 소화경이 붙어 꽃이 배열되어 개화하는 형태이다

14 제웅법에서 절영법에 대해 설명하시오

해답
영의 선단 부위를 가위로 잘라 핀셋으로 수술을 끄집어 낸다.

15 종자의 저장 시 수분의 함량이 많을 경우 나타나는 문제점 4가지를 적으시오

해답
- 저장 중 양분의 손실이 발생한다.
- 호흡의 증가로 종자 사멸 및 발아 곤란하다.
- 곰팡이가 번식한다.
- 곤충의 번식장소가 되기도 한다.
- 종자의 기계적 피해가 발생한다.

16 다음 보기의 종자들이 발아하기 위해 요구되는 수분 함량이 많은 순서대로 나열하시오

< 보기 >
옥수수, 밀, 콩, 벼

해답
콩 > 밀 > 옥수수 > 벼

17 포장검사 기준에서 감자의 특정병의 종류 2가지를 적으시오

해답
둘레썩음병, 풋마름병, 걀쭉병

18 아래는 시료추출에서 소집단의 구성에 대한 내용이다. 빈칸을 채우시오

> 작물별, 생산자별, 품종별, 품위별로 편성하되 소집단(lot)의 크기는 제시된 소집단의 최대중량을 기준하여 (㉠)% 허용범위를 넘지 않아야 하며, 감자 등 서류작물은 최대 (㉡)톤 단위로 한다.

해답
㉠ 5
㉡ 40

19 관모에 대해 설명하시오

해답
수과의 끝부분에 환상으로 붙어 있고, 가는 링으로 우모상의 털이 있는 조각을 말한다.

20 화아분화에 영향을 주는 내적요인 3가지를 적으시오

해답
성숙도, 영양상태, 식물호르몬

21 유한화서의 종류 4가지를 적으시오

해답
단정화서, 단집산화서, 복집산화서, 전갈꼬리형화서, 집단화서

22 웅예선숙에 대해 설명하시오

해답
암술보다 수술이 먼저 성숙하는 것으로 옥수수, 딸기, 수박 등이 있다

23 다음 감자의 포장격리에 대한 기준이다. 빈칸을 채우도록 하시오

> ◎ 원원종포 : 불합격포장, 비채종포장으로부터 (㉠)m 이상 격리되어야 한다.
> ◎ 원종포 : 불합격포장, 비채종포장으로부터 (㉡)m 이상 격리되어야 한다.

해답
㉠ 50
㉡ 20

24 포장검사 기준에서 벼의 특정병 2가지를 적으시오

해답
키다리병, 선충심고병

25 아래는 종자의 발아검사에서 사용되는 재료 중 모래에 대한 내용이다. 빈칸을 채우시오

> 모래의 크기는 적당한 크기로 일정해야 하며, 큰 알맹이와 매우 작은 것이 없어야 한다. 거의 모든 알맹이는 직경 (㉠)mm 그물눈체를 통과하고 (㉡)mm 체위에 남아야 한다.

해답
㉠ 0.8
㉡ 0.05

26 테트라졸륨 검사법에서 용액의 pH 및 농도의 조건을 적으시오

해답
농도 0.1~1.0%, pH 6.5~7.5

27 종자의 생화학적 검사 방법 중에서 ferric chloride 법에서 기계적 상처를 입은 콩과작물의 종자는 몇 %의 $FeCl_3$ 용액에 처리하는지 적으시오

해답
20

28 혈청학적 검정 방법 3가지를 적으시오

해답
면역이중확산법, 방사형 확산검정법, 형광항체법, 효소결합항체법(ELISA)

29 수분검사시 사용되는 장비 4가지를 적으시오

해답
분쇄기, 항온기, 수분측정관 및 데시케이터 등 부속품, 분석용 저울, 체, 간이 수분측정기

30 장일식물의 정의를 적으시오

해답
한계일장보다 더 긴 일장에서 개화하는 식물을 말한다.

31 무수정생식의 정의를 적으시오

해답
정핵과 난핵의 합작 없이 일어나는 생식으로 유성생식의 일종이지만 수정 없이 발생되는 생식으로 단위 생식을 의미한다.

32 춘화처리의 정의에 대해 적으시오

해답
생육 초기에 일정기간 인위적 저온처리를 하는 것을 춘화처리라 한다.

33 다음 작물 중에서 완전화를 모두 고르시오

<보기>
콩, 벼, 보리, 담배, 튤립, 목화

해답
콩, 담배, 목화

34 자연교잡을 방지하기 위한 시간격리법에 대한 방법 3가지를 적으시오

해답
춘화처리, 일정처리, 생장조절제 처리, 파종기 조절

35 채종지에 적합한 토양 조건을 적으시오

해답
토양의 경우 유기질이 풍부한 식양토~사양토가 적당하며 배수가 양호하고 지력이 좋은 곳을 선정한다. 또한 토양병원균 및 토양 해충의 발생밀도가 낮은 곳으로 선정하고 유해잡초 발생지는 피하도록 한다.

36 양배추의 격리거리 기준을 적으시오

해답
1,000 m

37 종자의 발아에 관여하는 외적 요인 3가지를 적으시오

해답
수분, 온도, 산소, 광

38 종자 휴면의 원인 5가지를 적으시오

해답
- 종피 불투수성
- 종피의 기계적 저항
- 발아 억제 물질의 존재
- 배의 미숙
- 배유의 미숙
- 식물호르몬 불균형

39 종자의 퇴화시 나타나는 증상 4가지를 적으시오

해답
- 종자의 호흡감소
- 종자 내부의 효소 활성 감소
- 발아율의 저하
- 발아조건 감소
- 변색

40 종자 퇴화의 원인에 있어 유전적 퇴화에 해당하는 것을 3가지 적으시오

해답
돌연변이, 자연교잡, 근교약세

41 합성시료에 대해 적으시오

해답
소집단에서 추출한 모든 1차시료를 혼합하여 만든 시료를 말한다.

42 발아세에 대해 적으시오

해답
치상 후 일정기간까지의 발아율 또는 표준발아검사에서 중간발아조사일까지의 발아율을 말한다.

43 다음 보기를 보고 장명종자를 고르시오

< 보기 >
양파, 호박, 배추, 고추, 상추, 가지, 콩

해답
호박, 배추, 가지

44 종피파상법에 대해 설명하시오

해답
경실의 휴면 타파를 통해 발아를 촉진시키기 위한 방법으로 종피에 상처를 내는 방법이다.

45 종자의 발아 억제 물질 종류 3가지를 적으시오

해답
암모니아(NH_3), 시안화수소(HCN), 쿠마린, 페놀산, 아브시스산(ABA, abscisic acid)

46 자가불화합성을 일시적으로 타파하기 위해 활용하는 방법 4가지를 적으시오

해답
뇌수분, 노화수분, 지연수분, 고온처리, 전기 자극, 이산화탄소 처리

47 제웅법의 종류 3가지를 적으시오

해답
절영법, 개열법, 화판인발법

48 아래 식물 중에서 중성식물을 모두 고르시오

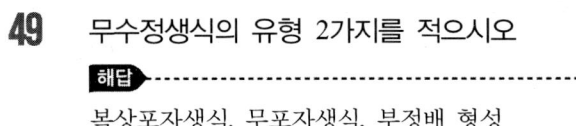

해답
토마토, 가지

49 무수정생식의 유형 2가지를 적으시오
해답
복상포자생식, 무포자생식, 부정배 형성

50 단정화서에 대해 설명하시오
해답
단정화서는 화서축의 선단에 1개의 꽃을 피우는 것으로 목련, 장미 등이 있다.

PART 2

식물육종학

ENGINEER SEEDS

PART 02 식물육종학

1. 육종의 기초
① 육종의 정의
  ㉠ 유용한 생물의 유전적 형질을 사람이 희망하는 쪽으로 개량하는 것으로 육종에는 유전적 변이를 가진 집단을 모으거나 만들어내는 조작(변이 창출)과 원하는 형질을 희망하는 집단에 옮겨가게 하기 위한 조작(선발), 또한 이렇게 하여 얻어진 집단을 양호한 상태로 유지, 관리하기 위한 조작(원종의 관리)들이 포함된다.
  ㉡ 육종기술은 변이의 탐구와 창성, 변이의 선택과 고정, 신품종의 증식과 보급의 3단계로 구성된다.
  ㉢ 육종은 목표에 따라 재료 및 방법을 결정으로 시작된다. 이후 변이 작성 및 우량계통의 육성하고 이를 생산성 검정 및 지역적응성 검정하고 농가에 보급하게 된다.

② 작물육종의 목표
  ㉠ 작물육종은 수량을 증대, 품질을 향상, 내병충, 내재해성 향상을 통해 수확의 안정성을 높여 식량의 안정적 공급을 목표로 한다.
  ㉡ 작물육종의 목표는 다수확, 생산물의 품질 향상, 재배의 용이성, 소비자 기호 증진 등이다
  ㉢ 육종의 목표를 설정할 때 현 재배 품종의 장점과 단점, 보급의 상항을 가장 우선으로 고려한다.

③ 작물육종의 성과
  ㉠ 신품종
    국내의 채소, 화훼류를 제외한 모든 작물의 품종은 정부가 육종하여 농가에 분배 보급한다.
  ㉡ 경제적 효과
    단위면적당 수량의 증대 및 저항성 품종의 보급을 통해 생산비를 절감하는 등의 경제적 효과가 있다.
  ㉢ 품질의 개선
    과수류, 채소류 등과 같은 작물의 품질을 개선하였다.

ⓐ 재배안정성

주변환경에 대한 적응성을 높이고 병해충 등에 대한 저항성을 향상시킨 품종의 보급으로 재배안정성을 증대시켰다.

ⓑ 재배한계의 확대

육종에 의해 농작물 재배의 지리적, 계절적 한계를 극복하여 확대시켰다.

ⓑ 경영의 합리화

기계화를 통해 생산비를 절감하는 등의 경영의 합리화를 도모하였다/

2. 변이의 정의

① 같은 종 내에서 개체들 간 유전자의 변화에 의해 나타나는 형질의 변화를 변이라 하며 변이를 나타내는 성질을 변이성이라 한다.
② 변이는 온도, 양분, 환경조건 등에 의해 발생하기도 하고 교배, 돌연변이 등의 유전적 변이에 의해 생성되기도 한다.
③ 유전적 변이는 돌연변이, 교배변이, 생물의 유성생식 과정 등에서 발생한다.

3. 변이의 분류

① 변이는 대상 형질에 따라 형태적 변이와 생리적 변이로 분류된다.
② 변이의 연속성에 따라 연속변이, 불연속변이로 분류된다. 불연속변이는 유전양식이 비교적 간단하고 선발이 쉬운 변이이다.
③ 변이는 유전성에 따라 유전적 변이, 비유전적 변이로 분류된다. 유전적 원인에 의한 변이에는 불연속변이, 대립변이, 연속변이 등이 있으며 환경변이나 장소변이 등은 비유전적 원인에 의한 변이에 해당한다.
④ 변이는 길이, 무게, 수량 등 측정형질을 숫자로 표현하는 양적변이와 색깔, 형태 등 측정형질을 숫자로 표현할수 없는 질적변이로 분류된다.

4. 후대검정

① 후대검정은 차대검정이라 하며 자손의 형질을 조사해서 양친의 형질을 추정하는 것이다.
② 선발된 우량형이 유전적 변이인가를 검정한다.
③ 후대검정의 경우 연속변이를 하는 양적형질의 유전성 여부를 확인할 수 있다.
④ 표현형에 의해 감별된 우량형을 검정한다.

5. 유성생식

① 유성생식은 생식세포가 결합하여 새로운 개체를 형성한다.
② 대부분 고등식물의 생식방법으로 암, 수 양성의 배우자가 수정과정을 거쳐 새로운 개체를 형성하는 것으로 자가수정, 타가수정으로 구분한다..
③ 자가수분에 의한 수정을 자가수정, 타가수분에 의한 수정을 타가수정이라 한다.
④ 꽃이 피기 전의 봉오리 상태일 때 일어나는 자가수정을 폐화수정이라 한다.
⑤ 배와 배유의 형성이 한 배낭 내에서 동시에 이루어지는 수정을 중복수정이라 한다.

6. 아포믹시스

① 아포믹시스(단위생식, apomixis)는 무수정생식이라 하며 정상적인 정핵과 난핵의 결합 없이 종자를 형성한다. 단위생식에 의해 발생한 식물이나 종자를 위잡종이라 한다.
② 단위생식의 종류에는 무배생식, 단성생식, 무핵란생식, 위수정, 무포자생식, 무정생식, 복상포자생식, 부정배형성 등이 있다.

무배생식	배우체의 난세포 이외의 세포가 단독으로 분열 및 발달하여 포자체를 만드는 현상을 말한다.
단성생식	수정되지 않은 난세포가 단독으로 배를 형성한다.
무핵란생식	핵을 잃은 난세포의 세포질 속으로 정핵이 들어가 단독으로 발육하면서 배를 형성한다.
위수정	종간 혹은 속간교배 후 수정이 정상적으로 이루어지지 않았으나 난세포의 발육으로 배가 형성된다.
무포자생식	포자체의 체세포의 발육에 의해 배우체가 생성된다.
무정생식	배우자의 융합 없이 배나 종자가 형성된다.
복상포자생식	배낭모세포의 수가 감수분열을 하지 못하고 체세포와 동일한 염색체 수를 가지게 된다.
부정배형성	배낭을 둘러싸고 있는 많은 체세포들에 여러 개의 배가 발생한다.

7. 영양생식

① 식물체의 일부를 이용하여 번식하는 무성생식의 방법이다.
② 영양번식은 모체와 유전적으로 동일한 개체를 얻을 수 있다.
③ 초기생장이 좋으나 바이러스에 감염되면 치료가 어렵고 유성번식에 비해 증식률이 낮다.
④ 자연영양생식법은 고구마의 덩이뿌리와 같이 모체에서 자연적으로 분리 생성된 영양기관을 이용하여 번식한다.
⑤ 인공영양생식법은 인공적으로 영양체를 분리하여 번식시키는 방법으로 접목, 삽목, 분주,

취목 등의 방법이 있다.

8. 불임성
(1) 불임성
① 작물이 여러 원인으로 인하여 수분을 해도 수정이나 종자를 형성하지 못하는 현상을 불임성이라 한다.
② 작물의 생식과정에서 불임이 발생하는 경우는 환경적, 유전적 원인이 있다.

(2) 환경적 원인
① 불임성에 대한 환경적 요인에는 양분, 수분, 온도, 광선, 병해충이 있다.
② 환경적 원인에 의한 불임성은 다즙질 불임성, 순환적 불임성, 쇠약질 불임성 등이 있으며 환경 조건이 개선되면 극복이 가능한 부분이다.

(3) 유전적 원인
① 불임의 원인이 유전자 작용, 교잡 등에 의해 나타날 경우 배우자 불임성과 접합체 불임성, 세포질 불임성 등이 있다.
② 생식기관의 성적 결함에 의한 불임은 자성기관의 이상(자상불임)과 웅성기관의 이상(웅성불임)으로 분류되며 자상불임보다 웅성불임이 더 큰 문제이다.
③ 생식기관의 형태적 결함에 의한 것으로 이형예 현상, 자웅이숙, 장벽수정 등이 있다.
④ 불화합성에 의한 불임성은 타가불화합성, 자가불화합성이 있다.
⑤ 교잡에 의한 불임성은 종내 잡종불임성, 종외 잡종 불임성으로 분류된다.

9. 웅성불임성
(1) 유전자웅성불임성
① 유전자적 웅성불임은 핵 내 유전자에 의해서만 발생하며 보리, 수수, 토마토 등에서 관찰된다.
② 불임요인이 핵 내에만 있기에 교배방법에 따라 전부 가임 혹은 전부 불임되거나 가임과 불임이 1:1 로 분리된다.

(2) 세포질웅성불임성
① 세포질적 웅성불임은 세포질 요인에 의해서만 발생하며 옥수수에서 주로 관찰된다.

② 세포질 내에만 불임요인이 들어 있으므로 자방친이 불임하면 화분친의 유전구성에 상관없이 불임이 된다.
③ F_1 개체는 화분이 생기지 않고 항상 불임의 F_1 종자만 생산되어 종실이 수확대상이 되는 작물에서 이용할 수 없고 영양체를 이용하는 사료용 유채, 양파 등에서 실용화 될 수 있다.

(3) 세포질유전자웅성불임성
① 세포질유전자적 웅성불임은 핵 유전자와 세포질 요인의 상호작용에 의해 발생하며 양파, 사탕무, 아마 등에서 관찰된다.
② 자방친이 세포질과 핵 내에 모두 불임 요인을 가지고 있어도 화분친의 유전구성에 따라 불임이나 가임이 된다.
③ 세포질 유전자적 웅성불임으로 잡종강세를 이용하기 위해서 웅성불임친과 그 웅성불임성을 유지해 주는 유지친, 웅성불임친의 임성을 회복시켜 주는 회복인자친이 있어야 한다.

(4) 웅성불임성 이용
① 웅성불임성은 육종적으로 이용할 수 있으며 웅성불임계 품종을 모계로 하여 조합능력이 있는 다른 품종을 부계로 교배하여 제웅작업 없이 잡종종자(F_1)을 얻을 수 있다.
② 세포질 유전자적 웅성불임성은 잡종강세를 위한 잡종종자 생산에 이용되며 유전자적 웅성불임성은 집단개량에 이용된다.

10. 자가불화합성
(1) 자가불화합성
① 자가불화합성은 유전적으로 유사한 배우자 간의 수정을 억제하고 유전적으로 서로 다른 배우자간의 수정을 유도하여 후손의 유전적 변이를 크게 한다.
② 자가불화합성은 자연에서 식물의 타가수정율을 높여주는 역할을 한다.
③ 자가불화합성은 작물 중에서 두 생식기관이 기능적, 형태적으로 완전한 양성화, 자웅동주의 단성화에서 같은 꽃, 같은 개체에 있는 꽃이나 같은 계통이라도 수분에 의해 수정결실을 하지 못하는 자가불화합성을 나타내는 개량 정도가 비교적 높은 십자화과 채소나 목초 등에서 많이 나타난다.

(2) 자가불화합성 타파
    ① 교배양친을 순수하게 유지하기 위해 자식하려면 자가불화합성을 일시적으로 타파한다.
    ② 자가불화합성의 타파를 위해서 자가불화합성 물질이 생성되는 시기를 회피하거나 불화합 반응조직 제거, 불화합 유기물질 파괴, 불화합반응의 억제를 위한 뇌수분, 노화수분, 지연수분, 고온처리, 전기 자극, 이산화탄소 처리 등의 방법을 활용한다.
    ③ 자가불화합성의 정도는 온도와 습도 등의 환경 조건에 따라 변화된다.
    ④ 뇌수분은 억제물질이 생성되기 전인 개화 2~3일 전 꽃봉오리에 수분하는 것으로 자가수정률이 높아 자가불화합성 계통을 유지할수 있다. 십자화과식물의 채종이 많이 이용된다.

(3) 자가불화합성 종류
    ① 배우체형 자가불화합성
        ㉠ 화분(n)과 체세포(2n)로 이루어진 암술의 암술머리나 암술대간에 상호작용에 의한 결과로 교배의 화합과 불화합이 화분 자체의 유전자형에 의해 결정된다.
        ㉡ 배우체형 자가불화합성은 자방친의 불화합유전자가 화분의 불화합유전자와 서로 같으면 불화합이 된다.
    ② 포자체형 자가불화합성
        ㉠ 포자체형 자가불화합성은 동형화주형 자가불화합성과 이형화주형 자가불화합성으로 분류된다.

동형화주형	· 수술과 암술의 높이가 같다. · 화분이 생산된 개체의 이배성인 체세포 유전자형에 의해 불화합성이 결정된다.
이형화주형	· 수술과 암술의 높이가 다르다. · 이형화주형 자가불화합성은 이이형화주 현상과 삼이형화주 현상으로 분류된다.

        ㉡ 포자체형 자가불화합성은 주두의 표면에서 발현이 된다.
    ③ 이이형화주 자가불화합성
        ㉠ 하나의 번식기관 내에 장주화와 단주화 등 2종류 꽃이 존재한다.
        ㉡ 대표적으로 개나리, 메밀, 프리뮬러 등이 해당된다.
        ㉢ 자가수분으로 종자가 형성되지 않고 장주화는 단주화의 화분에 의해 생성된다.
        ㉣ 단주화는 장주화의 화분에 의해서만 수정이 된다.
    ④ 삼이형화주 자가불화합성
        ㉠ 하나의 번식기관 내에 장주화, 중주화, 단주화 등 3 종류 꽃이 존재한다.

ⓒ 각각의 꽃에서 자가불화합성이고 같은 높이의 수술과 암술 사이에서만 화합이 일어난다.
ⓒ 삼이형화주 현상은 유전자형(S, s, M, m S>M)은 다음과 같다.

(4) 자가불화합성 이용
① 잡종강세를 나타내는 작물의 1대잡종(F_1) 종자를 대량 생산할 수 있어 국내의 경우 무, 배추, 양배추 종자 생산에 이용된다.
② 자가불화합성인 계통은 계통 내의 결실이 불가능하여 자가불화합성인 2계통을 혼식하여 두 계통간의 1대잡종(F_1)을 채종할 수 있다.
③ 동일한 개체를 재배하면 종자가 형성되지 않는 품질 좋은 과실을 생산할 수 있어 파인애플 등 단위결과성이 높은 씨 없는 과실의 생산이 가능하다.
④ 동일 개체를 재배하면 수정이 이루어지지 않아 개화 기간을 연장할 수 있어 화훼류의 개화 연장에 이용한다.

11. 유전자의 작용

① 유전자 상호작용
㉠ 유전자의 작용은 하나의 유전자가 하나의 형질에 관여하거나, 2쌍 이상의 유전자가 관여하는 경우가 있는데 이러한 경우 상호작용이라 한다.
㉡ 유전자의 상호작용은 대립유전자간 상호작용, 비대립유전자간 상호작용이 있다. 여기서 멘델의 유전법칙은 예외로 한다.

② 대립유전자 상호작용
㉠ 대립유전자 내에서 상호작용은 우성으로 표현하고 이에 관여하는 유전자를 우성유전자, 열성유전자로 표현한다. 대립유전자 상호작용에는 불완전우성, 공동우성, 복대립유전자 등이 해당된다.
㉡ 불완전우성은 양친을 교배한 잡종 F_1에서 양친의 중간형질을 나타내는 것으로 이는 두 쌍의 대립유전자가 충분한 활성을 하지 못하기 때문이다. F_2의 분리비는 1:2:1 이 되는데 이것은 불완전우성에 의한 것이다.
㉢ 공동우성은 두쌍의 대립유전자가 함께 작용한다.
㉣ 우열전환은 잡종 F_1이 조건에 따라 열성이나 우성을 나타낸다. 어떤 식물의 개화기에 관여하는 유전자는 F_1이 장일이나 단일 조건에 따라 열성과 우성이 나타난다.

ⓜ 복대립유전자는 염색체상 같은 유전자좌에 동일형질에 관여하는 3개 이상의 유전자가 존재하는 경우이다. F_2 의 분리비는 3:1 이다.

③ 비대립유전자 상호작용
㉠ 비대립유전자 내에서 상호작용은 상위성으로 표현하며 관여 유전자는 상위유전자, 하위유전자로 구분된다, 비대립유전자 상호작용은 멘델법칙에 특수한 경우로 본다. 비대립유전자 상호작용에는 보족유전자, 조건유전자, 피복유전자, 억제유전자, 동의유전자, 변경유전자 등이 해당된다.
㉡ 보족유전자는 두쌍의 비대립유전자가 공동으로 작용하여 한가지 표현형으로 나타나는 유전자로 F_2 분리비 9 : 7 이다.
㉢ 조건유전자의 경우 예를 들어 A, B 두쌍의 비대립유전자가 공동작용으로 특정 형질이 발현되면 A 라는 유전자는 단독으로 형질이 발현되나 B 유전자는 A 유전자가 공존해야 형질발현을 이루는 경우 B 유전자를 조건유전자라 정의한다. 조건유전자는 유전자 상호작용이 열성상위이며 이때의 F_2 분리비는 9:3:4 이다.
㉣ 피복유전자는 두쌍의 비대립유전자간 한 우성 유전자가 다른 우성유전자의 발현을 막고 자신의 고유 특성만 발현하는 유전자를 말한다. F_2 분리비는 12:3:1 이다.
㉤ 동의유전자는 유전자의 형질발현에 있어 2쌍 혹은 더 많은 유전자가 동일 방향으로 작용하는 일군의 유전자를 의미한다. 동일 방향 작용 유전자가 누적효과가 나타나는 경우 복수유전자, 누적효과가 없는 경우 중복유전자라 한다. 복수 유전자의 F_2 분리비는 9:6:1, 중복유전자의 F_2 분리비는 15:1 이다.
㉥ 억제유전자는 두쌍의 비대립유전자간 자신은 어떤 형질도 발현하지 못하고 다른 우성유전자의 작용을 억제시키는 유전자이다. F_2 분리비는 13:3 이다.
㉦ 변경유전자는 어떤 형질을 발현하는데 있어 주작용을 하는 유전자를 주동유전자, 주동유전자의 형질발현을 조절하는 유전자를 변경유전자라 한다. 변경유전자는 주동유전자가 있어야 존재하며 없을 경우 존재하지 않는다.
㉧ 열성상위는 물질을 생성하는 유전자 A와 그 물질에 작용하여 새로운 물질을 만드는 유전자 B가 있을 경우를 말한다.

12. 치사유전자
① 치사유전자는 정상적 수명 이전의 특정시기에 개체를 죽게 하는 유전자이다.
② 치사유전자는 유전물질에 결함이 생겨 돌연변이가 발생하여 나타난다.

③ 치사작용의 시기 및 양상에 따라 배우자치사유전자, 접합자치사유전자, 반성치사유전자, 평형치사유전자로 분류된다.
④ 접합자치사유전자는 열성치사유전자, 우성치사유전자, 아치사유전자, 완전치사유전자로 분류된다.

13. 멘델의 유전법칙

(1) 멘델의 유전법칙 일반
① 멘델(Mendel, 1822~1884)은 완두를 재료로 유전이 일정한 법칙에 의한다는 유전법칙을 발표하였다.
② 1900년대에는 네덜란드의 드브리스(De vries), 독일의 코렌스(correns), 오스트리아의 체르마크(tschermak)가 멘델의 유전법칙을 연구하였다.
③ 작물 유전의 돌연변이설을 주장한 드브리스(De vries)는 달맞이꽃을 재배하여 새로운 변종들이 무작위로 생기는 것을 통해 학설을 주장하였다.

(2) 멘델의 유전법칙 내용
① 한가지 유전형질은 하나의 유전적 단위에 의해 지배된다.
② 유전자는 배우자를 통해 양친에서 자손으로 전달된다.
③ 개체는 한가지 유전형질에 대하여 한 쌍의 유전자를 가진다. 하나는 부계, 하나는 모계에서 온다.
④ 개체가 배우자를 만들 때 한 쌍의 유전자는 서로 독립적으로 분리된다.
⑤ 배우자는 서로 자유롭게 결합한다.
⑥ 유전자는 변화하지 않으며 다른 유전자에 영향을 받지 않는다.
⑦ 한쌍의 대립유전자에 형질발현에 있어 한쪽은 우성이고 한쪽은 열성이다.

(3) 멘델의 유전법칙
① 지배의 법칙
㉠ 멘델의 제1유전법칙이며 잡종 1세대(F_1)에서 우성형질만 나타나고 열성형질은 나타나지 않는다.
㉡ F_1은 유전자조성이 Aa 와 같이 언제나 이형접합이므로 지배의 법칙은 유전자형이 헤테로(hetero)에 적용된다.
㉢ 멘델은 양친을 바꾸어서 교배하는 정역교배를 통해 결과를 증명하였다.

ⓔ 우성이 열성을 지배한다고 하여 우성의 법칙 혹은 우열의 법칙 이라고도 한다.
② 분리의 법칙
　ⓐ 멘델의 제2유전법칙으로 잡종 2세대(F_2)에서 우성과 열성의 두 형질이 일정 비율로 분리된다.
　ⓑ 한 쌍의 대립유전자가 관여하는 경우 우성과 열성은 3:1의 비율로 분리된다.
　ⓒ 멘델은 검정교배를 실시하여 이를 입증하였다.
　ⓓ 검정교배는 F_1을 그 형질에 대하여 열성인 개체와 교배하는 것으로 어떤 개체의 유전자형과 배우자의 분리비를 알 수 있다.
③ 독립의 법칙
　ⓐ 멘델의 제3유전법칙으로 다른 염색체상에 있는 두쌍이나 두쌍 이상의 대립유전자가 간섭받지 않고 후대로 전해진다.
　ⓑ 서로 다른 염색체 상에 두 쌍의 대립유전자에 의해 지배되는 형질은 F_2 분리비는 9:3:3:1 로 분리되며 F_1의 배우자 분리비는 1:1:1:1 이다.

14. 정역교배 및 검정교배

① 정역교배
　ⓐ 양친의 암수를 서로 바꾸어 교배하는 것을 말한다.
　ⓑ A를 자방친, B를 화분친으로 교배하여 한편으로 B를 자방친으로 하고 A를 화분친으로 하여 교배한다.
　ⓒ 정역교배는 F_1이 자방친의 특성만을 닮는다면 세포질적 유전을 나타내는 것이다.

② 검정교배
　ⓐ 검정교배는 어떤 개체의 유전자형이나 배우자분리를 알고자 열성인 개체와 교배하는 것을 말한다.
　ⓑ 검정교배에서 F_1 양친 중 열성과 교배한다.
　ⓒ 단성잡종의 검정교배에서는 형질의 분리비가 1:1 로 나타나고 양성잡종의 검정교배에서 형질의 분리비는 1:1:1:1 로 나타난다.

15. 연관의 강도 및 교차가

① 연관
　ⓐ 한 염색체상에서 2개 이상의 유전자가 위치하고 있을 때 이들 유전자는 연관되어 있다고

말한다.
- ⓛ 동일염색체상에서 2개 이상의 유전자가 연관되어 있어야 하고 이 유전자들은 n 핵상의 염색체만큼 연관군을 이루고 있다. 이때 양친과 다른 유전자형이 전혀 생기지 않는 경우 완전연관이라 하고 양친과 다른 유전자형의 배우자가 조금이라도 생기는 경우 부분연관이라 한다.
- ⓒ 유전자의 연관 상태에 따라 상인과 상반으로 구분한다. 상인은 우성유전자와 우성유전자가 연관된 경우, 상반은 우성유전자와 열성유전자가 연관된 경우이다.
- ⓔ 2개 이상의 유전자가 다른 염색체상에 위치하면 멘델의 독립의 법칙이 적용되나 2개 이상의 유전자가 동일한 염색체상에 위치하며 집단적인 양상을 보인다.
- ⓜ 자가수정작물에 연관 유전을 할 경우 고정형 신조합 출현 빈도가 독립유전자의 경우보다 적으며 교차율이 낮을 수록 더 저하된다.

② 교차가
- ⓘ 연관되어 있는 유전자들이 헤테로로 되어 있을 때 형성되는 전체 배우자 중에서 조환형 배우자의 비율을 조환가 또는 교차가라 한다.
- ⓛ 조환가가 적으면 조환형이 적게 나타나고 조환가가 크면 조환형이 많이 나타난다.
- ⓒ 조환가(%) = $\dfrac{교차형(조환형)}{교차형(조환형) + 비교차형(부모형)} \times 100$

16. 교차 및 조환

① 상동염색체 위에 연관되어 있는 AB 와 ab 유전자가 교차에 의해 서로 짝을 바꾸면서 Ab 와 aB 로 나누어지는 경우를 조환이라 한다.
② 염색분체간 부분교환이 일어나 조환이 생기는 경우를 교차라 한다.
③ 교차가 일어나는 시기는 제1감수분열 전기에 상동염색체가 접합하여 2가염색체가 생성되는 시기이다.
④ 같은 염색체 위에 두 유전자가 연관되어 있을 때 교차가 일어나 양친과 다른 유전자 조합을 가지는 배우자를 조환형이라 한다.
⑤ 상인의 경우 AB/ab 이므로 조환형은 Ab 와 aB가 되며, 상반은 Ab/aB 이므로 조환형이 AB 와 ab가 된다.

17. 염색체 수

① 이수성
　㉠ 염색체 조성이 2n 인 개체에서 감수분열 과정에서 한 두 개의 상동염색체가 완전히 분리되지 않아 n+1 혹은 n-1 인 배우자가 형성된다. 이들 배우자가 정상적인 n 상태의 배우자와 수정되어 수정된 개체가 2n+1 이나 2n-1 인 염색체가 되는 경우를 이수성이라 한다.
　㉡ 2n-1 을 단염색체, 2n+1을 3염색체, 2n+2를 4염색체라 한다.

② 배수성
　㉠ 생물종이 가지는 게놈의 증감 현상을 배수성이라 한다.
　㉡ 동일 종류의 게놈이 증가되는 경우 동질배수체라 하며 이종 게놈이 첨가되어 배수성을 되는 경우를 이질배수체라 한다.
　㉢ 이배체 : 2벌로 된 염색체로 양친의 염색체에서 한 쌍씩의 짝을 이루는 상동염색체이다.
　㉣ 반수체 : 체세포 염색체수의 반을 가지고 성세포나 배우자로 완전 불임성이다.
　㉤ 동질배수체 : 동종의 게놈이 배가된 것으로 형질의 확대현상이 나타난다.
　㉥ 이질배수체 : 복이배체(복2배체)라 하며 서로 다른 종류의 게놈이 배가되어 배수체를 만든 것이다. 복이배체의 이용성이 높으며 육성초기 높은 불임성을 가진다.
　㉦ 트리티케일(Triticate) : 밀과 호밀을 인공교배하여 만든 이질배수체로 속간잡종이다.

18. 염색체의 구조 변화

① 절단
　염색체의 특정 부분이 잘라지는 현상으로 염색체가 증가한 것처럼 보인다.

② 결실
　염색체가 절단되어 생겨난 염색체 단편이 소멸 되서 정상적인 염색체에 비해 절단된 부분만큼 염색체의 내용이 적어진다.

③ 중복
　염색체 절단에 의해 발생한 염색체 단편이 그 상동염색체의 다른 부분에 붙어 달라붙은 만큼 과잉으로 더 가지게 되는 현상을 말한다.

④ 전좌

   염색체가 절단되어 그 단편이 비상동염색체 일부로 이동하여 유합되는 현상을 말한다

⑤ 역위

   한 염색체의 2개 부분에서 절단이 일어나 중간부분이 180° 회전하여 다시 유합된 것을 말한다.

19. 양적형질
① 양적형질(quantitative character)은 길이, 넓이, 무게 등 계측 할수 있는 형질을 말한다.
② 양적형질의 특성은 F_2 표현형이 여러 가지 정도로 표현되고 연속변이이다.
③ 양적형질은 복수유전자나 폴리진(polygene)계에 의해 지배된다. 형질변이를 분석하는데 있어 집단의 평균, 분산, 표준편차 등 통계학적 방법을 활용한다.
④ 양적형질은 질적형질보다 얻기 쉬운편이고 전달이 쉽다.

20. 질적형질
① 질적형질은 양적으로 표현할 수 없는 형질을 말한다.
② 환경의 영향을 적게 받으며 형질의 특성이 몇가지 종류로 뚜렷하게 구분된다.
③ 질적형질의 특징은 F_2 표현형이 몇 가지 종류로 구분되어 개수, 비율에 의해 표현형 구분이 가능하다.
④ 불연속변이하며 소수의 주동유전자에 의해 지배되어 단인자 효과의 측정이 가능하다.
⑤ 동일 형질이라도 측정기준에 따라 양적형질로 취급가능하다.

21. 폴리진
① 각각의 유전자 작용은 약하나 여러 개가 함께 작용하여 양적으로 나타나는 형질의 발현에 관계되는 유전자군을 폴리진(polygene)계라 하고 개개의 유전자를 폴리진(polygene)이라 한다.
② 연속변이의 원인이 되는 유전자로 각각의 폴리진은 그 작용이 환경변이보다 작고 동일효과를 가지며 같은 방향으로 작용된다.
③ 형질의 유전에 관여하는 많은 수의 좌위에서 분리가 일어나며 폴리진에 의해 형질의 발현은 집단 구성원에 작용하는 환경 차이에 의해 변화되기도 한다.

22. 도입육종법

① 육종방법은 육종의 소재가 되는 변이의 작성방법, 선발방법, 작물의 번식법 등에 따라 달라진다. 육종목표와 육종재료 및 목표형질의 유전양식에 따라 육종의 목표 및 규모가 결정된다.
② 도입육종은 외지에서 들여온 수종으로서 생산의 증진을 꾀하는 육종방법이다.
③ 외국품종을 도입하기에 식물방역에 신경을 써야 한다.
④ 비용이 적게 들고 단시간에 신품종을 얻을 수 있다.
⑤ 도입육종의 과정은 크게 검역, 평가, 증식의 과정을 거친다.

23. 분리육종법

(1) 분리육종법(선발육종법)

① 지방종, 재래종 혹은 재배품종을 대상으로 서로 다른 개체나 개체군을 분리하고 그로부터 우량 형질을 가진 것을 골라 새로운 품종으로 고정하는 육종방법이다.
② 재래종이나 지방종은 한 지역에서 예로부터 재배되어 온 것을 말하기도 하며 하나의 품종으로 보기도 한다. 대부분 재래종은 일종의 고정종에 속한다.
③ 분리육종법의 주대상은 지방종이나 재래종이다.
④ 분리육종법은 순계분리법, 계통분리법, 영양계분리법으로 나눌수 있다.
⑤ 자가수정작물의 분리육종법은 순계분리법이고 타가수정작물의 분리육종법은 계통분리법이다. 영년생과 영양번식 작물의 분리육종법은 영양계분리법이다.

(2) 순계분리법

① 순계는 동일한 유전자형으로 구성된 집단으로 순계 내에서의 선발은 효과가 없다는 것이 요한센(Johannsen)의 순계설이다.
② 완전히 자가수정하는 작물의 한 개체에서 나온 자손을 순계라 하며 순계는 유전적으로 동형접합체이다. 자식성 작물이 자가수정을 계속하면 동형접합성이 증가하게 된다.
③ 기본 집단에서 우수한 형질을 가진 개체를 계속 선발하여 우수한 순계를 선발하는 방법으로 자가수정작물에 이용된다.
④ 타가수정작물에서 근교약세를 나타내지 않는 작물은 순계분리법을 적용할 수 있는데 이때 순계를 얻기 위해 인공수분에 의한 교배가 필요하다.
⑤ 근교약세는 잡종 F_1에서 나타났던 잡종강세가 자식 혹은 근계교배를 계속함에 따라 현저하게 생활력이 감퇴되는 현상으로 자식약세라 하며 주로 타가수정작물에서 나타난다.

⑥ 순계 내에 변이는 환경에 의해 방황변이로 선발의 효과가 없다. 순계분리법에서 방황변이와 유전적 변이를 구별하기 위해 후대검정을 한 다음 생산력 검정을 한다.

(3) 계통분리법
   ① 집단을 대상으로 선발을 계속하여 우수한 계통을 분리하는 방법이며 순계분리법과 같이 완전한 순계를 얻기는 어렵다.
   ② 자가수정작물의 채종에서 단기간에 순수한 집단을 얻을 수 있어 품종의 특성을 유지하는 데 적합하다.
   ③ 계통분리법은 집단선발법, 계통집단선발법, 성군집단선발법, 1수1렬법, 모계선발법, 가계선발법이 있다.
      ㉠ 집단선발법
         • 체나 계통의 집단을 대상으로 선발하는 방법으로 타가수정작물에 많이 이용된다.
         • 타가수정작물에는 기본집단에서 비슷한 우량개체들을 집단선발하여 집단재배하는 과정을 3년간 계속하고 다음 격리포장에서 증식하여 생산력 검정시험 등을 하여 새품종을 결정한다.
         • 자가수정작물에 발수법이 이용되는데 원품종 중에서 이형을 없애는 정도로 국한되며 순계선발법 때와 같이 유전자형을 개량하는 효과는 거의 없다.
      ㉡ 계통집단선발법
         • 계통의 집단을 대상으로 선발하는 방법으로 집단선발법과 방법은 유사하나 양적형질의 선발은 개체를 대상으로 할 수 없어 선발한 개체를 계통재배하고 그 계통을 비교하여 양적형질을 선발한다.
         • 자가수정작물에서 원원종포에서 우량품종이나 육성된 신품종의 특성을 유지하기 위해 적용하는 방법이다.
      ㉢ 성군집단선발법
         • 집단선발법을 특성의 차이가 있는 몇가지 군으로 분류하여 실시한다.
         • 단시간 내 비교적 특성이 균일한 계통을 얻을수 있으며 집단선발법 보다 우수한 유전자형을 얻을 수 있다.
      ㉣ 1수1렬법
         재료집단에서 선발한 우량개체를 격리포장에서 1수1렬로 재배하면서 우량 계통을 선발하는 육종법이다.
      ㉤ 직접법
         각 지방에서 선발한 우량개체의 자수(암이삭)를 격리포장에서 1수1렬로 재배한다.

(4) 영양계분리법

과수류, 화목류, 임목 등의 목본작물이나 고구마, 감자 등 영양체로 번식하는 작물의 우량 영양체를 분리하여 이용하는 방법이다.

24. 교잡육종법

(1) 교잡육종법의 이론적 근거
① 교잡육종법은 육종의 소재가 되는 변이를 교잡을 통해 얻는 방법이다. 품종간, 종속간 교잡에 의해 유전적 변이를 작성하여 그 중에 우량 계통을 선발하여 신품종으로 육성하는 것이다.
② 양친의 우량형질을 신품종에 모아 신품종의 재배적 특성을 종합적으로 향상시키는 것을 조합육종이라 한다. 조합육종은 교배육종에서 두 개의 품종이 각각 별도로 가지고 있는 유용 형질을 한 개체 속에 새롭게 조합시킬 목적으로 교배하는 것을 말한다.
③ 양친이 가지고 있지 못하던 새로운 우량형질을 신품종에 발현시키는 것을 초월육종이라 한다. 초월육종은 교배육종에서 양친이 가지고 있는 유전자의 특수한 상호작용을 이용하여 양친의 어느 편에도 가지고 있지 않은 새로운 우량형질을 발현하는 것이다.
④ 교잡육종법은 멘델의 유전법칙에 근거로 성립하여 가장 널리 사용되는 방법이다.
⑤ 교잡육종법은 계통육종법, 집단육종법, 여교잡육종법, 파생계통육종법 등이 있다.

(2) 계통육종법
① 계통육종법은 교배를 하여 잡종을 만들고 그 분리세대인 F_2 이후부터 계속 개체선발을 하고 선발된 개체를 개체별 계통재배를 되풀이 하면 그들 계통을 서로 비교하여 우량한 계통을 선발, 고정하여 순계를 만들어 가는 방법으로 자가수정작물의 대표적인 육종방법이다.
② 계통육종법은 질적형질이나 유전력이 높은 양적형질의 개량에 효과적인 육종법이다.
③ 잡종에 있어서 형질분리, 유전자 조환이 멘델의 유전법칙에 따라 표현되는 것을 기대하여 체계화된 가장 기본적 육종법이다.
④ 교배육종의 성패를 좌우하는 교배모본의 선정에 있어 품종의 특성조사성적, 형질의 유전자분석결과, 육종실적을 검토하여 과거 주요품종을 양친 중 한 모본을 선택하여 교배를 통해 조합능력을 검정한다. 과거의 주요품종을 양친 중의 한 모본으로 선택하기에 양친의 유전적 조성 차이가 작아야 한다.
⑤ 계통의 재배 세대구가 증가할수록 양적형질에 대한 유전력이 증가하여 선발이 용이하다.

⑥ 계통육종법의 경우 인공교배, F_1 양성, F_2 전개와 개체 선발, 계통육성과 특성검정, 생산력 검정, 지역적응성 검정 및 농가실증시험, 종자증식, 농가보급의 순서로 진행된다.

(3) 집단육종법

① 집단육종법은 교배를 하여 잡종을 만들고 잡종 초기세대에 선발을 하지 않고 집단채종이나 혼합재배를 하여 수세대를 거쳐 개체가 순종이 되었을 때 선발을 시작하는 육종법이다. 선발을 시작하면 이후 육종 과정은 계통육종법에 준한다.

② 수량과 같이 재배적으로 중요한 양적형질은 많은 유전자가 관여하고 초기 분리세대에서 잡종강세를 나타내는 개체가 많고 환경의 영향을 받기 쉽다.

③ 집단육종법은 수세대 후 개체를 선발하기에 잡종강세 개체를 선발할 가능성은 적으나 세대를 거듭할수록 많은 개체를 유지할 필요가 있다.

④ 집단육종법은 수량형질에 관여하는 미동유전자의 집적을 목적으로 할 경우 주로 사용되며 계통 육종법과 벼, 보리 등 자가수정작물의 육종방법으로 활용된다.

⑤ 대부분의 개체가 고정될 때까지 선발하지 않고 실용적으로 고정되었을 후기 세대에서 선발한다.

⑦ 생산력 검정에 이르기 위한 육성계통의 세대수를 보면 집단육종법은 대체적으로 육성계통의 세대수가 다른 육종법에 비해 많이 소요된다. 일반적으로 계통육종법은 F_3 세대부터, 집단육종법은 $F_6 \sim F_7$ 세대이다.

⑧ 집단육종법은 선발을 위한 노력이 절감되며 유용유전자에 대한 상실의 가능성이 적다.

(4) 여교잡육종법

① 여교잡육종법은 양친의 제1대 잡종에 양친 중 한쪽의 유전자형을 가진 개체를 교잡하고 이것을 수세대 반복하여 우량개체를 선발하는 방법이다. 여교잡육종법은 연속적으로 교배하면서 목표형질만을 선발하므로 육종효과가 있으나 목표형질 이외 다른 형질의 개량을 기대하기 어렵다.

② 여교잡육종법은 (A×B)×B, (A×B)×A, [(A×B)×B]×B 등의 형식이며 한번 교잡시킨 것을 1회친, 두 번 이상 교잡시킨 것을 반복친이라 한다.

③ 여교잡육종법의 경우 내병성 품종을 육성하거나 유전자의 연관관계를 규명하는데 흔히 사용되며 육종의 시간과 경비를 절약하는 장점이 있다.

④ 교배방향은 반복친을 자방친으로 사용하는 것이 교배의 성공 여부 확인이나 개화기 조절 및 교배종자 확보와 임성회복에 유리하다. 원연품종간 교배로 잡종의 불임성이

높은 경우 F_1 자방친으로 사용하는 편이 효율적이다.
⑤ 여교배육종을 위해서는 만족할 만한 반복친이 있어야 하고 이전형질의 특성이 변하지 말아야 하며 반복친의 특성을 충분히 회복해야 한다.
⑥ 여교잡은 자식에 비해 분리되는 유전자형의 종류수가 적다.
⑦ 여교잡은 호모의 비율이 동일하고 희망유전자의 출현비율이 높다.
⑧ 여교잡은 불량유전자의 제거확률이 높다.
⑨ 자식과 여교잡의 세대 관계는 다음과 같다.

자식	여교잡
F_1	F_1
F_2	BC_1F_1
F_3	BC_2F_1
F_4	BC_3F_1

⑩ 여교잡 횟수에 따른 반복친의 유전구성은 다음과 같이 구하도록 한다.
$1 - (1/2)^{n+1}$
n : 여교잡 횟수

(5) 파생계통육종법

① 파생계통육종법은 F_2나 F_3에서 교배조합별로 계통선발을 하여 파생계통을 만들고 F_5정도까지 파생계통별로 집단선발을 하면서 불량계통을 도태하며 F_6에서 다시 계통선발을 하고 F_7에서 계통의 순도검정을 하며 이후 계통의 생산력 검정을 통해 신품종으로 육성한다.
② 파생계통육종법은 분리 초기인 F_2나 F_3 집단에 내병성, 조만성 등 생리적 형질과 질적형질에 대해서 선발하고 계통별 집단재배를 몇 세대 거친후 개체 선발하는 육종방법이다.
③ 파생계통육종법은 계통육종법과 집단육종법의 장점을 절충한 방법이다.

(6) 인공교배법

① 다른 품종이나 계통 사이 양친을 삼아 꽃가루를 인공으로 교배함으로 1대 잡종 종자를 생산하는 방법으로 수박, 오이, 호박, 참외 등과 같은 박과채소나 토마토, 가지 등의 일부 가지과 작물에 이용된다.
② 꽃가루를 인공배양하여 동형접합률이 높은 계통을 얻어 결실률과 품질이 높일수 있다.
③ 벼의 조생종과 만생종을 교배시키는 경우 벼는 단일식물이므로 만생종을 단일처리하여

개화를 촉진한다.
④ 인공교배에는 개화기 조절, 제웅 및 제정, 꽃가루 검사, 배배양법 등의 기술적 처리가 요구된다.
  ㉠ 개화기조절
    - 조생종은 파종기를 늦추고 만생종은 파종기를 앞당기는 등 파종기를 조절한다.
    - 질소질비료를 많이 사용하면 개화시기가 늦어진다.
    - 5℃ 이하 저온처리를 통해 개화시기를 늦춘다.
    - 장일식물과 단일식물에 일정 처리를 통해 개화기를 조절한다.
    - 과수류와 같이 접목을 통해 개화를 촉진한다.
  ㉡ 제웅법
    - 절영법 : 벼, 보리 등 영의 선단부를 잘라 꽃밥을 제거한다.
    - 개열법 : 콩, 고구마 등 꽃망울 때 꽃밥을 제거한다.
    - 화판인발법 : 콩, 자운영 등 꽃망울 끝의 꽃잎을 꽃밥과 함께 뽑아낸다.
  ㉢ 제정법
    - 암술의 기능을 유지하면서 수술의 기능을 상실시키는 방법이다.
    - 온탕제정법, 저온처리법, 수세법, 알코올 침윤법 등의 방법이 있다.
  ㉣ 배배양법
    종, 속간 잡종 등 원연간의 잡종에서는 수정 후 배의 인공배양이 필요하다.

25. 잡종강세육종법

(1) 잡종강세의 표현
  ① 잡종강세 표현
    ㉠ 잡종강세는 잡종 자손의 형질이 부모보다 우수하게 나타나는 현상이다. 잡종강세가 왕성하게 나타나는 1대잡종 자체를 품종으로 이용하는 것을 잡종강세육종법이라 한다.
    ㉡ 잡종강세 표현은 작물 및 형질에 따라 일정하지 않으나 일반적으로 생장 발육의 증대, 내용 성분 함량의 변화, 개화 및 성숙의 촉진, 불량한 환경에 대한 저항성 증진 등으로 나타난다.
    ㉢ 잡종강세는 주로 1대잡종(F_1)에서만 나타나고 자식을 하면 잡종강세의 정도가 갈수록 떨어지면서 근교약세가 나타난다.
    ㉣ 1대잡종(F_1)의 경우 단위 면적당 재배에 소요되는 종자량이 적은 것이 유리하고

한 번의 교잡으로 많은 종자를 생산하는 것이 좋다.
        ⑩ 잡종강세의 경우 단위면적당 요구되는 종자량은 적어야 하며 교잡 조작이 쉬워야 한다.
    ② 타가수정작물의 잡종강세육종
        ㉠ 타가수정작물은 생식체계상 잡종을 만들기 쉽고 유전적으로 헤테로 상태이므로 잡종강세가 크게 나타난다.
        ㉡ 타가수정작물의 잡종강세육종법은 품종간 교잡에 의한 육종법, 자식계통간 교잡에 의한 육종법이 있다.
        ㉢ 품종간 교잡법은 잡종종자를 생산하기 쉬우나 잡종강세 발현과 균일성이 낮아진다
        ㉣ 잡종강세 발현과 균일성을 높이려면 자식계통간 교잡법이나 근친계통간 교잡법을 이용한다.
        ㉤ 품종간교잡종은 근친계통간 교잡법에 비해 수량성은 떨어진다.
        ㉥ 자식계통간 교잡에 의한 육종법에서 자식계통을 육종하고 그 계통의 조합능력을 검정하여 조합능력이 높은 우량 교배조합을 선정하는 과정으로 진행된다.
    ③ 잡종종자 생산을 위한 우량 조합
        ㉠ 단교잡
            • 두 개 품종 또는 두 개 계통간의 교배로 A×B 이다.
            • 관여하는 계통이 2개뿐이라 우량 조합의 선정이 용이하고 잡종강세 현상이 뚜렷하다.
            • 각 형질이 균일하고 불량형질이 나타나는 일이 적다.
            • 종자의 생산량이 적고 종자의 발아력이 약한 편이다.
        ㉡ 복교잡
            • 두 개의 단교배로 F_1 끼리 교배하며 [(A×B)×(C×D)] 이다.
            • 단교잡법보다 품질의 균일성이 떨어지나 채종량이 많고 종자가 크다.
            • 사료용 옥수수 등의 대규모 재배에 유리하다.
        ㉢ 삼계교잡
            • 단교배 F_1과 어떤 품종과 교배로 (A×B)×C 이다.
            • 삼계교잡은 삼계교배, 3원 교잡이라고도 한다.
            • 단교잡을 모본으로 자식계통을 부본으로 한다.
            • 종자의 생산량이 많고 잡종강세 현상이 뚜렷하나 균일성은 낮다.
        ㉣ 다계교잡
            • 많은 계통 간 잡종을 만드는 것으로 A×B×C×D×E×F 이다.

- 복교잡보다 생산력은 낮으나 종자를 생산하기 편리하다.
◎ 합성품종
- 다계교잡의 후대를 그대로 품종으로 이용하는 것으로 A×B×C×...×N 이다
- 조합능력이 우수한 많은 계통을 혼합하여 몇 해 동안 자유교잡시키거나 격리포장에서 자유교배 하에 다계교잡을 한 다음 집단선발법에 의해 몇 해 동안 채종을 계속한다
- 단교잡종이나 복교잡종 보다 수량이 떨어지고 세대를 거듭할수록 생산력이 저하된다.
- 합성품종은 매년 잡종종자를 생산할 필요가 없고 채종방법이 간단하며 환경 적응성이 커서 환경변화에 대한 안전성이 높다
- 주로 목초류에서 사용된다

(2) 조합능력

① 잡종 F_1이 나타내는 잡종강세 정도를 조합능력이라 하고 일반조합능력과 특정조합능력이 있다.

일반조합능력	어떤 계통과 조합되어도 높은 잡종강세가 표현되며 우성유전자의 집적 정도를 검정한다.
특정조합능력	특정 계통과 조합될 때만 높은 잡종강세가 표현되며 특정 계통 간의 유전자 상호작용 정도를 검정한다.

② 조합능력을 검정할 때 조합능력을 알고자 하는 대상 계통과 교배하는 기준 계통을 검정친이라 한다.
③ 단교잡의 검정친은 자식계통이 되고 톱교잡의 검정친은 자유수분을 하는 품종으로 한다.
④ 조합능력을 검정하는 방법은 단교배검정, 톱교배검정, 다교배검정, 이면교배검정 등이 있다.
  ㉠ 단교배검정은 일정 자식계를 다른 여러 자식계와 교잡하여 여러 자식계들의 특정조합능력을 검정한다.
  ㉡ 톱교배검정은 자유수분하는 품종을 검정친으로 하여 여러 자식계들의 일반조합능력을 검정한다.
  ㉢ 이면교배는 여러 자식계를 둘씩 조합하거나 교배하여 특정조합능력과 일반조합능력을 검정한다.
  ㉣ 다교배검정은 다년생 영양번식작물에 사용하는 방법으로 검정하려는 영양계를 자식하지 않고 그대로 일정 검정친에 수분시켜 능력을 검정한다.
  ㉤ 이면교배검정은 조합능력 검정에서 환경에 의한 오차를 적게하여 양친의 유전자형과 조합능력을 추정하는 방법으로 일반조합능력, 특정조합능력을 생물 통계학적으로

추정한다.
⑤ 조합능력의 검정은 톱교배에 의해 일반조합능력에 대한 선택을 하고 다음 단교배에 의해 특정조합능력에 대한 선택을 하는 것이 우량 자식계통을 육성하는데 유리하다.
⑥ 계통의 조합능력을 개량하는 방법에는 선발육종법, 여교잡법, 계통간교잡법, 집중개량법 등이 있다.
⑦ 선발육종법은 누적선발법, 순환선발법, 상호순환선발법 등이 있다.
  ㉠ 누적선발법
    자식 초기 계통선발과 $S_3 \sim S_4$ 이후 톱교배 및 계통간 교잡에 의한 검정을 거친 후 근계교배에 의해 우량계통을 육성한다.
  ㉡ 순환선발법
    한 자식 계통 집단 내에서 개체의 조합능력검정을 하고 선발, 육성된 계통의 자유교배를 되풀이하여 자식계통의 능력을 개량한다. 순환 선발법은 3년을 1기로 하여 같은 조작을 되풀이 한다.
  ㉢ 상호순환선발법
    2개의 잡종 품종을 재료로 하여 상호 순환적으로 계통의 능력을 개량해 간다. 한 집단에서 부본을 취하면 다른 집단에서 모본을 취하여 상호교배하고 우수한 부본을 선발하여 그들간의 자유교배로 계통능력을 개량한다.

26. 배수성육종법

(1) 배수성육종법
  ① 배수성육종법은 염색체 수를 늘리거나 줄여 생겨나는 변이를 육종에 이용하는 방법이다.
  ② 이수성은 한 게놈을 구성하는 염색체에서 1개 혹은 여러 개의 염색체가 증감하는 현상을 말한다.
  ③ 배수성은 같은 게놈이나 다른 게놈을 중복적으로 가지는 현상을 말하며 반수체는 n, 2배체는 2n, 3배체는 3n 이라 한다.

(2) 동질배수체
  ① 동질배수체는 종내에서 게놈의 직접증가로 생긴 배수성이다.
  ② 기본 게놈의 배수정도에 따라 동질 3배체, 동질 4배체 등의 이름으로 불리운다.
  ③ 동질배수체는 핵과 세포가 커지고, 영양기관의 발육이 왕성하여 거대화하고, 화서 및 종자가 대형화한다.

④ 동질배수체는 임성이 저하되고 착과성이 감퇴하며 발육이 지연 된다.

(3) 동질배수체의 이용
① 인위적으로 염색체를 배가시켜 동질배수체를 작성하려면 콜히친(colchicine)처리법을 이용해야 한다.
② 동질배수체 육종에 있어 배수체가 되면 임성이 저하되는 단점이 있다.
③ 콜히친 처리방법은 침지법, 적하법, 분무법, 라노린법, 우무법이 있다.
④ 콜히친을 종자나 세포분열이 왕성한 식물체의 생장점 부위에 처리하면 분열상태의 세포의 방추사, 세포막의 형성을 저해하고 복제된 염색체가 양극으로 분리되는 것을 방해하는 작용을 한다.
⑤ 아세나프텐은 배수체 작성에 사용되는 콜히친의 분자구조를 기초로 발견되었으며 아세나프텐을 처리하여 배수체를 양성한다.

(4) 이질배수체의 이용
① 다른 종속의 게놈을 동일 종속의 개체에 도입 및 보유시켜 실용적 가치를 높인 신형작물을 만들 때 이질배수체를 이용한다.
② 이질배수체 중 복이배체가 가장 이용성이 높으나 복이배체의 육성 초기에 높은 불임성이 나타난다.
③ 이질배수체를 이용하면 이종 게놈이 가지고 있는 유용인자를 도입할 수 있는 장점이 있으나 이종 간 복잡한 유전자 관계로 형질분리가 정상적으로 이루어지지 않는 단점이 있다.

27. 돌연변이육종법

(1) 돌연변이
① 유전적 변이가 교잡에 의해 나타나는 경우 교잡변이라 하며 교잡이 아닌 다른 원인에 의한 경우 돌연변이라 한다.
② 돌연변이는 변이의 대상이 되는 유전질에 따라 유전자돌연변이, 염색체돌연변이, 아조변이, 키메라 등으로 구분된다.
③ 아조변이는 체세포돌연변이의 일종인데 식물의 줄기와 가지의 생장점 세포가 돌연변이를 일으킨 것으로 과수류의 신품종 육성에 이용된다.
③ 돌연변이는 식물에 없던 형질이 유전자나 염색체 수의 변화에 의해 생겨난 것으로 자연적

돌연변이와 인위적 돌연변이가 있다.
④ 자연상태에서 자연적 돌연변이 발생은 작물의 종류에 따라 다르나 유전자당 $10^{-6} \sim 10^{-5}$ 정도의 빈도로 나타난다.
⑤ 인위적 돌연변이는 방사선조사, 방사성 동위원소 처리, 화학약품 처리 등으로 유발이 가능하다.
⑥ 방사선을 이용한 돌연변이육종법에서는 γ 선(감마선)이 가장 많이 이용된다.
⑦ 방사선을 처리한 종자에서 돌연변이를 일으켜 발아한 식물체를 M_1 세대라 한다.
⑧ 자식성 식물의 돌연변이육종은 M_1 세대에서 양성하고 M_2 세대에서 선발하여 계통재배한 다음 M_3 세대에서 돌연변이 고정도를 조사하고 M_4 세대에서 생산력을 검정한다.

(2) 돌연변이육종법 특징
① 새로운 유전자를 창성할 수 있다.
② 단일유전자를 치환할 수 있다.
③ 헤테로(hetero)로 되어 있는 영양번식작물에서 유전적 변이를 작성할 수 있다.
④ 임성을 향상시킬 수 있다.
⑤ 교잡육종의 새로운 재료를 만들 수 있다.
⑥ 염색체를 절단하여 연관군 내 잘 분리되지 않는 유전자를 분리할 수 있다.
⑦ 방사선이나 화학약품의 처리에 의해 자가불화합성을 화합성으로 하고 임성을 향상시켜 자식계나 근교계를 육성하여 잡종강세육종법에 적용할수 있다.

(3) 약배양육종법
① 양친을 교배한 F_1 식물체에 형성되는 화분이나 자방의 유전자형은 반수체이다. 이 반수체를 염색체 배가시키면 순계가 유전적으로 고정되어 품종으로 분리할 수 있다.
② 식물체의 화분이나 약을 채취 및 배양하여 반수체, 반수체성 배를 생산하는 방법을 약배양육종법이라 한다.

(4) 돌연변이 종류
① 점돌연변이
  ㉠ 점돌연변이는 유전자 서열 중 한 개의 염기가 바뀌어 생기는 돌연변이이다.
  ㉡ 하나의 뉴클레오타이드가 변환되어 나타나는 돌연변이로 DNA 전사 단계에서 특정 단백질의 생성을 막거나 변형시킨다.

ⓒ 유전자 수준에서 가장 작은 변화로 DNA 염기서열에서 한쌍만 변화한다.
② 복귀돌연변이
  ㉠ 복귀 돌연변이는 돌연 변이를 일으킨 유전자가 다시 변이를 일으켜 원상으로 되돌아가는 돌연변이이다.
  ㉡ 변이를 일으킨 유전자 이외의 유전자에 일어난 새로운 변이에 의해서 외견상 표현형이 회복하는 경우는 포함하지 않는다.

28. 생산력 및 지역적응성 검정

(1) 지역적응성 검정
  ① 생산력 검정 본시험에 선발된 우량계통에 대해 여러 환경 조건에서 적응성과 변이 정도를 검토할 목적으로 환경이 다른 시험지에 실시하는 수량검정시험이다.
  ② 적응성이 높은 품종을 선발하기 위해 많은 지역에 장기간 생산력검정을 통해 결과를 얻어야 하고 이러한 자료를 통해 통계학적으로 분석한다.

(2) 생산력 검정
  ① 생산력 검정은 품종의 특성 유지 및 개량을 위해 생산력을 검정하는 것이다.
  ② 포장시험에 의해 직접 수량을 측정하여 가장 가까운 포장조건 및 기상조건으로 재배한다.
  ③ 생산력 시험에서 현재 장려품종과 비교할수 있게 대조구를 설치하고 생산력검정 예비시험을 거쳐 생산력검정 본시험, 지방적응 연결시험, 농가실증시험 등을 실시한다.
  ④ 생산력 검정에서 검정포장의 토양의 균일성을 유지해야 하고 시험구의 반복횟수가 증가하면 오차를 줄일 수 있다.
  ⑤ 검정시 계측 및 계량에 오차가 있을 경우 포장시험의 오차가 커진다.
  ⑥ 시험구의 크기가 클수록 시험구당 수량 변동이 작아진다.

(3) 포장시험법
  ① 생산력검정은 토양이나 재배조건을 농가의 포장과 유사한 조건에서 실시한다. 포장시험의 경우 일반시험 오차와 포장시험 특유의 오차가 발생한다.
  ② 일반실험의 오차 발생 원인에는 실험설계의 불완전, 시험결과 해석의 오류, 시험조작 및 측정과 포장관리의 불균일성 등이 있다.
  ③ 포장시험 특유의 오차 발생 원인으로 시험재료의 개체변이, 기상변이, 토양의 불균일성 등이 있다.

(4) 시험구 배치법
  ① 시험구
    ㉠ 시험구 크기는 작물의 종류, 품종수, 종자량에 따라 다르나 작물의 체적이 크거나 품종수나 계통수가 많을 경우 1구의 크기를 크게 하는 것이 좋다. 전체 면적이 일정할 경우 1구 면적을 작게 하도록 한다.
    ㉡ 포장시험에 단위시험구가 클수록 시험오차가 줄어든다. 그러나 전체 포장 면적의 확대에 따른 토양의 불균일성이 증가하기에 시험구가 일정 면적 이상 커지면 더 이상 오차는 감소하지 않는다.
    ㉢ 시험구 형상은 장방형이 적합하며 시험구의 반복수는 7회까지는 오차 감소가 뚜렷하게 나타나지만 그 이상에서는 감소가 미미하여 일반적으로 7회 반복이 적당하다.
    ㉣ 포장시험의 신뢰도를 높이기 위해 오차 발생 요인을 기술적으로 줄이려면 시험구 1구의 면적을 작게 하고 반복수를 늘려야 한다.
  ② 시험구 배치
    ㉠ 완전임의배열법
      • 한 요인으로의 처리가 모든 실험 단위에 제한 없이 임의로 배치되는 설계법이다.
      • 실험단위가 동질적인 경우 효과적이며 환경조건을 쉽게 조절할 수 있는 실내실험이나 온실실험, 동물실험 등에 널리 이용되는 방법이다.
    ㉡ 난괴법
      이미 알고 있는 변이의 원인이 제거될 수 있도록 실험단위나 시험재료를 균일한 것끼리 모아 집구화하고 이를 반복하여 차이가 처리효과에 의해 나타나도록 한 시험방법이다.
    ㉢ 라틴방격법
      포장을 종횡 모두 품종수와 같은 수의 시험구로 분할하여 종횡의 모든 줄이 각 품종을 모두 포함하도록 배열하는 방법으로 품종수와 반복수가 동수가 된다.
    ㉣ 요인시험
      • 2개 혹은 그 이상의 요인으로 이루어지는 모든 가능한 조합을 처리로 하는 시험이다.
      • 시험구 배치는 완전임의배열법, 난괴법, 라틴방격법 등에 적용된다.
      • 요인시험은 모든 분야의 연구에 이용되며 탐구적 연구에 가장 중요한 시험방법이다.
    ㉤ 분할구배치법
      2개 이상의 요인에 관한 시험이나 요인시험과 달리 1개 또는 그 이상의 요인의 수준들이 적용되는 주구와 하나 또는 그 이상의 다른 요인의 수준들이 적용되는 세구로 분할되어 두 단계로 나누어 시험처리가 배치되는 방법이다.

29. 종자의 증식 및 보급

(1) 종자 증식체계
① 우량종자를 대량 채종하여 종자갱신에 충족시키기 위해 품종특성이 유지되도록 관리하고 종자생산에 필요한 기본식물을 생산하여 종자의 퇴화가 방지되도록 증식체계를 수립한다.
② 농작물은 재배연수가 경과함에 따라 종자가 퇴화하고 품종의 고유특성을 유지하기 어렵다.
③ 일정 주기 내에 종자를 갱신하여야 순도 높은 품종을 농가에 공급하여 생산성 향상 및 농가 소득 증대를 기대할 수 있다.
④ 벼, 보리, 콩 등의 갱신주기는 4년으로 보며 감자, 옥수수 등은 매년 갱신한다.
⑤ 주요 식량 작물은 농가에 공급할 많은 양의 종자를 일시에 생산할 수 없어 4단계의 채종단계를 거쳐 농가에 공급한다.
　㉠ 1단계 : 품종육성 및 기본식물생산
　㉡ 2단계 원원종 : 기본 식물로 육성한 신품종이 고유의 특성을 유지하면서 증식이 되는 근원의 종자
　㉢ 3단계 원종 : 원원종포장에서 생산된 종자를 재식하여 불순한 개체를 제거한 후 순수한 종자를 생산하여 보급종 생산용으로 공급
　㉣ 4단계 보급종 : 원종포장에서 생산된 종자를 확대 증식하기 위하여 채종적지의 농가와 계약 생산하여 농가에 보급
⑥ 기본식물의 종자는 우량품종의 순도 유지를 위해 육종가 혹은 육종기관에서 관리를 한다.
⑦ 원원종은 품종 고유의 특성을 보유하고 종자의 증식에 기본이 되는 종자로 각 도 농업기술원 및 강원도 감자종자진흥원에서 생산한다.

(2) 품종의 보급
① 채종포에서 채종 및 증식된 종자를 보급종이라 한다.
② 보급종은 발아율 향상과 순도유지를 위하여 4단계의 엄격한 선별작업을 거친 후 종자 전염병 방제를 위하여 소독을 실시한 후 농가에 공급한다.
③ 보급종의 정선과정은 투입, 대량정선(지경, 까락 등 제거), 건조, 정밀정선(피해립, 미숙립 등 정밀제거), 비중정선(종자의 무게에 의한 선별), 색체정선(종자의 색택에 의한 선별), 소독, 포장의 과정을 거친다.

30. 조직배양

(1) 조직배양
   ① 식물의 일부 조직을 무균적으로 배양하여 조직 자체를 증식생장하며 각종 조직 및 기관의 분화 발들을 통해 개체를 육성하는 방법이다.
   ② 조직배양의 재료는 단세포, 영양기관, 생식기관, 생장점, 전체 식물 등이 있다.
   ③ 증식을 목적으로 조직배양을 하는 작업순서는 작물선정을 시작으로 배양방법 및 배지 결정, 살균, 치상, 배양, 경화, 이식의 과정을 거치게 된다.
   ④ 배양된 식물체를 경화시켜 이식한 후에는 바이러스 감염 여부를 조사한다.
   ⑤ 조직배양을 통해 바이러스나 병균이 없는 식물 개체를 얻을 수 있으며 유전적으로 특이한 새로운 특성을 가진 식물체를 분리할 수 있다.
   ⑥ 어떤 식물체를 단시간 내 대량으로 번식할 수 있으며 좁은 면적에 많은 종류와 품종을 보유할 수 있어 유전자은행 역할을 한다.
   ⑦ 식물은 하나의 기관이나 조직, 세포하나라도 적정 조건이 되면 모체와 동일한 유전형질을 갖는 완전한 식물체로 발달하는 전체형성능(전능성, totipotency)이라는 재생능력을 갖는다.

(2) 무병주 생산
   ① 무병주
      ㉠ 무병주는 생장점 배양으로 얻을 수 있는 영양 번식체로서, 조직 특히 도관 내에 있던 바이러스 따위의 병원체가 제거된 것이다.
      ㉡ 무병주 생산은 바이러스가 없는 상태의 작물을 생산하는 것이다.
   ② 생장점 배양
      ㉠ 생장점 배양은 바이러스 무병주 생산에 효과적으로 이용되는 방법이다. 바이러스병은 직접 방제가 어려워 무병주 생산을 통해 극복이 가능하다.
      ㉡ 생장점 배양을 무병주를 얻는 것은 생장점에 바이러스가 없거나 극히 적기 때문이다.
      ㉢ 생장점 배양은 딸기, 감자, 마늘, 아스파라거스, 난 등에 이용된다.
   ③ 배주배양 및 자방배양
      ㉠ 수분 후 수정은 되지만 성숙한 종자가 얻어지지 않는 경우 퇴화하기 전에 배, 배주, 자방 등을 배양하여 잡종식물을 얻을 수 있다.
      ㉡ 수정 후 융합된 배가 정상적으로 자라지 못하고 퇴화되는 원인은 보통 배유가 먼저 퇴화되어 배에 영양공급이 불충분해지기 때문이다.

ⓒ 자방배양의 경우 화기의 일부분이 발달하지 않은 상태의 자방을 채취하여 인공적으로 배양한다.

　　　ⓔ 종, 속간 교배는 서로 다른 게놈끼리 교배하는 것으로 교잡종자를 얻기 어렵다.

④ 약배양 및 화분배양

　　　㉠ 약배양은 화분이 들어 있는 약을 식물체에 분리하여 배양하고 화분배양은 약에서 체세포 조직을 제거하여 소포자만을 분리 배양한다.

　　　㉡ 약배양 및 화분배양은 반수체를 육성하여 육종 연한을 단축시킬 수 있으며 열성형질의 조기 발견이 가능하다.

　　　ⓒ 담배, 벼 등의 작물에 적용 가능하다.

　　　ⓔ 약배양의 경우 유전자 조환 가능성이 적고 반수체 착출 효율이 낮다.

⑤ 원형질체 융합

　　　㉠ 원형질체 융합은 교잡에 의해 수정이 되지 않아 종자를 얻을 수 없는 식물을 대상으로 하여 원형질체를 융합하여 체세포 잡종을 얻는 방법이다.

　　　㉡ 교배가 불가능한 두 식물의 원형질체를 나출시켜 한 곳에 모아 자극을 통해 두 종류의 원형질체가 융합하게 하고 융합된 원형질체를 배양하여 캘러스를 형성하여 식물체를 유도한다.

PART 2 식물육종학 기본50제

01 변이의 감별에 이용되는 방법 3가지를 적으시오.
해답
후대검정, 특성검정, 변이의 상관 비교

02 검정교배의 정의를 적으시오.
해답
검정교배는 어떤 개체의 유전자형이나 배우자분리를 알고자 열성인 개체와 교배하는 것을 말한다

03 유전자의 '연관'의 정의를 적으시오.
해답
한 염색체상에서 2개 이상의 유전자가 위치하고 있을 때 이들 유전자는 연관되어 있다고 말한다

04 생장점 배양에 대해 설명하시오.
해답
생장점 배양은 바이러스 무병주 생산에 효과적으로 이용되는 방법이다. 바이러스병은 직접 방제가 어려워 무병주 생산을 통해 극복이 가능하다.

05 조합능력을 검정하는 방법 중에서 단교배검정과 톱교배검정에 대해 설명하시오.
해답
- 단교배검정은 일정 자식계를 다른 여러 자식계와 교잡하여 여러 자식계들의 특정 조합능력을 검정한다.
- 톱교배검정은 자유수분하는 품종을 검정친으로 하여 여러 자식계들의 일반조합능력을 검정한다.

06 인공교배에서 제정법에 대해 설명하시오.
해답
암술의 기능을 유지하면서 수술의 기능을 상실시키는 방법이다

07 인공교배에서 요구되는 기술적 처리 4가지를 적으시오.

해답
개화기 조절, 제웅 및 제정, 꽃가루 검사, 배배양법

08 집단육종법의 정의를 적으시오.

해답
집단육종법은 교배를 하여 잡종을 만들고 잡종 초기세대에 선발을 하지 않고 집단채종이나 혼합재배를 하여 수세대를 거쳐 개체가 순종이 되었을 때 선발을 시작하는 육종법이다

09 염색분체간 부분교환이 일어나 조환이 생기는 경우를 무엇이라 하는지 적으시오.

해답
교차

10 여교잡 육종법에 대해 설명하시오.

해답
여교잡육종법은 양친의 제1대 잡종에 양친 중 한쪽의 유전자형을 가진 개체를 교잡하고 이것을 수세대 반복하여 우량개체를 선발하는 방법이다.

11 계통육종법의 정의를 적으시오.

해답
계통육종법은 교배를 하여 잡종을 만들고 그 분리세대인 F_2 이후부터 계속 개체선발을 하고 선발된 개체를 개체별 계통재배를 되풀이 하면 그들 계통을 서로 비교하여 우량한 계통을 선발, 고정하여 순계를 만들어 가는 방법으로 자가수정작물의 대표적인 육종방법이다.

12 염색체의 이수성에 대해 설명하시오.

해답
염색체 조성이 2n 인 개체에서 감수분열 과정에서 한 두 개의 상동염색체가 완전히 분리되지 않아 n+1 혹은 n-1 인 배우자가 형성된다. 이들 배우자가 정상적인 n 상태의 배우자와 수정되어 수정된 개체가 2n+1 이나 2n-1 인 염색체가 되는 경우를 이수성이라 한다.

13 조직배양에서 전체형성능에 대해 설명하시오.

> **해답**
> 식물은 하나의 기관이나 조직, 세포하나라도 적정 조건이 되면 모체와 동일한 유전형질을 갖는 완전한 식물체로 발달하는 전체형성능이라는 재생능력을 갖는다.

14 계통분리법의 종류 4가지를 적으시오.

> **해답**
> 집단선발법, 계통집단선발법, 성군집단선발법, 1수1렬법, 모계선발법

15 아래 보기의 ( )에 적합한 말을 채우시오.

< 보기 >
복대립유전자는 염색체상 같은 유전자좌에 동일형질에 관여하는 (㉠) 이상의 유전자가 존재하는 경우이다. F_2 의 분리비는 (㉡) 이다

> **해답**
> ㉠ 3개
> ㉡ 3 : 1

16 자가불화합성 회피 및 억제를 위한 방법 2가지를 적으시오.

> **해답**
> 뇌수분, 노화수분, 지연수분, 고온처리, 전기 자극, 이산화탄소 처리

17 옥수수 F1 채종 시 이용하는 현상 2가지 적으시오.

> **해답**
> · 잡종강세
> · 웅성불임성

18 환경적 원인에 의한 불임성의 종류 3가지를 적으시오.

> **해답**
> 다즙질 불임성, 순환적 불임성, 쇠약질 불임성

19 위수정생식의 정의를 적으시오.

해답
위수정생식은 종간 혹은 속간교배 후 수정이 정상적으로 이루어지지 않았으나 난세포의 발육으로 배가 형성된다.

20 방황변이에 대해 설명하시오.

해답
변이의 계급이 여러 단계로 나누어 어떤 계급을 중심으로 하여 양방향으로 비슷하게 변이하는 것을 방황변이라 한다.

21 단성잡종의 검정교배에서 형질의 분리비를 적으시오.

해답
1 : 1

22 멘델의 유전법칙 3가지를 적으시오.

해답
지배의 법칙, 분리의 법칙, 독립의 법칙

23 꽃이 피기 전의 봉오리 상태일 때 일어나는 자가수정의 명칭을 적으시오.

해답
폐화수정

24 유전의 변이의 분류에서 측정 형질을 숫자로 표현할수 없는 변이를 적으시오.

해답
질적변이

25 정역교배의 정의를 적으시오

해답
양친의 암수를 서로 바꾸어 교배하는 것을 말한다.

26 식물의 일부 조직을 무균적으로 배양하여 조직 자체를 증식생장하며 각종 조직 및 기관의 분화 발들을 통해 개체를 육성하는 방법 적으시오.

해답
조직배양

27 약배양에 대해서 설명하고 장점과 단점을 적으시오.

해답
- 정의 : 약배양은 화분이 들어 있는 약을 식물체에 분리하여 배양하고 화분배양은 약에서 체세포 조직을 제거하여 소포자만을 분리 배양한다.
- 장점 : 약배양은 육종연한을 단축시킬수 있고 열성형질의 조기 발견이 가능하다.
- 단점 : 유전자 조환 가능성이 적고 반수체 착출 효율이 낮다.

28 염색체에서 나타나는 전좌의 정의를 적으시오.

해답
염색체가 절단되어 그 단편이 비상동염색체 일부로 이동하여 유합되는 현상을 말한다.

29 콜히친 처리법에 대해 설명하시오.

해답
인위적으로 염색체를 배가시켜 동질배수체를 작성하기 위해 활용하는 처리법이다.

30 계통분리법에서 집단선발법에 대해 설명하시오.

해답
개체나 계통의 집단을 대상으로 선발하는 방법으로 타가수정작물에 많이 이용된다.

31 폴리진(polygene)에 대해 설명하시오.

해답
각각의 유전자 작용은 약하나 여러 개가 함께 작용하여 양적으로 나타나는 형질의 발현에 관계되는 유전자군을 폴리진(polygene)계라 하고 개개의 유전자를 폴리진(polygene)이라 한다.

32 식물의 조직배양의 이용분야 4가지를 적으시오.

해답
- 생장점 배양
- 화분배양
- 원형질체 융합
- 형질전환

33 육종연한을 단축시킬 수 있는 방법 4가지 적으시오.

해답
- 약배양
- 화분배양
- 배배양
- 접목
- 원형질체 융합

34 후대검정에 대해 설명하시오.

해답
후대검정은 차대검정이라 하며 자손의 형질을 조사해서 양친의 형질을 추정하는 것이다.

35 분리육종법의 정의를 적으시오.

해답
지방종, 재래종 혹은 재배품종을 대상으로 서로 다른 개체나 개체군을 분리하고 그로부터 우량 형질을 가진 것을 골라 새로운 품종으로 고정하는 육종방법이다.

36 다음 ( ) 에 알맞은 말을 적으시오.

> 단교배 F_1과 어떤 품종과 교배로 (A×B)×C 하는 것을 (㉠) 이라 하고, 많은 계통 간 잡종을 만드는 것으로 A×B×C×D×E×F 하는 것을 (㉡) 이라 한다.

해답
㉠ 삼계교잡
㉡ 다계교잡

37 염색체에서 염색체 절단에 의해 발생한 염색체 단편이 그 상동염색체의 다른 부분에 붙어 달라붙은 만큼 과잉으로 더 가지게 되는 현상을 적으시오.

> **해답**
> 중복

38 단위생식의 종류 5가지를 적으시오.

> **해답**
> 무배생식, 단성생식, 무핵란생식, 위수정, 무포자생식, 무정생식, 복상포자생식, 부정배형성

39 계통분리법에서 1수 1렬법에 대해 설명하시오.

> **해답**
> 재료집단에서 선발한 우량개체를 격리포장에서 1수1렬로 재배하면서 우량 계통을 선발하는 육종법이다.

40 잡종강세의 정의를 적으시오.

> **해답**
> 잡종강세는 잡종 자손의 형질이 부모보다 우수하게 나타나는 현상이다.

41 아래 ( ) 에 적합한 단어를 채우시오.

> 여교잡육종법에서 한번 교잡시킨 것을 (㉠), 두 번 이상 교잡시킨 것을 (㉡)이라 한다.

> **해답**
> ㉠ 1회친
> ㉡ 반복친

42 이질배수체에 대하여 설명하시오.

> **해답**
> 복이배체(복2배체)라 하며 서로 다른 종류의 게놈이 배가되어 배수체를 만든 것이다

43 조환가의 정의를 적으시오.

해답
연관되어 있는 유전자들이 헤테로로 되어 있을 때 형성되는 전체 배우자 중에서 조환형 배우자의 비율을 조환가라 한다.

44 멘델의 독립의 법칙에서 서로 다른 염색체 상에 두 쌍의 대립유전자에 의해 지배되는 형질은 F_2 분리비를 적으시오.

해답
9 : 3 : 3 : 1

45 아래 이수성에 대한 설명이다. 빈칸에 적합한 말을 채우시오.

<보기>
배우자가 정상적인 n 상태의 배우자와 수정되어 수정된 개체가 2n+1 이나 2n-1 인 염색체가 되는 경우를 이수성이라 한다. 이때 2n-1 을 (㉠), 2n+1 을 (㉡), 2n+2를 (㉢) 라 한다.

해답
㉠ 단염색체
㉡ 3염색체
㉢ 4염색체

46 제웅법의 종류 3가지를 적으시오.

해답
절영법, 개열법, 화판인발법

47 조합능력을 검정하는 방법 종류 3가지를 적으시오.

해답
단교배검정, 톱교배검정, 다교배검정, 이면교배검정

48 콜히친 처리 방법 3가지를 적으시오.

해답
침지법, 적하법, 분무법, 라노린법, 우무법

49 아조변이에 대해 설명하시오.

해답
아조변이는 체세포돌연변이의 일종인데 식물의 줄기와 가지의 생장점 세포가 돌연변이를 일으킨 것으로 과수류의 신품종 육성에 이용된다.

50 웅성불임성의 종류 3가지를 적으시오

해답
유전자웅성불임성, 세포질웅성불임성, 세포질유전자웅성불임성

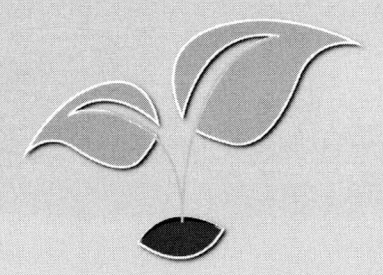

PART 3

재배원론

ENGINEER SEEDS

PART 03 재배원론

1. 작물의 재배
① 재배는 인강이 경지를 이용하여 작물을 기르고 수확하는 경제적 행위를 말한다.
② 재배는 되도록 많은 수량을 내어 소득을 올리는 것이 좋고 일정 토지면적에서 작물의 수량을 극대화하기 위해 우수한 품종을 선택하고 최적의 환경을 조성해지면서 적합한 재배기술을 적용한다.
③ 작물의 수량은 유전성, 환경조건, 재배기술을 3변으로 표현하는 작물수량 삼각형으로 표현한다.
④ 작물수량 삼각형은 유전성은 우수하고 최적의 환경조건을 가지며 적합한 재배기술을 적용해야 한다.
⑤ 재배종 특성
  ㉠ 발아억제 물질이 감소하거나 소실되는 방향으로 발달하였다.
  ㉡ 생장에너지가 다량 함유된 대립종자에서 발전하였다.
  ㉢ 종자의 단백질 함량이 낮아지고 탄수화물 함량이 증가하는 방향으로 발전하였다.
  ㉣ 모든 종자가 일시에 성숙되고 개화기에 일시에 집중하는 방향으로 발전하였다.
  ㉤ 탈립성이 작은 방향으로 수량은 많은 방향으로 발달하였다.

2. 작물의 분류
(1) 작물의 종류
  ① 식용작물

미곡	벼
맥류	보리, 호밀, 밀, 귀리
잡곡	수수, 옥수수, 메밀, 기장
두류	콩, 녹두 강낭콩, 완두, 팥, 땅콩
서류	고구마, 감자

② 공예작물

섬유작물	목화, 삼, 모시풀, 수세미, 닥나무
전분작물	옥수수, 감자, 고구마
유료작물	참깨, 들깨, 유채, 땅콩, 해바라기, 아주까리, 오일팜
기호료작물	차, 담배, 커피
약료작물	제충국, 인삼, 도라지, 박하, 당귀
당료작물	사탕무, 사탕수수

③ 사료 작물

화본과	옥수수, 티머시, 오처드 그래스
콩과	알팔파, 레드클러버, 스위트 클로버, 화이트 클로버

④ 녹비 작물

화본과	귀리, 호밀, 라이그래스
콩과	자운영, 콩

⑤ 원예작물
  ㉠ 과수

핵과류	자두, 살구, 복숭아, 앵두
인과류	배, 사과, 비파
준인과류	감, 귤
장과류	포도, 무화과, 딸기
각과류	밤, 호두

  ㉡ 채소

과채류		오이, 호박, 참외, 멜론, 수박, 딸기
협채류		완두, 동부, 강낭콩
근채류	괴근류	고구마, 감자, 마, 연근, 생강
	직근류	무, 당근, 우엉
경엽채류	엽채류	배추, 양배추, 갓
	생채류	샐러드, 상치, 파슬리, 땅두릅
	유채류	미나리, 아스파라가스, 죽순, 시금치
	총류	파, 양파, 쪽파, 마늘

⑥ 생태적 분류

생존연한	・1년생 작물 : 벼, 콩, 옥수수, 배추 ・2년생 작물(월년생작물) : 보리, 밀, 대파, 무, 사탕무 ・다년생 작물 : 감자, 고구마, 아스파라거스
생육계절	・하작물 : 콩, 수수혼작 ・동작물 : 밀, 보리
생육형	・주형작물(식물체가 포기를 형성) : 벼, 맥류, 오챠드그라스 ・포복형작물(땅을 기어 지표를 덮음) : 고구마
생육온도	・저온작물 : 맥류, 감자 ・고온작물 : 벼, 콩, 담배
저항성	・내산성 작물 : 감자, 벼 ・내건성 작물 : 수수 ・내습성 작물 : 밭벼 ・내염성 작물 : 사탕무, 목화, 양배추, 유채 ・내풍성 작물 : 고구마

⑦ 재배・이용에 따른 분류

작부방식	・동반작물 : 다년생초지에 초기 산초량을 높이기 위해 섞는 작물 ・보호작물 : 주요작물의 보호를 위해 심는 작물 ・대용작물 : 주작물 수확이 어려울 경우 대체작물, 메밀・채소・조 ・구황작물 : 불리한 환경(흉년)에 수확량이 상당한 작물, 메밀・고구마
토양보호	・토양보호 작물 : 일종의 토양 피복 작물 ・토양조성 작물 : 지력증진에 도움이 되는 작물, 콩과식물 ・토양수탈 작물 : 토양 양분만 가져가 비료분을 공급해야 하는 작물, 화곡류
경제・경영	・자급 작물 : 농가에서 자급용 작물 ・환금 작물 : 판매용 작물, 담배・인삼 ・경제 작물 : 환금작물 중 수익성이 높은 작물, 담배・양파・마늘
사료용도	・청예작물 : 곡식의 줄기나 잎을 사료로 사용할 목적, 순무 ・건초작물 : 건초용으로 사용되는 작물, 티머시・알팔파 ・종실사료작물 : 종자를 사료로 이용하는 작물, 맥류・옥수수

3. 토양 중의 무기성분

(1) 무기성분

무기염류는 작물의 생육에 필요한 필수원소 16가지가 있으며 이러한 원소들이 많이 필요한 것들을 다량원소, 소량 필요할 경우를 미량원소라 한다.

구분		흡수 형태	상대량(%)
다량원소	탄소(C)	CO_2	45
	산소(O)	O_2, H_2O	45
	수소(H)	H_2O	6
	질소(N)	NO_3^-, NH_4^+	1.5
	칼륨(K)	K^+	1.0
	칼슘(Ca)	Ca^{2+}	0.5
	마그네슘(Mg)	Mg^{2+}	0.2
	인(P)	$H_2PO_4^-$, HPO_4^{2-}	0.2
	황(S)	SO_4^{2-}	0.1
미량원소	염소(Cl)	Cl^-	0.01
	철(Fe)	Fe^{3+}, Fe^{2+}	0.01
	망간(Mn)	Mn^{2+}	0.005
	붕소(B)	H_3BO_3	0.002
	아연(Zn)	Zn^{2+}	0.002
	구리(Cu)	Cu^+, Cu^{2+}	0.0006
	몰리브덴(Mo)	MoO_4^{3-}	0.00001

(2) 산성토양

㉠ 토양이 산성화가 되면 작물의 뿌리에 피해를 주게 되는데 주로 이온성 물질에 의한 피해나 미생물 등에 영향을 준다.

㉡ 토양이 산성화가 되면 질소고정균이나 근류균 등의 이로운 미생물들이 생활하기 어려운 환경 조건이 되어 활동에 지장을 받거나 줄어들게 된다.

㉢ 또한 산성화로 인하여 작물에 이로운 이온들이 용출되면서 결핍증상이 발생하는데 주로 인, 칼슘, 마그네슘 등의 필수미량원소들이 산성조건에서 용해도가 줄어 결핍되게 된다.

㉣ 또한 미생물 활동 및 이온성분들의 결핍으로 입단조성에 지장을 받게 되면서 통기성이 불량해지는 문제가 발생된다.

㉤ 산성토양은 석회물질이나 유기물을 공급하여 개선할 수 있다.

㉥ 산성토양에 저항성이 강한 작물로는 벼, 귀리, 조, 옥수수, 감자, 수박 등이 있으며 약한 작물로는 보리, 콩, 양파, 파, 고추, 가지 등이 있다. 산성토양에 대한 작물의 적응성은 다음과 같이 분류된다.

저항성 정도	작물 종류
가장 강한	벼, 귀리, 루핀, 토란, 아마, 기장, 땅콩, 감자, 호밀, 수박
약간 강한	메밀, 당근, 옥수수, 목화, 오이, 포도, 수수, 호박, 딸기, 토마토, 밀, 조, 고구마, 담배
중간	유채, 피, 무
약한 것	보리, 클로버, 양배추, 근대, 가지, 삼, 고추, 완두, 상추
가장 약한	자운영, 콩, 팥, 시금치, 사탕무, 셀러리, 부추, 양파

4. 버널리제이션

① 춘화처리라고도 하는 버널리제이션은 식물에 인위적인 저온 처리를 통해 화성을 유도하는 것을 의미한다. 일정 저온조건에서 식물의 감온상을 경과하도록 하는 것이라 할 수 있다.
② 버널리제이션의 영향 인자

온도	겨울작물은 저온조건, 여름작물은 고온 조건이 효과적이다.
산소	처리도중 산소가 부족할 경우 효과가 감소한다.
종자	처리도중 종자가 건조할 경우 효과가 줄어든다.

③ 버널리제이션은 맥류의 추파성을 소거하는 방법으로도 적합하다. 저온처리를 하면 추파성을 춘파성으로 변화시킬 수 있다.
④ 춘화처리시 저온의 조건은 0~10℃, 고온 처리조건은 10~30℃ 정도를 기준으로 한다.
⑤ 춘화처리 효과로 화성 유도 외에도 채종상 이용, 육종상 이용, 재배법의 개선 등이 있다.
⑥ 춘화처리를 통해 육종연한을 단축하고 조기수확 등의 효과도 나타난다.
⑦ 맥류, 채소류, 튤립, 히아신스 등의 작물을 인공교배하기 위해 개화기를 조절하는데 저온의 춘화처리를 이용한다.
⑧ 춘화처리에 감응하는 식물의 부위는 생장점이다.

5. 일장효과

① 식물이 일장에 의해 생육, 개화 등에 영향을 받는 현상을 일장효과, 광주반응(광주율)이라고 한다.

장일식물	• 낮이 길게 되어 화아가 유발되는 식물로 14시간 이상의 일장 조건 • 보리, 시금치, 양파, 당근, 양배추, 아마, 감자 등
단일식물	• 낮이 밤 길이보다 짧은 조건에서 화아가 유발되어 식물로 12시간 이하의 일장 조건 • 콩, 옥수수, 벼, 딸기, 국화, 코스모스, 들깨, 샐비어, 담배 등
중성식물	• 일장에 관계 없이 화아하는 식물(=중일식물) • 토마토, 고추, 오이, 호박, 당근 등
정일식물	• 단일, 장일에서 개화하지 않고 특정한 일장에서만 개화하는 식물(=중간식물) • 사탕수수

② 일장효과를 이용하여 특정 작물의 개화를 촉진하거나 억제할 수 있다. 이를 이용하면 작물의 개화시기를 조절하여 원하는 시기에 재배가 가능하다.

③ 식물의 일장형은 화아분화 전, 후가 다를 수 있어 다음과 같이 구분되며 장일성은 L, 단일성은 S, 중일성은 I 로 표기된다.

명칭	분화전	분화후	작물
LL식물	장일성	장일성	시금치
LI식물	장일성	중일성	사탕무
LS식물	장일성	단일성	볼토니아
IL식물	중일성	장일성	밀(적피적)
II식물	중일성	중일성	고추, 벼(조생종), 메밀, 토마토
IS식물	중일성	단일성	소빈국
SL식물	단일성	장일성	딸기, 시네라리아
SI식물	단일성	중일성	벼(만생종), 도꼬마리
SS식물	단일성	단일성	코스모스, 나팔꽃

6. 식물생장조절제

(1) 식물생장조절제 정의

① 식물생장조절제는 식물체 내에서 생합성되어 체내에 미량으로 생리적 변화를 주는 화학물질로 식물호르몬이라고도 한다.

② 식물생장조절제는 옥신류, 지베렐린, 시토키닌, 에틸렌 등이 대표적이다.

(2) 옥신류
　① 식물호르몬 중에서 가장 먼저 알려진 것은 옥신인데 1926년 네덜란드 생물학자 프리츠벤트(Frits W. Went)가 귀리의 자엽초 주광성 현상을 연구하다 발견하였다.
　② 옥신은 식물의 신장에 관여하는 호르몬으로 줄기나 뿌리의 선단부에서 만들어져 세포의 신장촉진에 도움을 주며 측아의 발달을 억제하는 기능을 하는 정아우세 현상이 나타난다.
　③ 옥신의 종류는 생합성 옥신(천연호르몬) IAA, PAA, IAN 와 합성호르몬 NAA, IBA, PCPA, 2·4-D, BNOA, 2,4,5-T 등이 있다.
　④ 옥신은 굴광현상에 영향을 주는 식물호르몬으로 옥신에 의해 식물이 빛을 따라 기울어지는 현상이 나타난다.
　⑤ 옥신은 발근 및 개화를 촉진하며 낙과를 방지, 과실의 비대 및 성숙 촉진, 이층 형성의 억제 효과도 있다.

(3) 지베렐린
　① 지베렐린은 종자의 휴면타파의 효과가 있는 식물생장조절제로 옥신과 함께 사용시 효과가 극대화되는데 벼의 키다리병에서 유래한 물질이다.
　② 지베렐린은 극성이 없으며 미숙종자에 다량 포함되어 있다.
　③ 지베렐린을 작물에 적용시 발아촉진, 화성유도, 생장 촉진, 수량의 증대 효과를 기대할 수 있다.
　④ 지베렐린은 화성유도 시 저온 장일이 필요한 식물의 대신하는 효과가 있다.

(4) 시토키닌
　① 시토키닌(사이토키닌)은 주로 뿌리에서 합성되며 옥신과 함께 작용하여 세포분열을 촉진한다.
　② 작물에 적용시 발아촉진, 생장촉진, 기공의 개폐 촉진등의 효과를 보인다.
　③ 어린종자나 과일에도 시토키닌이 많으나 열매가 성숙할수록 시토키닌의 함량은 감소한다.

(5) ABA
　① Abscisic acid 라 하며 대표적인 생장억제물질이다.
　② 작물의 무기물부족이나 스트레스성 작용을 받게 될 경우 발생량이 증가하기도 한다.
　③ 지베렐린과 같은 생장촉진 호르몬과는 길항작용을 한다.
　④ ABA를 작물에 적용시 낙엽을 촉진, 휴면의 유도, 발아 억제, 내건성 증대 등의 효과가 나타난다.

(6) 에틸렌
   ① 과실의 성숙을 촉진하는 물질로 주로 기체상태로 존재한다. 에틸렌의 전구물질인 메티오닌(methionine)은 식물에서 에틸렌의 생합성재료로 이용된다.
   ② 에틸렌은 0.1 ppm 정도의 낮은 농도로서 식물의 생장에 영향을 미친다.
   ③ 과실이나 채소의 경우 물리적 충격에 의한 상처가 발생하면 호흡량이 증가하면서 표면온도가 높이지며 에틸렌이 발산된다. 과실이 썩을 경우 에틸렌의 방출량이 많아져 주면의 과실도 과숙현상이 진행된다.
   ④ 에세폰(에스렐)은 합성 식물생장 조절제인 액상의 물질로 식물에 살포하면 분해되면서 에틸렌을 발생시켜 과실의 성숙을 촉진한다.
   ⑤ 에틸렌은 과실의 성숙, 착색의 촉진, 정아우세 현상 타파, 발아촉진, 낙엽 촉진 등의 효과가 나타난다.

(7) 생장억제물질
   ① 생장억제물질은 식물의 생장을 억제하는 물질이다
   ② 생장억제물질의 종류로는 다미노자이드(daminozide, B-9), 클로르메콰클로라이드(chlormequat chloride, CCC), 말릭하이드라자이드(Malelc hydrazide, MH)가 있다.

7. 방사선 이용

(1) 방사선의 이용 및 조사
   ① 작물의 영양생리에 대한 연구를 위해 ^{32}P, ^{42}K, ^{45}Ca 의 방사성동위원소로 표지화합물을 이용하여 필수 원소인 인산(P), 칼륨(K), 칼슘(Ca) 의 영양성분이 작물 내에서의 이동 및 이용에 대한 조사가 가능하며 비료가 토양에서의 이동과 작물의 흡수기구에 대한 원리조사에 도움이 된다.
   ② 식물의 광합성 연구에서는 주로 ^{11}C, ^{14}C 를 이용하여 이산화탄소(CO_2)가 대기중에서 잎을 통해 공급되는 경로, 시간에 따른 탄수화물의 합성 과정 조사에 도움이 된다.
   ③ 감마선(γ선)은 방사성 동위원소가 방출하는 방사선 중에서 생물학적 효과가 가장 크게 나타난다.
   ④ 방사선 동위원소로 표지화합물을 만들어 병충해방제에 대한 연구로도 활용한다.
   ⑤ 농업토목 분야에서 지하수, 유속 등의 조사에도 이용된다.
   ⑥ 식물 영양기관의 장기저장에도 활용된다.
   ⑦ 영양기관에 감마선(γ선)을 조사하면 휴면이 연장되고 맹아 억제 효과가 나타난다.
   ⑧ 방사선량의 단위는 cpm(counts per minute)이다.

(2) 육종적 이용
① 방사선의 경우 식물의 육종에 이용되며 주로 X선을 활용한다.
② 방사선의 선량과 조사를 통해 식물의 생육 단계별 처리가 가능하고 돌연변이를 일으켜 유용한 형질을 만들기도 한다.
③ 살균 및 살충 효과를 이용하여 식품을 저장에도 활용된다.

8. 작부체계

(1) 작부체계의 뜻과 중요성
① 작부체계는 일정 포장에 있어 순차적인 작물종류의 변천이나 일정 포장에 있어 동시적인 작물 종류의 조합을 말한다. 이는 포장의 효율적 이용을 도모하고 노동력 배분 및 합리적인 경영을 위해 작물 재배의 종류, 순서, 조합, 배열의 방식을 의미한다.
② 작부체계의 방식에는 동일 포장에 같은 종류의 작물을 반복적으로 재배하는 연작이 있으며 작물의 종류를 변화시켜 재배하는 윤작, 2개 이상의 작물을 함께 심는 혼작이 있다.

(2) 작부체계의 변천 및 발달
① 주곡식 대전법은 인구증가로 인해 경지의 제한을 받게 되면서 점차 정착농경으로 전환되어 경지를 영속적으로 재배하게 되었고 특히 경지의 대부분을 곡식작물로 재배하게 되었다.
② 휴한 농법은 곡식작물을 연작으로 하면 지력이 감퇴되어 지력 회복을 위한 쉬었다가 작물을 재배하는 방법이다.
③ 순 3포식 농법은 경지의 2/3 에 춘파 및 추파곡물을 재배하고 나머지 1/3에는 휴한하는 것을 순서대로 돌려 가면서 재배하는 방법이다.
④ 개량 3포식 농법은 1/3 의 휴한 지역을 토지 이용상 불리하다고 판단될 경우 휴한 대신 클로버나 콩과 작물을 재배하여 질소고정을 통해 지력의 증진을 유도하는 방식이다.
⑤ 작부체계의 변천을 보면 크게 이동경작에서 3포식농법, 개량3포식농법에서 자유경작으로 발달하였다.

(3) 연작과 기지
① 연작은 동일 포장에 동일 작물을 매년 지속적으로 재배하는 방식을 말한다. 연작을 할 경우 작물이 선호하는 양분의 선택적 이용으로 토양에 특정 양분이 부족하게 되어 작물이 제대로 못자라게 되는데 이때 발생되는 피해를 기지라고 한다.

연작 피해가 적은 작물	벼, 맥류, 조, 수수, 옥수수, 담배, 무, 당근, 양파, 호박, 순무, 아스파라거스, 딸기, 미나리, 양배추
1년 휴작이 요구되는 작물	쪽파, 콩, 파, 생강, 시금치
2년 휴작이 요구되는 작물	마, 오이, 땅콩, 잠두, 감자
3년 휴작이 요구되는 작물	토란, 참외, 강낭콩
5~7년 휴작이 요구되는 작물	수박, 토마토, 사탕무, 완두, 가지, 우엉, 고추
10년 이상 휴작이 요구되는 작물	아마, 인삼

② 연작에 의한 기지 발생시 작물이 선호하는 특정 양분의 소모로 다음 작물이 요구하는 양분을 충분히 공급할 수가 없다. 또한 토양 전염병, 토양 선충, 유독물질의 축적, 토양의 입단구조의 파괴 등 다양한 피해가 발생한다.

③ 기지 피해를 줄이기 위해 윤작이 가장 효과적이며 토양을 소독하거나 유해물질을 제거, 시비 작업, 토양 소독 등의 작업이 필요하다.

④ 대표적으로 벼의 연작은 지속적인 관개수 유지에 의한 양분의 공급과 생장저해물질의 축적이 없기에 연작이 가능하다.

(4) 윤작

① 윤작은 한 농경지에 동일 작물을 재배하는 연작과는 반대로 다른 종류의 작물을 순차적으로 재배하는 방식이다. 윤작은 토양의 양분 유지와 병해충의 전염 방지에도 도움이 된다. 이러한 윤작에는 삼포식, 개량삼포식, 노포크식이 있다.

② 삼포식은 포장을 3등분하여 하나는 여름작물, 다른 하나는 겨울작물, 마지막 하나는 휴한을 하여 매년 돌려짓기를 실시하며 결국 3년에 한번의 휴한을 하게 된다.

③ 개량삼포식은 지력유지에 매우 효과적인 방법으로 휴한하는 대신 지력증진작물(콩과목초)을 함께 재배하는 방법으로 삼포식보다 더 개량된 방법이다.

④ 노포크식은 화본과의 식용작물과 두과인 클로버, 근채류인 순무를 순차적으로 윤작하는 방법으로 <순무-보리-클로버-밀>, <밀-콩-보리-순무> 로 4년주기의 윤작방식이다.

⑤ 윤작의 효과로 지력 유지, 토양보호, 병충해 경감, 노동의 합리적 분배, 경영의 안정화 등이 있고 경지이용률을 높일수가 있다.

(5) 답전윤환

① 답전윤환은 논상태와 밭상태로 몇 해씩 돌려가면서 벼와 작물을 재배하는 방식을 말한다. 답전윤환은 최소 2~3년 정도의 기간을 많이 채택하고 있다.

② 답전윤환 효과로 지력 유지 및 증진, 기지의 회피, 잡초 발생의 억제, 재배량 증가, 노력절감

이 있다.
③ 논에서의 답전윤환을 하게 될 경우 토양의 통기성과 투수성이 개선되고 양분의 유실이 적게 발생한다. 결국 화학적 성질이 개선되고 선충 및 잡초 감소의 효과도 함께 나타나게 된다.

(6) 혼파
① 혼파는 두 가지 이상의 작물을 혼합하여 파종하는 방법이다.
② 혼파를 할 경우 토양이나 기상에 대한 적응력이 높아지고 병해충에 대한 위험성이 낮아지게 된다. 또한 공간의 이용이 효율적이며 잡초 경감, 재배에 대한 안정성이 증가하게 된다.
③ 혼파에도 단점이 있는데 파종작업이 힘들고 작물의 생장속도 차이로 인해 관리에도 어려움이 있다.

(7) 그 밖의 작부체계
① 교호작
  ㉠ 교호작은 생육기간이 비슷한 2가지 이상의 작물을 일정 이랑씩 번갈아 가면서 재배하는 방법이다. 대표적인 교호작으로 옥수수와 콩이 있으며 재배기간이 비슷하여 수확에도 용이하다.
  ㉡ 번갈아 가면서 재배하다보니 작물을 2줄 혹은 3줄로 번갈아 가면서 재배하기도 한다.
② 주위작
  ㉠ 포장의 주위에 포장내의 작물과는 다른 작물을 재배하는 방식으로 주위에 빈공간을 이용하는 것이다.
  ㉡ 옥수수나 수수의 경우 주위에 재배시 방풍의 효과가 있다.
③ 간작
  ㉠ 한가지 작물이 생육하고 있는 조간에 다른 작물을 재배하는 방법이다.
  ㉡ 간작은 생육 기간이 다른 작물을 주로 재배한다.
  ㉢ 먼저 재배하고 있던 작물을 상작, 이후에 재배되는 작물을 하작이라 한다.
  ㉣ 간작은 먼저 재배하고 있는 작물에 피해가 없는 다른 작물을 이후 재배하여 토지의 이용율을 높이고자 함에 있다.
④ 혼작
  ㉠ 혼작은 생육기간이 거의 같거나 유사한 작물을 섞어 재배하는 방법이다.
  ㉡ 혼작은 주로 상호보완이 가능한 작물끼리 재배하는 것이 유리하다.

9. 영양번식

(1) 영양번식의 뜻과 이점
① 영양번식은 채종이 곤란한 작물에 적용하면 유리하다.
② 우량한 상태의 유전형질을 유지할 수 있다.
③ 종자번식보다 생육이 왕성하고 짧은 기간 내에 수확이 가능하고 수량도 증가한다.
④ 접목의 경우 환경에 대한 적응성, 병해충에 대한 저항력이 증가한다.
⑤ 영양번식에 유리한 작물로 감자, 고구마 등이 있다.

(2) 영양번식의 종류
① 작물에 적용하는 영양번식 방법에는 분주, 삽목, 취목, 접목 등이 있다.
② 분주 : 뿌리가 달린채로 분리하여 번식시키는 방법으로 분주 시기에 따라 화아분화, 개화시기가 결정되기도 한다.
③ 삽목 : 모체에서 분리한 영양체의 일부를 삽상에 심어 뿌리를 내리게 하여 독립개체로 번식시키는 방법이다. 삽목의 부위에 따라 엽삽, 근삽, 지삽으로 분류한다.
④ 취목 : 식물의 가지나 줄기를 모체에서 분리하지 않고 흙에 묻거나 암흑상태에 습기와 공기 조건을 맞추어 주면 발근이 되어 이 발근된 부위를 독립적으로 번식시키는 방법이다.
④ 접목 : 접목은 두 가지 식물의 형성층 부위를 밀착시켜 접합하도록 하는 방법으로 정부가 되는 부분을 접수, 기부가 되는 부분을 대목이라 한다.

(3) 취목
① 나무의 가지 일부분의 껍질을 벗겨 땅속에 묻어 뿌리를 내리는 방법으로 삽목이 어려운 경우 대체하는 방법이다.
② 취목은 방법에 따라 다음과 같이 분류된다.

종류	특징
단순취목 (선취법)	가지를 굽혀서 땅속에 묻고 자기의 선단을 지상으로 나오게 하는 방법이다.
공중취목 (고취법)	가지나 줄기의 일부에 상처를 주고 그 자리에 수태 혹은 황토로 싸서 건조하지 않도록 해주며 물을 주어 적당한 습도 조건에 유지하여 발근하는 방법으로 관상수목에 적용시 높은 곳에서 발근시킨다.
단부취목	가지를 굽혀 땅속에 묻어 지상으로 굴곡한 후 성장시켜 분주하는 방법이다.
매간취목	나무의 전체를 평면으로 묻어 새가지를 나오게 하고 이후 가지 밑에서 뿌리가 나오면 절단하여 새 개체를 만드는 방법이다.
파상취목	가지를 여러번 파상적으로 굽혀 굴곡시켜 번식하는 방법이다.
맹아지 취목	나무의 줄기를 지면 부근에서 절단하고 성토하여 그곳에서 새로운 가지의 밑부분에서 뿌리가 나오게 하는 방법이다.

(4) 접목육묘

① 접목육묘는 오이, 수박, 멜론, 가지, 토마토 등의 작물에 토양병해충의 피해를 예방하고 양분의 흡수를 증대시키기 위해 이용된다.
② 접목육묘에 있어 대목은 내병성, 내습성에 대한 친화력이 강해야 한다.
③ 접목육묘에서 초세조절을 잘못하면 기형과의 발생이 증가하고 당도가 낮아진다.
④ 접목 방법에는 주로 할접(쪼개접), 호접(맞접), 삽접(꽂이접)이 이용된다.
⑤ 작물의 종류에 따라 적합한 접목방법을 선택하며 오이는 맞접, 수박은 꽂이접을 적용한다.
⑥ 채소류의 경우 접목을 하면 토양전염성 방제, 재배기간의 연장, 품질의 향상, 저온신장성 증대 등의 효과가 나타난다.

(5) 영양기관

① 종묘로 이용되는 영양기관에는 눈, 잎, 줄기 등이 활용된다.
② 눈의 경우 마, 포도나무 등에 적합하며 잎은 베고니아 등이 대표적이다.
③ 줄기의 경우 다음과 같이 분류된다.
  ㉠ 덩이줄기(괴경) : 감자, 토란, 돼지감자 등
  ㉡ 알줄기(구경) : 글라디올러스, 프라이자 등
  ㉢ 비늘줄기(인경) : 마늘, 양파 등
  ㉣ 땅속줄기(지하경) : 생강, 연, 박하, 호프 등

10. 육묘

(1) 육묘의 필요성

① 육묘
  ㉠ 육묘는 종자를 재배지에 뿌리지 않고 모를 일정기간 시설에서 생육시키는 것을 육묘라 하며 종자의 소비량을 줄일 수 있다.
  ㉡ 육묘를 통해 수확량을 늘리거나 품질 향상을 기대할 수 있으며 관리 및 보호도 용이하다.
  ㉢ 수확 및 출하시기 조절이 가능하며 토지의 이용률을 높일 수 있다.
  ㉣ 종자를 이용한 직파가 불리한 작물(딸기, 고구마 등)에 많이 이용된다.
② 육묘방식

온상육묘	저온기에 인공 가온과 태양열을 이용하는 묘상이다.
보온육묘 (냉상육묘)	인공 가온 없이 태양열만을 이용하는 묘상이다.
공정육묘 (플러그육묘)	• 육묘의 생력화, 효율화를 목적으로 상토의 조제, 종자파종, 물주기에 관련된 작업을 자동화하여 균일한 묘상을 얻을수 있다. • 공정육묘를 통해 묘의 대량생산이 가능하고 기계화에 의해 생산비가 절감된다. • 집중관리가 용이하고 육묘기간이 단축되며 정식 후 활착이 빠르다.

(2) 묘상의 구조
  ① 묘상의 크기는 관리적 측면에 있어 중요하다. 묘상 크기가 너무 작으면 온도가 급격히 변화하며 너무 크면 묘상의 중앙부 관리에 노력이 많이 든다.
  ② 묘상의 너비는 120~130cm 정도가 적당하며 깊이, 길이는 묘상의 종류에 따라 결정한다.
  ③ 묘상 밑바닥은 온도를 균일하게 유지하기 위해 양열온상의 경우 중앙부를 높게하고 남쪽과 북쪽은 중앙부보다 깊게 한다.

(3) 상토
  ① 상토
    ㉠ 상토는 모종을 가꾸는 온상에 쓰는 토양으로 부드럽고 물 빠짐과 물 지님이 좋으며 여러 가지 양분을 고루 갖춘 흙이다.
    ㉡ 상토는 작물이 필요한 물을 보유하고 있으며 뿌리와 배지 상부 공기와 가스교환이 이루어지도록 도와준다.
    ㉢ 토양의 EC는 전기도로 전기가 잘 통하는 정도를 나타내는 수치이며 단위는 mS/cm 이다. 토양속에는 다양한 영양분이 있어 화학비료를 시비하고 나면 토양의 EC가 상승한다.
  ② 상토의 원료
    ㉠ 상토를 구성하는 주재료는 자연광물질, 일반자원, 부산물 등이 있다.
    ㉡ 자연광물질에는 제오라이트, 규조토, 적토, 미사토 등이 있다.
    ㉢ 자원으로 피트모스, 질석, 펄라이트 등이 있으며 부산물로 코코피트가 가장 많이 이용된다.
    ㉣ 코코피트의 경우 100% 천연야자 유기섬유질로 토양 속에서 장기간 부패하지 않아 물리성이 개선된다.
    ㉤ 펄라이트는 중성에서 약알칼리성으로 pH에 대한 영향이 적으며 양이온교환능력이

작다.
ⓑ 코코피트는 코코넛 야자열매의 껍질섬유를 이용하여 제조한다.
ⓢ 피트모스는 pH가 낮아 산성화시킨다.

③ 상토의 용도
㉠ 상토는 수도용, 원예용, 기타용도 등으로 구분된다.
㉡ 수도용은 중량, 경량, 매트(mat)로 구분되며 원예용은 채소용, 화훼용으로 구분된다.

④ 상토의 구비조건
㉠ 통기성, 보수성, 흡수력, 투수성 등의 물리적 성질이 좋아야 한다.
㉡ 값이 저렴하고 취급이 용이하며 활착성이 우수해야 한다.
㉢ 입자가 고르고 출아상태가 안정적이어야 한다.

(4) 육묘상의 구비조건
① 그늘이 들지 않는 곳으로 한다.
② 북서쪽이 막히고 남향인 곳으로 한다.
③ 수원이 가까운 곳으로 한다.
④ 관리가 용이한 곳으로 한다.
⑤ 바람을 타지 않는 곳으로 한다.
⑥ 지하수위가 낮은 곳으로 한다.

11. 정지

(1) 경운
① 경운은 토양을 갈아 흙덩이를 부스러뜨리는 작업이다.
② 경운은 정지작업에서 가장 먼저 하는 작업으로 파종이나 이식을 하기 전에 실시한다.
③ 경운을 통해 토양의 투수성, 통기성이 좋아져 이후 종자의 발달, 뿌리의 발달에 도움이 된다. 또한 통기성이 좋아야 토양에 살고 있는 미생물의 활동이 활발해져 유기물 분해 촉진 및 순환에 도움을 준다.
④ 흙을 반전시켜 잡초의 발생이 줄어들고 해충이 박멸하는데 도움이 된다.

(2) 쇄토
① 쇄토는 경운 다음으로 실시하는 작업으로 갈아 일으킨 흙덩이를 좀더 곱게 부수고 지면을 평평하게 고르는 작업이다.
② 논은 경운한 다음 물을 대고 써레로 흙덩이를 곱게 부수는데 써레를 이용한다 하여 써레질이라 한다.

(3) 작휴
① 작휴법은 작물이 심긴부분과 심기지 않은 부분이 규칙적으로 반복되는 것을 이랑이라 한다. 이랑은 평평하지 않고 기복이 있을 경우 융기부를 이랑, 함몰부를 고랑이나 골이라 한다.
② 이랑을 만들게 되면 파종, 제초, 솎음의 관리가 용이하고 배수 및 통기에 좋게 하고 작토층을 두껍게 한다.
③ 작휴법에는 평휴법, 휴립법, 성휴법이 있다.

평휴법		· 이랑을 평평하게 하여 이랑과 고랑 높이를 같게 하는 방법 · 주로 채소, 밭벼에 실시한다.
휴립법	휴립법	· 이랑을 세워 고랑이 낮게 하는 방법
	휴립구파법	· 이랑을 세우고 낮은 골에 파종하는 방법 · 맥류의 한해와 동해를 동시에 방지할 수 있다. · 감자의 발아촉진이나 이랑 사이 토양을 작물의 포기 밑에 모아주는 배토 작업을 위해 실시한다.
	휴립휴파법	· 이랑을 세우고 이랑에 파종하는 방법 · 고구마는 이랑을 높게 세우고 조, 콩은 이랑을 낮게 세운다.
성휴법		· 이랑을 보통보다 넓고 크게 하는 방법 · 맥후작 콩의 재배에 실시한다.

(4) 진압

① 진압은 정지 작업에서 경운, 쇄토 이후에 실시하는 작업이다. 파종하고 복토 전후 종자를 눌러 주는 작업이다.
② 진압을 하게 되면 토양사이 공극이 변화하고 모세관현상에 의한 수분공급으로 종자나 식물의 뿌리에 수분흡수를 쉽게 하게 된다.

12. 파종

(1) 파종시기

① 파종시기는 파종된 종자가 발아가기 위해 종자의 종류, 온도, 환경 등의 발아조건을 고려하여 결정하게 된다.
② 작물의 종류에 따라 추파, 춘파를 결정하고 지역에 따라 달라지는데 고랭지의 경우 늦봄에 실시한다.
③ 작부방법이나 특정 재해 시기, 토양의 상태, 출하기도 파종시기에 영향을 준다.
④ 감온형 벼 품종은 조파조식하는 것이 좋고 추파맥류는 추파성이 높은 품종은 조파한다.
⑤ 원동작물은 추파하고 여름작물은 춘파한다.

(2) 파종양식

산파(흩어뿌림)	포장 전면에 종자를 흩어 뿌리는 방법
조파(줄뿌림)	종자를 줄지어 뿌리는 방법
점파(점뿌림)	일정 간격으로 종자를 수 개씩 파종하는 방법
적파	점파와 유사하나 한곳에 여러개의 종자를 파종하는 방법

(3) 파종량

① 파종량은 작물의 종류 및 품종, 종자 크기, 재배지, 토양의 조건, 시비, 종자 상태를 고려하여 결정한다.
② 온도가 낮은 지역의 경우 파종량을 늘리도록 한다.
③ 토양 조건이 좋지 않거나 시비량이 적은 경우 파종량을 늘린다.
④ 발아력이 낮거나 파종기가 늦을 경우 파종량을 늘린다.

(4) 복토

① 복토는 흙덮기로서 작물의 종자를 파종한 후 흙을 덮어 주는 작업이다.

② 작물별로 복토의 깊이에 차이가 있으며 기준은 다음과 같다.

깊이 기준(cm)	작물 종류
종자가 보이지 않을 정도	소립목초종자, 파, 양파, 당근, 상추, 담배, 유채
0.5~1	순무, 배추, 양배추, 가지, 고추, 토마토, 오이
1.5~2	조, 기장, 수수, 무, 시금치, 수박, 호박
2.5~3	밀, 호밀, 귀리
3.5~4	콩, 팥, 완두, 잠두, 옥수수, 강낭콩
5~9	감자, 생강, 토란, 글라디올러스
10 이상	나리, 튤립, 수선, 히아신스

13. 이식

(1) 이식의 종류

① 조식은 골에 줄지어 이식하는 방법이다.
② 점식은 포기를 일정한 간격을 두고 띄어서 점점이 이식하는 방법이다.
③ 혈식은 포기를 많이 띄어서 구덩이를 파고 이식하는 방법이다.
④ 난식은 일정한 질서 없이 점점이 이식하는 방법이다.

(2) 이식시기

① 과수와 다년생 목본식물은 싹이 움트기 전에 춘식하거나 낙엽이 진 뒤 추식한다.
② 일반작물은 파종기에 영향을 주는 요인에 의해 이식기가 결정된다.

(3) 이식방법

① 작물에 따라 이식방법은 다양하다. 벼의 경우 기온이 15°C 전후 이식해야 하며 일찍 하는 것이 좋다. 논의 써레질이 종료되면 바로 하게 되며 줄모로 심어야 고르게 자랄 수 있다.
② 채소, 화초는 식상을 피하고 잘 자라게 하고자 쇄토작업을 통해 흙을 부드럽게 갈아두어야 한다. 이식후에는 뿌리를 내리는데 시간이 걸려 물을 주고 덮개를 해주어 증발을 막아준다.

(4) 이식효과

장점	단점
① 이식을 실시하면 줄기나 잎의 웃자람을 억제할 수 있다. ② 이식 작업시 뿌리가 잘려 새로운 뿌리가 발생되어 생육이 좋아진다. ③ 생육이 어느 정도 진행되어 병해충에 피해가 감소된다. ④ 수목의 경우 개화를 촉진시킬 수 있다.	① 무, 당근 등 직근류는 뿌리가 손상될 경우 상품성이 저하되기도 한다. ② 수박, 참외는 뿌리가 손상시 발육이 저하된다. ③ 작물에 따라 이식이 해가 되는 경우가 있다.

14. 생력재배

(1) 생력재배의 정의

① 생력재배는 노력을 줄여 농사를 짓는 것으로 본디 목적은 노동력이 부족한 농가의 상황을 개선하기 위한 방법이다.

② 부족한 노동력 때문에 농업의 기계화를 장려하고 잡초를 방제하기보다 제초제를 도입하는 방법등이 생력재배라 한다.

(2) 생력재배의 효과

① 생력재배를 통해 농업에 필요한 노동력 절감 및 경영에 효율이 개선된다.

② 농업 연구를 통한 새로운 품종의 개발과 경운파종과 같은 저비용 생산을 목적으로 생력기계화 재배기술 등의 도입으로 저투입 지속농업(LISA)이 가능하다.

③ 실제 생력재배의 사례로 파식파종기를 이용한 생력파종, 기계화를 통한 잡초 방제, 배토기를 이용한 중경배토 작업, 기계 수확, 탈곡 및 선별, 건조 등 전과정에 걸쳐 효과가 나타난다.

(3) 생력기계화재배의 전제조건

① 농지가 생력화를 가능하게 할 수 있게 정리되어야 한다.

② 넓은 면적은 공동관리하여 집단 재배해야 한다.

③ 기계화에 따른 잉여 노동력을 수익화 해야 한다.

④ 품종의 선택, 재배법 등 기계화를 통한 재배체계를 확립해야 한다.

⑤ 국가 차원의 제도화, 보조, 개발등의 도움이 필요하다.

(4) 기계화 적응 재배
  ① 기계화 재배
    ㉠ 농업기계화로 노동의 능률 및 생산력이 향상되었다. 노동을 절약하고 중노동에서 벗어나는 계기가 되었다.
    ㉡ 단위노동시간당 작업량을 늘려 능률적 작업을 통해 생산량을 높일 수 있다.
    ㉢ 적합한 농업기계의 선택을 통해 토지이용률을 높여 생산량을 늘릴 수 있다.
    ㉣ 농업기계의 크기는 경영면적, 포장면적, 경지조건, 기계의 구동능력을 고려하여 결정한다.
    ㉤ 농업기계의 이용시간은 최대한 확대하여 활용한다.
  ② 정밀농업
    ㉠ 정밀농업은 농작물 재배에 영향을 미치는 요인에 관한 정보를 수집하고, 이를 분석하여 불필요한 농자재 및 작업을 최소화함으로써 농산물 생산 관리의 효율을 최적화하는 시스템인 것이다.
    ㉡ 정밀농업기술은 식량생산 한계나 환경보존의 문제를 동시에 해결할 수 있는 대안으로 부상하고 있다.
    ㉢ 정밀농업은 선진국을 중심으로 1990년대부터 집중적으로 연구되기 시작한 해결방법으로 기술, 경영, 과학이 결합된 것이 특징이다.

15. 재배관리

(1) 시비
  ① 시비
    ㉠ 시비는 거름주기로 주요 비료의 종류는 질소, 인산, 칼륨이 있다. 질소의 경우 과다하게 공급되면 도장의 우려가 있어 공급량을 조절해 주어야 한다.
    ㉡ 작물에 따른 적정 시비(질소 : 인산 : 칼륨)

벼	5 : 2 : 4
맥류	5 : 2 : 3
옥수수	4 : 2 : 3
감자	3 : 1 : 4
고구마	4 : 1.5 : 5
콩	5 : 1 : 1.5

    ㉢ 규소는 화곡류의 저항성을 높이는데 도움을 주는데 벼에 있어 도열병에 대한 저항성을 키워주고 잎을 곧게 지지하도록 도와준다. 잎을 곧게 지지하여 수광율을 높이는데도 도움을 주며 한해에 대한 경감 효과도 있다.

② 고구마와 같은 작물은 칼륨의 흡수비율이 높은 편인데 칼륨이 양분을 지하부로 이동하는 것을 촉진하여 덩이뿌리가 굵어지도록 도와주는 역할을 한다.

② 엽면시비
  ㉠ 작물은 뿌리에서 뿐 아니라 기공을 통한 흡수가 이루어지며 이를 엽면시비라 한다.
  ㉡ 엽면시비는 잎의 호흡작용이 왕성할수록 더 잘 흡수된다.
  ㉢ 엽면시비된 살포액이 약산성의 경우 흡수가 잘 이루어진다.
  ㉣ 잎의 뒷면은 살포액의 부착이 좋고 기공수가 많아 표면보다 흡수가 잘 이루어진다.
  ㉤ 엽면시비는 주로 철, 아연, 망간, 칼슘 등의 미량원소, 요소를 뿌려 준다.
  ㉥ 엽면시비는 뿌리의 흡수력이 낮을 경우 영양회복을 위해 작업을 한다.
  ㉦ 요소의 엽면시비 농도는 노지작물 0.5~2%, 과수 0.5~1%, 오이 및 수박 1% 이하, 무 및 양배추 2% 이하 정도로 한다.

③ 비료의 분류
  ㉠ 성분에 따른 비료

질소비료	요소, 질산암모니아, 황산암모니아
인산질비료	과인산석회, 용성인비, 용과린, 중과인산석회
칼륨질비료	염화칼륨, 황산칼륨

  ㉡ 화학적 반응에 따른 비료

산성비료	과인산석회, 염화암모늄
중성비료	황산칼륨, 염화칼륨, 요소, 질산나트륨
염기성비료	생석회, 소석회, 탄산칼륨, 용성인비

  ㉢ 생리적 반응에 따른 비료

생리적 산성비료	황산암모늄, 염화암모늄, 황산칼륨, 염화칼륨
생리적 중성비료	질산암모늄, 질산칼륨, 요소
생리적 염기성비료	질산나트륨, 질산칼슘, 용성인비, 초목회

  ㉣ 반응 효과에 따른 비료

속효성비료	황산암모늄, 염화칼륨
완효성비료	석회질소

ⓜ 주요 비료의 성분비

종류	질소	인산	칼륨
요소	46		
질산암모늄	35		
황산암모늄	21		
석회질소	20~22		
중과인산석회		44	
용성인비		18~19	
과인산석회		16	
염화칼륨			60
황산칼륨			48~50

④ 이용률
  ㉠ 비료의 이용률은 비료 성분량 중에서 작물이 흡수하여 이용한 양을 나타낸 것으로 질소는 30~50%, 칼륨 40~60%, 인산 10~20% 정도의 이용률을 보인다.
  ㉡ 비료의 이용률에 영향인자로 비료성분, 화학적 형태, 작물의 종류, 토양의 화학적 조건, 시비시기 등이 있다.

(2) 보식
① 보식은 발아가 불량한 곳이나 고사한 곳에 보충하여 이식하는 것이다.
② 솎기는 밀생한 곳에 일부를 제거하여 작물끼리 경쟁을 줄이고 공간을 넓혀 주는 작업이다.
③ 솎기는 생육 공간 확보를 통해 균일한 생육을 도와주고 불량한 개체를 제거해 우량한 개체만 남길 수 있다.

(3) 중경
① 파종이나 이식 이후에 작물 생육 기간에 작물사이 토양의 표토를 긁어 부드럽게 하는 토양관리를 중경이라 한다.
② 중경작업은 잡초의 방제, 토양의 이화학적 성질 개선을 통해 작물의 생육을 돕는다.

③ 중경의 효과

발아조장	파종이후 토양에 피막이 생겼을때 중경작업을 실시하여 피막을 제거하면 발아가 조장된다.
통기성증진	박물이 생육하는 포장을 중경하여 토양의 가스교환과 미생물의 활동을 높이고 유기물 분해가 촉진되어 작물에 활력을 주게 된다.
수분증발억제	중경작업 시 토양을 얕게 작업하면 모세관이 절단되고 표면 공극이 좁아져 토양의 유효수분 증발이 줄어드는 효과가 있다.
비효증진	논토양의 경우 항상 물에 잠긴 상태이기에 표층은 산화층, 아래는 환원층이 형성된다. 이때 추비를 하고 중경작업을 실시하면 산화층과 환원층이 섞이면서 탈질작용이 억제되고 질소질 비료의 효과가 증진된다.

④ 중경의 단점

단근피해 발생	어린 작물의 경우 중경작업 과정에서 뿌리에 피해를 주게 되면 뿌리 흡수에 피해를 준다.
토양침식 발생	바람이 심하거나 건조가 심한 지역은 중경을 하면 토양의 건조 및 침식이 발생된다.
동상해 발생	환경에 따라 중경작업을 하면 지열의 유지가 되지 않아 저온의 피해가 발생할 수 있다.

(4) 멀칭

① 피복재료인 비닐, 플라스틱 필름, 건초를 이용하여 포장 토양의 표면을 덮는 작업을 멀칭이라 한다. 그리고 멀칭작업에 사용되는 피복재료를 멀치라 한다.
② 멀칭의 효과로는 생육 촉진과 토양의 침식을 방지하고 수분조절, 온도조절, 잡초 방지, 유익 박테리아의 증식 등의 효과가 있다.
③ 작물의 비닐은 주위 조건에 따라 적합한 색을 선별한다. 검은색 비닐은 뿌리의 지온 유지 및 잡초 발생을 억제해주며 투명비닐은 추운 계절 지온 상승과 습도의 유지에 도움을 준다. 최근에는 적색비닐을 통해 작물의 광합성량을 늘리는 등 색상에 따른 효과를 파악하고 선택한다.
④ 투명플라스틱 필름의 경우 지온의 상승, 토양의 건조 방지, 비료의 유실 방지 등의 효과가 있다. 불투명플라스틱의 경우 적색광을 차단하여 잡초의 발생을 억제해준다.

16. 수확

(1) 수확시기 결정

① 벼의 수확시기는 출수 후 40~50일 정도이며 벼알이 황색이나 수축의 색깔이 대체로 황변한 때, 수축이 끝에서 2/3 정도 황색으로 마른 때이다
  ㉠ 유숙기는 개화 수정 후 10~14일 경이다
  ㉡ 호숙기는 개화 수정 후 15~25일 경이다
  ㉢ 황숙기는 개화 수정 후 30~40일 경이다
  ㉣ 완숙기는 개화 수정 후 40~50일 경이다
  ㉤ 고숙기는 벼알에 녹색이 없는 완숙된 시기이다

② 적산온도
  ㉠ 일평균기온을 누적시켜 보통 벼는 출수 후 950°C 정도가 되면 수확 적기가 된다.
  ㉡ 일평균기온 14°C 이하는 동화능력이 떨어져 계산하지 않는다.

③ 출수기 기준
  ㉠ 조생종은 출수 후 40~45 일이다
  ㉡ 중생종은 출수 후 45~50 일이다
  ㉢ 만생종은 출수 후 50~55 일이다

④ 벼알색 기준
  ㉠ 벼알이 90% 정도 황변한 시기가 적기가 된다.
  ㉡ 벼는 수확 시기가 너무 빠르면 청미와 사미가 많아지고 수량이 감소된다.
  ㉢ 수확이 늦어지면 과숙미가 되어 동할미가 많아지며 색깔이 불량해진다.

⑤ 기타 작물의 수확시기
  ㉠ 감자의 경우 잎과 줄기가 누렇게 변했을 때부터 완전히 마르기 직전까지가 수확적기이다.
  ㉡ 고구마는 줄기가 마르기 시작하는 10월쯤이 수확적기이다.
  ㉢ 단옥수수는 수염이 나온 후 23~25일경이 수확적기이다.

⑥ 원예작물 수확적기
  ㉠ 수확된 원예작물의 성숙도는 저장수명과 품질에 중요한 변수로 작용하여 취급 및 판매에 영향을 준다.
  ㉡ 호흡상승(climacteric rise)은 과일의 성숙기간 중 호흡작용이 증가하는 상태로 이때가 수확적기이다.
  ㉢ 과실의 개화 후 성숙할 때까지의 일수는 품종에 따라 대게 일정하나 수세, 입지,

기상 등에 따라 다소 차이가 있다.
ⓔ 노지재배의 경우 애호박은 7~10일, 가지는 20~30일, 토마토는 40~50일 정도의 기간을 가진다.
ⓜ 과실은 성숙기가 되면 전분이 당으로 변화하기에 요오드 검색법을 통해 수확적기를 예측할 수 있다. 전분과 요오드가 결합하면 청색으로 변하기에 과실이 성숙할수록 전분량이 적어지면서 요오드와 결합하는 청색의 분포도가 줄어들게 된다.
ⓗ 사과와 토마토와 같은 과실은 과피의 착생정도를 통해 판정하기도 한다.
ⓢ 열매꼭지의 탈락 정도를 통해 수확적기를 판정한다.

(2) 성숙
① 종자나 과실의 내용물이 충실하고 발아력이 완전하며 수확의 최적상태가 되었을 경우를 성숙이라 한다.
② 성숙도를 판단하는 기준에는 색깔, 경도, 크기와 모양, 호흡정도, 전기저항 등이 있다.
③ 식물의 성숙은 식물자체에 기준을 두는 생리적 성숙과 이용의 기준을 둔 상업적 성숙으로 분류되며 상업적 성숙은 작물이 수확적기가 되었음을 의미한다.
④ 오이, 가지 등은 생리적으로는 성숙하지 않았지만 상업적 성숙이 되어 이용한다.
⑤ 상업적성숙과 생리적 성숙이 일치하는 작물은 사과, 토마토, 양파, 감자 등이 있다.

17. 수확 후 처리

(1) 벼의 수확 후 처리
① 건조
  ㉠ 벼를 베었을 경우 벼알의 수분 함량은 대략 20% 이상이다.
  ㉡ 수확한 벼는 15.5% 정도로 건조시키고 탈곡하면 탈곡능률이 좋아지고 도정률이 높아지고 변질되지 않는다.
② 탈곡
  ㉠ 수분 함량이 15.5% 이하인 벼가 능률적이나 기상조건이 불량할 경우 탈곡 후 건조해야 한다.
  ㉡ 보리의 경우 기계적 손상을 최소화 하기 위해 17~23% 정도로 건조하여 탈곡하도록 한다.
③ 도정
  ㉠ 수확한 조곡을 가공하여 식용 가능한 정곡으로 가공하는 것을 도정이라 한다.

ⓒ 조곡인 정조의 껍질을 벗겨서 현미로 만드는 것을 제현이라 한다.
ⓒ 도정은 과정은 벼를 정선, 제현, 현미분리, 현백, 쇄미분리 등의 과정을 거친다.
② 제현율은 품종, 숙도, 건조 등에 따라 다르며 중량은 약 75%, 용량 55% 정도이다.

(2) 원예작물의 수확 후 처리

① 후숙
  ㉠ 미숙한 과실을 수확하고 일정 기간 보관하여 성숙시키는 것을 후숙이라 한다.
  ㉡ 바나나, 키위, 감귤 등에 주로 적용한다.

② 예랭(예냉)
  ㉠ 고온상태에 수확된 청과물을 수확 직후 적당한 품온까지 냉각하여 과실자체의 호흡량, 성분이나 물성의 변화를 억제하여 품질을 유지할 수 있는 냉각작업을 예랭(예냉)이라 한다.
  ㉡ 예랭은 수확 직후 청과물의 품질 유지에 좋은 방법으로 호흡량을 줄이고 저장양분의 소모를 감소시킨다.

③ 큐어링
  ㉠ 큐어링은 고구마, 감자, 양파 등에 상처가 발생한 경우 상처를 아물게 하거나 코르크층을 형성시켜 수분의 증발을 줄이고 미생물의 침입을 예방하는 방법이다.
  ㉡ 고구마는 수확 후 1주일 이내 온도 30~33°C, 습도 85·90% 조건에서 4~5일 정도 큐어링 한 후 열을 방출시키고 저장하면 상처가 아물게 된다. 온도와 습도를 낮게 하면 치유시간이 오래 걸리고 중량이 감소하게 된다.
  ㉢ 감자는 수확 후 온도 15~20°C, 습도 85~90% 조건에서 2주일 정도 큐어링 하도록 한다.
  ㉣ 양파는 건조가 어느정도 된 경우 온도 30~35°C, 습도 70~80% 조건에서 5일 정도 처리한다.

④ 예건
  ㉠ 식물의 외층을 건조시켜 내부조직의 수분증산을 억제시키는 방법이다. 수확 직후 수분을 일정량 증산시켜 과습으로 인한 부패를 방지할 수 있다.
  ㉡ 수분함량이 많고 증산속도가 빠른 양배추 등의 엽채류는 외엽 1층이 거의 마를 때까지 예건시키는 것이 저장에 유리하다.

18. 저장

(1) 상온저장

① 상온저장은 보통저장이라 하며 외기의 온도 변화에 따라 강제송풍처리, 보온단열, 밀폐처리 등으로 가온이나 저온처리장치 없이 저장하며 다음과 같은 방법들이 있다.
　㉠ 지하매몰저장은 배추, 양배추, 파 등을 지하에 묻어서 저장하는 방법이다.
　㉡ 움저장은 감자, 무 등을 지하에 알맞은 길이의 움을 파고 저장한다.
　㉢ 굴저장은 깊은 굴을 파고 깊숙한 곳에 고구마 등을 저장한다.
② 환기저장은 지상부 혹은 반 지하부에 외부의 공기를 유입하여 저장고내의 온도를 유지하는 방법이다. 설치비용이 저렴하고 작동이 쉬워 고구마, 감자의 저장에 많이 이용된다.
③ 환기저장시 감자의 저장온도는 1~4°C, 저장습도는 80~95% 이다. 고구마의 경우 저장온도 12~15°C, 저장습도 80~95% 이다.
④ 굴저장을 하는 고구마는 통기가 잘 되도록 환기시설을 갖추는 것이 좋다.

(2) 저온저장(냉장)

① 냉각에 의해 일정 온도까지 품온을 내린 후 저장하는 것을 저온저장이라 한다.
② 저온 저장을 통해 나타나는 효과는 다음과 같다.
　㉠ 미생물의 증식 지연
　㉡ 수확 후 작물의 대사작용 지연
　㉢ 효소에 의한 지질의 산화와 갈변 지연
　㉣ 영양성분의 손실 및 수분 손실 지연
③ 저온저장의 효과가 큰 과실은 사과, 배, 복숭아, 자두, 포도 등이 있으며 호흡 및 대사작용이 억제되어 환원당 함량이 증가되어 단맛이 높아지게 된다.
④ 원예생산물의 저장에서도 저장온도가 중요하며 저온저장을 통해 작물의 변질속도를 느리게 하여 저장에 유리하다.
⑤ 일반적 저온저장을 위한 상대습도는 85~95% 정도를 유지해야 한다.
⑥ 곡류는 저장습도가 낮을수록 좋지만 과실이나 영양체는 저장 습도가 상대적으로 높은 것이 좋다.

⑦ 작물별 적정 저장온도는 다음과 같다.

저장온도(°C)	종류	저장온도(°C)	종류
0 혹은 그 이하	콩, 당근, 마늘, 상추, 버섯, 양파, 시금치	7~12	애호박
0~2	아스파라거스	7~13	오이, 가지, 수박, 토마토(완숙과)
1~4	감자	13 혹은 그 이상	생강, 고구마, 토마토(미숙과)
2~7	서양호박	15 이하	미곡

⑧ 과수별 적정 저장온도는 다음과 같다.

저장온도(°C)	종류
0~2	사과, 배, 복숭아, 포도, 자두
4~5	감귤
7~13	바나나

(3) CA 저장

① CA 저장은 대기조성과 다르게 이산화탄소(CO_2)의 농도를 증가시키고 산소(O_2)의 농도를 낮추어 저장물의 호흡을 억제하고 저온 저장하는 방법이다

② CA 저장법은 꾸준한 기술개발을 통해 여과시스템을 이용한 압축공기로부터 질소를 공급하는 시스템, 낮은 산소 농도 저장, 저에틸렌 CA 저장, 급속 CA 저장 등 다양한 기술이 개발되었다.

③ 미곡의 경우 수분함량이 15% 이하로 유지하고 저장고 내 온도는 15°C 이하, 상대습도 70% 이하로 유지하며 공기조성은 산소 5~7%, 이산화탄소 3~5%로 유지시키는 것이 안전하다.

19. 포장

(1) 포장재의 종류와 방법

① 포장의 재료

  ㉠ 포장의 재료는 기능에 따라 주재료와 부재료로 분류된다.

  ㉡ 주재료는 종이, 플라스틱필름, 포대, 목재 용기 등 수확물을 담는 재료를 말한다.

  ㉢ 부재료는 접착제, 테이프, 끈, 못 등 포장을 하는 보조재료를 말한다.

② 포장의 구비조건

  ㉠ 수송과정에 내용물을 보호할 수 있도록 충분한 강도를 가지고 있어야 한다.

  ㉡ 수분에 젖거나 높은 상대습도에 영향을 받지 않아야 한다.

ⓒ 독성이 있는 화학물질을 함유하고 있지 않아야 한다.
ⓔ 내용물이 빠른 예랭이 가능해야 하고 외부열을 차단해야 한다.
ⓜ 혐기상태를 피하기 위해 호흡가스를 충분히 투과할 수 있는 소재여야 한다.
ⓗ 무게, 크기, 모양 등이 취급 및 판매에 적합해야 한다.
ⓢ 작물의 필요에 따라 빛을 차단하거나 투명해야 한다.
ⓞ 처분 및 재활용이 용이해야 한다.

③ 포장 재료의 종류
  ㉠ 종이
   - 식물성 섬유로 판지, 양지, 화지 등으로 구분된다.
   - 골판지는 강도가 강하고 완충성이 뛰어나며 봉합과 개봉이 편리하다.
   - 양지는 크라프트지, 롤지, 모조지 등이 포함되어 질기고 유연성이 좋다.
   - 글라신지는 광택이 있고 반투명성이며 내유성이 좋아 채소용 포장에 사용된다.
  ㉡ 플라스틱필름
   - 플라스틱은 열경화성 플라스틱, 열가소성 플라스틱 등이 있다.
   - 열경화성 플라스틱에는 페놀수지, 요소수지, 멜라민수지 등이 있다.
   - 열가소성 플라스틱에는 PE, PP, PVC 등이 있다.
   - PE(polyethylene)은 온상재배에 이용되며 가스의 투과도가 높아 채소류, 과일 등의 포장재료에 적합하다.
   - PP(polypropylene)은 방습성, 내열성, 내한성 등이 좋고 광택 및 투명성이 높아 투명포장과 채소류의 수축포장에 적합하다.
  ㉢ 알루미늄박
    신전성이 높고 내충성이 있어 기체 차단성이 요구되는 식품분야에 활용된다.
  ㉣ 포대
   - 지대는 종이로 만든 소형의 봉지, 봉투, 쇼핑백 등이 있다.
   - 포백제 포대는 일반적인 자루를 의미하며 마대는 곡물용 포대로 사용된다.
   - 플라스틱 네트는 압출성형법으로 만들어져 과일, 채소류 포장에 이용된다.
  ㉤ 기능성 포장재
   - 밀봉포장하여 간이 가스 조절이 가능하며 저장에 유해한 에틸렌 가스를 흡착 제거하는 효과를 가지고 있는 기능성 물질을 포장재에 첨가한 재료이다.
   - 항균필름은 포장재 내 발생하는 곰팡이 및 유해 미생물에 대한 항균력을 가진 물질을 코팅, 압축성형한 필름이다.
   - 고차단성 필름은 질소, 산소 및 산물의 고유한 유기화학물 등을 차단한다.

(2) MA 포장
    ① MA 포장 효과는 호흡 급등형 과일류에서 숙성 및 노화 지연, 증산이 빠른 엽채류, 과채류에서 나타나는 수분손실 억제 효과, 에틸렌 민감도 감축, 저온장해 등 수확 후 생리적 장해의 억제 등이 있다.
    ② MA 포장은 고분자 필름으로 호흡하는 산물을 밀봉하여 포장 내 산소와 이산화탄소 농도를 바꾸는 기술로 주로 소포장 단위를 말한다.
    ③ 실제 포장 내 산소 농도가 조절되면서 자동적으로 이산화탄소 농도가 변하게 된다.
    ④ MA 포장은 산소 농도가 지나치게 낮고 이산화탄소 농도가 지나치게 높을 경우 이미, 이취 등이 발생하는 고이산화탄소 장해로 작물의 상품성이 떨어진다.
    ⑤ MA 포장에 사용되는 이상적인 필름은 산소의 유입보다 이산화탄소의 방출이 더 주요하며 이산화탄소 투과도는 산소 투과도의 약 3~4배 정도 되어야 한다.
    ⑥ MA 포장의 필름 조건은 이산화탄소 투과도가 높아야 하고, 투습도가 있어야 하며, 인강강도 및 내열강도가 높아야 한다.

20. 수량구성요소

(1) 수량구성요소
    ① 작물의 단위면적당 수확량을 수량이라 하며, 수량에 영향을 미치는 여러 요인을 수량구성요소 한다.
    ② 벼의 수량은 조곡, 현미, 백미의 무게를 나타내며 단위면적당 이삭수, 이삭당 영화수, 등숙비율, 천립중 등 4가지 수량구성요소에 의해 결정된다.

    벼의 수량 = 단위면적당 이삭수×이삭당 영화수×등숙률×천립중(g)
              = 단위면적당 영화수×등숙률×천립중

    ③ 직파재배의 경우 단위면적당 이삭수는 이앙재배의 2배 정도지만 수당영화수는 적어 단위면적당 영화수는 큰 차이가 없다.
    ④ 이앙재배의 단위면적당 이삭수는 분얼능력에 의해 결정되며 최고분얼기 후 10일에 결정되나 직파재배는 재식밀도와 출아율에 결정된다.
    ⑤ 벼의 수량은 수분함량 14% 정곡으로 나타내며 현미에서 정곡으로 환산할 경우 1.25의 환산계수를 사용한다.
    ⑥ 수확지수는 생물적 수량의 경제적 이용 가능한 부분의 지표로 [건조종실량 ÷ 전건물중]으로 나타낸다.

PART 3 재배학원론 기본50제

01 영양번식 방법 중 접목의 장점 4가지를 적으시오.

해답
- 토양전염성 방제
- 병해충에 대한 저항력 증가
- 품질의 향상
- 환경에 대한 적응성 증가

02 시금치의 분화후 일정형을 적으시오.

해답
장일성

03 식물호르몬에서 옥신에 의해 나타나는 특징 3가지를 적으시오.

해답
- 발근 및 개화를 촉진한다.
- 낙과를 방지한다.
- 과실의 비대 및 성숙을 촉진한다.
- 이층 형성의 억제 효과가 있다.

04 영양번식의 방법 중에서 취목의 종류 4가지를 적으시오.

해답
단순취목, 공중취목, 단부취목, 매간취목, 파상취목

05 공정육묘 정의를 적으시오.

해답
자동화 육묘시설을 이용한 육묘방법으로 상토준비 및 혼입, 파종, 재배관리 작업 등이 자동으로 이루어진다.

06 휴립휴파법에 대해 설명하시오.

> **해답**
> 이랑을 세우고 이랑에 파종하는 방법이다.

07 다음 보기의 내용은 파종량에 대한 내용이다. 괄호에 적합한 것을 고르시오.

> <보기>
> 파종량은 작물의 종류 및 종자 크기, 종자 상태 등을 고려하여 결정되는데 온도가 낮은 지역의 경우 파종량을 (늘린다 / 줄인다). 또한 토양 조건이 좋지 않거나 시비량이 적은 경우 파종량을 (늘린다 / 줄인다)

> **해답**
> 온도가 낮은 지역의 경우 파종량을 늘리도록 하고 토양 조건이 좋지 않거나 시비량이 적은 경우 파종량을 늘린다.

08 이식의 종류 3가지를 적으시오.

> **해답**
> 조식, 점식, 혈식, 난식

09 작물의 수확 후 처리 방법 중에서 '큐어링'에 대해 설명하시오.

> **해답**
> 큐어링은 고구마, 감자, 양파 등에 상처가 발생한 경우 상처를 아물게 하거나 코르크층을 형성시켜 수분의 증발을 줄이고 미생물의 침입을 예방하는 방법이다.

10 아래 보기의 과수 중에서 인과류에 해당하는 것을 고르시오.

> < 보기 >
> 자두, 사과, 복숭아, 포도, 딸기, 배

> **해답**
> 배, 사과

11 아래 보기의 내용의 빈칸을 채우시오.

> ( )은 대표적인 생장억제물질로 작물의 무기물부족이나 스트레스성 작용을 받게 될 경우 발생량이 증가하기도 하며 작물에 적용시 낙엽의 촉진, 발아 억제 등이 나타난다.

해답
아브시스산(Abscisic acid, ABA)

12 아래 빈칸을 채우시오.

> 감자는 ( ) 년의 휴작이 요구되는 작물이다.

해답
2

13 윤작에 의해 나타나는 효과 3가지를 적으시오.

해답
- 지력이 유지 및 보호된다.
- 병해충이 감소한다.
- 노동의 합리적 분배가 가능하다.

14 2가지 이상 작물을 혼합하여 파종하는 혼파의 장점 3가지를 적으시오.

해답
- 잡초가 경감된다.
- 기상에 대한 적응력이 높아진다.
- 병해충의 위험성이 낮아진다.

15 아래의 작물 중에서 복토의 깊이가 10cm 이상의 작물을 고르시오.

> <보기>
> 파, 히아신스, 상추, 시금리, 옥수수, 귀리, 감자, 수선

해답
수선, 히아신스

16 점파, 조파, 산파에 대해 설명하시오.

> **해답**
> - 점파 : 일정 간격으로 종자를 수 개씩 파종하는 방법
> - 조파 : 종자를 줄지어 뿌리는 방법
> - 산파 : 포장 전면에 종자를 흩어 뿌리는 방법

17 작휴법의 종류 3가지를 적으시오.

> **해답**
> 평휴법, 휴립법, 성휴법

18 육묘에 활용되는 상토에 대해 설명하시오.

> **해답**
> 상토는 모종을 가꾸는 온상에 쓰는 토양으로 부드럽고 물 빠짐과 물 지님이 좋으며 여러 가지 양분을 고루 갖춘 흙이다.

19 접목 육묘에서 방법 3가지를 적으시오.

> **해답**
> 할접, 호접, 삽접

20 아래 보기는 춘화처리인 버널리제이션에 대한 설명이다. 내용에 적합한 것을 고르시오.

< 보기 >
버널리제이션의 영양인자에는 온도, 산소, 종자 등이 있는데 산소는 처리 도중 산소가 부족할 경우 효과가 (감소한다 / 증가한다). 그리고 종자가 건조할 경우 효과가 (감소한다 / 증가한다)

> **해답**
> 버널레제이션은 처리도중 산소가 부족할 경우 효과가 감소하고 종자가 건조할 경우 효과가 줄어든다.

21 아래 보기에 관련된 식물호르몬의 명칭을 적으시오.

> < 보기 >
> 종자의 휴면타파의 효과가 있는 식물생장조절제로 옥신과 함께 사용시 효과가 극대화되는데 벼의 키다리병에서 유래한 물질이다

해답

지베렐린

22 영양번식의 장점 3가지 적으시오.

해답

① 영양번식은 채종이 곤란한 작물에 적용하면 유리하다.
② 우량한 상태의 유전형질을 유지할 수 있다.
③ 종자번식보다 생육이 왕성하고 짧은 기간 내에 수확이 가능하고 수량도 증가한다.
④ 접목의 경우 환경에 대한 적응성, 병해충에 대한 저항력이 증가한다.

23 인공 영양번식방법 중 취목의 정의를 적으시오.

해답

취목은 식물의 가지나 줄기를 모체에서 분리하지 않고 흙에 묻거나 암흑상태에 습기와 공기 조건을 맞추어 주면 발근이 되어 이 발근된 부위를 독립적으로 번식시키는 방법이다.

24 영양번식을 이용하는 줄기 2가지와 해당 작물 2가지를 적으시오.

해답

- 괴경 : 감자, 토란
- 인경 : 양파, 마늘

25 공정육묘 장점 3가지 적으시오.

해답

- 육묘기간이 단축된다.
- 묘의 대량생산이 가능하다.
- 기계화로 생산비가 절감된다.

26 상토의 부산물로 활용되는 '코코피트'에 대해 설명하시오.

해답
코코넛 야자열매의 껍질섬유를 이용하여 제조하며 100% 천연야자 유기섬유질로 토양 속에서 장기간 부패하지 않아 물리성이 개선된다.

27 아래 작물들을 복토 깊이가 깊은 순서대로 나열하시오.

> < 보기 >
> 튤립, 생강, 상추, 토마토, 귀리

해답
튤립, 생강, 귀리, 토마토, 상추

28 이식의 종류 중 점식에 대해 설명하시오.

해답
점식은 포기를 일정한 간격을 두고 띄어서 점점이 이식하는 방법이다.

29 멀칭에 의해 나타나는 효과 3가지를 적으시오.

해답
- 생육 촉진과 토양의 침식을 방지된다.
- 수분 및 온도 조절이 용이하다.
- 잡초가 방지되고 유익 박테리아가 증식한다.

30 증식용 종자의 수확적기를 적고 조기 채종 및 만기 채종의 단점을 적으시오.

해답
- 수확적기 : 최고의 건물중 및 안전 저장이 가능한 수분함량일 때
- 조기 채종 단점 : 종자생산량 감소 및 종자 활력이 낮아진다.
- 만기 채종 단점 : 탈립, 도복의 가능성이 높고 탈곡 시 기계적 손상이 일어난다.

31 작물의 생육에 필요한 필수 미량원소 5가지를 적으시오.

해답
염소, 철, 망간, 붕소, 아연, 구리, 몰리브덴

32 원예작물 중에서 장과류의 종류 3가지를 적으시오.
> **해답**
> 포도, 무화과, 딸기

33 버널리제이션의 정의를 적으시오.
> **해답**
> 생육 초기에 일정기간 인위적 저온처리를 하는 것을 버널리제이션 혹은 춘화처리라 한다.

34 정일식물에 대해 설명하시오.
> **해답**
> 단일, 장일에서 개화하지 않고 특정한 일장에서만 개화하는 식물을 말한다.

35 육묘에 활용되는 상토의 구비조건 3가지를 적으시오.
> **해답**
> - 통기성, 보수성, 흡수력, 투수성 등의 물리적 성질이 좋아야 한다.
> - 값이 저렴하고 취급이 용이하며 활착성이 우수해야 한다.
> - 입자가 고르고 출아상태가 안정적이어야 한다.

36 중경에 대해 설명하시오.
> **해답**
> 파종이나 이식 이후에 작물 생육 기간에 작물사이 토양의 표토를 긁어 부드럽게 하는 토양관리를 중경이라 한다.

37 원예작물 수확 후 처리하는 방법 중에서 '예랭'에 대해 설명하시오.
> **해답**
> 고온상태에 수확된 청과물을 수확 직후 적당한 품온까지 냉각하여 과실자체의 호흡량, 성분이나 물성의 변화를 억제하여 품질을 유지할 수 있는 냉각작업을 예랭(예냉)이라 한다.

38 과수별 적정 저장온도가 있는데 다음 보기 중에서 적정 저장온도의 기준이 가장 높은 것을 고르시오.

< 보기 >
사과, 배, 감귤, 복숭아, 자두, 바나나

해답
바나나

39 벼의 단위면적당 수확량에 영향을 주는 수량구성요소 4가지를 적으시오.

해답
이삭수, 이삭당 영화수, 등숙비율, 천립중

40 작물수량 삼각형에 표현되는 3가지를 적으시오.

해답
유전성, 환경조건, 재배기술

41 아래 보기의 식용작물 중에서 서류에 해당하는 것을 고르시오.

< 보기 >
벼, 고구마, 기장, 녹두, 완두, 감자

해답
고구마, 감자

42 영양번식 방법 중에서 삽목에 대해 설명하시오.

해답
모체에서 분리한 영양체의 일부를 삽상에 심어 뿌리를 내리게 하여 독립개체로 번식시키는 방법이다.

43 'CA 저장' 방법의 정의를 적으시오.

해답
CA 저장은 대기조성과 다르게 이산화탄소(CO_2)의 농도를 증가시키고 산소(O_2)의 농도를 낮추어 저장물의 호흡을 억제하고 저온 저장하는 방법이다.

44 생력재배의 정의를 적으시오.

　해답
　생력재배는 노력을 줄여 농사를 짓는 것으로 본디 목적은 노동력이 부족한 농가의 상황을 개선하기 위한 방법이다.

45 과채류의 종류 3가지를 적으시오.

　해답
　오이, 호박, 참외, 멜론, 수박, 딸기

46 아래의 보기 작물에서 장일식물을 고르시오.

> < 보기 >
> 보리, 콩, 시금치, 벼, 딸기, 당근

　해답
　보리, 시금치, 당근

47 딸기의 화아분화 전, 후의 일장형을 적으시오.

　해답
　• 화아분화 전 : 단일성
　• 화아분화 후 : 장일성

48 아래 보기에서 다량원소만 고르시오.

> <보기>
> 탄소, 붕소, 구리, 칼슘, 인, 수소

　해답
　탄소, 칼슘, 인, 수소

49 휴립구파법에 대해 설명하시오.

　해답
　이랑을 세우고 낮은 골에 파종하는 방법이다.

50 종자의 이식 방법 중 '난식'에 대한 정의를 적으시오.

해답
일정한 질서 없이 점점이 이식하는 방법

PART 4

종자법규

PART 04 종자법규

01 종자산업법

제1장 총칙

제1조(목적)
이 법은 종자와 묘의 생산·보증 및 유통, 종자산업의 육성 및 지원 등에 관한 사항을 규정함으로써 종자산업의 발전을 도모하고 농업 및 임업 생산의 안정에 이바지함을 목적으로 한다.

제2조(정의)
이 법에서 사용하는 용어의 뜻은 다음과 같다.
1. "종자"란 증식용 또는 재배용으로 쓰이는 씨앗, 버섯 종균(種菌), 묘목(苗木), 포자(胞子) 또는 영양체(營養體)인 잎·줄기·뿌리 등을 말한다.
1의2. "묘"(苗)란 재배용으로 쓰이는 씨앗을 뿌려 발아시킨 어린식물체와 그 어린식물체를 서로 접목(接木)시킨 어린식물체를 말한다.
2. "종자산업"이란 종자와 묘를 연구개발·육성·증식·생산·가공·유통·수출·수입 또는 전시 등을 하거나 이와 관련된 산업을 말한다.
3. "작물"이란 농산물 또는 임산물의 생산을 위하여 재배되는 모든 식물을 말한다.
4. "품종"이란 「식물신품종 보호법」 제2조제2호의 품종을 말한다.
5. "품종성능"이란 품종이 이 법에서 정하는 일정 수준 이상의 재배 및 이용상의 가치를 생산하는 능력을 말한다.
6. "보증종자"란 이 법에 따라 해당 품종의 진위성(眞僞性)과 해당 품종 종자의 품질이 보증된 채종(採種) 단계별 종자를 말한다.
7. "종자관리사"란 이 법에 따른 자격을 갖춘 사람으로서 종자업자가 생산하여 판매·수출하거나 수입하려는 종자를 보증하는 사람을 말한다.
8. "종자업"이란 종자를 생산·가공 또는 다시 포장(包裝)하여 판매하는 행위를 업(業)으로 하는 것을 말한다.
8의2. "육묘업"이란 묘를 생산하여 판매하는 행위를 업으로 하는 것을 말한다.
9. "종자업자"란 이 법에 따라 종자업을 경영하는 자를 말한다.

10. "육묘업자"란 이 법에 따라 육묘업을 경영하는 자를 말한다.

제3조(종합계획 등)

① 농림축산식품부장관은 종자산업의 육성 및 지원을 위하여 5년마다 농림종자산업의 육성 및 지원에 관한 종합계획(이하 "종합계획"이라 한다)을 수립·시행하여야 한다.
② 종합계획에는 다음 각 호의 사항이 포함되어야 한다.
   1. 종자산업의 현황과 전망
   2. 종자산업의 지원 방향 및 목표
   3. 종자산업의 육성 및 지원을 위한 중기·장기 투자계획
   4. 종자산업 관련 기술의 교육 및 전문인력의 육성방안
   5. 종자 및 묘 관련 농가(農家)의 안정적인 소득증대를 위한 연구개발 사업
   6. 민간의 육종연구(育種研究)를 지원하기 위한 기반구축 사업
   7. 수출 확대 등 대외시장 진출 촉진방안
   8. 종자 및 묘에 대한 교육 및 이해 증진방안
   9. 지방자치단체의 종자 및 묘 관련 산업 지원방안
   10. 그 밖에 종자산업의 육성 및 지원을 위하여 대통령령으로 정하는 사항
③ 농림축산식품부장관은 종합계획을 수립하거나 변경하려는 경우에는 관계 중앙행정기관의 장과 미리 협의하여야 한다. 다만, 대통령령으로 정하는 경미한 사항을 변경하려는 경우에는 그러하지 아니하다.
④ 농림축산식품부장관은 확정된 종합계획을 관계 중앙행정기관의 장에게 통보하여야 한다.
⑤ 농림축산식품부장관은 종합계획의 추진을 위하여 대통령령으로 정하는 바에 따라 관계 중앙행정기관의 장의 의견을 들어 해마다 시행계획(이하 "시행계획"이라 한다)을 수립·시행하여야 한다.
⑥ 농림축산식품부장관은 종합계획 및 시행계획을 수립하기 위하여 필요한 경우에는 관계 중앙행정기관의 장, 지방자치단체의 장, 관련 기관 및 단체의 장에게 자료 제출을 요청할 수 있다. 이 경우 자료의 제출을 요청받은 자는 특별한 사정이 없으면 요청에 따라야 한다.

제4조(통계 작성 및 실태조사)

① 농림축산식품부장관은 종합계획 및 시행계획을 효율적으로 수립·추진하는 등 종자산업 육성 정책에 필요한 기초자료를 확보하기 위하여 종자산업에 관한 통계를 작성하거나 실태조사를 실시할 수 있다. 이 경우 종자산업에 관한 통계를 작성할 때에는 「통계법」을 준용한다.
② 농림축산식품부장관은 통계 작성을 위하여 관계 중앙행정기관의 장, 지방자치단체의 장,

「공공기관의 운영에 관한 법률」에 따른 공공기관의 장, 종자업자 및 육묘업자, 관련 기관 및 단체 등에 자료 제출을 요청할 수 있다. 이 경우 자료 제출을 요청받은 자는 특별한 사유가 없으면 요청에 따라야 한다.

제5조(다른 법률과의 관계)
종자 또는 묘와 종자산업에 관하여는 다른 법률에 특별한 규정이 있는 경우를 제외하고는 이 법에서 정하는 바에 따른다.

제2장 종자산업의 기반 조성

제6조(전문인력의 양성)
① 국가와 지방자치단체는 종자산업의 육성 및 지원에 필요한 전문인력을 양성하여야 한다.
② 국가와 지방자치단체는 제1항에 따라 전문인력을 양성하기 위하여 「고등교육법」 제2조제1호부터 제6호까지에 따른 대학, 종자산업에 관한 연구·활동 등을 목적으로 설립된 연구소·단체 또는 종자산업을 하는 업체 등 적절한 시설과 인력을 갖춘 기관을 전문인력 양성기관으로 지정하여 필요한 교육·훈련을 실시하게 할 수 있다.
③ 국가와 지방자치단체는 제2항에 따라 지정된 전문인력 양성기관에 대하여 대통령령으로 정하는 바에 따라 교육·훈련 등 운영에 필요한 비용의 전부 또는 일부를 지원할 수 있다.
④ 국가와 지방자치단체는 제2항에 따라 지정된 전문인력 양성기관이 다음 각 호의 어느 하나에 해당하는 경우에는 대통령령으로 정하는 바에 따라 그 지정을 취소하거나 3개월 이내의 기간을 정하여 업무의 전부 또는 일부 정지를 명할 수 있다. 다만, 제1호에 해당하는 경우에는 그 지정을 취소하여야 한다.
  1. 거짓이나 그 밖의 부정한 방법으로 지정받은 경우
  2. 전문인력 양성기관의 지정기준에 적합하지 아니하게 된 경우
  3. 정당한 사유 없이 전문인력 양성을 거부하거나 지연한 경우
  4. 정당한 사유 없이 1년 이상 계속하여 전문인력 양성업무를 하지 아니한 경우
⑤ 제2항에 따른 전문인력 양성기관의 지정 기준 및 방법 등에 관하여 필요한 사항은 대통령령으로 정한다.

제7조(종자산업 관련 기술 개발의 촉진)
① 국가와 지방자치단체는 종자산업 관련 기술의 개발을 촉진하기 위하여 다음 각 호의 사항을 추진하여야 한다.

1. 종자산업 관련 기술의 동향 및 수요 조사
2. 종자산업 관련 기술에 관한 연구개발
3. 개발된 종자산업 관련 기술의 실용화
4. 종자산업 관련 기술의 교류
5. 그 밖에 종자산업 관련 기술 개발을 촉진하는 데 필요한 사항

② 농림축산식품부장관은 제1항에 따른 종자산업 관련 기술의 개발을 촉진하기 위하여 종자산업 관련 기술을 연구개발하거나 이를 산업화하는 자에게 필요한 경비를 지원할 수 있다.

제8조(국제협력 및 대외시장 진출의 촉진)

① 국가와 지방자치단체는 종자산업의 국제적인 동향을 파악하고 국제협력을 촉진하여야 한다.
② 국가와 지방자치단체는 종자산업의 국제협력 및 대외시장의 진출을 촉진하기 위하여 종자산업 관련 기술과 인력의 국제교류 및 국제공동연구 등의 사업을 실시할 수 있다.
③ 국가 또는 지방자치단체는 종자산업과 관련하여 국제협력을 추진하거나 대외시장에 진출하는 자에 대하여 대통령령으로 정하는 바에 따라 필요한 지원을 할 수 있다.

제9조(지방자치단체의 종자산업 사업수행)

① 농림축산식품부장관은 종자산업의 안정적인 정착에 필요한 기술보급을 위하여 지방자치단체의 장에게 다음 각 호의 사업을 수행하게 할 수 있다.
  1. 종자 및 묘 생산과 관련된 기술의 보급에 필요한 정보 수집 및 교육
  2. 지역특화 농산물 품목 육성을 위한 품종개발
  3. 지역특화 육종연구단지의 조성 및 지원
  4. 종자생산 농가에 대한 채종 관련 기반시설의 지원
  5. 그 밖에 농림축산식품부장관이 필요하다고 인정하는 사업
② 농림축산식품부장관은 제1항 각 호의 사업을 효율적으로 수행하기 위하여 예산의 범위에서 필요한 비용을 지원할 수 있다.

제10조(재정 및 금융 지원 등)

① 농림축산식품부장관은 종자산업의 기반 조성과 기술혁신을 위하여 다음 각 호의 사업에 대하여 재정 및 금융 지원을 할 수 있다.
  1. 종자 또는 묘 생산 농가, 종자산업을 하는 업체, 종자업자 또는 육묘업자의 종자 또는 묘 개발·생산·보급·가공·유통과 채종에 필요한 기자재 및 시설의 설치
  2. 종자 및 묘와 관련된 공익적 사업의 수행

3. 우수한 종자와 묘의 개발 및 보급에 공로가 뚜렷한 개인, 단체 및 기업 등에 대한 시상 및 포상

② 제1항에 따른 지원을 받으려는 종자 또는 묘 생산 농가는 「농업·농촌 및 식품산업 기본법」 제40조에 따른 농업 경영 관련 정보를 등록하여야 한다.

제11조(중소 종자업자 및 중소 육묘업자에 대한 지원)
농림축산식품부장관은 종자산업의 육성 및 지원에 필요한 시책을 마련할 때에는 중소 종자업자 및 중소 육묘업자에 대한 행정적·재정적 지원책을 마련하여야 한다.

제12조(종자산업진흥센터의 지정 등)
① 농림축산식품부장관은 종자산업의 효율적인 육성 및 지원을 위하여 종자산업 관련 기관·단체 또는 법인 등 적절한 인력과 시설을 갖춘 기관을 종자산업진흥센터(이하 "진흥센터"라 한다)로 지정할 수 있다.

② 진흥센터는 다음 각 호의 업무를 수행한다.
  1. 종자산업의 활성화를 위한 지원시설의 설치 등 기반조성에 관한 사업
  2. 종자산업과 관련된 전문인력의 지원에 관한 사업
  3. 종자산업의 창업 및 경영 지원, 정보의 수집·공유·활용에 관한 사업
  4. 종자산업 발전을 위한 유통활성화와 국제협력 및 대외시장의 진출 지원
  5. 종자산업 발전을 위한 종자업자에 대한 지원
  6. 그 밖에 종자산업의 발전에 필요한 사업

③ 농림축산식품부장관은 진흥센터로 지정한 기관에 대하여 제2항의 업무를 수행하는 데 필요한 경비를 예산의 범위에서 지원할 수 있다.

④ 농림축산식품부장관은 진흥센터가 다음 각 호의 어느 하나에 해당하는 경우에는 대통령령으로 정하는 바에 따라 그 지정을 취소하거나 3개월 이내의 기간을 정하여 업무의 정지를 명할 수 있다. 다만, 제1호에 해당하는 경우에는 그 지정을 취소하여야 한다.
  1. 거짓이나 그 밖의 부정한 방법으로 지정받은 경우
  2. 진흥센터 지정기준에 적합하지 아니하게 된 경우
  3. 정당한 사유 없이 제2항에 따른 업무를 거부하거나 지연한 경우
  4. 정당한 사유 없이 1년 이상 계속하여 제2항에 따른 업무를 하지 아니한 경우

⑤ 제1항에 따른 진흥센터의 지정 기준 및 방법 등에 필요한 사항은 대통령령으로 정한다.

제13조(종자기술연구단지의 조성 등)

① 농림축산식품부장관은 종자관련 산업계 및 연구계가 일정한 지역에서 유기적으로 연계함으로써 종자산업 관련 기술 연구개발의 효율을 높이고, 종자산업의 발전을 도모할 수 있도록 종자기술연구단지를 조성하거나 그 조성을 지원할 수 있다.
② 제1항에 따른 종자기술연구단지의 조성과 지원에 필요한 사항은 대통령령으로 정한다.

제14조(단체의 설립)

① 종자산업을 하는 자는 종자산업의 건전한 발전과 종자 및 묘 관련 산업계의 공동이익 등을 도모하기 위하여 농림축산식품부장관의 인가를 받아 단체를 설립할 수 있다.
② 제1항에 따른 단체는 법인으로 한다.
③ 제1항에 따라 설립된 단체는 종자 및 묘의 생산 및 유통질서가 건전하게 유지될 수 있도록 노력하여야 한다.
④ 농림축산식품부장관은 제1항에 따라 설립된 단체의 종자산업 관련 업무수행에 필요한 경비를 예산의 범위에서 지원할 수 있다.
⑤ 제1항에 따른 단체에 관하여 이 법에서 정한 사항을 제외하고는 「민법」 중 사단법인에 관한 규정을 준용한다.

제3장 국가품종목록의 등재 등

제15조(국가품종목록의 등재 대상)

① 농림축산식품부장관은 농업 및 임업 생산의 안정상 중요한 작물의 종자에 대한 품종성능을 관리하기 위하여 해당 작물의 품종을 농림축산식품부령으로 정하는 국가품종목록(이하 "품종목록"이라 한다)에 등재할 수 있다.
② 제1항에 따라 품종목록에 등재할 수 있는 대상작물은 벼, 보리, 콩, 옥수수, 감자와 그 밖에 대통령령으로 정하는 작물로 한다. 다만, 사료용은 제외한다.

제16조(품종목록의 등재신청)

① 제15조제2항에 따른 품종목록에 등재할 수 있는 대상작물(이하 "품종목록 등재대상작물"이라 한다)의 품종을 품종목록에 등재하여 줄 것을 신청하는 자(이하 "품종목록 등재신청인"이라 한다)는 농림축산식품부령으로 정하는 품종목록 등재신청서에 해당 품종의 종자시료(種子試料)를 첨부하여 농림축산식품부장관에게 신청하여야 한다. 이 경우 종자시료가 영양체인 경우에 그 제출 시기·방법 등은 농림축산식품부령으로 정한다.

② 제1항에 따라 품종목록에 등재신청하는 품종은 1개의 고유한 품종명칭을 가져야 한다.
③ 제2항에 따른 품종명칭의 출원, 등록, 이의신청, 명칭 사용 및 취소 등에 관하여는 「식물신품종 보호법」 제106조부터 제117조까지의 규정을 준용한다.

제17조(품종목록 등재신청 품종의 심사 등)
① 농림축산식품부장관은 제16조제1항에 따라 품종목록 등재신청을 한 품종에 대하여는 농림축산식품부령으로 정하는 품종성능의 심사기준에 따라 심사하여야 한다.
② 농림축산식품부장관은 품종목록 등재신청을 한 품종이 제1항에 따른 품종성능의 심사기준에 미치지 못할 경우에는 그 품종목록 등재신청을 거절하여야 한다.
③ 농림축산식품부장관은 제2항에 따라 품종목록 등재신청을 거절하려는 경우에는 품종목록 등재신청인에게 그 이유를 알리고 기간을 정하여 의견서를 제출할 기회를 주어야 한다.
④ 농림축산식품부장관은 제1항에 따른 심사 결과 품종목록 등재신청을 한 품종이 품종성능의 심사기준에 맞는 경우에는 지체 없이 그 사실을 해당 품종목록 등재신청인에게 알리고 해당 품종목록 등재신청 품종을 품종목록에 등재하여야 한다.

제18조(품종목록 등재품종의 공고)
농림축산식품부장관은 제17조제4항에 따라 품종목록에 등재한 경우에는 해당 품종이 속하는 작물의 종류, 품종명칭, 제19조에 따른 품종목록 등재의 유효기간 등을 농림축산식품부령으로 정하는 바에 따라 공고하여야 한다. 제19조제2항에 따라 등재의 유효기간이 연장된 경우에도 또한 같다.

제19조(품종목록 등재의 유효기간)
① 제17조제4항에 따른 품종목록 등재의 유효기간은 등재한 날이 속한 해의 다음 해부터 10년까지로 한다.
② 제1항에 따른 품종목록 등재의 유효기간은 유효기간 연장신청에 의하여 계속 연장될 수 있다.
③ 제2항에 따른 품종목록 등재의 유효기간 연장신청은 그 품종목록 등재의 유효기간이 끝나기 전 1년 이내에 신청하여야 한다.
④ 농림축산식품부장관은 제2항에 따른 품종목록 등재의 유효기간 연장신청을 받은 경우 그 유효기간 연장신청을 한 품종이 품종목록 등재 당시의 품종성능을 유지하고 있을 때에는 그 연장신청을 거부할 수 없다.
⑤ 농림축산식품부장관은 품종목록 등재의 유효기간이 끝나는 날의 1년 전까지 품종목록 등재

신청인에게 연장 절차와 제3항에 따른 기간 내에 연장신청을 하지 아니하면 연장을 받을 수 없다는 사실을 미리 통지하여야 한다.
⑥ 제5항에 따른 통지는 휴대전화에 의한 문자전송, 전자메일, 팩스, 전화, 문서 등으로 할 수 있다.

제20조(품종목록 등재의 취소)
① 농림축산식품부장관은 다음 각 호의 어느 하나에 해당하는 경우에는 해당 품종의 품종목록 등재를 취소할 수 있다. 다만, 제4호와 제5호의 경우에는 그 품종목록 등재를 취소하여야 한다.
　1. 품종성능이 제17조제1항에 따른 품종성능의 심사기준에 미치지 못하게 될 경우
　2. 해당 품종의 재배로 인하여 환경에 위해(危害)가 발생하였거나 발생할 염려가 있을 경우
　3. 「식물신품종 보호법」 제117조제1항 각 호의 어느 하나에 해당하여 등록된 품종명칭이 취소된 경우
　4. 거짓이나 그 밖의 부정한 방법으로 품종목록 등재를 받은 경우
　5. 같은 품종이 둘 이상의 품종명칭으로 중복하여 등재된 경우(가장 먼저 등재된 품종은 제외한다)
② 농림축산식품부장관은 제1항에 따라 취소결정을 하려는 경우에는 미리 그 품종목록 등재신청인에게 그 이유를 알리고 기간을 정하여 의견서를 제출할 기회를 주어야 한다.
③ 농림축산식품부장관은 제1항에 따른 취소결정을 하면 그 취소결정의 등본을 품종목록 등재신청인에게 송달하고 그 취소결정에 관하여 농림축산식품부령으로 정하는 바에 따라 공고하여야 한다.

제21조(품종목록 등재서류의 보존)
농림축산식품부장관은 품종목록에 등재한 각 품종과 관련된 서류를 제19조에 따른 해당 품종의 품종목록 등재 유효기간 동안 보존하여야 한다.

제22조(품종목록 등재품종 등의 종자생산)
농림축산식품부장관이 제17조제4항에 따라 품종목록에 등재한 품종의 종자 또는 농산물의 안정적인 생산에 필요하여 고시한 품종의 종자를 생산할 경우에는 다음 각 호의 어느 하나에 해당하는 자에게 그 생산을 대행하게 할 수 있다. 이 경우 농림축산식품부장관은 종자생산을 대행하는 자에 대하여 종자의 생산·보급에 필요한 경비의 전부 또는 일부를 보조할 수 있다.
1. 농촌진흥청장 또는 산림청장

2. 특별시장·광역시장·특별자치시장·도지사 또는 특별자치도지사(이하 "시·도지사"라 한다)
3. 특별자치시장·특별자치도지사·시장·군수 또는 자치구의 구청장(이하 "시장·군수·구청장"이라 한다)
4. 대통령령으로 정하는 농업단체 또는 임업단체(이하 "농업단체등"이라 한다)
5. 농림축산식품부령으로 정하는 종자업자 또는 「농어업경영체 육성 및 지원에 관한 법률」 제2조제3호에 따른 농업경영체

제23조(종자결함으로 인한 피해 보상)
① 농림축산식품부장관은 제22조에 따라 생산·보급한 종자의 결함으로 인하여 피해를 입은 농업인에게 예산의 범위에서 피해액의 전부 또는 일부를 보상할 수 있다.
② 농림축산식품부장관은 제1항에 따른 피해의 현황을 현지에서 조사하고, 피해의 확산을 방지하기 위하여 종자피해조사반을 구성하여 운영할 수 있다.
③ 농림축산식품부장관은 제2항에 따른 조사를 원활히 수행하기 위하여 필요하면 관계 행정기관의 장이나 관련 단체의 장에게 협조를 요청할 수 있다. 이 경우 협조를 요청받은 자는 특별한 사정이 없으면 이에 협조하여야 한다.
④ 제1항 및 제2항에 따른 피해 보상의 범위와 기준 및 절차, 종자피해조사반의 구성과 운영에 필요한 사항은 대통령령으로 정한다.

제4장 종자의 보증

제24조(종자의 보증)
① 고품질 종자 유통·보급을 통한 농림업의 생산성 향상 등을 위하여 농림축산식품부장관과 종자관리사는 종자의 보증을 할 수 있다.
② 제1항에 따른 종자의 보증은 농림축산식품부장관이 하는 보증(이하 "국가보증"이라 한다)과 종자관리사가 하는 보증(이하 "자체보증"이라 한다)으로 구분한다.

제25조(국가보증의 대상)
① 다음 각 호의 어느 하나에 해당하는 경우에는 국가보증의 대상으로 한다.
　1. 농림축산식품부장관이 종자를 생산하거나 제22조에 따라 그 업무를 대행하게 한 경우
　2. 시·도지사, 시장·군수·구청장, 농업단체등 또는 종자업자가 품종목록 등재대상작물의 종자를 생산하거나 수출하기 위하여 국가보증을 받으려는 경우

② 농림축산식품부장관은 대통령령으로 정하는 국제종자검정기관이 보증한 종자에 대하여는 국가보증을 받은 것으로 인정할 수 있다.

제26조(자체보증의 대상)
다음 각 호의 어느 하나에 해당하는 경우에는 자체보증의 대상으로 한다.
1. 시·도지사, 시장·군수·구청장, 농업단체등 또는 종자업자가 품종목록 등재대상작물의 종자를 생산하는 경우
2. 시·도지사, 시장·군수·구청장, 농업단체등 또는 종자업자가 품종목록 등재대상작물 외의 작물의 종자를 생산·판매하기 위하여 자체보증을 받으려는 경우

제27조(종자관리사의 자격기준 등)
① 종자관리사의 자격기준은 대통령령으로 정한다.
② 종자관리사가 되려는 사람은 제1항에 따른 자격기준을 갖춘 사람으로서 농림축산식품부령으로 정하는 바에 따라 농림축산식품부장관에게 등록하여야 한다.
③ 농림축산식품부장관은 종자관리사가 이 법에서 정하는 직무를 게을리하거나 중대한 과오(過誤)를 저질렀을 때에는 그 등록을 취소하거나 1년 이내의 기간을 정하여 그 업무를 정지시킬 수 있다.
④ 제3항에 따라 등록이 취소된 사람은 등록이 취소된 날부터 2년이 지나지 아니하면 종자관리사로 다시 등록할 수 없다.
⑤ 제3항에 따른 행정처분의 세부적인 기준은 그 위반행위의 유형과 위반 정도 등을 고려하여 농림축산식품부령으로 정한다.

제28조(포장검사)
① 국가보증이나 자체보증을 받은 종자를 생산하려는 자는 농림축산식품부장관 또는 종자관리사로부터 채종 단계별로 1회 이상 포장(圃場)검사를 받아야 한다.
② 제1항에 따른 채종 단계별 포장검사의 기준, 방법, 절차 등에 관한 사항은 농림축산식품부령으로 정한다.

제29조(종자생산의 포장 조건)
국가보증이나 자체보증 종자를 생산하려는 자는 다른 품종 또는 다른 계통의 작물과 교잡(交雜)되는 것을 방지하기 위하여 교잡 위험이 있는 품종이나 작물의 재배지역으로부터 일정한 거리를 두거나 격리시설을 갖추는 등 농림축산식품부령으로 정하는 포장 조건을 준수하여야 한다.

제30조(종자검사 등)

① 국가보증이나 자체보증 종자를 생산하려는 자는 제28조제2항에 따른 포장검사의 기준에 합격한 포장에서 생산된 종자에 대하여는 농림축산식품부장관 또는 종자관리사로부터 채종 단계별 종자검사를 받아야 한다.

② 제1항에 따른 종자검사의 결과에 대하여 이의가 있는 자는 그 종자검사를 한 농림축산식품부장관 또는 종자관리사에게 재검사를 신청할 수 있다.

③ 제1항 또는 제2항에 따른 채종 단계별 종자검사 또는 재검사의 기준, 방법, 절차 등에 관한 사항은 농림축산식품부령으로 정한다.

제31조(보증표시 등)

① 제28조에 따른 포장검사에 합격하여 제30조에 따른 종자검사를 받은 보증종자를 판매하거나 보급하려는 자는 해당 보증종자에 대하여 보증표시를 하여야 한다.

② 제1항에 따라 보증종자를 판매하거나 보급하려는 자는 종자의 보증과 관련된 검사서류를 작성일부터 3년(묘목에 관련된 검사서류는 5년) 동안 보관하여야 한다.

③ 제1항에 따른 보증표시 및 작물별 보증의 유효기간 등에 관한 사항은 농림축산식품부령으로 정한다.

제32조(보증서의 발급)

농림축산식품부장관 또는 종자관리사는 제31조제1항에 따라 보증표시를 한 보증종자에 대하여 검사를 받은 자가 보증서 발급을 요구하면 농림축산식품부령으로 정하는 보증서를 발급하여야 한다.

제33조(사후관리시험)

① 농림축산식품부장관은 품종목록 등재대상작물의 보증종자에 대하여 사후관리시험을 하여야 한다.

② 제1항에 따른 사후관리시험의 기준 및 방법은 농림축산식품부령으로 정한다.

제34조(보증의 실효)

보증종자가 다음 각 호의 어느 하나에 해당할 때에는 종자의 보증 효력을 잃은 것으로 본다.

1. 제31조제1항에 따른 보증표시를 하지 아니하거나 보증표시를 위조 또는 변조하였을 때
2. 제31조제3항에 따른 보증의 유효기간이 지났을 때
3. 포장한 보증종자의 포장을 뜯거나 열었을 때. 다만, 해당 종자를 보증한 보증기관이나 종자관

리사의 감독에 따라 분포장(分包裝)하는 경우는 제외한다.
4. 거짓이나 그 밖의 부정한 방법으로 보증을 받았을 때

제35조(분포장 종자의 보증표시)
제34조제3호 단서에 따라 분포장한 종자의 보증표시는 분포장하기 전에 표시되었던 해당 품종의 보증표시와 같은 내용으로 하여야 한다.

제36조(보증종자의 판매 등)
① 품종목록 등재대상작물의 종자 또는 제22조 각 호 외의 부분 전단에 따라 농림축산식품부장관이 고시한 품종의 종자를 판매하거나 보급하려는 자는 제24조에 따라 종자의 보증을 받아야 한다. 다만, 종자가 다음 각 호의 어느 하나에 해당하는 경우에는 그러하지 아니하다.
  1. 1대 잡종의 친(親) 또는 합성품종의 친으로만 쓰이는 경우
  2. 증식 목적으로 판매하여 생산된 종자를 판매자가 다시 전량 매입하는 경우
  3. 시험이나 연구 목적으로 쓰이는 경우
  4. 생산된 종자를 전량 수출하는 경우
  5. 직무상 육성한 품종의 종자를 증식용으로 사용하도록 하기 위하여 육성자가 직접 분양하거나 양도하는 경우
  6. 그 밖에 종자용 외의 목적으로 사용하는 경우
② 제1항에도 불구하고 농림축산식품부장관은 유통상 필요하다고 인정할 때에는 제20조제1항에 따라 품종목록 등재가 취소된 품종이라 하더라도 취소일 전에 생산되었거나 생산 중인 해당 품종의 종자는 취소일이 속한 해의 다음 해 말까지 판매하거나 보급하게 할 수 있다. 이 경우 판매 또는 보급 대상지역 및 기간을 공고하여야 한다.

제5장 종자 및 묘의 유통 관리
제37조(종자업의 등록 등)
① 종자업을 하려는 자는 대통령령으로 정하는 시설을 갖추어 시장·군수·구청장에게 등록하여야 한다.
② 종자업을 하려는 자는 종자관리사를 1명 이상 두어야 한다. 다만, 대통령령으로 정하는 작물의 종자를 생산·판매하려는 자의 경우에는 그러하지 아니하다.
③ 농림축산식품부장관, 농촌진흥청장, 산림청장, 시·도지사, 시장·군수·구청장 또는 농업단체등이 종자의 증식·생산·판매·보급·수출 또는 수입을 하는 경우에는 제1항과 제2항

을 적용하지 아니한다.
④ 제1항에 따른 종자업의 등록 및 등록 사항의 변경 절차 등에 필요한 사항은 대통령령으로 정한다.

제37조의2(육묘업의 등록 등)
① 육묘업을 하려는 자는 대통령령으로 정하는 시설을 갖추어 시장·군수·구청장에게 등록하여야 한다.
② 육묘업을 하려는 자는 대통령령으로 정하는 전문인력 양성기관에서 대통령령으로 정하는 바에 따라 관련 교육을 이수하여야 한다.
③ 농림축산식품부장관, 농촌진흥청장, 산림청장, 시·도지사, 시장·군수·구청장 또는 농업 단체등이 묘의 생산·판매·보급·수출 또는 수입을 하는 경우에는 제1항과 제2항을 적용하지 아니한다.
④ 제1항에 따른 육묘업의 등록 및 등록 사항의 변경 절차 등에 필요한 사항은 대통령령으로 정한다.

제38조(품종의 생산·수입 판매 신고)
① 다음 각 호의 어느 하나에 해당하는 품종 외의 품종의 종자를 생산하거나 수입하여 판매하려는 자는 농림축산식품부장관에게 해당 종자를 정당하게 취득하였음을 입증하는 자료(농림축산식품부령으로 정하는 작물에 한정한다)와 종자시료를 첨부하여 신고하여야 한다. 이 경우 자료의 범위와 종자시료가 묘목 또는 영양체인 경우 종자시료의 제출 시기·방법 등은 농림축산식품부령으로 정한다.
  1. 「식물신품종 보호법」 제37조제1항에 따라 출원공개된 품종
  2. 제17조제4항에 따라 품종목록에 등재된 품종
② 제1항에 따라 신고한 사항 중 농림축산식품부령으로 정하는 주요 사항이 변경된 경우에는 이를 지체 없이 농림축산식품부장관에게 신고하여야 한다.
③ 제1항에 따라 종자를 생산하거나 수입하여 판매하기 위하여 신고하는 품종은 1개의 고유한 품종명칭을 가져야 한다.
④ 제3항에 따른 품종명칭의 출원, 등록 등에 관하여는 「식물신품종 보호법」 제106조부터 제117조까지의 규정을 준용한다.
⑤ 제1항과 제2항에 따른 신고 방법 및 절차 등은 농림축산식품부령으로 정한다.

제39조(종자업 등록의 취소 등)

① 시장·군수·구청장은 종자업자가 다음 각 호의 어느 하나에 해당하는 경우에는 종자업 등록을 취소하거나 6개월 이내의 기간을 정하여 영업의 전부 또는 일부의 정지를 명할 수 있다. 다만, 제1호에 해당하는 경우에는 그 등록을 취소하여야 한다.
  1. 거짓이나 그 밖의 부정한 방법으로 종자업 등록을 한 경우
  2. 종자업 등록을 한 날부터 1년 이내에 사업을 시작하지 아니하거나 정당한 사유 없이 1년 이상 계속하여 휴업한 경우
  3. 「식물신품종 보호법」 제81조에 따른 보호품종의 실시 여부 등에 관한 보고 명령에 따르지 아니한 경우
  4. 제36조제1항을 위반하여 종자의 보증을 받지 아니한 품종목록 등재대상작물의 종자를 판매하거나 보급한 경우
  5. 종자업자가 종자업 등록을 한 후 제37조제1항에 따른 시설기준에 미치지 못하게 된 경우
  6. 종자업자가 제37조제2항 본문을 위반하여 종자관리사를 두지 아니한 경우
  7. 제38조를 위반하여 신고하지 아니한 종자를 생산하거나 수입하여 판매한 경우
  8. 제40조에 따라 수출·수입이 제한된 종자를 수출·수입하거나, 수입되어 국내 유통이 제한된 종자를 국내에 유통한 경우
  9. 제41조제1항을 위반하여 수입적응성시험을 받지 아니한 외국산 종자를 판매하거나 보급한 경우
  10. 제43조제1항을 위반하여 품질표시를 하지 아니한 종자를 판매하거나 보급한 경우
  11. 제45조제1항에 따른 종자 등의 조사나 종자의 수거를 거부·방해 또는 기피한 경우
  12. 제45조제2항에 따른 생산이나 판매를 중지하게 한 종자를 생산하거나 판매한 경우

② 시장·군수·구청장은 종자업자가 제1항에 따른 영업정지명령을 위반하여 정지기간 중 계속 영업을 할 때에는 그 영업의 등록을 취소할 수 있다.

③ 제1항이나 제2항에 따라 종자업 등록이 취소된 자는 취소된 날부터 2년이 지나지 아니하면 종자업을 다시 등록할 수 없다.

④ 제1항에 따른 행정처분의 세부적인 기준은 그 위반행위의 유형과 위반 정도 등을 고려하여 농림축산식품부령으로 정한다.

제39조의2(육묘업 등록의 취소 등)

① 시장·군수·구청장은 육묘업자가 다음 각 호의 어느 하나에 해당하는 경우에는 육묘업 등록을 취소하거나 6개월 이내의 기간을 정하여 영업의 전부 또는 일부의 정지를 명할

수 있다. 다만, 제1호에 해당하는 경우에는 그 등록을 취소하여야 한다.
1. 거짓이나 그 밖의 부정한 방법으로 육묘업 등록을 한 경우
2. 육묘업 등록을 한 날부터 1년 이내에 사업을 시작하지 아니하거나 정당한 사유 없이 1년 이상 계속하여 휴업한 경우
3. 육묘업자가 육묘업 등록을 한 후 제37조의2제1항에 따른 시설기준에 미치지 못하게 된 경우
4. 제43조제2항을 위반하여 품질표시를 하지 아니한 묘를 판매하거나 보급한 경우
5. 제45조제1항에 따른 묘 등의 조사나 묘의 수거를 거부·방해 또는 기피한 경우
6. 제45조제2항에 따라 생산이나 판매가 중지된 묘를 생산하거나 판매한 경우

② 시장·군수·구청장은 육묘업자가 제1항에 따른 영업정지명령을 위반하여 정지기간 중 계속 영업을 할 때에는 그 영업의 등록을 취소할 수 있다.
③ 제1항이나 제2항에 따라 육묘업 등록이 취소된 자는 취소된 날부터 2년이 지나지 아니하면 육묘업을 다시 등록할 수 없다.
④ 제1항에 따른 행정처분의 세부적인 기준은 그 위반행위의 유형과 위반 정도 등을 고려하여 농림축산식품부령으로 정한다.

제40조(종자의 수출·수입 및 유통 제한)
농림축산식품부장관은 국내 생태계 보호 및 자원 보존에 심각한 지장을 줄 우려가 있다고 인정하는 경우에는 대통령령으로 정하는 바에 따라 종자의 수출·수입을 제한하거나 수입된 종자의 국내 유통을 제한할 수 있다.

제41조(수입적응성시험)
① 농림축산식품부장관이 정하여 고시하는 작물의 종자로서 국내에 처음으로 수입되는 품종의 종자를 판매하거나 보급하기 위하여 수입하려는 자는 그 품종의 종자에 대하여 농림축산식품부장관이 실시하는 수입적응성시험을 받아야 한다.
② 농림축산식품부장관은 제1항에 따라 실시한 수입적응성시험 결과가 농림축산식품부령으로 정하는 심사기준에 미치지 못할 때에는 해당 품종 종자의 국내 유통을 제한할 수 있다. ③ 제2항에 따른 심사의 방법 및 절차 등은 농림축산식품부령으로 정한다.

제42조(종자의 수입 추천)
① 「세계무역기구 설립을 위한 마라케쉬 협정」에 따른 대한민국 양허표상의 시장접근물량에 적용되는 양허세율로 종자를 수입하려는 자는 농림축산식품부장관으로부터 종자의 수입

추천을 받아야 한다.
② 농림축산식품부장관은 제1항에 따른 종자의 수입 추천업무를 농림축산식품부장관이 지정하여 고시하는 관련 기관 또는 단체로 하여금 대행하게 할 수 있다. 이 경우 품목별 추천 물량 및 추천 기준과 그 밖에 필요한 사항은 농림축산식품부령으로 정한다.

제42조의2(종자의 검정)
① 농림축산식품부장관은 종자의 거래 및 수출·수입을 원활히 하기 위하여 종자의 검정을 실시할 수 있다.
② 제1항에 따른 검정을 받으려는 자는 농림축산식품부령으로 정하는 바에 따라 농림축산식품부장관에게 검정을 신청하여야 한다.
③ 제1항에 따른 검정의 항목·방법, 그 밖에 검정의 실시에 필요한 사항은 농림축산식품부령으로 정한다.

제42조의3(부정행위의 금지)
누구든지 제42조의2에 따른 검정과 관련하여 다음 각 호의 행위를 하여서는 아니 된다.
1. 거짓이나 그 밖에 부정한 방법으로 검정을 받는 행위
2. 검정결과에 대하여 거짓광고나 과대광고를 하는 행위

제43조(유통 종자 및 묘의 품질표시)
① 국가보증 대상이 아닌 종자나 자체보증을 받지 아니한 종자를 판매하거나 보급하려는 자는 종자의 용기나 포장에 다음 각 호의 사항이 모두 포함된 품질표시를 하여야 한다.
  1. 종자의 생산 연도 또는 포장 연월
  2. 종자의 발아(發芽) 보증시한(발아율을 표시할 수 없는 종자는 제외한다)
  3. 제37조제1항 및 제38조에 따른 등록 및 신고에 관한 사항 등 그 밖에 농림축산식품부령으로 정하는 사항
② 묘를 판매하거나 보급하려는 자는 묘의 용기나 포장에 다음 각 호의 사항이 모두 포함된 품질표시를 하여야 한다.
  1. 묘의 품종명, 파종일
  2. 제37조의2제1항에 따른 등록에 관한 사항 등 농림축산식품부령으로 정하는 사항

제44조(유통 종자 및 묘의 진열 · 보관의 금지)
누구든지 다음 각 호에 해당하는 종자 또는 묘를 판매하거나 판매를 목적으로 진열 · 보관하여서는 아니 된다. 다만, 제24조에 따른 보증을 받은 종자는 제외한다.
1. 제43조제1항 또는 제2항에 따른 품질표시를 하지 아니한 종자 또는 묘
2. 제43조제1항에 따른 발아 보증시한이 지난 종자
3. 그 밖에 이 법을 위반하여 그 유통을 금지할 필요가 있다고 인정되는 종자 또는 묘

제45조(종자 및 묘의 유통 조사 등)
① 농림축산식품부장관 또는 시 · 도지사는 우량 종자 및 묘의 생산과 원활한 유통을 위하여 필요하다고 인정하면 관계 공무원으로 하여금 종자업자 또는 육묘업자나 종자 또는 묘를 매매하는 자의 영업장소 · 사무소 등에 출입하여 그 시설, 관계 서류나 장부, 종자 또는 묘 등을 조사하거나 품질검사를 하게 할 수 있으며 조사 · 검사에 필요한 최소량의 종자 또는 묘를 수거하게 할 수 있다.
② 농림축산식품부장관 또는 시 · 도지사는 이 법을 위반하여 생산되거나 판매되고 있는 종자 또는 묘의 생산 또는 판매 중지를 명하거나 관계 공무원으로 하여금 수거하게 할 수 있다. 이 경우 종자 또는 묘를 수거한 관계 공무원은 수거한 종자 또는 묘의 목록을 작성하여 수거 당시 그 종자 또는 묘를 소유하거나 지니고 있던 자에게 작성한 목록을 내주어야 한다.
③ 농림축산식품부장관 또는 시 · 도지사는 관계 공무원으로 하여금 제2항에 따라 수거한 종자를 1년간 보관하게 하여야 한다. 다만, 보관하기 곤란한 종자로서 농림축산식품부장관이 정하여 고시하는 종자는 조사를 마친 후 제4항을 준용하여 반환하거나 폐기할 수 있다.
④ 농림축산식품부장관 또는 시 · 도지사는 관계 공무원으로 하여금 제3항 본문에 따른 보관기간이 지난 종자를 종자로서 사용할 수 없도록 하여 수거 당시 그 종자를 소유하거나 지니고 있던 자에게 반환하게 하여야 한다. 다만, 수거 당시 그 종자를 소유하거나 지니고 있던 자의 주소가 분명하지 아니하거나 그가 인수를 거절하는 등의 이유로 반환할 수 없을 때에는 폐기할 수 있다.
⑤ 제1항 또는 제2항에 따라 관계 공무원이 그 직무를 수행할 때에는 그 권한을 나타내는 증표를 지니고 이를 관계인에게 보여주어야 하며, 조사 목적 · 시간 및 조사자 신분 등의 사항을 서면에 적어 내주어야 한다.
⑥ 종자 또는 묘의 유통 조사를 위하여 시장 · 군수 · 구청장은 종자업 또는 육묘업을 등록하거나 변경 또는 취소한 경우에는 농림축산식품부령으로 정하는 바에 따라 농림축산식품부장관에게 보고하여야 한다.

⑦ 제1항에 따른 품질검사의 기준, 방법, 절차 등에 관한 사항은 농림축산식품부령으로 정한다.
⑧ 제3항에 따른 종자 보관에 필요한 사항은 농림축산식품부령으로 정한다.

제46조(종자시료의 보관)
① 농림축산식품부장관은 다음 각 호의 어느 하나에 해당하는 종자는 일정량의 시료를 보관·관리하여야 한다. 이 경우 종자시료가 영양체인 경우에는 그 제출 시기·방법 등은 농림축산식품부령으로 정한다.
　1. 제17조제4항에 따라 품종목록에 등재된 품종의 종자
　2. 제38조에 따라 신고한 품종의 종자
② 제1항에 따른 종자시료의 보관에 필요한 사항은 농림축산식품부령으로 정한다.

제47조(분쟁대상 종자 및 묘의 시험·분석 등)
① 종자 또는 묘에 관하여 분쟁이 발생한 경우에는 그 분쟁당사자는 농림축산식품부장관에게 해당 분쟁대상 종자 또는 묘에 대하여 필요한 시험·분석을 신청할 수 있다.
② 분쟁당사자가 제1항에 따라 시험·분석을 신청할 때에는 분쟁당사자가 공동으로 분쟁대상 종자의 시료 또는 묘의 시료를 채취하여 확인한 후 그 종자의 시료 또는 묘의 시료를 밀봉하여 농림축산식품부장관에게 제출하여야 한다.
③ 분쟁당사자는 제2항에 따른 공동 시료채취가 분쟁당사자 어느 한쪽의 비협조 등 대통령령으로 정하는 사유로 이루어지지 아니할 경우에는 농림축산식품부장관에게 그 시료의 채취를 신청할 수 있다. 이 경우 제1항에 따른 시험·분석의 신청이 있는 것으로 본다.
④ 농림축산식품부장관은 제3항에 따른 시료채취의 신청을 받은 경우 7일 이내에 관계 공무원으로 하여금 그 시료를 채취하게 하여야 한다. 이 경우 분쟁당사자는 시료채취에 협조하여야 한다.
⑤ 농림축산식품부장관은 제1항 또는 제3항 후단에 따른 시험·분석의 신청을 받은 경우에는 시험·분석을 한 후 지체 없이 그 결과를 분쟁당사자에게 알려야 한다.
⑥ 농림축산식품부장관은 제1항에 따른 분쟁당사자에게 제5항에 따른 시험·분석에 필요한 자료를 제출하게 할 수 있다.
⑦ 분쟁대상 종자 또는 묘와 관련한 피해가 종자 또는 묘의 결함으로 인하여 발생한 경우에는 피해자는 종자업자 또는 육묘업자에게 농림축산식품부령으로 정하는 바에 따라 그 보상을 청구할 수 있다.
⑧ 육묘업자는 분쟁이 발생한 경우 그 원인 규명이 가능하도록 구입한 종자에 대한 정보와 투입된 자재의 사용 명세, 자재구입 증명자료 등을 보관하여야 한다.

⑨ 제8항에 따른 보관 대상 항목과 보관 기간, 절차 및 방법 등에 필요한 사항은 농림축산식품부령으로 정한다.

제48조(분쟁의 조정)
① 제47조제7항에 따른 보상에 관하여 분쟁당사자는 농림축산식품부장관에게 분쟁조정을 신청할 수 있다.
② 제1항에 따른 분쟁조정에 관한 사항을 심의하기 위하여 농림축산식품부령으로 정하는 기관에 분쟁조정협의회를 둔다.
③ 그 밖에 제1항에 따른 분쟁조정 신청 및 조정절차, 제2항에 따른 분쟁조정협의회의 구성 및 운영 등에 필요한 사항은 농림축산식품부령으로 정한다.

제6장 보칙

제49조(사용문자)
이 법에 따른 모든 서류는 한글로 작성하여야 하며, 한자 및 외국문자로 적어야 할 경우에는 괄호 안에 표기하여야 한다. 다만, 농림축산식품부령으로 정하는 경우에는 그러하지 아니하다.

제50조(청문)
① 국가와 지방자치단체는 제6조제4항에 따라 전문인력 양성기관의 지정을 취소하려면 청문을 하여야 한다.
② 농림축산식품부장관 또는 시장·군수·구청장은 다음 각 호의 어느 하나에 해당하는 처분을 하려면 청문을 하여야 한다.
  1. 제12조제4항에 따른 진흥센터의 지정 취소
  2. 제27조제3항에 따른 종자관리사의 등록 취소
  3. 제39조제1항 또는 제2항, 제39조의2제1항 또는 제2항에 따른 종자업 또는 육묘업 등록의 취소

제51조(수수료)
① 다음 각 호의 어느 하나에 해당하는 자는 수수료를 내야 한다.
  1. 제16조제1항에 따라 품종목록의 등재신청을 하려는 자
  2. 제19조제2항에 따라 품종목록 등재의 유효기간 연장을 신청하려는 자
  3. 제25조제1항제2호에 따라 국가보증을 받으려는 자

4. 제32조에 따른 보증서를 발급받으려는 자
  5. 제38조제1항에 따라 생산하거나 수입하여 판매하려는 종자를 신고하려는 자
  6. 제41조제1항에 따라 수입적응성시험을 받으려는 자
  6의2. 제42조의2제2항에 따라 종자의 검정을 신청하는 자
  7. 제47조제1항에 따라 시험·분석을 신청하는 자
  8. 제48조제1항에 따라 분쟁조정을 신청하는 자
  9. 이 법에 따른 각종 서류의 등본, 초본, 사본 또는 증명을 신청하려는 자
② 제1항에 따른 수수료의 금액, 납부방법 및 납부기간 등은 농림축산식품부령으로 정한다.

제52조(수수료의 면제 및 반환)
① 국가, 지방자치단체, 「국민기초생활 보장법」 제12조의3에 따른 의료급여 수급권자 및 농림축산식품부령으로 정하는 자에 대하여는 제51조에도 불구하고 수수료를 면제한다.
② 제1항에 따라 수수료를 면제받으려는 자는 농림축산식품부령으로 정하는 서류를 농림축산식품부장관에게 제출하여야 한다.
③ 납부된 수수료는 반환하지 아니한다. 다만, 잘못 납부된 수수료는 납부한 자의 청구에 의하여 이를 반환한다.
④ 농림축산식품부장관은 잘못 납부된 수수료가 있는 경우에는 그 사실을 안 즉시 이를 납부한 자에게 통지하여야 한다.
⑤ 제3항 단서에 따른 수수료의 반환청구는 납부한 날부터 3년 이내에 하여야 한다.

제53조(권한의 위임·위탁)
① 이 법에 따른 농림축산식품부장관의 권한은 대통령령으로 정하는 바에 따라 그 일부를 농촌진흥청장, 산림청장, 시·도지사, 시장·군수·구청장 또는 소속 기관의 장에게 위임할 수 있다.
② 이 법에 따른 농림축산식품부장관의 권한은 대통령령으로 정하는 바에 따라 그 일부를 농림축산식품부령으로 정하는 농림업 관련 법인 또는 단체에 위탁할 수 있다.

제7장 벌칙

제54조(벌칙)

다음 각 호의 어느 하나에 해당하는 자는 1년 이하의 징역 또는 1천만원 이하의 벌금에 처한다.

1. 「식물신품종 보호법」에 따른 보호품종 외의 품종에 대하여 제16조제2항에 따라 등재되거나 제38조제3항에 따라 신고된 품종명칭을 도용하여 종자를 판매·보급·수출하거나 수입한 자
2. 제27조제2항에 따른 등록을 하지 아니하고 종자관리사 업무를 수행한 자
3. 제32조에 따른 보증서를 거짓으로 발급한 종자관리사
4. 제36조제1항을 위반하여 보증을 받지 아니하고 종자를 판매하거나 보급한 자
5. 제37조제1항 또는 제37조의2제1항을 위반하여 등록하지 아니하고 종자업 또는 육묘업을 한 자
6. 제38조제1항을 위반하여 신고하지 아니하고 품종의 종자를 생산하거나 수입하여 판매한 자 또는 거짓으로 신고한 자
7. 제39조제1항 또는 제39조의2제1항을 위반하여 등록이 취소된 종자업 또는 육묘업을 계속 하거나 영업정지를 받고도 종자업 또는 육묘업을 계속 한 자
8. 제40조를 위반하여 종자를 수출 또는 수입하거나 수입된 종자를 유통시킨 자
9. 제41조제1항을 위반하여 수입적응성시험을 받지 아니하고 종자를 수입한 자

9의2. 제42조의3제1호를 위반하여 거짓이나 그 밖에 부정한 방법으로 제42조의2에 따른 검정을 받은 자

9의3. 제42조의3제2호를 위반하여 검정결과에 대하여 거짓광고나 과대광고를 한 자

10. 제45조제2항을 위반하여 생산 또는 판매 중지를 명한 종자 또는 묘를 생산하거나 판매한 자
11. 제47조제4항 후단을 위반하여 시료채취를 거부·방해 또는 기피한 자

제55조(양벌규정)

법인의 대표자나 법인 또는 개인의 대리인, 사용인, 그 밖의 종업원이 그 법인 또는 개인의 업무에 관하여 제54조의 위반행위를 하면 그 행위자를 벌하는 외에 그 법인 또는 개인에게도 해당 조문의 벌금형을 과(科)한다. 다만, 법인 또는 개인이 그 위반행위를 방지하기 위하여 해당 업무에 관하여 상당한 주의와 감독을 게을리하지 아니한 경우에는 그러하지 아니하다.

제56조(과태료)

① 다음 각 호의 어느 하나에 해당하는 자에게는 1천만원 이하의 과태료를 부과한다.
  1. 제16조제2항 또는 제38조제3항을 위반하여 등재되거나 신고되지 아니한 품종명칭을 사용하여 종자를 판매하거나 보급한 자
  2. 제31조제2항을 위반하여 종자의 보증과 관련된 검사서류를 보관하지 아니한 자
  3. 제43조를 위반하여 유통 종자 또는 묘의 품질표시를 하지 아니하거나 거짓으로 표시하여 종자 또는 묘를 판매하거나 보급한 자
  4. 제45조제1항에 따른 출입, 조사·검사 또는 수거를 거부·방해 또는 기피한 자
  5. 제47조제8항을 위반하여 구입한 종자에 대한 정보와 투입된 자재의 사용 명세, 자재구입 증명자료 등을 보관하지 아니한 자

② 제44조를 위반하여 같은 조 각 호의 종자 또는 묘를 진열·보관한 자에게는 200만원 이하의 과태료를 부과한다.

③ 제1항과 제2항에 따른 과태료는 대통령령으로 정하는 바에 따라 농림축산식품부장관 또는 시·도지사가 부과·징수한다.

02 종자산업법 시행령

제1조(목적)
이 영은 「종자산업법」에서 위임된 사항과 그 시행에 필요한 사항을 규정함을 목적으로 한다.

제2조(종합계획)
① 「종자산업법」(이하 "법"이라 한다) 제3조제2항제10호에서 "대통령령으로 정하는 사항"이란 다음 각 호의 사항을 말한다.
 1. 종자 및 묘 품질관리 방안
 2. 종자 및 묘 관련 국제협력 촉진 방안
② 법 제3조제3항 단서에서 "대통령령으로 정하는 경미한 사항"이란 다음 각 호의 사항을 말한다.
 1. 법 제3조제2항제1호에 따른 종자산업의 현황과 전망에 관한 사항
 2. 법 제3조제2항제8호에 따른 종자 및 묘에 대한 교육 및 이해 증진방안에 관한 사항
 3. 제1항제1호에 따른 종자 및 묘 품질관리 방안
③ 농림축산식품부장관은 법 제3조제5항에 따라 매년 12월 31일까지 다음 해의 연도별 시행계획을 수립하여야 한다.

제3조(전문인력 양성기관의 지정 등)
① 법 제6조제2항에 따른 전문인력 양성기관(이하 "전문인력 양성기관"이라 한다)의 지정기준은 다음 각 호와 같다.
 1. 교육시설 및 교육장비를 적절하게 보유하고 있을 것
 2. 전문 교수요원을 적절하게 보유하고 있을 것
 3. 교육과정 및 교육내용에 관한 계획이 적절하게 수립되었을 것
 4. 운영경비 조달계획이 타당할 것
② 제1항에 따른 지정기준에 관한 구체적인 사항은 농림축산식품부령으로 정한다.
③ 법 제6조제2항에 따라 전문인력 양성기관으로 지정받으려는 자는 농림축산식품부령으로 정하는 전문인력 양성기관 지정신청서에 다음 각 호에 관한 서류를 첨부하여 농림축산식품부장관 또는 특별시장·광역시장·특별자치시장·도지사 또는 특별자치도지사(이하 "시·도지사"라 한다)에게 제출하여야 한다.
 1. 교육시설 및 교육장비 보유 현황

    2. 전문 교수요원 확보 현황
    3. 교육과정 및 교육내용이 포함된 교육계획서
    4. 운영경비의 조달계획서
④ 농림축산식품부장관 또는 시·도지사는 전문인력 양성기관을 지정하는 경우 농림축산식품부령으로 정하는 지정서를 발급하여야 하며, 농림축산식품부령으로 정하는 발급대장에 이를 기록하고 관리하여야 한다.
⑤ 법 제6조제3항에 따라 전문인력 양성기관에 대하여 비용을 지원할 수 있는 항목은 다음 각 호와 같다.
    1. 강사료 및 수당
    2. 교육자료 개발 및 보급에 필요한 비용
    3. 교육교재 제작비 및 실습기자재 구입비
    4. 그 밖에 전문인력 양성에 필요하다고 농림축산식품부장관이 인정하는 항목
⑥ 법 제6조제4항에 따른 전문인력 양성기관의 지정취소 및 업무정지의 기준은 별표 1과 같다.

제4조(국제협력 및 대외진출 지원)

법 제8조제3항에 따라 농림축산식품부장관 또는 시·도지사는 종자산업과 관련하여 국제협력을 추진하거나 대외시장에 진출하는 자에 대하여 다음 각 호의 사업을 지원할 수 있다.
1. 종자 및 묘 관련 기술개발 및 품종보호의 국제협력
2. 종자 및 묘의 대외시장 마케팅 및 홍보 활동
3. 종자 및 묘의 대외시장 개척 및 국제박람회 개최
4. 종자 및 묘 수출 관련 협력체계 구축
5. 그 밖에 국제협력 및 대외시장 진출을 위하여 농림축산식품부장관이 필요하다고 인정하는 사업

제5조(종자산업진흥센터의 지정 등)

① 법 제12조제1항 및 제5항에 따른 종자산업진흥센터(이하 "진흥센터"라 한다)의 지정기준은 별표 2와 같다.
② 법 제12조제1항에 따라 진흥센터로 지정받으려는 자는 농림축산식품부령으로 정하는 종자산업진흥센터 지정신청서에 다음 각 호의 서류를 첨부하여 농림축산식품부장관에게 제출하여야 한다.
    1. 정관 또는 이에 준하는 사업운영규정
    2. 사업계획서

3. 전문인력 보유 현황
4. 시설 명세서

③ 농림축산식품부장관은 법 제12조제1항 또는 제4항에 따라 진흥센터를 지정하거나 지정취소 또는 업무정지를 명한 경우에는 그 사실을 농림축산식품부의 인터넷 홈페이지에 게시하고 해당 진흥센터의 인터넷 홈페이지에 게시하게 하여야 한다.

④ 법 제12조제4항에 따른 진흥센터의 지정취소 및 업무정지의 기준은 별표 3과 같다.

⑤ 제1항부터 제4항까지에서 규정한 사항 외에 진흥센터의 지정 및 운영에 필요한 구체적인 사항은 농림축산식품부장관이 정하여 고시한다.

제6조(종자기술연구단지의 조성 등)

① 법 제13조제1항에 따라 종자기술연구단지를 조성하거나 그 조성을 지원하려는 경우에는 다음 각 호의 사항을 고려하여야 한다.
   1. 면적: 10헥타르 이상으로 단지조성이 가능한 지역
   2. 작물 재배환경: 기상(평균기온, 안개일수, 일조시간, 강수량, 적설량 등), 토양, 자연재해, 수질, 농업용수 확보의 용이성 등
   3. 개발 여건: 부지 정리, 도로 건설 및 용수로·배수로 설치 등의 용이성

② 농림축산식품부장관은 종자기술연구단지에 다음 각 호의 사항을 지원할 수 있다.
   1. 종자기술 연구포장(圃場) 조성
   2. 종자기술 연구개발
   3. 종자기술 전문인력의 양성
   4. 종자기술 관련 연구개발 시설·장비 등의 확충
   5. 그 밖에 농림축산식품부장관이 필요하다고 인정하는 사항

제7조(종자생산 대행 농업단체등의 범위)

법 제22조제4호에서 "대통령령으로 정하는 농업단체 또는 임업단체"란 다음 각 호의 단체를 말한다.
1. 「농업협동조합법」에 따른 조합, 중앙회 및 농협경제지주회사
2. 삭제
3. 「산림조합법」에 따른 조합 및 중앙회

제8조(피해 보상의 범위 및 기준)
법 제23조제1항 및 제2항에 따른 피해 보상의 범위 및 기준은 별표 4와 같다.

제9조(피해 보상의 절차 등)
① 법 제23조제1항에 따라 피해 보상을 받으려는 농업인은 피해 사실을 안 날부터 10일 이내에 농림축산식품부령으로 정하는 피해보상신청서를 작성하여 농림축산식품부장관에게 제출하여야 한다.
② 제1항에 따라 피해보상신청서를 받은 농림축산식품부장관은 농림축산식품부령으로 정하는 절차에 따라 피해 사실 여부를 확인한 후 농림축산식품부령으로 정하는 피해사실확인서를 작성하여야 한다.
③ 농림축산식품부장관은 제2항에 따른 피해 사실 확인 결과와 제10조에 따른 종자피해조사반의 피해 원인 조사 등을 검토하여 종자의 결함으로 인한 피해가 발생한 경우에는 별표 4에 따른 피해 보상의 범위 및 기준에 따라 피해를 보상하여야 한다.

제10조(종자피해조사반 구성·운영)
① 농림축산식품부장관은 법 제23조제1항에 따라 종자의 결함으로 인하여 농업인이 입은 피해(이하 "종자피해"라 한다)의 신속한 원인 규명 및 확산 방지 등이 필요하다고 인정될 경우에는 법 제23조제2항에 따라 종자피해조사반을 구성·운영할 수 있다.
② 종자피해조사반은 조사반장 1명을 포함한 10명 이내의 조사반원으로 구성한다.
③ 농림축산식품부장관은 다음 각 호의 어느 하나에 해당하는 사람 중에서 조사반원을 임명하거나 위촉하며, 조사반장은 조사반원 중에서 임명한다.
  1. 농림축산식품부 소속 공무원으로서 종자 관련 업무를 담당하는 사람
  2. 농촌진흥청 소속 공무원으로서 종자 관련 업무를 담당하는 사람
  3. 지방자치단체 소속 공무원으로서 종자 관련 업무를 담당하는 사람
  4. 「고등교육법」 제2조에 따른 대학에서 부교수 이상으로 재직하고 있거나 재직하였던 사람으로서 종자 관련 분야를 전공한 사람
  5. 종자에 관한 학식과 경험이 풍부한 사람 또는 종자산업을 영위하는 사람으로서 해당 분야에 5년 이상 종사한 사람
④ 제1항에 따른 종자피해조사반의 임무는 다음 각 호와 같다.
  1. 종자피해 현장조사 및 시료 채취
  2. 종자피해 확산 방지를 위한 현장지도
  3. 종자피해 원인 분석에 필요한 시험 및 자료조사

4. 종자피해 원인 분석 및 종자결함 여부 판단
  5. 그 밖에 종자피해 원인 조사에 관한 사항
⑤ 농림축산식품부장관은 조사반원으로 임명되거나 위촉된 사람(제3항제1호에 해당하는 사람은 제외한다)에게 조사에 필요한 경비를 지급할 수 있다.

제11조(국제종자검정기관)
법 제25조제2항에서 "대통령령으로 정하는 국제종자검정기관"이란 다음 각 호의 기관을 말한다.
1. 국제종자검정협회(ISTA)의 회원기관
2. 국제종자검정가협회(AOSA)의 회원기관
3. 그 밖에 농림축산식품부장관이 정하여 고시하는 외국의 종자검정기관

제12조(종자관리사의 자격기준)
종자관리사는 법 제27조제1항에 따라 다음 각 호의 어느 하나에 해당하는 사람으로 한다.
1. 「국가기술자격법」에 따른 종자기술사 자격을 취득한 사람
2. 「국가기술자격법」에 따른 종자기사 자격을 취득한 사람으로서 자격 취득 전후의 기간을 포함하여 종자업무 또는 이와 유사한 업무에 1년 이상 종사한 사람
3. 「국가기술자격법」에 따른 종자산업기사 자격을 취득한 사람으로서 자격 취득 전후의 기간을 포함하여 종자업무 또는 이와 유사한 업무에 2년 이상 종사한 사람
4. 「국가기술자격법」에 따른 종자기능사 자격을 취득한 사람으로서 자격 취득 전후의 기간을 포함하여 종자업무 또는 이와 유사한 업무에 3년 이상 종사한 사람
5. 「국가기술자격법」에 따른 버섯종균기능사 자격을 취득한 사람으로서 자격 취득 전후의 기간을 포함하여 버섯 종균업무 또는 이와 유사한 업무에 3년 이상 종사한 사람(버섯 종균을 보증하는 경우만 해당한다)

제13조(종자업의 시설기준)
법 제37조제1항에 따른 시설의 기준은 별표 5와 같다.

제14조(종자업의 등록 등)
① 법 제37조제1항에 따라 종자업의 등록을 하려는 자는 종자업의 시설과 인력에 관한 서류를 첨부하여 농림축산식품부령으로 정하는 바에 따라 등록신청서를 종자업의 주된 생산시설의 소재지를 관할하는 특별자치시장·특별자치도지사·시장·군수 또는 구청장(구청장은 자치구의 구청장을 말하며, 이하 "시장·군수·구청장"이라 한다)에게 제출(전자적 방법을

통한 제출을 포함한다)하여야 한다.
② 제1항에 따른 종자업 등록을 신청받은 시장·군수·구청장은 신청된 사항을 확인하고, 등록요건에 적합하다고 인정될 때에는 종자업등록증을 신청인에게 발급하여야 한다.
③ 종자업자는 제1항에 따라 등록한 사항이 변경된 경우에는 그 사유가 발생한 날부터 30일 이내에 시장·군수·구청장에게 그 변경사항을 통지하여야 한다.

제15조(종자관리사 보유의 예외)
법 제37조제2항 단서에서 "대통령령으로 정하는 작물"이란 다음 각 호의 작물을 말한다.
1. 화훼
2. 사료작물(사료용 벼·보리·콩·옥수수 및 감자를 포함한다)
3. 목초작물
4. 특용작물
5. 뽕
6. 임목(林木)
7. 삭제
8. 식량작물(벼·보리·콩·옥수수 및 감자는 제외한다)
9. 과수(사과·배·복숭아·포도·단감·자두·매실·참다래 및 감귤은 제외한다)
10. 채소류(무·배추·양배추·고추·토마토·오이·참외·수박·호박·파·양파·당근·상추 및 시금치는 제외한다)
11. 버섯류(양송이·느타리버섯·뽕나무버섯·영지버섯·만가닥버섯·잎새버섯·목이버섯·팽이버섯·복령·버들송이 및 표고버섯은 제외한다)

제15조의2(육묘업의 시설기준)
법 제37조의2제1항에 따른 시설의 기준은 별표 5의2와 같다.

제15조의3(육묘업의 등록 등)
① 법 제37조의2제1항에 따라 육묘업의 등록을 하려는 자는 농림축산식품부령으로 정하는 등록신청서에 다음 각 호의 서류를 첨부하여 육묘업의 주된 시설의 소재지를 관할하는 시장·군수·구청장에게 제출(전자적 방법을 통한 제출을 포함한다)하여야 한다.
  1. 제15조의2에 따른 육묘업의 시설기준을 갖추었음을 증명하는 서류
  2. 제15조의4제2항에 따른 교육을 이수하였음을 증명하는 서류
② 제1항에 따라 등록신청서를 제출받은 시장·군수·구청장은 신청된 사항을 확인하고, 등록

요건에 적합하다고 인정하는 경우에는 농림축산식품부령으로 정하는 육묘업 등록증을 신청인에게 발급하여야 한다.
③ 육묘업자는 제1항에 따라 등록한 사항이 변경된 경우에는 그 사유가 발생한 날부터 30일 이내에 시장·군수·구청장에게 그 변경사항을 통지하여야 한다.

제15조의4(전문인력 양성기관 및 교육)

① 법 제37조의2제2항에서 "대통령령으로 정하는 전문인력 양성기관"이란 다음 각 호의 기관을 말한다.
  1. 농촌진흥청
  2. 국립종자원
  3. 법 제6조제2항에 따른 전문인력 양성기관
② 육묘업을 하려는 자는 법 제37조의2제2항에 따라 제1항에 따른 전문인력 양성기관에서 16시간 이상의 교육을 이수하여야 한다.
③ 법 제37조의2제2항에 따른 교육의 내용은 묘 생산기술, 경영관리, 실습 및 현장학습 등으로 한다.
④ 제2항 및 제3항에서 규정한 사항 외에 교육에 관한 세부사항은 농림축산식품부장관이 정하여 고시한다.

제16조(수출입 종자의 국내유통 제한)

① 법 제40조에 따라 종자의 수출·수입을 제한하거나 수입된 종자의 국내 유통을 제한할 수 있는 경우는 다음 각 호와 같다.
  1. 수입된 종자에 유해한 잡초종자가 농림축산식품부장관이 정하여 고시하는 기준 이상으로 포함되어 있는 경우
  2. 수입된 종자의 증식이나 교잡에 의한 유전자 변형 등으로 인하여 농작물 생태계 등 기존의 국내 생태계를 심각하게 파괴할 우려가 있는 경우
  3. 수입된 종자의 재배로 인하여 특정 병해충이 확산될 우려가 있는 경우
  4. 수입된 종자로부터 생산된 농산물의 특수성분으로 인하여 국민건강에 나쁜 영향을 미칠 우려가 있는 경우
  5. 재래종 종자 또는 국내의 희소한 기본종자의 무분별한 수출 등으로 인하여 국내 유전자원(遺傳資源) 보존에 심각한 지장을 초래할 우려가 있는 경우
② 제1항제1호에 따른 유해한 잡초종자와 같은 항 제3호에 따른 특정 병해충의 종류는 농림축산식품부장관이 정하여 고시한다.

제17조(유통 종자 및 묘의 분쟁)
법 제47조제3항 전단에서 "공동 시료채취가 분쟁당사자 어느 한쪽의 비협조 등 대통령령으로 정하는 사유로 이루어지지 아니할 경우"란 다음 각 호의 어느 하나에 해당하는 사유로 이루어지지 아니하는 경우를 말한다.
1. 분쟁당사자 어느 한쪽이 공동 시료채취에 합의하지 아니하는 경우
2. 제1호에 따른 합의를 하였음에도 불구하고 분쟁당사자 어느 한쪽이 시료채취 현장에 동행하지 아니하는 등 사실상 공동 시료채취를 거부하는 경우

제18조(권한의 위임·위탁)
① 농림축산식품부장관은 법 제53조제1항에 따라 다음 각 호의 권한 중에서 「산림자원의 조성 및 관리에 관한 법률」 제2조제8호에 따른 산림용 종자(산림용 묘목을 포함하며, 이하 "산림용종자"라 한다)에 관한 권한을 산림청장에게 위임한다.
 1. 법 제4조제1항에 따른 종자산업에 관한 통계 작성 및 실태조사
 2. 법 제4조제2항에 따른 자료 제출 요청
 3. 법 제15조제1항에 따른 국가품종목록(이하 "품종목록"이라 한다)에의 등재
 4. 법 제16조제1항에 따른 품종목록의 등재신청 접수
 5. 법 제17조에 따른 품종목록 등재신청 품종의 심사, 품종목록 등재신청의 거절 및 품종목록 등재 등
 6. 법 제18조에 따른 품종목록 등재품종 등의 공고
 7. 법 제19조제3항에 따른 품종목록 등재의 유효기간 연장신청의 접수
 8. 법 제19조제5항에 따른 품종목록 등재의 유효기간 연장 절차 등의 통지
 9. 법 제20조제1항에 따른 품종목록 등재의 취소처분
 10. 법 제20조제2항에 따른 취소결정 이유 고지 및 의견서 제출 기회 부여
 11. 법 제20조제3항에 따른 취소결정 등본의 송달 및 취소결정의 공고
 12. 법 제21조에 따른 품종목록 등재서류의 보존
 13. 법 제24조제1항에 따른 종자의 보증
 14. 법 제27조제2항에 따른 종자관리사의 등록
 15. 법 제27조제3항에 따른 종자관리사에 대한 등록취소 처분 및 업무정지 명령
 16. 법 제28조제1항에 따른 포장검사
 17. 법 제30조에 따른 채종 단계별 종자검사 및 재검사
 18. 법 제32조에 따른 보증서의 발급
 19. 법 제33조제1항에 따른 사후관리시험의 실시

20. 법 제36조제2항에 따른 품종목록 등재가 취소된 품종에 대한 판매 또는 보급의 허용 및 대상지역 등의 공고
21. 법 제38조제1항에 따른 품종의 종자 생산·수입 판매 신고의 수리
22. 법 제38조제2항에 따른 주요 사항 변경 신고의 수리
23. 법 제40조에 따른 종자의 수출·수입 제한 또는 수입된 종자의 국내 유통 제한
24. 법 제41조제1항에 따른 수입적응성시험의 실시
24의2. 법 제42조의2에 따른 종자의 검정
25. 법 제45조제1항에 따른 종자 등의 조사 또는 품질검사 및 종자 수거
26. 법 제45조제2항에 따른 종자의 생산 또는 판매 중지 명령 및 종자 수거 명령
27. 법 제45조제3항에 따른 수거한 종자의 보관, 반환 또는 폐기
28. 법 제45조제4항에 따른 보관기간이 지난 종자의 반환 또는 폐기
29. 법 제46조에 따른 종자시료의 보관·관리
30. 법 제47조제1항에 따른 분쟁대상 종자의 시험·분석 신청 접수
31. 법 제47조제3항에 따른 분쟁대상 종자의 시료 채취 신청 접수
32. 법 제47조제4항에 따른 관계 공무원에 대한 시료 채취 명령
33. 법 제47조제5항에 따른 시험·분석 결과의 통지
34. 법 제47조제6항에 따른 시험·분석에 필요한 자료의 제출 명령
35. 법 제48조제1항에 따른 분쟁조정 신청의 접수
36. 법 제50조제2항제2호에 따른 청문
37. 법 제51조제1항에 따른 수수료 징수
38. 법 제56조제1항 또는 제2항에 따른 과태료의 부과·징수

② 농림축산식품부장관은 법 제53조제1항에 따라 다음 각 호의 권한(산림용종자에 관한 권한은 제외한다)을 국립종자원장에게 위임한다

1. 법 제4조제1항에 따른 종자산업에 관한 통계 작성 및 실태조사
2. 법 제4조제2항에 따른 자료 제출 요청
3. 법 제15조제1항에 따른 품종목록에의 등재
4. 법 제16조제1항에 따른 품종목록의 등재신청 접수
5. 법 제17조에 따른 품종목록 등재신청 품종의 심사, 품종목록 등재신청의 거절 및 품종목록 등재 등
6. 법 제18조에 따른 품종목록 등재품종 등의 공고
7. 법 제19조제3항에 따른 품종목록 등재의 유효기간 연장신청의 접수
8. 법 제19조제5항에 따른 품종목록 등재의 유효기간 연장 절차 등의 통지

9. 법 제20조제1항에 따른 품종목록 등재의 취소처분
10. 법 제20조제2항에 따른 취소결정 이유 고지 및 의견서 제출 기회 부여
11. 법 제20조제3항에 따른 취소결정의 등본 송달 및 취소결정 공고
12. 법 제21조에 따른 품종목록 등재서류의 보존
13. 법 제23조제1항에 따른 종자결함 피해의 보상
14. 법 제23조제2항에 따른 종자피해조사반의 구성 및 운영
15. 법 제23조제3항에 따른 협조 요청
16. 법 제24조제1항에 따른 종자의 보증
17. 법 제27조제2항에 따른 종자관리사의 등록
18. 법 제27조제3항에 따른 종자관리사에 대한 등록취소 처분 및 업무정지 명령
19. 법 제28조제1항에 따른 포장검사
20. 법 제30조에 따른 채종 단계별 종자검사 및 재검사
21. 법 제32조에 따른 보증서의 발급
22. 법 제33조제1항에 따른 사후관리시험의 실시
23. 법 제36조제2항에 따른 품종목록 등재가 취소된 품종에 대한 판매 또는 보급의 허용 및 대상지역 등의 공고
24. 법 제38조제1항에 따른 품종의 종자 생산·수입 판매 신고의 수리
25. 법 제38조제2항에 따른 주요 사항 변경 신고의 수리
26. 법 제40조에 따른 종자의 수출·수입 제한 또는 수입된 종자의 국내 유통 제한
26의2. 법 제42조의2에 따른 종자의 검정
27. 법 제45조제1항에 따른 종자 또는 묘 등의 조사 또는 품질검사 및 종자 또는 묘 수거
28. 법 제45조제2항에 따른 종자 또는 묘의 생산 또는 판매 중지 명령 및 종자 또는 묘 수거 명령
29. 법 제45조제3항에 따른 수거한 종자의 보관, 반환 또는 폐기
30. 법 제45조제4항에 따른 보관기간이 지난 종자의 반환 또는 폐기
30의2. 법 제45조제6항에 따른 종자업 또는 육묘업의 등록·변경·취소에 관한 보고의 접수
31. 법 제46조에 따른 종자시료의 보관·관리
32. 법 제47조제1항에 따른 분쟁대상 종자 또는 묘의 시험·분석 신청 접수
33. 법 제47조제3항에 따른 분쟁대상 종자 또는 묘의 시료 채취 신청 접수
34. 법 제47조제4항에 따른 관계 공무원에 대한 시료 채취 명령
35. 법 제47조제5항에 따른 시험·분석 결과의 통지
36. 법 제47조제6항에 따른 시험·분석에 필요한 자료의 제출 명령

37. 법 제48조제1항에 따른 분쟁조정 신청의 접수
38. 법 제50조제2항제2호에 따른 청문
39. 법 제51조제1항(제6호는 제외한다)에 따른 수수료 징수
40. 법 제56조제1항 또는 제2항에 따른 과태료의 부과·징수
41. 별표 4 제4호에 따른 종자피해의 판정기준 등에 관하여 필요한 사항의 결정 및 고시

③ 농림축산식품부장관은 법 제53조제1항에 따라 다음 각 호의 권한(산림용종자에 관한 권한은 제외한다)을 시장·군수·구청장에게 위임한다.
1. 제9조제1항에 따른 피해보상신청서의 접수
2. 제9조제2항에 따른 피해사실확인서의 작성

④ 산림청장 및 국립종자원장은 농림축산식품부장관의 승인을 받아 제1항 및 제2항에 따라 위임받은 권한의 일부를 소속 기관의 장에게 재위임할 수 있다.

⑤ 농림축산식품부장관은 법 제53조제2항에 따라 다음 각 호의 권한을 농림축산식품부령으로 정하는 단체 중 농업 관련 법인 또는 단체에 위탁한다.
1. 법 제41조에 따른 수입적응성시험의 실시(산림용종자에 관한 권한은 제외한다)
2. 법 제51조제1항제6호에 따른 수수료(제1호에 따라 위탁받은 사항과 관련된 것으로 한정한다) 징수

제19조(고유식별정보의 처리)

농림축산식품부장관(제18조에 따라 농림축산식품부장관의 권한을 위임·위탁받은 자를 포함한다)은 다음 각 호의 사무를 수행하기 위하여 불가피한 경우 「개인정보 보호법 시행령」 제19조제1호에 따른 주민등록번호가 포함된 자료를 처리할 수 있다.
1. 법 제16조에 따른 품종목록의 등재신청에 관한 사무
2. 법 제27조에 따른 종자관리사의 등록, 등록 취소 및 업무 정지에 관한 사무
3. 법 제38조제1항에 따른 종자의 생산·수입 판매 신고에 관한 사무
4. 법 제42조에 따른 종자의 수입 추천 사무
5. 법 제47조에 따른 분쟁대상 종자 또는 묘의 시험·분석에 관한 사무

제19조의2(규제의 재검토)

농림축산식품부장관은 제13조 및 별표 5에 따른 종자업의 시설기준에 대하여 2017년 1월 1일을 기준으로 3년마다(매 3년이 되는 해의 1월 1일 전까지를 말한다) 그 타당성을 검토하여 개선 등의 조치를 해야 한다.

제20조(과태료의 부과기준)
법 제56조에 따른 과태료의 부과기준은 별표 6과 같다.

03 종자산업법 시행규칙

제1장 총칙

제1조(목적)
이 규칙은 「종자산업법」 및 같은 법 시행령에서 위임된 사항과 그 시행에 필요한 사항을 규정함을 목적으로 한다.

제2조(정의)
이 규칙에서 "유전자변형종자"란 인공적으로 유전자를 분리하거나 재조합하여 의도한 특성을 갖도록 한 종자를 말한다.

제2장 종자산업의 기반 조성

제3조(전문인력 양성기관의 지정기준 등)
① 「종자산업법 시행령」(이하 "영"이라 한다) 제3조제2항에 따른 전문인력 양성기관의 지정기준은 별표 1과 같다.
② 영 제3조제3항 각 호 외의 부분에 따른 전문인력 양성기관 지정신청서는 별지 제1호서식에 따른다.
③ 영 제3조제4항에 따른 지정서는 별지 제2호서식에 따르고, 발급대장은 별지 제3호서식에 따른다.

제4조(종자산업진흥센터 지정신청서)
영 제5조제2항 각 호 외의 부분에 따른 종자산업진흥센터 지정신청서는 별지 제4호서식에 따른다.

제3장 품종성능의 관리

제5조(국가품종목록의 등재 대상 및 신청)
「종자산업법」(이하 "법"이라 한다) 제16조제1항에 따라 국가품종목록(이하 "품종목록"이라 한다)에 등재 신청을 하려는 자(이하 "품종목록 등재신청인"이라 한다)는 별지 제5호서식의 품종목록 등재신청서에 다음 각 호의 서류 및 물건을 첨부하여 산림청장 또는 국립종자원장에게 제출(전자문서에 의한 제출을 포함한다)하여야 한다.
1. 품종의 사진 및 종자시료. 다만, 종자시료가 영양체인 경우에는 재배시험 적기(適期) 등을

고려하여 산림청장 또는 국립종자원장이 따로 제출을 요청한 시기에 제출을 요청한 장소로 제출하여야 한다.
2. 품종목록 등재신청 수수료 납부증명서 1부
3. 대리권을 증명하는 서류 1부(대리인을 통하여 제출하는 경우만 해당한다)
4. 「유전자변형생물체의 국가간 이동 등에 관한 법률」 제8조제3항에 따른 위해성심사서 1부(유전자변형품종인 경우만 해당한다)

제6조(품종성능의 심사기준)
법 제17조제1항에 따른 품종성능의 심사는 다음 각 호의 사항별로 산림청장 또는 국립종자원장이 정하는 기준에 따라 실시한다.
1. 심사의 종류
2. 재배시험기간
3. 재배시험지역
4. 표준품종
5. 평가형질
6. 평가기준

제7조(의견서)
법 제17조제3항 또는 제20조제2항에 따라 거절이유 또는 취소이유에 대한 의견서를 제출하려는 자는 별지 제6호서식의 의견서에 다음 각 호의 서류 및 물건을 첨부하여 산림청장 또는 국립종자원장에게 제출하여야 한다.
1. 의견내용을 증명하는 서류나 그 밖의 물건 각 1부
2. 대리권을 증명하는 서류 1부(대리인을 통하여 제출하는 경우만 해당한다)

제8조(품종목록의 등재 서식)
법 제17조제4항에 따른 품종목록의 등재는 별지 제7호서식에 따른다.

제9조(품종목록 등재품종의 공고)
① 법 제18조 전단에 따라 공고하는 경우에는 다음 각 호의 사항을 공보에 게재하여야 한다.
  1. 품종목록 등재신청인의 성명 및 주소(법인의 경우에는 그 명칭, 대표자의 성명 및 영업소의 소재지를 말한다)
  2. 품종목록 등재신청인의 대리인 성명 및 주소 또는 영업소의 소재지(대리인을 통하여

　　　　제출하는 경우만 해당한다)
　　3. 품종 육성자의 성명 및 주소(육성자와 품종목록 등재신청인이 다른 경우만 해당한다)
　　4. 품종이 속하는 작물의 학명 및 일반명
　　5. 품종의 명칭
　　6. 품종육성 과정의 설명
　　7. 품종의 성능 및 시험성적
　　8. 재배적응지역
　　9. 품종목록 등재번호 및 품종목록 등재 연월일
　　10. 법 제19조제1항에 따른 품종목록 등재의 유효기간
② 법 제18조 후단에 따라 공고하는 경우에는 제1항제1호·제4호·제5호·제9호의 사항과 법 제19조제2항에 따른 품종목록 등재의 유효기간을 공보에 게재하여야 한다.

제10조(품종목록 등재의 유효기간 연장신청)

법 제19조제2항에 따른 품종목록 등재의 유효기간 연장을 신청하려는 자는 별지 제8호서식의 연장신청서에 대리권을 증명하는 서류(대리인을 통하여 제출하는 경우만 해당한다)를 첨부하여 산림청장 또는 국립종자원장에게 제출하여야 한다.

제11조(품종목록 등재 취소의 공고)

법 제20조제3항에 따라 품종목록 등재의 취소에 관하여 공고하는 경우에는 다음 각 호의 사항을 공보에 게재하여야 한다.
1. 제9조제1항제1호, 제3호부터 제5호까지 및 제9호의 사항
2. 품종목록 등재 취소결정의 주문 및 그 이유
3. 품종목록 등재 취소 연월일

제12조(종자생산의 대행자격)

법 제22조제5호에서 "농림축산식품부령으로 정하는 종자업자 또는 「농어업경영체 육성 및 지원에 관한 법률」 제2조제3호에 따른 농업경영체"란 다음 각 호의 어느 하나에 해당하는 자를 말한다.
1. 법 제37조제1항에 따라 등록된 종자업자
2. 해당 작물 재배에 3년 이상의 경험이 있는 농업인 또는 농업법인으로서 농림축산식품부장관이 정하여 고시하는 확인 절차에 따라 특별자치시장·특별자치도지사·시장·군수 또는 자치구의 구청장(이하 "시장·군수·구청장"이라 한다)이나 관할 국립종자원 지원장의 확

인을 받은 자

제13조(피해 보상의 절차)

① 영 제9조제1항에 따라 피해 보상[「산림자원의 조성 및 관리에 관한 법률」 제2조제8호에 따른 산림용 종자(산림용 묘목을 포함하며, 이하 "산림용종자"라 한다)에 관한 피해 보상은 제외한다]을 받으려는 농업인은 별지 제9호서식의 정부 보급종자 피해보상신청서에 다음 각 호의 서류를 첨부하여 종자의 결함으로 인한 피해(이하 "종자피해"라 한다)가 발생한 토지 소재지를 관할하는 이장·통장을 거쳐 시장·군수·구청장에게 제출하여야 한다.
   1. 종자 구입을 증명할 수 있는 서류
   2. 종자피해를 증명할 수 있는 사진자료 등
② 시장·군수·구청장은 제1항에 따른 피해보상신청서를 접수하였을 때에는 다음 각 호의 사항을 확인한 후 별지 제10호서식의 농가별 종자피해사실확인서를 작성하여 국립종자원장에게 제출하여야 한다.
   1. 종자피해의 원인이 종자의 결함에 의한 것인지 여부
   2. 종자피해의 발생 단계별 피해 규모 및 피해 정도
   3. 그 밖에 피해 보상에 필요한 사항
③ 제2항에 따라 농가별 종자피해사실확인서를 제출받은 국립종자원장은 농가별 종자피해사실확인서의 내용을 국립종자원 지원장에게 확인하게 할 수 있다.
④ 산림용종자에 대하여 영 제9조제1항에 따라 피해 보상을 받으려는 농업인은 제1항에 따라 신청서와 첨부서류를 이장·통장을 거쳐 농림축산식품부장관에게 제출하여야 하고, 신청서와 첨부서류를 받은 농림축산식품부장관은 제2항에 따라 농가별 종자피해사실확인서를 작성하여야 한다.

제4장 종자의 보증

제14조(종자관리사의 등록신청 등)

① 법 제27조제2항에 따라 종자관리사로 등록하려는 자는 별지 제11호서식의 신청서에 다음 각 호의 서류(종자기술사 자격을 취득한 사람은 제1호 및 제3호의 서류)를 첨부하여 산림청장 또는 국립종자원장에게 제출하여야 한다.
   1. 자격증 사본 1부
   2. 종자 업무 또는 이와 유사한 업무에 종사한 경력증명서 1부
   3. 사진(신청 전 6개월 이내에 모자를 쓰지 않고 찍은 상반신 반명함판이어야 한다) 2장

② 제1항에 따라 종자관리사 등록신청을 받은 산림청장 또는 국립종자원장은 신청인이 영 제12조에 따른 자격을 갖춘 경우에는 별지 제12호서식의 종자관리사 등록부에 등록하고 별지 제13호서식의 종자관리사 등록증을 신청인에게 발급하여야 한다.

제15조(종자관리사에 대한 행정처분의 세부적인 기준)
법 제27조제5항에 따른 종자관리사에 대한 행정처분의 세부적인 기준은 별표 2와 같다.

제16조(종자관리사 등록증의 변경발급신청 등)
① 종자관리사 등록증을 변경발급받으려는 자는 별지 제11호서식의 신청서에 종자관리사 등록증 및 사진(신청 전 6개월 이내에 모자를 쓰지 않고 찍은 상반신 반명함판이어야 한다) 1장을 첨부하여 산림청장 또는 국립종자원장에게 제출하여야 한다.
② 분실 또는 훼손으로 인하여 종자관리사 등록증을 재발급받으려는 자는 별지 제11호서식의 신청서에 사진(신청 전 6개월 이내에 모자를 쓰지 않고 찍은 상반신 반명함판이어야 한다) 1장을 첨부하여 산림청장 또는 국립종자원장에게 제출하여야 한다.

제17조(검사 기준 및 방법 등)
① 법 제28조제1항에 따른 포장(圃場)검사(이하 "포장검사"라 한다), 법 제30조제1항에 따른 종자검사(이하 "종자검사"라 한다) 및 같은 조 제2항에 따른 재검사(이하 "재검사"라 한다)는 다음 각 호의 사항별로 농림축산식품부장관 또는 산림청장이 정하여 고시하는 기준과 산림청장 또는 국립종자원장이 정하여 고시하는 방법에 따라 실시한다.
  1. 용어의 정의
  2. 작물별 포장검사규격(다른 품종 또는 계통의 작물과 교잡될 위험을 제거하기 위한 격리거리 및 격리시설과 그 밖에 보증된 품종성능을 갖춘 종자의 생산을 위한 포장조건을 포함한다)
  3. 작물별 종자검사규격
  4. 작물별 재검사규격
② 제1항에 따른 검사는 전수(全數) 또는 표본추출 검사방법에 따른다.
③ 농림축산식품부장관 또는 산림청장은 천재지변, 그 밖에 종자의 수요·공급상 특히 필요하다고 인정할 때에는 제1항 및 제2항에도 불구하고 1년의 범위에서 기간을 정하여 그 검사 기준 및 방법을 다르게 정할 수 있다.
④ 법 제24조제2항에 따른 국가보증에 필요한 포장검사, 종자검사 또는 재검사를 담당하는 산림청 또는 국립종자원 소속 공무원의 자격 및 관리 등에 관한 사항은 산림청장 또는 국립종자원장이 정한다.

제18조(검사신청 등)
① 포장검사 또는 종자검사를 받으려는 자는 별지 제14호서식의 검사신청서를 산림청장·국립종자원장(이하 이 장에서 "검사기관의 장"이라 한다) 또는 종자관리사에게 제출하여야 한다.
② 검사기관의 장 또는 종자관리사는 제1항에 따른 검사를 한 후 지체 없이 그 결과를 해당 신청인에게 알려주어야 한다.

제19조(재검사신청 등)
① 재검사를 받으려는 자는 종자검사 결과를 통지받은 날부터 15일 이내에 별지 제15호서식의 재검사신청서에 종자검사 결과통지서를 첨부하여 검사기관의 장 또는 종자관리사에게 제출하여야 한다.
② 제1항에 따라 재검사신청을 받은 검사기관의 장 또는 종자관리사는 그 신청서를 받은 날부터 20일 이내에 재검사를 하여야 한다.
③ 검사기관의 장 또는 종자관리사는 제2항에 따른 재검사의 결과가 재검사 전의 종자검사 결과와 달라 합격 또는 불합격이 변경되는 경우에는 지체 없이 그 재검사 결과를 재검사를 신청한 자에게 알려주어야 한다.

제20조(보증표시)
법 제31조제3항에 따른 보증표시는 별표 3과 같다.

제21조(보증의 유효기간)
법 제31조제3항에 따른 작물별 보증의 유효기간은 다음 각 호와 같고, 그 기산일(起算日)은 각 보증종자를 포장(包裝)한 날로 한다. 다만, 농림축산식품부장관이 따로 정하여 고시하거나 종자관리사가 따로 정하는 경우에는 그에 따른다.
1. 채소: 2년
2. 버섯: 1개월
3. 감자·고구마: 2개월
4. 맥류·콩: 6개월
5. 그 밖의 작물: 1년

제22조(보증서의 발급)
① 법 제32조에 따라 보증서를 발급받으려는 자는 별지 제16호서식의 보증서 발급신청서를 검사기관의 장 또는 종자관리사에게 제출하여야 한다.

② 검사기관의 장 또는 종자관리사는 제1항에 따라 보증서 발급신청을 받았을 때에는 별지 제17호서식의 보증서를 해당 신청인에게 발급하여야 한다.

제23조(사후관리시험)

법 제33조제1항에 따른 사후관리시험은 다음 각 호의 사항별로 검사기관의 장이 정하는 기준과 방법에 따라 실시한다.
1. 검사항목
2. 검사시기
3. 검사횟수
4. 검사방법

제5장 종자 및 묘의 유통

제24조(종자업 등록신청서 등)

① 법 제37조제1항에 따라 종자업의 등록을 하려는 자는 별지 제18호서식의 종자업 등록신청서에 다음 각 호의 자료를 첨부하여 시장·군수·구청장에게 제출하여야 한다.
  1. 영 제13조에 따른 시설기준을 충족하였음을 증명하는 자료
  2. 종자관리사를 1명 이상 보유하고 있음을 증명하는 자료(영 제15조 각 호의 작물만을 생산·판매하는 경우는 제외한다)
② 영 제14조제2항에 따른 종자업등록증은 별지 제19호서식에 따른다.

제24조의2(육묘업 등록신청서 등)

① 영 제15조의3제1항에 따른 육묘업 등록신청서는 별지 제19호의2서식에 따른다.
② 영 제15조의3제2항에 따른 육묘업등록증은 별지 제19호의3서식에 따른다.

제25조(종자업 또는 육묘업 등록사항의 변경통지)

① 영 제14조제3항 및 또는 제15조의3제3항에 따라 등록사항의 변경을 통지하려는 자는 별지 제20호서식의 등록사항 변경통지서에 다음 각 호의 서류를 첨부하여 시장·군수·구청장에게 제출하여야 한다.
  1. 종자업등록증 또는 육묘업등록증
  2. 변경사항을 증명하는 서류 1부
② 제1항에 따른 변경통지를 받은 시장·군수·구청장은 그 사실 여부를 확인한 후 종자업등록

증 또는 육묘업등록증을 변경하여 발급해 주어야 한다.

제26조(종자업등록증 또는 육묘업등록증의 재발급신청)
종자업등록증 또는 육묘업등록증을 잃어버리거나 헐어 못 쓰게 되어 재발급을 받으려는 자는 별지 제21호서식의 종자업등록증 또는 육묘업등록증 재발급신청서를 시장·군수·구청장에게 제출하여야 한다.

제27조(품종의 생산·수입 판매 신고)
① 법 제38조제1항에 따라 품종의 생산·수입 판매를 신고하려는 자는 별지 제22호서식의 품종 생산·수입 판매 신고서에 다음 각 호의 서류 및 물건을 첨부하여 산림청장 또는 국립종자원장에게 제출(전자적 방법을 통한 제출을 포함한다)해야 한다. 다만, 농림축산검역본부장이 운영·관리하는 식물검역통합정보시스템을 통해 산림청장 또는 국립종자원장이 해당 서류를 확인할 수 있고, 신고인이 확인에 동의하는 경우에는 이를 제출하지 않을 수 있다.
1. 신고품종의 사진이나 신고품종의 사진이 수록된 카탈로그 및 종자시료. 다만, 종자시료가 묘목 또는 영양체인 경우에는 산림청장 또는 국립종자원장이 따로 제출을 요청한 시기에 제출을 요청한 장소로 제출하여야 한다.
2. 수입적응성시험 확인서 1부(수입적응성시험 대상작물의 경우만 해당한다)
3. 대리권을 증명하는 서류 1부(대리인을 통하여 제출하는 경우만 해당한다)
4. 유전자변형품종인 경우에는 다음 각 목의 구분에 따른 서류
    가. 수입 판매를 신고하려는 경우: 「유전자변형생물체의 국가간 이동 등에 관한 법률 시행규칙」 제2조에 따른 유전자변형생물체 수입승인서 1부
    나. 생산 판매를 신고하려는 경우: 「유전자변형생물체의 국가간 이동 등에 관한 법률 시행규칙」 제8조에 따른 유전자변형생물체 생산승인서 1부
5. 검역합격을 증명할 수 있는 다음 각 목의 어느 하나에 해당하는 서류(수입 판매를 신고하려는 경우로 한정한다)
    가. 「식물방역법」 제13조에 따른 격리재배 검역 결과 합격을 증명하는 서류 1부
    나. 「식물방역법」 제17조에 따른 검역합격증명서 1부
6. 종자업등록증 사본 1부(최초의 생산 판매 신고의 경우만 해당한다)
7. 과수, 고구마 및 그 밖에 농림축산식품부장관이 정하여 고시하는 작물의 경우 그 품종의 종자(외국에서 육성된 품종의 종자로 한정한다)를 정당하게 취득하였음을 입증하는 서류로서 거래당사자의 성명, 서명, 품종명, 거래일시 등 농림축산식품부장관이 정하여 고시하

는 사항이 기재된 거래명세서 1부. 이 경우 해당 품종이 「신품종보호를 위한 국제협약」에 따라 설립된 식물신품종보호를위한연합의 회원국에 육성자권리를 위한 출원절차가 진행 중이거나 보호품종으로 등록된 품종으로서 「식물신품종 보호법」 제17조에 따른 신규성을 갖춘 것으로 보는 경우에 해당하면 회원국의 법령으로 정하는 바에 따라 육성자권리의 출원인 또는 그 밖에 육성자권리를 가진 자로부터 같은 법 제2조제7호에 따른 실시를 할 수 있는 권리를 양도받았음을 증명하는 서류를 함께 첨부해야 한다.

② 산림청장 또는 국립종자원장은 제1항에 따라 품종의 생산·수입 판매 신고를 받았을 때에는 별지 제23호서식의 신고증명서를 해당 신고인에게 발급하고 그 사실을 공보에 게재하여야 한다.

③ 법 제38조제2항에 따른 주요 사항은 다음 각 호와 같다.
　1. 대표자명
　2. 법인 명칭
　3. 주소

④ 법 제38조제2항에 따라 변경된 주요 사항을 신고하려는 자는 별지 제24호서식의 품종 생산·수입 판매 변경신고서에 다음 각 호의 서류를 첨부하여 산림청장 또는 국립종자원장에게 제출(전자적 방법을 통한 제출을 포함한다)하여야 하며, 신고를 받은 산림청장 또는 국립종자원장은 별지 제23호서식의 신고증명서를 해당 신고인에게 발급하여야 한다.
　1. 품종 생산·수입 판매 신고증명서
　2. 변경사항을 증명하는 서류
　3. 대리권을 증명하는 서류(대리인을 통하여 제출하는 경우만 해당한다)

⑤ 제2항 또는 제4항에 따라 신고증명서를 발급받은 자가 그 신고증명서를 잃어버리거나 헐어 못 쓰게 되어 재발급을 받으려는 경우에는 별지 제25호서식의 품종 생산·수입 판매 신고증명서 재발급신청서를 산림청장 또는 국립종자원장에게 제출(전자적 방법을 통한 제출을 포함한다)하여야 한다.

제28조(종자업자 및 육묘업자에 대한 행정처분의 세부 기준 등)

① 법 제39조제1항 및 법 제39조의2제1항에 따른 종자업자 및 육묘업자에 대한 행정처분의 세부 기준은 별표 4와 같다.

② 시장·군수·구청장은 행정처분을 하였을 때에는 관계 공무원으로 하여금 영업소의 명칭, 처분내용, 처분기간 등이 적힌 게시문을 해당 영업소의 출입구나 그 밖에 잘 보이는 곳에 게시하도록 하여야 한다.

③ 제2항에 따라 그 직무를 수행하는 공무원은 그 권한을 표시하는 별지 제26호서식의 증표를

관계인에게 보여 주어야 한다.

제29조(수입적응성시험의 신청)
법 제41조제1항에 따라 농림축산식품부장관이 정하여 고시하는 작물의 종자로서 국내에 처음으로 수입되는 품종의 종자를 판매하거나 보급하기 위하여 수입하려는 자는 별지 제27호서식의 신청서에 수입적응성시험계획서를 첨부하여 산림청장이나 제46조에 따른 법인 또는 단체 중 농업 관련 법인 또는 단체의 장에게 제출하여야 한다.

제30조(심사기준)
법 제41조제2항에 따른 수입적응성시험의 심사는 제6조제2호부터 제6호까지의 규정에 따른 사항별로 농림축산식품부장관이 정하여 고시하는 기준에 따라 실시한다.

제31조(양허관세적용 수입 추천 신청 등)
① 법 제42조제1항에 따라 시장접근물량에 적용되는 양허세율로 종자를 수입하려는 자는 별지 제28호서식의 신청서에 다음 각 호의 서류를 첨부하여 농림축산식품부장관이 지정하여 고시하는 관련 기관 또는 단체의 장(이하 "대행기관의 장"이라 한다)에게 제출하여야 한다.
   1. 영 제11조에 따른 국제종자검정기관에서 발행한 종자보증서(품종목록 등재대상작물의 경우만 해당한다)
   2. 수입적응성시험 확인서(수입적응성시험 대상작물의 경우만 해당한다)
② 대행기관의 장은 제1항에 따라 수입 추천 신청을 받았을 때에는 별지 제29호서식의 수입추천서를 해당 신청인에게 발급하여야 한다.

제32조(양허관세적용 수입 추천 물량 등)
법 제42조제2항에 따른 양허관세적용 수입 추천의 물량은 양허관세 추천계획의 범위 내로 하며, 양허관세적용 수입 추천 신청자에게 선착순으로 배정한다. 다만, 신청량이 계획물량을 초과할 때에는 수입 추천 대상자별로 계획물량을 배분할 수 있다.

제33조(사후보고)
양허관세적용 수입 추천을 받은 자는 양허관세적용 수입 추천 건별로 도착 및 통관 내역을 매 다음 달 5일까지 대행기관의 장에게 제출하여야 한다.

제33조의2(종자의 검정 신청 등)

① 법 제42조의2제2항에 따라 종자의 검정을 신청하려는 자는 별지 제29호의2서식의 종자검정 신청서에 검정을 받으려는 종자의 시료를 첨부하여 산림청장 또는 국립종자원장에게 검정을 신청하여야 한다.
② 산림청장 또는 국립종자원장은 검정 신청을 접수한 날부터 7일 이내에 검정결과를 신청인에게 통보하여야 한다. 다만, 7일 이내에 통보할 수 없다고 판단되는 경우에는 신청인과 협의하여 검정기간을 따로 정할 수 있다.
③ 산림청장 또는 국립종자원장은 원활한 검정업무의 수행을 위하여 필요하다고 판단되는 경우에는 신청인에게 최소한의 범위에서 시설, 장비 및 인력 등의 제공을 요청할 수 있다.

제33조의3(검정 항목 및 방법 등)

① 법 제42조의2제1항에 따른 종자의 검정 항목은 다음 각 호와 같다.
 1. 정립(正粒)
 2. 피해립(被害粒)
 3. 이종종자
 4. 이물(異物)
 5. 발아율
 6. 수분
 7. 과수묘목 바이러스
 8. 과수묘목 바이로이드
 9. 그 밖에 산림청장 또는 국립종자원장이 정하여 고시하는 항목
② 법 제42조의2제1항에 따른 검정 항목에 대한 종자의 검정 절차 및 세부방법은 산림청장 또는 국립종자원장이 정하여 고시한다.

제33조의4(검정증명서의 발급)

산림청장 또는 국립종자원장은 법 제42조의2제1항에 따라 종자를 검정한 경우에는 신청인에게 별지 제29호의3서식의 종자검정증명서를 발급하여야 한다.

제34조(유통 종자 및 묘의 품질표시)

① 법 제43조제1항제3호에서 "농림축산식품부령으로 정하는 사항"이란 다음 각 호의 구분에 따른 사항을 말한다.
 1. 유통 종자(묘목은 제외한다)

가. 품종의 명칭
나. 종자의 발아율[버섯종균의 경우에는 종균 접종일(接種日)]
다. 종자의 포장당 무게 또는 낱알 개수
라. 수입 연월 및 수입자명[수입종자의 경우로 한정하며, 국내에서 육성된 품종의 종자를 해외에서 채종(採種)하여 수입하는 경우는 제외한다]
마. 재배 시 특히 주의할 사항
바. 종자업 등록번호(종자업자의 경우로 한정한다)
사. 품종보호 출원공개번호(「식물신품종 보호법」 제37조에 따라 출원공개된 품종의 경우로 한정한다) 또는 품종보호 등록번호(「식물신품종 보호법」 제2조제6호에 따른 보호품종으로서 품종보호권의 존속기간이 남아 있는 경우로 한정한다)
아. 품종 생산·수입 판매 신고번호(법 제38조제1항에 따른 생산·수입 판매 신고 품종의 경우로 한정한다)
자. 유전자변형종자 표시(유전자변형종자의 경우로 한정하며, 표시방법은 「유전자변형생물체의 국가간 이동 등에 관한 법률 시행령」 제24조에 따른다)

2. 묘목
   가. 제1호가목 및 마목부터 자목까지
   나. 규격묘 표시(규격기준이 있는 묘목의 경우로 한정한다). 이 경우 규격묘의 규격기준 및 표시방법은 농림축산식품부장관이 정하여 고시한다.

② 법 제43조제2항제2호에서 "농림축산식품부령으로 정하는 사항"이란 다음 각 호의 사항을 말한다.
   1. 작물명
   2. 생산자명
   3. 육묘업 등록번호

제35조(품질검사의 기준 등)

① 법 제45조제1항에 따른 품질검사의 기준 및 방법은 별표 5와 같다.
② 산림청장 또는 국립종자원장은 제1항에 따라 품질검사를 한 경우에는 그 결과를 지체 없이 해당 종자업자, 육묘업자 또는 종자나 묘를 매매하는 자에게 알려 주어야 한다.
③ 제1항 및 제2항에 관한 세부적인 사항은 산림청장 또는 국립종자원장이 정하여 고시한다.

제36조(수거한 종자의 보관)

① 산림청장 또는 국립종자원장은 법 제45조제3항에 따라 수거한 종자를 보관하는 경우에는 소속 공무원 중에서 종자의 보관책임자를 지정하여야 한다.

② 제1항에 따른 보관책임자는 다음 각 호의 사항을 준수하여야 한다
  1. 보관 대상 종자를 담은 봉투 또는 용기에 관리번호를 부여할 것
  2. 보관 대상 종자가 변질되거나 품질이 손상되지 않도록 보관할 것
  3. 산림청장 또는 국립종자원장이 정하는 바에 따라 저장고의 온도 및 상대습도 등을 적정하게 유지·관리할 것

제37조(관계 공무원의 증표)

법 제45조제5항에 따른 관계 공무원의 증표는 별지 제26호서식에 따른다.

제37조의2(종자업 또는 육묘업의 등록·변경 등의 보고)

시장·군수·구청장은 법 제45조제6항에 따라 다음 각 호의 사항을 별지 제29호의4서식에 따라 매년 1월 20일까지 국립종자원장에게 보고하여야 한다.
1. 전년도의 영 제14조제2항에 따른 종자업등록증 및 영 제15조의3제2항에 따른 육묘업등록증 교부 실적
2. 전년도의 영 제14조제3항에 따른 종자업 등록사항의 변경 실적 및 영 제15조의3제3항에 따른 육묘업 등록사항의 변경 실적

제38조(종자시료의 보관)

① 산림청장 또는 국립종자원장은 법 제46조제1항에 따른 종자시료의 보관·관리를 위하여 종자시료의 보관·관리책임자를 지정하여야 한다.

② 제1항에 따른 종자시료의 보관·관리책임자는 산림청장 또는 국립종자원장이 정하는 종자시료의 보관 및 관리 방법 등에 따라 종자시료를 보관·관리하여야 한다.

③ 종자시료가 법 제46조제1항 각 호 외의 부분 후단에 따른 영양체인 경우에는 산림청장 또는 국립종자원장이 따로 제출을 요청한 시기 및 방법에 따라 제출을 요청한 장소에 종자시료를 제출하여야 한다.

제39조(분쟁대상 종자 및 묘에 대한 시험·분석 신청)

① 법 제47조제1항에 따라 분쟁대상 종자 또는 묘에 대한 시험·분석을 신청하려는 자는 별지 제30호서식의 시험·분석신청서에 종자시료 또는 묘시료를 첨부하여 산림청장 또는 국립종

자원장에게 제출하여야 한다.
② 법 제47조제3항 전단에 따라 분쟁대상 종자 또는 묘에 대한 시료의 채취를 신청하려는 자는 별지 제30호서식의 시료채취신청서를 산림청장 또는 국립종자원장에게 제출하여야 한다.

제40조(보상 청구 등)

① 법 제47조제7항에 따라 종자 또는 묘의 결함으로 인한 피해에 대한 보상을 청구하려는 자는 별지 제31호서식의 청구서에 다음 각 호의 서류를 첨부하여 종자업자 또는 육묘업자에게 제출하여야 한다.
 1. 「소비자기본법 시행령」 제8조제3항에 따라 고시된 품목별 소비자분쟁해결기준에 따른 보상금 산출 내역서 1부
 2. 법 제47조제5항에 따른 시험·분석 결과통보서 부본 1부
② 제1항에 따른 보상 청구를 받은 종자업자 또는 육묘업자는 보상 청구를 받은 날부터 15일 이내에 그 보상 청구에 대한 보상 여부를 결정하여야 한다.
③ 종자업자 또는 육묘업자는 제1항에 따른 보상 청구에 따른 보상을 하려는 경우에는 합의서를 작성하여 양쪽 당사자가 기명날인하고 그 부본을 산림청장 또는 국립종자원장에게 제출하여야 한다.

제40조의2(보관 대상 항목 등)

① 법 제47조제8항에 따른 보관 대상 항목은 다음 각 호와 같다.
 1. 종자 및 상토(床土)의 구매날짜와 명칭을 기록한 자재 구매이력대장
 2. 파종일, 접목일 및 농약사용이력(유효성분, 사용횟수)을 기록한 자재 사용이력대장
 3. 출하일, 거래량 및 거래자를 기록한 묘 거래대장
② 육묘업자는 제1항 각 호에 따른 대장을 작성일부터 3년 동안 보관하여야 한다.

제41조(분쟁조정의 절차 등)

① 법 제48조제1항에 따른 분쟁조정 신청은 이 규칙 제40조제1항에 따라 종자업자 또는 육묘업자에게 피해 보상을 청구하였으나 보상금에 대한 합의가 이루어지지 않은 경우에 할 수 있다.
② 제1항에 따라 분쟁조정 신청을 하려는 자는 별지 제32호서식의 분쟁조정 신청서에 다음 각 호의 서류를 첨부하여 산림청장 또는 국립종자원장에게 제출하여야 한다.
 1. 분쟁당사자 간의 교섭경위서(분쟁이 발생한 때부터 분쟁조정 신청을 할 때까지의 일정별

교섭내용과 그 내용을 증명할 수 있는 자료를 말한다)
  2. 분쟁조정 신청건의 심사·조정에 참고가 될 수 있는 객관적인 자료
③ 산림청장 또는 국립종자원장은 제2항에 따라 분쟁조정 신청서를 제출받아 분쟁조정을 할 때에는 제5항에 따른 분쟁조정협의회의 심의를 거쳐야 한다.
④ 제3항에 따른 분쟁조정 결과 분쟁당사자 사이에 합의된 사항은 조서에 기재한다.
⑤ 분쟁조정에 관한 사항을 심의하기 위하여 산림청 및 국립종자원에 분쟁조정협의회를 두며, 분쟁조정협의회는 다음 각 호의 어느 하나에 해당하는 사람 3명 이상으로 구성한다.
  1. 대학이나 공인된 연구기관에서 종자 또는 묘와 관련된 분야의 조교수 이상 또는 이에 상당하는 직(職)에 있거나 있었던 사람
  2. 종자 또는 묘와 관련된 업무에 종사하거나 종사하였던 4급 이상 공무원(고위공무원단에 속하는 일반직공무원을 포함한다) 또는 이에 상당하는 공공기관의 직에 있거나 있었던 사람
  3. 변호사 자격이 있는 사람
  4. 「비영리민간단체지원법」 제2조에 따른 비영리민간단체에서 추천한 분쟁조정에 관한 전문가
  5. 그 밖에 종자산업에 관한 학식과 경험이 풍부한 사람
⑥ 제5항에 따른 분쟁조정협의회의 운영 등 분쟁조정과 관련한 구체적인 사항은 산림청장 또는 국립종자원장이 정하여 고시한다.

제6장 보칙

제42조(사용문자)

법 제49조 단서에 따라 다음 각 호의 사항은 영어로 쓸 수 있다. 다만, 제2호 및 제4호의 사항을 영어로 쓸 경우에는 한글을 소리 나는 대로 함께 적어야 한다.
1. 학명
2. 품종명칭
3. 전문용어(한글로 표기할 적절한 용어가 없는 경우로 한정한다)
4. 외국인의 성명 및 법인의 명칭
5. 외국에 있는 주소 및 영업소의 소재지

제43조(수수료의 금액 및 납부방법 등)

① 법 제51조에 따른 수수료의 금액 및 납부기간은 별표 6과 같다.

② 제1항에 따른 수수료는 별지 제33호서식에 따라 현금으로 납부하거나 정보통신망을 이용하여 전자화폐·전자결제 등의 방법으로 납부할 수 있다.

제44조(수수료의 면제 및 반환)
① 법 제52조제1항에서 "농림축산식품부령으로 정하는 자"란 다음 각 호의 어느 하나에 해당하는 사람을 말한다.
  1. 「국가유공자 등 예우 및 지원에 관한 법률」 제4조에 따른 국가유공자 및 같은 법 제5조에 따른 국가유공자의 유족 또는 가족
  2. 「5·18민주유공자예우에 관한 법률」 제4조에 따른 5·18민주유공자 및 같은 법 제5조에 따른 5·18민주유공자의 유족 또는 가족
  3. 「고엽제후유의증 등 환자지원 및 단체설립에 관한 법률」 제4조에 따라 등록된 고엽제후유증환자·고엽제후유의증환자 및 고엽제후유증 2세환자
  4. 「특수임무유공자 예우 및 단체설립에 관한 법률」 제3조에 따른 특수임무유공자 및 같은 법 제4조에 따른 특수임무유공자의 유족 또는 가족
  5. 「독립유공자예우에 관한 법률」 제4조에 따른 독립유공자 및 같은 법 제5조에 따른 독립유공자의 유족 또는 가족
  6. 「참전유공자예우 및 단체설립에 관한 법률」 제5조에 따라 등록된 참전유공자
  7. 「장애인복지법」 제32조제1항에 따라 등록된 장애인
② 법 제52조제1항에 따라 수수료를 면제받으려는 자는 별지 제34호서식의 수수료 면제신청서에 다음 각 호의 서류를 첨부하여 산림청장 또는 국립종자원장에게 제출하여야 한다.
  1. 제1항제2호부터 제6호까지의 어느 하나에 해당함을 증명하는 서류
  2. 대리권을 증명하는 서류(대리인을 통하여 제출하는 경우만 해당한다)
③ 산림청장 또는 국립종자원장은 다음 각 호의 서류를 「전자정부법」 제36조제1항에 따른 행정정보의 공동이용을 통하여 확인하여야 한다. 다만, 신청인이 확인에 동의하지 아니하는 경우에는 해당 서류를 첨부하도록 하여야 한다.
  1. 「국민기초생활 보장법 시행규칙」 제40조에 따른 수급자 증명서
  2. 「국가유공자 등 예우 및 지원에 관한 법률 시행규칙」 제17조에 따른 국가유공자증 또는 국가유공자유족증이나 국가유공자(유족)확인원
  3. 「장애인복지법 시행규칙」 제9조에 따른 장애인 증명서
④ 수수료 면제대상자가 제2항에 따라 면제 사유와 그 대상 등을 적지 아니하거나 이를 증명하는 서류를 첨부하지 아니하거나 하는 등의 이유로 제1항에 따른 면제를 받지 못하고 수수료를 납부한 후 그 면제분을 반환받으려는 경우에는 수수료 납부 대상 행위를 할 당시에 수수료

면제 대상이었음을 증명하는 서류를 첨부하여 별지 제34호서식의 수수료 면제신청서를 그 반환의 대상이 되는 수수료를 납부한 날부터 3년 이내에 산림청장 또는 국립종자원장에게 제출하여야 한다.

제45조(반환할 수수료의 대체)
① 법 제52조제3항 단서에 따른 반환금은 납부한 자의 신청에 따라 납부기한이 지나지 아니한 다른 수수료로 대체할 수 있다. 이 경우 다른 수수료는 대체신청이 수리된 날에 납부된 것으로 본다.
② 제1항에 따른 반환금의 대체 절차는 농림축산식품부장관이 정하여 고시한다.

제46조(권한의 위탁을 받을 수 있는 법인 또는 단체)
법 제53조제2항에서 "농림축산식품부령으로 정하는 농림업 관련 법인 또는 단체"란 다음 각 호의 법인 또는 단체를 말한다.
1. 「농업협동조합법」에 따른 조합 및 그 중앙회(농협경제지주회사를 포함한다)
2. 삭제
3. 「산림조합법」에 따른 조합 및 그 중앙회
4. 「엽연초생산협동조합법」에 따른 엽연초생산협동조합 및 그 중앙회
5. 「민법」 제32조에 따라 농림축산식품부장관의 허가를 받아 설립된 종자산업 관련 협회

제47조(규제의 재검토)
① 농림축산식품부장관은 다음 각 호의 사항에 대하여 다음 각 호의 기준일을 기준으로 3년마다 (매 3년이 되는 해의 기준일과 같은 날 전까지를 말한다) 그 타당성을 검토하여 개선 등의 조치를 하여야 한다.
 1. 삭제
 2. 제15조 및 별표 2에 따른 종자관리사에 대한 행정처분의 세부적인 기준: 2017년 1월 1일
 3. 제27조에 따른 품종의 생산·수입 판매 신고 및 변경신고 절차: 2017년 1월 1일
 4. 제29조에 따른 수입적응성시험의 신청 절차: 2017년 1월 1일
 5. 제33조에 따른 사후보고 시기: 2017년 1월 1일
 6. 제34조에 따른 유통종자의 품질표시 사항: 2017년 1월 1일
 7. 제35조제1항 및 별표 5에 따른 품질검사의 기준 및 방법: 2017년 1월 1일

※ 종자산업법 시행규칙 주요 별표

■ 종자산업법 시행규칙 [별표 1]

전문인력 양성기관의 지정기준

1. 교육시설 및 교육장비

   가. 강의실: 내벽(內壁) 간 면적(바닥면적)을 실측하여 계산한 면적이 30제곱미터 이상이고, 필요시 칸막이(불연재) 사용이 가능할 것

   ※ 바닥면적 산정: 복도·계단 및 화장실의 바닥면적은 제외하며, 계산 결과 소수점 미만의 수가 있을 때에는 소수점 이하 첫째 자리에서 반올림한 것을 기준으로 한다.

   나. 분자표지 실습실

   1) 면적: 내벽 간 면적(바닥면적)을 실측하여 계산한 면적이 60제곱미터 이상이고, 필요시 칸막이(불연재) 사용이 가능할 것

   2) 교육장비로서 분자생물학 관련 장비 및 기기: 원심분리기, 중합효소연쇄반응기(Polymerase Chain Reaction), 전기영동 장치, 마이크로 피펫(micro pipette, 일정한 부피의 액체를 정확히 옮기는 데 사용하는 관), 이미지 분석장비 및 고성능액체크로마토그래피기(High Performance Liquid Chromatograph)를 갖출 것

   다. 병리검정 실습실

   1) 면적: 내벽 간 면적(바닥면적)을 실측하여 계산한 면적이 60제곱미터 이상이고, 필요시 칸막이(불연재) 사용이 가능할 것

   2) 교육장비로서 병리검정 관련 장비 및 기기: 현미경, 원심분리기, 배양기 등을 갖출 것

   라. 현장학습장 : 학습자를 수용하여 현장실습을 할 수 있는 공간(농지, 온실 등)을 갖출 것

   마. 화장실: 남녀 구분이 있고, 교육과정 규모에 적절할 것

   바. 급수시설: 상수도를 사용하는 경우를 제외하고는 수질이 「먹는물관리법」 제5조제3항에 따른 기준에 적합할 것

   사. 방음시설, 채광시설, 환기시설, 냉난방시설: 학습에 방해되지 않고 보건위생적으로 적절할 것

   아. 조명시설: 야간 강의 시 책상면 및 칠판면의 조도가 150럭스 이상일 것

   자. 소방시설: 「소방법」에 따른 소방기구, 경보설비, 피난설비 등 방화 및 소방에 필요한 시설을 갖출 것

2. 전문 교수요원

교육과목	전문 교수요원 자격기준
가. 종자 및 묘의 이해 나. 품종개발, 등록 및 관리 다. 프로그램 개발 라. 종자생산, 품질관리 및 현장학습 마. 그 밖의 관련 교육과목	다음 중 하나 이상의 요건을 충족할 것 1) 종자학 또는 재배학과 관련된 학문을 전공하고 대학 등에서 강의한 경험이 있는 사람 2) 종자학 또는 재배학과 관련된 학문을 전공하고 대학, 연구소 및 종자회사 등에서 근무한 경력이 있는 사람 3) 종자산업과 관련된 업무를 담당하거나 담당했던 공무원 4) 준정부기관 등 공공기관에서 종자산업과 관련된 업무를 담당하거나 담당했던 임직원 5) 종자 및 묘와 관련된 자격증을 갖춘 사람

3. 교육프로그램의 구성

○ 교육프로그램은 아래 표와 같은 형식으로 구성할 것

구성의 순서	구성의 세부 항목
가. 제목	○ 교육프로그램의 내용을 포괄하는 대표성 있는 제목을 선정
나. 소개	○ 교육프로그램을 개발하려는 배경, 기본목표 및 기대효과
다. 요약	○ 교육프로그램의 활동과 관련된 라목의 진행과정과 마목의 평가를 간략히 기술하고 핵심단어를 제시
라. 진행과정	1) 교육프로그램 활동의 진행과정에 대한 순서(시간) 및 진행 시 유의사항 2) 교육프로그램의 활동과 관련한 교육대상, 교육장소, 교육 가능 인원, 교육 소요시간, 준비물 및 주요 개념 3) 교육프로그램 활동의 목표 4) 교육프로그램 활동에 관한 배경 및 지식에 대한 정보 5) 교육프로그램 활동의 기대효과 6) 교육프로그램 활동지 및 활동자료(CD 등으로 제작 가능) ※ 여러 개의 활동으로 교육프로그램이 구성되는 경우에는 각각의 활동에 대하여 위의 내용을 모두 제시하여야 한다.
마. 평가	1) 교육프로그램의 평가방법에 대한 서술 2) 교육진행자 및 참가자의 평가지(평가지가 있는 경우만 해당한다) 3) 평가 결과에 대한 분석방법 및 보고 양식 제시
바. 참고자료	1) 주요 소재에 대하여 구체적이고 전문적인 내용을 자세히 서술 2) 그 밖에 교육프로그램 또는 활동 진행 시에 참고할 만한 서적 또는 웹 사이트 주소 등을 제시
사. 단어설명	○ 교육프로그램에서 주요하게 다루었던 단어에 대한 사전적 의미 설명

4. 교육과정
   가. 단계별 교육과정은 다목에 따르고, 종자분야 교육시간은 총 100시간 이상(실습 및 현장학습 포함), 육묘분야 교육시간은 총 35시간 이상(실습 및 현장학습 포함)이 되도록 구성할 것
   나. 교육과정은 분야별로 구분하여 단계별 교육시간을 준수하되, 단계별 교육시간의 20퍼센트 범위에서 자율적으로 조정할 수 있으며, 실습 및 현장학습 시간이 전체 교육시간의 40퍼센트 이상 50퍼센트 이하가 되도록 구성할 것
   다. 분야별 교육과정
      1) 육종과정

단계별	교육과목	교육내용	교육시간
1단계 (품종개발)	가) 육종의 기초	(1) 식물 육종의 역사 및 개요 (2) 식물 유전자원과 활용 (3) 유전자의 연관과 육종 (4) 변이와 선발 (5) 분자표지의 활용	50시간 (이론 80 퍼센트, 실습 20 퍼센트)
	나) 품종의 개발	(1) 식물 육종의 목표 및 과정 (2) 다양한 육종의 원리와 과정 (3) 생산성 및 지역적응성 검정	
2단계 (품종보급)	가) 품종의 등록 및 관리	(1) 「종자산업법」의 개요 및 주요 제도 (2) 「식물신품종 보호법」 및 국제식물신품종 보호 동향 (3) 「특허법」에 따른 식물특허의 보호	30시간 (이론 60 퍼센트, 실습 40 퍼센트)
	나) 신품종의 유지, 증식 및 보급	(1) 신품종의 증식 및 채종 (2) 신품종의 특성 유지 (3) 종자의 갱신	
3단계	실습 및 현장학습	(1) 분자표지 분석 및 활용법 실습 (2) 병리검정 및 기능성 물질 분석 실습 (3) 종자 관련 기관 및 종자회사 현장 견학	20시간 (이론 10퍼센트, 실습 90 퍼센트)

2) 종자의 생산 및 품질관리 과정

단계별	교육과목	교육내용	교육시간
1단계 (품종 개발과 종자)	가) 품종 개발	(1) 식물 육종의 역사 및 개요 (2) 유전자의 연관과 육종 (3) 변이와 선발 (4) 식물 육종의 목표 및 과정 (5) 다양한 육종의 원리와 과정	45시간 (이론 80 퍼센트, 실습 20퍼센트)
	나) 종자의 생리 및 생산	(1) 종자의 종류 (2) 종자의 형성과 구조 (3) 종자의 구성 성분 (4) 종자의 휴면 (5) 종자의 발아 (6) 종자의 발아력과 발아세 (7) 종자의 수명과 퇴화 (8) 종자의 증식 및 채종 (9) 종자의 수확, 건조 및 저장	
2단계 (품종 보급)	가) 종자 유통	(1) 「종자산업법」 및 「식물신품종 보호법」의 개요 (2) 「특허법」과 식물특허의 보호 (3) 종자의 유통과 마케팅(이론 교육)	35시간 (이론 60퍼센트, 실습 40퍼센트)
	나) 종자가공 및 품질 검사	(1) 종자 가공 및 정선 기술의 이해 (2) 종자의 발아력 증진기술 (3) 종자의 코팅기술 (4) 종자의 병해충과 그 방제 (5) 종자 품질검사와 보증	

3단계	실습 및 현장
	학습
		(1) 종자회사 종자처리 시설 및 종자 관련 기관 견학
		(2) 종자 검사 실습
		  ○ 순도검정 및 활력검정 실습
		  ○ 종자감염병 진단 실습
			20시간(이론
			10 퍼센트,
			실습
			90퍼센트)

3) 육묘과정

단계별	교육과목	교육내용	교육시간
1단계 (일반)	육묘업 등록 및 관리	(1) 「종자산업법」의 개요 및 주요제도 (2) 육묘업 육성계획 및 정책방향	4시간 (이론 100 퍼센트)
2단계 (생산 및 경영관리)	묘 생산기술 및 경영관리	(1) 육묘의 이해 (2) 육묘용 자재의 이해와 활용 기술 (3) 묘 생육조절 기술 (4) 육묘 시 생리장애 경감 기술 (5) 육묘장 병해충 관리 기술 (6) 접목묘 생산 기술 (7) 모종 정식 후 초기 재배 관리 이해 (8) 육묘장 시설환경 관리 및 제어 이해 (9) 육묘장 시설구조 및 에너지 절감 기술 (10) 육묘 생산 자동화 시스템 (11) 육묘업 경영관리의 이해	24시간 (이론 80 퍼센트, 실습 20퍼센트)
3단계	실습 및 현장학습	육묘관련 기관 및 선도 육묘장 견학	7시간 (실습 100 퍼센트)

■ 종자산업법 시행규칙 [별표 2]
종자관리사에 대한 행정처분의 세부 기준(제15조 관련)

1. 일반기준

   가. 위반행위가 둘 이상인 경우로서 그에 해당하는 각각의 처분기준이 다른 경우에는 그 중 무거운 처분기준을 적용한다.

   나. 위반행위의 동기, 위반의 정도, 그 밖에 정상을 참작할 만한 사유가 있는 경우에는 제2호에 따른 업무정지 기간의 2분의 1 범위에서 감경하여 처분할 수 있다.

2. 개별기준

근거 법조문	위반행위	행정처분의 기준
법 제27조제3항	가. 종자보증과 관련하여 형을 선고받은 경우 나. 종자관리사 자격과 관련하여 최근 2년간 이중취업을 2회 이상 한 경우 다. 업무정지처분기간 종료 후 3년 이내에 업무정지처분에 해당하는 행위를 한 경우 라. 업무정지처분을 받은 후 그 업무정지처분기간에 등록증을 사용한 경우	등록취소
	바. 종자관리사 자격과 관련하여 이중취업을 1회 한 경우	업무정지 1년
	사. 종자보증과 관련하여 고의 또는 중대한 과실로 타인에게 손해를 입힌 경우	업무정지 6개월

■ 종자산업법 시행규칙 [별표 2]
종자관리사에 대한 행정처분의 세부 기준

1. 일반기준

　가. 위반행위가 둘 이상인 경우로서 그에 해당하는 각각의 처분기준이 다른 경우에는 그 중 무거운 처분기준을 적용한다.

　나. 위반행위의 동기, 위반의 정도, 그 밖에 정상을 참작할 만한 사유가 있는 경우에는 제2호에 따른 업무정지 기간의 2분의 1 범위에서 감경하여 처분할 수 있다.

2. 개별기준

근거 법조문	위반행위	행정처분의 기준
법 제27조제3항	가. 종자보증과 관련하여 형을 선고받은 경우 나. 종자관리사 자격과 관련하여 최근 2년간 이중취업을 2회 이상 한 경우 다. 업무정지처분기간 종료 후 3년 이내에 업무정지처분에 해당하는 행위를 한 경우 라. 업무정지처분을 받은 후 그 업무정지처분기간에 등록증을 사용한 경우	등록취소
	마. 삭제 <2017. 1. 11.> 바. 종자관리사 자격과 관련하여 이중취업을 1회 한 경우	업무정지 1년
	사. 종자보증과 관련하여 고의 또는 중대한 과실로 타인에게 손해를 입힌 경우	업무정지 6개월

■ 종자산업법 시행규칙 [별표 5]

품질검사의 기준 및 방법

1. 품질검사의 기준

대 상	검 사 기 준
법 제31조에 따른 보증표시를 한 보증종자	발아율, 이품종률, 무게 또는 낱알 개수가 보증표시된 것과 같은지 여부
법 제43조에 따른 품질표시를 한 유통종자	발아율, 무게 또는 낱알 개수가 품질표시된 것과 같은지 여부

2. 품질검사의 방법

가. 발아율

1) 수거한 정립종자 중에서 무작위로 400립을 추출하여 100립 4반복 조사한다. 검사방법은 종이배지(영양소가 함유되지 않은 종이로 수분만을 별도로 공급하여 종자가 발아하는지를 검사하는 데 사용하는 것을 말한다)를 활용하고, 종이배지에서 평가할 수 없는 묘(苗)가 나오면 모래 또는 적당한 흙으로 온도, 수분 및 광(光) 조건을 같게 하여 재시험을 한다.

2) 결과 판정은 정상으로 분류되는 종자의 숫자 비율로 나타내고 평균 발아율은 반올림한 정수로 기록한다.

나. 이품종률

1) 종자 검사는 무작위로 400립을 추출하여 100립 4반복 조사하며, 확대장비, 시약처리 등을 이용한 방법으로 형태적·화학적 특성, 색깔을 검사한다. 결과는 이품종 종자의 중량 비율로 판정한다.

2) 어린 묘 검사는 무작위로 400묘를 추출하여 100묘 4반복 조사하며, 검사방법은 식별 가능한 형태적 특성을 관찰하는 것으로 한다. 결과는 이품종 종묘의 숫자 비율로 판정한다.

3) 온실·생육상 검사는 무작위로 100주(株) 이상을 추출하여 조사하며, 검사방법은 식별 가능한 형태적 특성을 관찰하는 것으로 한다. 결과는 이품종 종묘의 숫자 비율로 판정한다.

4) 포장(圃場)에서 하는 식물체 검사는 제출시료의 전부 또는 일부를 2반복하여 시험구에 파종해서 하며, 검사방법은 식별 가능한 형태적 특성을 관찰하는 것으로 한다. 결과는 이품종 식물체의 숫자비율로 판정한다.

다. 무게 또는 낱알 개수

종자시료를 4번 반복하여 계량하여 평균 중량 및 평균 낱알 개수로 계산한다.

■ 종자산업법 시행규칙 [별표 6]
수수료의 금액 및 납부기간(제43조제1항 관련)

1. 수수료의 금액
 가. 품종목록의 등재신청에 관한 수수료
  1) 품종목록 등재신청: 품종당 3만8천원
  2) 등재심사

항목	수수료
서류심사	품종당 5만원
재배심사	품종당 연간 50만원. 다만, 「식물신품종 보호법」에 따른 품종보호 출원과 품종목록의 등재신청을 같이 하는 경우는 품종당 10만원으로 한다.

 나. 품종목록 등재의 유효기간 연장신청 수수료: 품종당 2만원
 다. 국가보증에 관한 수수료
  1) 국가보증 신청: 품종당 1천5백원
  2) 국가보증검사 결과에 대한 재검사 신청: 품종당 1천5백원
  3) 국가보증검사

항목	수수료
포장(圃場)검사	10아르(a)당 2만원
종자검사	품종당 5만원
종자 재검사	품종당 5만원

 라. 보증서 발급에 관한 수수료
  1) 국문: 무료
  2) 영문: 품종당 5천원
 마. 생산하거나 수입하여 판매하려는 종자의 신고에 관한 수수료: 품종당(씨앗으로 증식하는 1년생 화훼류의 경우 25품종 단위당) 3만원. 다만, 온라인으로 신고하는 경우에는 2만원으로 한다.
 바. 수입적응성시험 신청 수수료
   산림용종자 : 품종당 5만원

사. 종자검정 신청 수수료

항 목	수 수 료
정립, 피해립, 이종종자, 이물	항목별 건당 8,600원
발아율	건당 30,800원
수분	건당 12,000원
과수묘목 바이러스	건당 20,000원
과수묘목 바이로이드	건당 10,000원

아. 시험·분석 신청에 관한 수수료
 1) 시험·분석 신청: 품종당 1천5백원
 2) 시험·분석

항목	수수료
재배시험	품종당 50만원
유전자분석	품종당 30만원
종자품질분석	품종당 5만원

자. 분쟁조정 신청에 관한 수수료
 1) 분쟁조정 신청: 품종당 1천5백원
 2) 분쟁조정 관련 시험·분석

항목	수수료
재배시험	품종당 50만원
유전자분석	품종당 30만원
종자품질분석	품종당 5만원

차. 그 밖의 수수료
 1) 각종 서류의 등본·초본 또는 증명의 신청: 1건당 5백원. 다만, 복사가 필요한 첨부물이 있는 경우에는 1면당 1백원씩을 더한다.
 2) 각종 서류의 사본 신청: 1면당 2백원

2. 수수료의 납부기간

수수료는 다음 각 목의 납부기간 이내에 납부하여야 한다.

가. 제1호가목2)의 등재심사 수수료: 수수료 납부통지를 받은 날이 속하는 달의 다음 달 말일
나. 제1호다목3)의 종자검사 수수료: 포장검사 합격통지를 받은 날부터 15일 이내
다. 제1호사목2)의 시험·분석 수수료 및 같은 호 아목2)의 시험·분석 수수료: 납부통지를 받은 날부터 30일 이내
라. 그 밖의 수수료 : 신청 시

04 식물신품종 보호법 (약칭 : 식물신품종법)

제1장 총칙

제1조(목적)

이 법은 식물의 신품종에 대한 육성자의 권리 보호에 관한 사항을 규정함으로써 농림수산업의 발전에 이바지함을 목적으로 한다.

제2조(정의)

이 법에서 사용하는 용어의 뜻은 다음과 같다.

1. "종자"란 「종자산업법」 제2조제1호에 따른 종자 및 「수산종자산업육성법」 제2조제3호에 따른 수산식물종자를 말한다.
2. "품종"이란 식물학에서 통용되는 최저분류 단위의 식물군으로서 제16조에 따른 품종보호 요건을 갖추었는지와 관계없이 유전적으로 나타나는 특성 중 한 가지 이상의 특성이 다른 식물군과 구별되고 변함없이 증식될 수 있는 것을 말한다.
3. "육성자"란 품종을 육성한 자나 이를 발견하여 개발한 자를 말한다.
4. "품종보호권"이란 이 법에 따라 품종보호를 받을 수 있는 권리를 가진 자에게 주는 권리를 말한다.
5. "품종보호권자"란 품종보호권을 가진 자를 말한다.
6. "보호품종"이란 이 법에 따른 품종보호 요건을 갖추어 품종보호권이 주어진 품종을 말한다.
7. "실시"란 보호품종의 종자를 증식·생산·조제(調製)·양도·대여·수출 또는 수입하거나 양도 또는 대여의 청약(양도 또는 대여를 위한 전시를 포함한다. 이하 같다)을 하는 행위를 말한다.

제3조(품종보호 대상)

이 법에 따라 품종보호를 받을 수 있는 대상은 모든 식물로 한다.

제2장 육성자의 권리 보호

제1절 통칙

제4조(재외자의 품종보호관리인)

① 국내에 주소나 영업소를 가지지 아니한 자[이하 "재외자"(在外者)라 한다]는 제3항의 등록을 신청하는 경우와 그 밖에 대통령령으로 정하는 경우를 제외하고는 그 재외자의 품종보호에

관한 대리인으로서 국내에 주소나 영업소를 가진 자(이하 "품종보호관리인"이라 한다)에 의하지 아니하면 품종보호에 관한 농림축산식품부, 해양수산부 또는 제90조제1항에 따른 품종보호심판위원회에서의 절차(이하 "품종보호에 관한 절차"라 한다)를 밟을 수 없고 이 법 또는 이 법에 따른 명령에 따라 행정청이 한 처분에 대하여 소(訴)를 제기할 수 없다.
② 품종보호관리인은 특별히 주어진 권한과 그 밖에 모든 품종보호에 관한 절차 및 이 법 또는 이 법에 따른 명령에 따라 행정청이 한 처분에 관한 소송에서 본인을 대리한다.
③ 품종보호권이나 품종보호에 관하여 등록한 권리를 가진 재외자는 품종보호관리인의 선임(選任)·변경 또는 그 대리권의 수여·취소에 관하여 농림축산식품부와 해양수산부의 공동부령(이하 "공동부령"이라 한다)으로 정하는 바에 따라 등록하지 아니하면 제3자에게 대항할 수 없다.
④ 재외자는 품종보호권의 설정등록을 할 때 또는 해당 품종보호권의 존속기간 중에는 품종보호관리인을 선임 등록 또는 변경 등록 하여야 한다.

제5조(대리권의 범위)
국내에 주소나 영업소를 가진 자로부터 품종보호에 관한 절차를 밟을 것을 위임받은 대리인은 특별한 권한을 받지 아니하면 다음 각 호의 어느 하나에 해당하는 행위를 할 수 없다.
1. 품종보호 출원의 변경·포기 또는 취하
2. 청구 또는 신청의 취하
3. 제31조제1항에 따른 우선권의 주장 또는 그 취하
4. 제91조에 따른 심판청구
5. 복대리인(複代理人)의 선임

제6조(대리권의 증명)
품종보호에 관한 절차를 밟는 자의 대리인(품종보호관리인을 포함한다. 이하 같다)의 대리권은 서면으로 증명하여야 한다.

제7조(복수당사자의 대표)
① 2인 이상이 품종보호에 관한 절차를 밟을 때에는 제5조제1호부터 제4호까지의 행위를 제외하고는 각자가 모두를 대표한다. 다만, 대표자를 선정하여 농림축산식품부장관 또는 해양수산부장관[제5조제4호의 경우에는 제90조제2항에 따른 품종보호심판위원회 위원장(이하 "심판위원회 위원장"이라 한다)을 말한다]에게 신고하였을 때에는 그러하지 아니하다.
② 제1항 단서에 따라 신고할 때에는 대표자는 대표자로 선임된 사실을 서면으로 증명하여야

한다.

제8조(기간의 연장 등)
① 농림축산식품부장관, 해양수산부장관 또는 심판위원회 위원장은 교통이 불편한 지역에 있는 자를 위하여 청구에 의하여 또는 직권으로 제91조에 따른 심판의 청구기간 또는 제111조에 따른 품종명칭등록 이의신청 이유 등의 보정기간(補正期間)을 연장할 수 있다.
② 농림축산식품부장관, 해양수산부장관, 심판위원회 위원장, 제95조제2항에 따른 심판장(이하 "심판장"이라 한다) 또는 제36조에 따른 심사관(이하 "심사관"이라 한다)은 이 법에 따라 품종보호에 관한 절차를 밟을 기간을 정하였을 때에는 청구에 의하여 또는 직권으로 그 기간을 연장할 수 있다.
③ 심판장이나 심사관은 이 법에 따라 품종보호에 관한 절차를 밟을 기일을 정하였을 때에는 청구에 의하여 또는 직권으로 그 기일을 변경할 수 있다.

제9조(절차의 보정)
농림축산식품부장관, 해양수산부장관 또는 심판위원회 위원장은 품종보호에 관한 절차가 다음 각 호의 어느 하나에 해당하는 경우에는 기간을 정하여 보정을 명할 수 있다.
1. 제5조를 위반하거나 제15조에 따라 준용되는 「특허법」 제3조제1항을 위반한 경우
2. 이 법 또는 이 법에 따른 명령에서 정하는 방식을 위반한 경우
3. 제125조에 따라 납부해야 할 수수료를 납부하지 아니한 경우

제10조(절차의 무효)
① 농림축산식품부장관, 해양수산부장관 또는 심판위원회 위원장은 제9조에 따라 보정명령을 받은 자가 지정된 기간까지 보정을 하지 아니한 경우에는 그 품종보호에 관한 절차를 무효로 할 수 있다.
② 농림축산식품부장관, 해양수산부장관 또는 심판위원회 위원장은 제1항에 따라 그 절차가 무효로 된 경우로서 지정된 기간을 지키지 못한 것이 보정명령을 받은 자가 천재지변이나 그 밖의 불가피한 사유에 의한 것으로 인정될 때에는 그 사유가 소멸한 날부터 14일 이내에 또는 그 기간이 끝난 후 1년 이내에 보정명령을 받은 자의 청구에 따라 그 무효처분을 취소할 수 있다
③ 농림축산식품부장관, 해양수산부장관 또는 심판위원회 위원장은 제1항에 따른 무효처분 또는 제2항에 따른 무효처분의 취소처분을 할 때에는 지체 없이 그 보정명령을 받은 자에게 처분통지서를 송달하여야 한다.

제11조(서류 제출의 효력발생 시기)

① 이 법 또는 이 법에 따른 명령에 따라 농림축산식품부장관, 해양수산부장관 또는 심판위원회 위원장에게 제출하는 출원서, 청구서, 그 밖의 서류(물건을 포함한다. 이하 이 조에서 같다)는 농림축산식품부장관, 해양수산부장관 또는 심판위원회 위원장에게 도달한 날부터 그 효력이 발생한다.

② 제1항에 따른 출원서, 청구서와 그 밖의 서류를 우편으로 농림축산식품부장관, 해양수산부장관 또는 심판위원회 위원장에게 제출한 경우에는 우편법령에 따른 통신날짜도장에 표시된 날이 분명하면 그 표시된 날에, 그 표시된 날이 분명하지 아니하면 우체국에 제출한 날(우편물 수령증에 의하여 증명된 날을 말한다)에 농림축산식품부장관, 해양수산부장관 또는 심판위원회 위원장에게 도달한 것으로 본다.

③ 제1항과 제2항에서 규정한 사항 외에 우편물의 배달 지연, 분실 및 우편업무 중단으로 인하여 문제가 발생한 서류의 제출에 관한 사항은 공동부령으로 정한다.

제12조(전자문서에 의한 품종보호에 관한 절차의 수행)

① 품종보호에 관한 절차를 밟는 자는 이 법에 따라 농림축산식품부장관, 해양수산부장관 또는 심판위원회 위원장에게 제출하는 품종보호 출원서나 그 밖의 서류를 전자문서화하여 정보통신망을 이용하여 제출하거나 이동식 저장매체 등 전자적 기록매체에 수록하여 제출할 수 있다.

② 제1항에 따라 제출된 전자문서는 이 법에 따라 제출된 서류와 같은 효력을 가진다.

③ 제1항에 따라 정보통신망을 이용하여 제출된 전자문서는 농림축산식품부, 해양수산부 또는 심판위원회에서 사용하는 접수용 전산정보처리조직에 전자적으로 기록된 때에 접수된 것으로 본다.

④ 제1항에 따라 전자문서로 제출할 수 있는 서류의 종류, 제출방법과 그 밖에 전자문서 제출에 필요한 사항은 공동부령으로 정한다.

제13조(전자문서 이용신고 및 전자서명)

① 제12조제1항에 따라 전자문서로 품종보호에 관한 절차를 밟으려는 자는 미리 농림축산식품부장관, 해양수산부장관 또는 심판위원회 위원장에게 전자문서 이용신고를 하여야 하며, 제출하는 전자문서에는 제출인을 알아볼 수 있도록 전자서명을 하여야 한다.

② 제1항에 따른 전자문서 이용신고 절차와 전자서명 방법 등은 공동부령으로 한다.

제14조(정보통신망을 이용한 통지 등의 수행)
① 농림축산식품부장관, 해양수산부장관, 심판위원회 위원장, 심판장 및 심사관은 제13조제1항에 따라 전자문서 이용신고를 한 자에게 서류의 통지 및 송달(이하 "서류의 통지등"이라 한다)을 하는 경우 정보통신망을 이용하여 할 수 있다.
② 제1항에 따른 정보통신망을 이용한 서류의 통지등은 서면으로 한 것과 같은 효력을 가진다.
③ 서류의 통지등은 이를 받는 자가 사용하는 전산정보처리조직에 전자적으로 기록된 때에 도달한 것으로 본다.
④ 제1항에 따른 정보통신망을 이용한 서류의 통지등의 종류 및 방법 등에 관한 사항은 공동부령으로 정한다.

제15조(「특허법」 등의 준용)
품종보호에 관한 절차에 관하여는 「특허법」 제3조, 제4조, 제8조, 제9조, 제10조제1항·제2항·제4항, 제13조, 제14조, 제17조부터 제24조까지 및 「민사소송법」 제58조제2항, 제59조, 제63조, 제87조, 제88조, 제92조, 제94조, 제96조를 준용한다. 이 경우 「특허법」 제13조 중 "특허청소재지"는 "농림축산식품부 또는 해양수산부 소재지"로, 같은 법 제17조제1호 중 "제132조의17"은 "제91조"로 본다.

제2절 품종보호 요건 및 품종보호 출원
제16조(품종보호 요건)
다음 각 호의 요건을 갖춘 품종은 이 법에 따른 품종보호를 받을 수 있다.
1. 신규성
2. 구별성
3. 균일성
4. 안정성
5. 제106조제1항에 따른 품종명칭

제17조(신규성)
① 제32조제2항에 따른 품종보호 출원일 이전(제31조제1항에 따라 우선권을 주장하는 경우에는 최초의 품종보호 출원일 이전)에 대한민국에서는 1년 이상, 그 밖의 국가에서는 4년[과수(果樹) 및 임목(林木)인 경우에는 6년] 이상 해당 종자나 그 수확물이 이용을 목적으로 양도되지 아니한 경우에는 그 품종은 제16조제1호의 신규성을 갖춘 것으로 본다.
② 다음 각 호의 어느 하나에 해당하는 양도의 경우에는 제1항에도 불구하고 제16조제1호의

신규성을 갖춘 것으로 본다.
1. 도용(盜用)한 품종의 종자나 그 수확물을 양도한 경우
2. 품종보호를 받을 수 있는 권리를 이전하기 위하여 해당 품종의 종자나 그 수확물을 양도한 경우
3. 종자를 증식하기 위하여 해당 품종의 종자나 그 수확물을 양도하여 그 종자를 증식하게 한 후 그 종자나 수확물을 육성자가 다시 양도받은 경우
4. 품종 평가를 위한 포장시험(圃場試驗), 품질검사 또는 소규모 가공시험을 하기 위하여 해당 품종의 종자나 그 수확물을 양도한 경우
5. 생물자원의 보존을 위한 조사 또는 「종자산업법」 제15조에 따른 국가품종목록(이하 "품종목록"이라 한다)에 등재하기 위하여 해당 품종의 종자나 그 수확물을 양도한 경우
6. 해당 품종의 품종명칭을 사용하지 아니하고 제3호부터 제5호까지의 어느 하나의 행위로 인하여 생산된 부산물이나 잉여물을 양도한 경우

제18조(구별성)

① 제32조제2항에 따른 품종보호 출원일 이전(제31조제1항에 따라 우선권을 주장하는 경우에는 최초의 품종보호 출원일 이전)까지 일반인에게 알려져 있는 품종과 명확하게 구별되는 품종은 제16조제2호의 구별성을 갖춘 것으로 본다.
② 제1항에서 일반인에게 알려져 있는 품종이란 다음 각 호의 어느 하나에 해당하는 품종을 말한다. 다만, 품종보호를 받을 수 있는 권리를 가진 자의 의사에 반하여 일반인에게 알려져 있는 품종은 제외한다.
1. 유통되고 있는 품종
2. 보호품종
3. 품종목록에 등재되어 있는 품종
4. 공동부령으로 정하는 종자산업과 관련된 협회에 등록되어 있는 품종
③ 제2항제2호 또는 제3호의 경우 품종보호를 받기 위하여 출원하거나 품종목록에 등재하기 위하여 신청한 품종은 그 출원일이나 신청일부터 일반인에게 알려져 있는 품종으로 본다. 다만, 이 법에 따라 품종보호를 받지 못하거나 품종목록에 등재되어 있지 아니한 품종은 제외한다.

제19조(균일성)

품종의 본질적 특성이 그 품종의 번식방법상 예상되는 변이(變異)를 고려한 상태에서 충분히 균일한 경우에는 그 품종은 제16조제3호의 균일성을 갖춘 것으로 본다.

제20조(안정성)
품종의 본질적 특성이 반복적으로 증식된 후(1대 잡종 등과 같이 특정한 증식주기를 가지고 있는 경우에는 매 증식주기 종료 후를 말한다)에도 그 품종의 본질적 특성이 변하지 아니하는 경우에는 그 품종은 제16조제4호의 안정성을 갖춘 것으로 본다.

제21조(품종보호를 받을 수 있는 권리를 가진 자)
① 육성자나 그 승계인은 이 법에서 정하는 바에 따라 품종보호를 받을 수 있는 권리를 가진다.
② 2인 이상의 육성자가 공동으로 품종을 육성하였을 때에는 품종보호를 받을 수 있는 권리는 공유(共有)로 한다.

제22조(외국인의 권리능력)
재외자 중 외국인은 다음 각 호의 어느 하나에 해당하는 경우에만 품종보호권이나 품종보호를 받을 수 있는 권리를 가질 수 있다.
1. 해당 외국인이 속하는 국가에서 대한민국 국민에 대하여 그 국민과 같은 조건으로 품종보호권 또는 품종보호를 받을 수 있는 권리를 인정하는 경우
2. 대한민국이 해당 외국인에게 품종보호권 또는 품종보호를 받을 수 있는 권리를 인정하는 경우에는 그 외국인이 속하는 국가에서 대한민국 국민에 대하여 그 국민과 같은 조건으로 품종보호권 또는 품종보호를 받을 수 있는 권리를 인정하는 경우
3. 조약 및 이에 준하는 것(이하 "조약등"이라 한다)에 따라 품종보호권이나 품종보호를 받을 수 있는 권리를 인정하는 경우

제23조(무권리자의 품종보호 출원과 정당한 권리자의 보호)
품종보호를 받을 수 있는 권리의 승계인이 아닌 자 또는 품종보호를 받을 수 있는 권리를 자기 것으로 속인 자(이하 "무권리자"라 한다)가 품종보호를 출원한 경우에는 그 무권리자의 품종보호 출원 후에 한 정당한 권리자의 품종보호 출원은 무권리자가 품종보호를 출원한 때에 품종보호 출원한 것으로 본다. 다만, 무권리자가 제42조제3항에 따라 거절결정 등본을 송달받은 날부터 30일이 지난 후에 품종보호를 출원한 경우에는 그러하지 아니하다.

제24조(무권리자의 품종보호와 정당한 권리자의 보호)
제92조제1항제2호에 따른 사유로 그 품종보호를 무효로 한다는 심결(審決)이 확정된 경우에는 그 품종보호 출원 후에 한 정당한 권리자의 품종보호 출원은 무효로 된 그 품종보호의 출원 시에 품종보호 출원한 것으로 본다. 다만, 그 품종보호에 대한 제54조제4항에 따른 공보 게재일

부터 2년이 지난 후에 품종보호 출원을 하거나 심결이 확정된 날부터 30일이 지난 후에 품종보호 출원을 한 경우에는 그러하지 아니하다.

제25조(선출원)
① 같은 품종에 대하여 다른 날에 둘 이상의 품종보호 출원이 있을 때에는 가장 먼저 품종보호를 출원한 자만이 그 품종에 대하여 품종보호를 받을 수 있다.
② 같은 품종에 대하여 같은 날에 둘 이상의 품종보호 출원이 있을 때에는 품종보호를 받으려는 자(이하 "품종보호 출원인"이라 한다) 간에 협의하여 정한 자만이 그 품종에 대하여 품종보호를 받을 수 있다. 이 경우 협의가 성립하지 아니하거나 협의를 할 수 없을 때에는 어느 품종보호 출원인도 그 품종에 대하여 품종보호를 받을 수 없다.
③ 품종보호 출원이 무효로 되거나 취하되면 그 품종보호 출원은 제1항 또는 제2항을 적용할 때에는 처음부터 없었던 것으로 본다.
④ 육성자가 아닌 자로서 품종보호를 받을 수 있는 권리의 승계인이 아닌 자가 한 품종보호 출원은 제1항 또는 제2항을 적용할 때에는 처음부터 없었던 것으로 본다.
⑤ 농림축산식품부장관 또는 해양수산부장관은 제2항의 경우에는 품종보호 출원인에게 기간을 정하여 협의 결과를 신고할 것을 명하고, 그 기간까지 신고가 없을 때에는 제2항에 따른 협의는 성립되지 아니한 것으로 본다.

제26조(품종보호를 받을 수 있는 권리의 이전 등)
① 품종보호를 받을 수 있는 권리는 이전할 수 있다.
② 품종보호를 받을 수 있는 권리는 질권의 목적으로 할 수 없다.
③ 품종보호를 받을 수 있는 권리가 공유인 경우에는 각 공유자는 다른 공유자의 동의를 받지 아니하면 그 지분을 양도할 수 없다.

제27조(품종보호를 받을 수 있는 권리의 승계)
① 품종보호 출원 전에 해당 품종에 대하여 품종보호를 받을 수 있는 권리를 승계한 자는 그 품종보호의 출원을 하지 아니하는 경우에는 제3자에게 대항할 수 없다.
② 동일인으로부터 승계한 동일한 품종보호를 받을 수 있는 권리에 대하여 같은 날에 둘 이상의 품종보호 출원이 있는 경우에는 품종보호 출원인 간에 협의하여 정한 자에게만 그 효력이 발생한다.
③ 품종보호 출원 후에 품종보호를 받을 수 있는 권리의 승계는 상속이나 그 밖의 일반승계의 경우를 제외하고는 품종보호 출원인이 명의변경신고를 하지 아니하면 그 효력이 발생하지

아니한다.
④ 품종보호를 받을 수 있는 권리의 상속이나 그 밖의 일반승계를 한 경우에는 승계인은 지체 없이 그 취지를 공동부령으로 정하는 바에 따라 농림축산식품부장관 또는 해양수산부장관에게 신고하여야 한다.
⑤ 동일인으로부터 승계한 동일한 품종보호를 받을 수 있는 권리의 승계에 관하여 같은 날에 둘 이상의 신고가 있을 때에는 신고한 자 간에 협의하여 정한 자에게만 그 효력이 발생한다.
⑥ 제2항과 제5항의 경우에는 제25조제5항을 준용한다.

제28조(공무원의 직무상 육성 등)
① 공무원이 육성한 품종이 성질상 국가나 지방자치단체의 업무범위에 속하고, 그 품종을 육성한 행위가 공무원의 현재 또는 과거의 직무에 속하는 육성(이하 "직무상 육성"이라 한다)일 경우에는 그 품종에 대한 품종보호를 받을 수 있는 해당 공무원의 권리는 국가나 지방자치단체가 승계한다. 다만, 「고등교육법」에 따른 국립학교 또는 공립학교 교직원의 직무상 육성에 해당하는 경우에는 「기술의 이전 및 사업화 촉진에 관한 법률」 제11조제1항에 따라 설치된 전담조직(이하 "전담조직"이라 한다)이 승계한다.
② 제1항에 따라 국가가 승계한 품종에 대한 품종보호를 받을 수 있는 권리의 처분과 관리의 경우에는 「국유재산법」 제8조에도 불구하고 농림축산식품부장관 또는 해양수산부장관이 관장한다.
③ 제2항에 따른 품종보호를 받을 수 있는 권리의 처분과 관리에 필요한 사항은 대통령령으로 정한다.

제29조(공무원의 직무상 육성에 대한 보상 등)
① 국가, 지방자치단체 또는 전담조직이 제28조제1항에 따라 공무원이 직무상 육성한 품종을 승계한 경우에는 정당한 보상금을 지급하여야 한다.
② 제1항에 따른 보상의 기준, 지급방법과 그 밖에 보상에 필요한 사항은 대통령령으로 정한다.

제30조(품종보호의 출원)
① 품종보호 출원인은 공동부령으로 정하는 품종보호 출원서에 다음 각 호의 사항을 적어 농림축산식품부장관 또는 해양수산부장관에게 제출하여야 한다.
  1. 품종보호 출원인의 성명과 주소(법인인 경우에는 그 명칭, 대표자 성명 및 영업소의 소재지)
  2. 품종보호 출원인의 대리인이 있는 경우에는 그 대리인의 성명·주소 또는 영업소 소재지

3. 육성자의 성명과 주소
4. 품종이 속하는 식물의 학명 및 일반명
5. 품종의 명칭
6. 제출 연월일
7. 제31조제3항의 사항(우선권을 주장할 경우에만 적는다)

② 제1항에 따른 품종보호 출원서에는 다음 각 호의 사항을 첨부하여야 한다.
1. 품종의 특성 및 품종육성 과정에 관한 설명서
2. 품종의 사진
3. 종자시료(種子試料). 이 경우 종자시료가 묘목, 영양체 또는 수산식물인 경우에는 그 제출 시기·방법 등은 공동부령으로 정한다.
4. 품종보호의 출원 수수료 납부증명서

③ 제21조제2항에 따라 품종보호를 받을 수 있는 권리가 공유인 경우에는 공유자 모두가 공동으로 품종보호 출원을 하여야 한다.

④ 제2항제1호에 따른 설명서를 적는 데 필요한 사항은 대통령령으로 정한다.

제31조(우선권의 주장)

① 대한민국 국민에게 품종보호 출원에 대한 우선권을 인정하는 국가의 국민이 그 국가에 품종보호 출원을 한 후 같은 품종을 대한민국에 품종보호 출원하여 우선권을 주장하는 경우에는 제25조를 적용할 때 그 국가에 품종보호 출원한 날을 대한민국에 품종보호 출원한 날로 본다. 대한민국 국민이 대한민국 국민에게 품종보호 출원에 대한 우선권을 인정하는 국가에 품종보호 출원을 한 후 같은 품종을 대한민국에 품종보호 출원한 경우에도 또한 같다.

② 제1항에 따라 우선권을 주장하려는 자는 최초의 품종보호 출원일 다음 날부터 1년 이내에 품종보호 출원을 하지 아니하면 우선권을 주장할 수 없다.

③ 제1항에 따라 우선권을 주장하려는 자는 품종보호 출원서에 그 취지, 최초로 품종보호 출원한 국명(國名)과 최초로 품종보호 출원한 연월일을 적어야 한다.

④ 제3항에 따라 우선권을 주장한 자는 최초로 품종보호 출원한 국가의 정부가 인정하는 품종보호 출원서 등본을 제32조제2항에 따른 품종보호 출원일부터 90일 이내에 제출하여야 한다.

⑤ 제3항에 따라 우선권을 주장한 자는 최초의 품종보호 출원일부터 3년까지 해당 출원품종에 대한 심사의 연기를 농림축산식품부장관 또는 해양수산부장관에게 요청할 수 있으며 농림축산식품부장관 또는 해양수산부장관은 정당한 사유가 없으면 그 요청에 따라야 한다. 다만, 우선권을 주장한 자가 최초의 품종보호 출원을 포기하거나 품종보호를 출원한 국가의 거절결

정(拒絶決定)이 확정된 경우에는 그 우선권을 주장한 자의 요청에 의하여 연기된 출원품종 심사일 전이라도 그 품종을 심사할 수 있다.

제32조(출원서의 접수 등)

① 농림축산식품부장관 또는 해양수산부장관은 제30조제1항에 따라 품종보호 출원된 품종(이하 "출원품종"이라 한다)에 대하여 지체 없이 그 품종보호의 출원을 접수하여야 하며, 품종보호 출원서가 제30조의 사항을 모두 충족시키고 제9조제2호의 사유로 보정된 경우에는 공동부령으로 정하는 품종보호 출원등록부에 등록하여야 한다.
② 제1항에 따른 품종보호 출원의 접수일은 품종보호 출원일로 본다.

제33조(출원의 보정)

① 품종보호 출원인은 다음 각 호의 구분에 따른 기한까지 품종보호 출원서에 최초로 기재한 내용의 요지를 변경하지 아니하는 범위에서 그 품종보호 출원서를 보정할 수 있다.
  1. 제42조에 따른 거절이유 통지가 있는 경우: 거절이유 통지에 대한 의견서 제출기간
  2. 제43조에 따른 품종보호결정이 있는 경우: 품종보호결정 등본 송달 전
  3. 제91조에 따른 거절결정에 대한 심판을 청구한 경우: 그 청구일부터 30일 이내
② 제1항에 따른 품종보호 출원서 보정의 방법 등은 공동부령으로 정한다.

제34조(출원의 요지 변경 제외)

제33조에 따른 보정이 다음 각 호의 어느 하나에 해당하는 경우에는 품종보호 출원의 요지를 변경하는 것으로 보지 아니한다.
1. 오기(誤記)를 정정하는 경우
2. 분명하지 아니하게 적힌 것을 석명(釋明)하는 경우
3. 그 밖에 대통령령으로 정하는 경우

제35조(보정의 각하)

① 출원 후에 한 보정이 품종보호 출원서의 요지를 변경하는 것일 때에는 심사관은 결정으로 그 보정을 각하(却下)하고, 지체 없이 품종보호 출원인에게 알려야 한다.
② 제1항에 따른 각하결정은 서면으로 하여야 하며 그 이유를 밝혀야 한다.
③ 제1항에 따른 각하결정에 대하여는 불복할 수 없다. 다만, 제91조에 따른 거절결정에 대한 심판에서 다투는 경우에는 그러하지 아니하다.

제3절 심사

제36조(심사관에 의한 심사)
① 농림축산식품부장관 또는 해양수산부장관은 심사관에게 제30조에 따른 품종보호 출원 및 제109조에 따른 품종명칭 등록출원을 심사하게 한다.
② 심사관의 자격에 관하여 필요한 사항은 대통령령으로 정한다.

제37조(출원공개)
① 농림축산식품부장관 또는 해양수산부장관은 제32조제1항에 따라 품종보호 출원등록부에 등록된 품종보호 출원에 대하여 지체 없이 제53조에 따른 품종보호 공보(이하 "공보"라 한다)에 게재하여 출원공개를 하여야 한다.
② 제1항에 따른 출원공개가 있은 때에는 누구든지 제16조, 제21조 또는 제22조를 위반하여 해당 품종이 품종보호를 받을 수 없다는 취지의 정보를 증거와 함께 농림축산식품부장관 또는 해양수산부장관에게 제공할 수 있다.
③ 제1항에 따른 출원공개를 할 때 공보에 게재할 사항은 공동부령으로 정한다.

제38조(임시보호의 권리)
① 품종보호 출원인은 출원공개일부터 업(業)으로서 그 출원품종을 실시할 권리를 독점한다.
② 출원공개 후 해당 품종보호 출원이 다음 각 호의 어느 하나에 해당하면 제1항에 따른 권리는 처음부터 발생하지 아니한 것으로 본다.
  1. 품종보호 출원이 포기·취하되거나 무효로 된 경우
  2. 품종보호 출원의 거절결정이 확정된 경우
③ 제1항에 따른 권리를 가진 자가 그 권리를 행사한 경우에 품종보호 출원이 제2항 각 호의 어느 하나에 해당하면 그 권리의 행사로 인하여 상대방에게 입힌 손해를 배상할 책임을 진다.
④ 제1항에 따른 권리에 관하여는 제83조부터 제89조까지의 규정을 준용한다.

제39조(임시보호의 권리행사와 소송절차의 중지)
① 법원은 제38조제1항에 따른 권리의 침해에 관한 소의 제기 또는 가압류나 가처분의 신청이 있는 경우에 필요하다고 인정하면 신청에 의하여 또는 직권으로 품종보호 출원에 관한 결정이나 심결이 확정될 때까지 결정으로 그 소송절차를 중지할 수 있다.
② 제1항에 따른 신청에 관한 결정에 대하여는 불복할 수 없다.
③ 법원은 제1항에 따른 중지의 사유가 소멸하였거나 그 밖에 사정이 변경되었을 때에는 제1항

에 따른 결정을 취소할 수 있다.

제40조(출원품종의 심사)
① 심사관은 출원품종이 제17조부터 제20조까지의 요건을 갖추고 있는지를 심사하여야 한다.
② 농림축산식품부장관 또는 해양수산부장관은 제1항에 따른 심사를 위한 조사나 시험을 연구기관, 대학 또는 그 밖에 조사나 시험을 수행하기에 적합하다고 인정되는 기관 또는 단체에게 위탁할 수 있다.
③ 제1항에 따른 심사의 방법, 기준 및 절차에 관하여 필요한 사항은 공동부령으로 정한다.

제41조(자료의 제출 등)
① 농림축산식품부장관 또는 해양수산부장관은 제40조제1항에 따른 심사를 하기 위하여 필요하면 품종보호 출원인에게 종자시료 등 자료의 제출을 명할 수 있다.
② 제1항에 따른 자료의 제출명령을 받은 품종보호 출원인은 정당한 사유가 없으면 명령에 따라야 한다.

제42조(거절결정 및 거절이유의 통지)
① 심사관은 다음 각 호의 어느 하나(이하 "거절이유"라 한다)에 해당하는 경우에는 그 품종보호 출원에 대하여 거절결정을 하여야 한다.
  1. 제4조, 제16조, 제21조, 제22조, 제25조제1항·제2항, 제27조제2항·제5항, 제28조제1항, 제30조제3항 또는 제41조제2항을 위반하여 품종보호를 받을 수 없는 경우
  2. 무권리자가 출원한 경우
  3. 조약등을 위반한 경우
② 심사관은 제1항에 따라 거절결정을 할 때에는 미리 그 품종보호 출원인에게 거절이유를 통보하고 기간을 정하여 의견서를 제출할 수 있는 기회를 주어야 한다.
③ 제1항에 따른 거절결정이 있으면 그 거절결정의 등본을 품종보호 출원인에게 송달하고 그 거절결정에 관하여 공보에 게재하여야 한다.
④ 제3항에 따른 거절결정에 관하여 공보에 게재할 사항 등은 공동부령으로 정한다.

제43조(품종보호결정)
① 심사관은 품종보호 출원에 대하여 거절이유를 발견할 수 없을 때에는 품종보호결정을 하여야 한다.
② 제1항에 따른 품종보호결정은 서면으로 하여야 하며 그 이유를 밝혀야 한다.

③ 농림축산식품부장관 또는 해양수산부장관은 제1항에 따라 품종보호결정이 있는 경우에는 그 품종보호결정의 등본을 품종보호 출원인에게 송달하고 그 품종보호결정에 관하여 공보에 게재하여야 한다.
④ 제3항에 따른 품종보호결정에 관하여 공보에 게재할 사항 등은 공동부령으로 정한다.

제44조(심사 또는 소송절차의 중지)
① 품종보호 출원의 심사에서 필요하면 심결이 확정되거나 소송절차가 완결될 때까지 그 품종보호 출원의 심사절차를 중지할 수 있다.
② 법원은 소송에서 필요하면 결정이 확정될 때까지 그 소송절차를 중지할 수 있다.

제45조(「특허법」의 준용)
품종보호 출원의 심사에 관하여는 「특허법」 제148조제1호부터 제5호까지 및 제7호를 준용한다.

제4절 품종보호료 및 품종보호 등록 등
제46조(품종보호료)
① 제54조제1항에 따라 품종보호권의 설정등록을 받으려는 자는 품종보호료를 납부하여야 한다.
② 품종보호권자는 그 품종보호권의 존속기간 중에는 농림축산식품부장관 또는 해양수산부장관에게 품종보호료를 매년 납부하여야 한다.
③ 품종보호권에 관한 이해관계인은 제1항 또는 제2항에 따라 품종보호료를 납부하여야 할 자의 의사와 관계없이 품종보호료를 납부할 수 있다.
④ 품종보호권에 관한 이해관계인은 제3항에 따라 품종보호료를 납부한 경우에는 납부하여야 할 자가 현재 이익을 받은 한도에서 그 비용의 상환을 청구할 수 있다.
⑤ 제1항 또는 제2항에 따른 품종보호료 금액과 납부방법, 납부기간 등에 관하여 필요한 사항은 공동부령으로 정한다.

제47조(납부기간이 지난 후의 품종보호료 납부)
① 품종보호권의 설정등록을 받으려는 자나 품종보호권자는 제46조제5항에 따른 품종보호료 납부기간이 지난 후에도 6개월 이내에는 품종보호료를 납부할 수 있다.
② 제1항에 따라 품종보호료를 납부할 때에는 제46조제5항에 따른 품종보호료의 2배 이내의 범위에서 공동부령으로 정한 금액을 납부하여야 한다.

③ 제1항에서 정한 기간까지 품종보호료를 납부하지 아니하면 품종보호권의 설정등록을 받으려는 자의 품종보호 출원은 포기한 것으로 보며, 품종보호권자의 품종보호권은 제46조제1항 또는 제2항에 따라 납부된 품종보호료의 해당 존속기간이 끝나는 날의 다음 날로 소급하여 소멸한 것으로 본다.

제48조(품종보호료의 보전)
① 농림축산식품부장관 또는 해양수산부장관은 품종보호권의 설정등록을 받으려는 자 또는 품종보호권자가 제46조제5항 또는 제47조제1항에 따른 기간 이내에 품종보호료의 일부를 납부하지 아니한 경우에는 품종보호료의 보전(補塡)을 명하여야 한다.
② 제1항에 따라 보전명령을 받은 자는 그 보전명령을 받은 날부터 1개월 이내에 품종보호료를 보전할 수 있다.
③ 제2항에 따라 품종보호료를 보전하는 자는 다음 각 호의 어느 하나에 해당하는 경우에 납부하지 아니한 금액의 2배 이내의 범위에서 공동부령으로 정한 금액을 납부하여야 한다.
  1. 품종보호료를 제46조제5항에 따른 납부기간이 지나 보전하는 경우
  2. 품종보호료를 제47조제1항에 따른 납부기간(이하 "추가납부기간"이라 한다)이 지나 보전하는 경우

제49조(품종보호료의 추가납부 또는 보전에 의한 품종보호 출원과 품종보호권의 회복 등)
① 품종보호권의 설정등록을 받으려는 자 또는 품종보호권자가 책임질 수 없는 사유로 추가납부기간 이내에 품종보호료를 납부하지 아니하였거나 제48조제2항에 따른 보전기간 이내에 보전하지 아니한 경우에는 그 사유가 종료한 날부터 14일 이내에 그 품종보호료를 납부하거나 보전할 수 있다. 다만, 추가납부기간의 만료일 또는 보전기간의 만료일 중 늦은 날부터 6개월이 지났을 때에는 그러하지 아니하다.
② 제1항에 따라 품종보호료를 납부하거나 보전한 자는 제47조제3항에도 불구하고 그 품종보호 출원을 포기하지 아니한 것으로 보며, 그 품종보호권은 품종보호료 납부기간이 지난 때에 소급하여 존속하고 있던 것으로 본다.
③ 추가납부기간 이내에 품종보호료를 납부하지 아니하였거나 제48조제2항에 따른 보전기간 이내에 보전하지 아니하여 실시 중인 보호품종의 품종보호권이 소멸한 경우 그 품종보호권자는 추가납부기간 또는 보전기간 만료일부터 3개월 이내에 제46조에 따른 품종보호료의 3배를 납부하고 그 소멸한 권리의 회복을 신청할 수 있다. 이 경우 그 품종보호권은 품종보호료 납부기간이 지난 때에 소급하여 존속하고 있었던 것으로 본다.
④ 제2항 또는 제3항에 따른 품종보호 출원 또는 품종보호권의 효력은 다음 각 호의 어느

하나에 해당하는 기간(이하 이 조에서 "효력제한기간"이라 한다) 중에 다른 자가 보호품종을 실시한 행위에 대하여는 그 효력이 미치지 아니한다.
  1. 추가납부기간이 지난 날부터 납부한 날까지의 기간
  2. 추가납부기간이 지난 날부터 보전한 날까지의 기간
⑤ 효력제한기간 중 국내에서 선의로 제2항 또는 제3항에 따른 품종보호 출원된 품종 또는 품종보호권에 대하여 그 품종의 실시사업을 하거나 그 사업을 준비하고 있는 자는 그 실시 또는 준비를 하고 있는 품종 또는 사업의 목적 범위에서 그 품종보호 출원된 품종보호권에 대하여 통상실시권을 가진다.
⑥ 제5항에 따라 통상실시권을 가진 자는 품종보호권자 또는 전용실시권자에게 상당한 대가를 지급하여야 한다.

제50조(품종보호료의 면제)

제46조에도 불구하고 다음 각 호의 어느 하나에 해당하는 경우에는 품종보호료를 면제한다.
1. 국가나 지방자치단체가 품종보호권의 설정등록을 받기 위하여 품종보호료를 납부하여야 하는 경우
2. 국가나 지방자치단체가 품종보호권의 존속기간 중에 품종보호료를 납부하여야 하는 경우
3. 「국민기초생활 보장법」 제5조에 따른 수급권자가 품종보호권의 설정등록을 받기 위하여 품종보호료를 납부하여야 하는 경우
4. 그 밖에 공동부령으로 정하는 경우

제51조(품종보호료의 반환)

납부된 품종보호료는 잘못 납부된 경우에만 반환한다.

제52조(품종보호 원부)

① 농림축산식품부장관 또는 해양수산부장관은 공동부령으로 정하는 품종보호 원부(原簿)를 갖추어 두고 다음 각 호의 사항을 등록한다.
  1. 품종보호권의 설정, 이전, 소멸 또는 처분의 제한
  2. 전용실시권 또는 통상실시권의 설정, 보존, 이전, 변경, 소멸 또는 처분의 제한
  3. 품종보호권·전용실시권 또는 통상실시권을 목적으로 하는 질권의 설정, 이전, 변경, 소멸 또는 처분의 제한
② 제1항에서 규정한 사항 외에 등록사항, 등록절차, 그 밖에 등록에 필요한 사항은 공동부령으로 정한다.

③ 농림축산식품부장관 또는 해양수산부장관은 제1항 및 제2항에 따른 등록업무의 수행을 위하여 다음 각 호의 어느 하나에 해당하는 자료 또는 정보를 해당 각 호의 자에게 각각 요청할 수 있다. 이 경우 요청을 받은 자는 특별한 사정이 없으면 요청에 따라야 한다.
  1. 주민등록표 등본·초본: 행정안전부장관
  2. 「가족관계의 등록 등에 관한 법률」에 따른 가족관계 등록사항에 관한 전산정보자료: 법원행정처장

제53조(품종보호 공보)
농림축산식품부장관 또는 해양수산부장관은 매월 품종보호 공보를 발행하여야 한다.

제5절 품종보호권
제54조(품종보호권의 설정등록)
① 품종보호권은 제52조제1항제1호에 따른 설정등록을 함으로써 발생한다.
② 농림축산식품부장관 또는 해양수산부장관은 다음 각 호의 어느 하나에 해당하는 경우에는 품종보호권을 설정등록하여야 한다.
  1. 제46조제1항에 따라 품종보호료를 납부한 때
  2. 제47조제1항에 따라 납부기간이 지난 후에 품종보호료를 납부한 때
  3. 제48조제2항에 따라 품종보호료를 보전한 때
  4. 제49조제1항에 따라 품종보호료를 납부하거나 보전한 때
  5. 제50조에 따라 품종보호료가 면제된 때
③ 농림축산식품부장관 또는 해양수산부장관은 제2항에 따라 품종보호권이 설정등록된 품종의 종자인 경우 농림축산식품부장관 또는 해양수산부장관이 정하여 고시하는 바에 따라 일정량의 시료를 보관·관리하여야 한다. 이 경우 종자시료가 묘목, 영양체 또는 수산식물인 경우에는 그 제출 시기·방법 등은 공동부령으로 정한다.
④ 농림축산식품부장관 또는 해양수산부장관은 제2항에 따라 품종보호권을 설정등록하였을 때에는 다음 각 호의 사항을 공보에 게재하여야 한다.
  1. 품종보호권자의 성명과 주소(법인인 경우에는 그 명칭, 대표자 성명 및 영업소 소재지)
  2. 품종보호 등록번호
  3. 설정등록 연월일
  4. 품종보호권의 존속기간
⑤ 농림축산식품부장관 또는 해양수산부장관은 제2항에 따라 품종보호권을 설정등록하였을 때에는 지체 없이 품종보호권자에게 공동부령으로 정하는 품종보호권 등록증을 발급하여야

한다.

제55조(품종보호권의 존속기간)
품종보호권의 존속기간은 품종보호권이 설정등록된 날부터 20년으로 한다. 다만, 과수와 임목의 경우에는 25년으로 한다.

제56조(품종보호권의 효력)
① 품종보호권자는 업으로서 그 보호품종을 실시할 권리를 독점한다. 다만, 그 품종보호권에 관하여 전용실시권을 설정하였을 때에는 제61조제2항에 따라 전용실시권자가 그 보호품종을 실시할 권리를 독점하는 범위에서는 그러하지 아니하다.
② 품종보호권자는 제1항에 따른 권리 외에 품종보호권자의 허락 없이 도용된 종자를 이용하여 업으로서 그 보호품종의 종자에서 수확한 수확물이나 그 수확물로부터 직접 제조된 산물에 대하여도 실시할 권리를 독점한다. 다만, 그 수확물에 관하여 정당한 권원(權原)이 없음을 알지 못하는 자가 직접 제조한 산물에 대하여는 그러하지 아니하다.
③ 제1항과 제2항에 따른 품종보호권의 효력은 다음 각 호의 어느 하나에 해당하는 품종에도 적용된다.
　1. 보호품종(기본적으로 다른 품종에서 유래된 품종이 아닌 보호품종만 해당한다)으로부터 기본적으로 유래된 품종
　2. 보호품종과 제18조에 따라 명확하게 구별되지 아니하는 품종
　3. 보호품종을 반복하여 사용하여야 종자생산이 가능한 품종
④ 제3항제1호를 적용할 때 원품종(原品種) 또는 기존의 유래품종에서 유래되고, 원품종의 유전자형 또는 유전자 조합에 의하여 나타나는 주요 특성을 가진 품종으로서 원품종과 명확하게 구별은 되나 특정한 육종방법(育種方法)으로 인한 특성만의 차이를 제외하고는 주요 특성이 원품종과 같은 품종은 유래된 품종으로 본다.

제57조(품종보호권의 효력이 미치지 아니하는 범위)
① 다음 각 호의 어느 하나에 해당하는 경우에는 제56조에 따른 품종보호권의 효력이 미치지 아니한다.
　1. 영리 외의 목적으로 자가소비(自家消費)를 하기 위한 보호품종의 실시
　2. 실험이나 연구를 하기 위한 보호품종의 실시
　3. 다른 품종을 육성하기 위한 보호품종의 실시
② 농어업인이 자가생산(自家生産)을 목적으로 자가채종(自家採種)을 할 경우 농림축산식품부장

관 또는 해양수산부장관은 해당 품종에 대한 품종보호권을 제한할 수 있다.
③ 제2항에 따른 제한의 범위, 절차, 방법 등에 관하여 필요한 사항은 대통령령으로 정한다.

제58조(품종보호권의 효력 제한)
품종보호권·전용실시권 또는 통상실시권을 가진 자에 의하여 국내에서 판매되거나 유통된 보호품종의 종자, 그 수확물 및 그 수확물로부터 직접 제조된 산물에 대하여는 다음 각 호의 어느 하나에 해당하는 행위를 제외하고는 제56조에 따른 품종보호권의 효력이 미치지 아니한다.
1. 판매되거나 유통된 보호품종의 종자, 그 수확물 및 그 수확물로부터 직접 제조된 산물을 이용하여 보호품종의 종자를 증식하는 행위
2. 증식을 목적으로 보호품종의 종자, 그 수확물 및 그 수확물로부터 직접 제조된 산물을 수출하는 행위

제59조(품종보호권의 제한 금지)
정부는 이 법에서 정한 사항 외에 품종보호권의 실시에 관하여는 어떠한 제한도 하여서는 아니 된다.

제60조(품종보호권의 이전 등)
① 품종보호권은 이전할 수 있다.
② 품종보호권이 공유인 경우 각 공유자는 다른 공유자의 동의를 받지 아니하면 다음 각 호의 행위를 할 수 없다.
   1. 공유지분을 양도하거나 공유지분을 목적으로 하는 질권의 설정
   2. 해당 품종보호권에 대한 전용실시권의 설정 또는 통상실시권의 허락
③ 품종보호권이 공유인 경우 각 공유자는 계약으로 특별히 정한 경우를 제외하고는 다른 공유자의 동의를 받지 아니하고 해당 보호품종을 자신이 실시할 수 있다.

제61조(전용실시권)
① 품종보호권자는 그 품종보호권에 대하여 타인에게 전용실시권을 설정할 수 있다.
② 제1항에 따라 전용실시권을 설정받은 전용실시권자는 그 설정행위로 정한 범위에서 업으로서 해당 보호품종을 실시할 권리를 독점한다.
③ 전용실시권자는 다음 각 호의 어느 하나에 해당하는 경우를 제외하고는 품종보호권자의 동의를 받지 아니하면 그 전용실시권을 이전할 수 없다.
   1. 실시사업과 같이 이전하는 경우

2. 상속
3. 그 밖의 일반승계
④ 전용실시권자는 품종보호권자의 동의를 받지 아니하면 그 전용실시권을 목적으로 하는 질권을 설정하거나 통상실시권을 허락할 수 없다.
⑤ 전용실시권에 관하여는 제60조제2항 및 제3항을 준용한다.

제62조(품종보호권과 전용실시권 등록의 효력)
① 다음 각 호의 사항은 제52조에 따른 품종보호 원부에 등록하지 아니하면 그 효력이 발생하지 아니한다.
   1. 품종보호권의 이전(상속이나 그 밖의 일반승계에 의한 경우는 제외한다. 이하 이 조에서 같다) 또는 포기에 의한 소멸 또는 처분의 제한
   2. 전용실시권의 설정, 이전, 변경, 소멸 또는 처분의 제한
   3. 품종보호권 또는 전용실시권을 목적으로 하는 질권의 설정, 이전, 변경, 소멸 또는 처분의 제한
② 품종보호권·전용실시권 또는 질권을 상속하거나 그 밖의 일반승계를 한 자는 그 사유가 발생한 날부터 30일 이내에 공동부령으로 정하는 바에 따라 그 취지를 농림축산식품부장관 또는 해양수산부장관에게 신고하여야 한다.

제63조(통상실시권)
① 품종보호권자는 그 품종보호권에 대하여 타인에게 통상실시권을 허락할 수 있다.
② 제1항에 따라 통상실시권을 허락받은 통상실시권자는 이 법에서 정하는 바에 따라 또는 설정행위로 정한 범위에서 업으로서 해당 보호품종을 실시할 수 있는 권리를 가진다.
③ 제67조에 따른 통상실시권은 실시사업과 같이 이전하는 경우에만 이전할 수 있다.
④ 제67조에 따른 통상실시권 외의 통상실시권은 실시사업과 같이 이전하는 경우 또는 상속, 그 밖의 일반승계의 경우를 제외하고는 품종보호권자(전용실시권에 관한 통상실시권의 경우에는 품종보호권자와 전용실시권자를 말한다)의 동의를 받지 아니하면 이전할 수 없다.
⑤ 제67조에 따른 통상실시권 외의 통상실시권은 품종보호권자(전용실시권에 관한 통상실시권의 경우에는 품종보호권자와 전용실시권자를 말한다)의 동의를 받지 아니하면 그 통상실시권을 목적으로 하는 질권을 설정할 수 없다.
⑥ 통상실시권에 관하여는 제60조제2항 및 제3항을 준용한다.

제64조(선사용에 의한 통상실시권)
품종보호 출원 시에 그 품종보호 출원된 보호품종의 내용을 알지 못하고 그 보호품종을 육성하거나 육성한 자로부터 알게 되어 국내에서 그 보호품종의 실시사업을 하거나 그 사업을 준비하고 있는 자는 그 실시 또는 준비를 하고 있는 사업의 목적 범위에서 그 품종보호 출원된 품종보호권에 대하여 통상실시권을 가진다.

제65조(무효심판청구 등록 전의 실시에 의한 통상실시권)
① 품종보호권에 대한 무효심판청구의 등록 전에 다음 각 호의 어느 하나에 해당하는 자가 해당 품종보호권이 무효사유에 해당하는 것을 알지 못하고 국내에서 그 보호품종에 대한 실시사업을 하거나 그 사업의 준비를 하고 있는 경우에는 그 실시 또는 준비를 하고 있는 그 사업의 목적 범위에서 그 품종보호권이 무효로 된 당시에 존재하는 품종보호권이나 전용실시권에 대하여 통상실시권을 가진다.
  1. 같은 품종에 대한 둘 이상의 품종보호 중 하나가 무효로 된 경우의 원품종보호권자
  2. 품종보호를 무효로 하고 같은 품종에 관하여 정당한 권리자에게 품종보호를 한 경우의 원품종보호권자
  3. 제1호나 제2호의 경우에 그 무효로 된 품종보호권에 대하여 무효심판청구의 등록 당시에 이미 전용실시권, 통상실시권 또는 그 전용실시권에 대한 통상실시권을 취득하고 등록을 받은 자. 다만, 제74조제2항에 해당하는 경우에는 등록이 필요하지 아니하다.
② 제1항에 따라 통상실시권을 취득한 자는 품종보호권자나 전용실시권자에게 상당한 대가를 지급하여야 한다.

제66조(질권 행사로 인한 품종보호권의 이전에 따른 통상실시권)
품종보호권자는 품종보호권을 목적으로 하는 질권 설정 이전에 해당 보호품종에 대한 실시사업을 하고 있는 경우에는 그 품종보호권이 경매 등에 의하여 이전되더라도 그 품종보호권에 대하여 통상실시권을 가진다. 이 경우 품종보호권자는 경매 등에 의하여 품종보호권을 이전받은 자에게 상당한 대가를 지급하여야 한다.

제67조(통상실시권 설정의 재정)
① 보호품종을 실시하려는 자는 보호품종이 다음 각 호의 어느 하나에 해당하는 경우에는 농림축산식품부장관 또는 해양수산부장관에게 통상실시권 설정에 관한 재정(裁定)(이하 "재정"이라 한다)을 청구할 수 있다. 다만, 제1호와 제2호에 따른 재정의 청구는 해당 보호품종의 품종보호권자 또는 전용실시권자와 통상실시권 허락에 관한 협의를 할 수 없거나

협의 결과 합의가 이루어지지 아니한 경우에만 할 수 있다.
1. 보호품종이 천재지변이나 그 밖의 불가항력 또는 대통령령으로 정하는 정당한 사유 없이 계속하여 3년 이상 국내에서 실시되고 있지 아니한 경우
2. 보호품종이 정당한 사유 없이 계속하여 3년 이상 국내에서 상당한 영업적 규모로 실시되지 아니하거나 적당한 정도와 조건으로 국내수요를 충족시키지 못한 경우
3. 전쟁, 천재지변 또는 재해로 인하여 긴급한 수급(需給) 조절이나 보급이 필요하여 비상업적으로 보호품종을 실시할 필요가 있는 경우
4. 사법적 절차 또는 행정적 절차에 의하여 불공정한 거래행위로 인정된 사항을 시정하기 위하여 보호품종을 실시할 필요성이 있는 경우

② 품종보호권 설정등록일부터 3년이 지나지 아니한 보호품종에 대하여는 제1항을 적용하지 아니한다.
③ 농림축산식품부장관 또는 해양수산부장관은 재정을 할 때에는 청구건별로 통상실시권 설정의 필요성을 검토하여야 한다.
④ 농림축산식품부장관 또는 해양수산부장관은 재정을 할 때에는 그 통상실시권이 국내 수요를 위한 공급을 주목적으로 실시되어야 한다는 조건을 붙여야 한다. 다만, 제1항제4호에 따른 청구에 대하여 재정을 하는 경우에는 그러하지 아니하다.
⑤ 농림축산식품부장관 또는 해양수산부장관은 제1항제4호에 따른 재정을 할 때에는 불공정한 거래행위를 시정하기 위한 재정이라는 취지를 그 대가를 결정할 때 고려할 수 있다.
⑥ 농림축산식품부장관 또는 해양수산부장관은 재정을 할 때에는 제118조에 따른 종자위원회의 심의를 거쳐야 한다.

제68조(재정청구서의 송달)
농림축산식품부장관 또는 해양수산부장관은 제67조제1항에 따른 재정의 청구를 받으면 그 청구서의 부본(副本)을 그 청구와 관련된 품종보호권자, 전용실시권자 또는 해당 품종보호권에 관하여 등록한 권리를 가진 자에게 송달하고 기간을 정하여 답변서 또는 의견서를 제출할 기회를 주어야 한다.

제69조(재정의 방식 등)
① 재정은 서면으로 하고 그 이유를 적어야 한다.
② 제1항의 재정에는 다음 각 호의 사항을 구체적으로 밝혀야 한다.
  1. 통상실시권의 범위 및 기간
  2. 대가와 그 지급방법 및 지급시기

③ 농림축산식품부장관 또는 해양수산부장관은 제2항제1호에 따른 통상실시권의 기간 연장에 관한 청구를 받은 경우에 종전의 통상실시권 설정 사유가 계속 있을 때에는 그 청구를 거절할 수 없다.

제70조(재정서 등본의 송달)
① 농림축산식품부장관 또는 해양수산부장관은 재정을 하였으면 당사자에게 재정서 등본을 송달하여야 한다.
② 제1항에 따라 당사자에게 재정서 등본이 송달되면 재정서에 밝힌 바에 따라 당사자 간에 합의가 이루어진 것으로 본다.

제71조(대가의 공탁)
제69조제2항제2호의 대가를 지급하여야 할 자는 다음 각 호의 어느 하나에 해당하는 경우에는 그 대가를 공탁(供託)하여야 한다.
1. 대가를 받을 자가 수령을 거부하거나 수령할 수 없는 경우
2. 대가에 대하여 제104조제1항에 따른 소송이 제기된 경우
3. 해당 품종보호권이나 전용실시권을 목적으로 하는 질권이 설정되어 있는 경우. 다만, 질권자의 동의를 받은 경우는 제외한다.

제72조(재정의 실효 등)
① 제69조제1항에 따라 재정을 받은 자가 같은 조 제2항제2호에 따른 지급시기까지 대가(대가를 정기적으로 또는 분할하여 지급하는 경우에는 최초의 지급분을 말한다)를 지급하지 아니하거나 공탁을 하지 아니하면 그 재정은 효력을 상실한다.
② 농림축산식품부장관 또는 해양수산부장관은 다음 각 호의 어느 하나에 해당하는 경우에는 이해관계인의 신청에 의하여 또는 직권으로 재정을 취소할 수 있다.
  1. 재정을 받은 자가 그 통상실시권을 실시하지 아니한 경우
  2. 통상실시권 설정을 재정한 사유가 없어지고 다시 발생할 우려가 없는 경우
  3. 재정을 받은 자가 그 대가를 정기적으로 또는 분할하여 지급할 때 최초 지급분 후의 지급분을 지급하지 아니하거나 공탁하지 아니한 경우
③ 제2항에 따른 취소에 관하여는 제67조제6항, 제68조, 제69조제1항 및 제70조제1항을 준용한다.
④ 제2항에 따라 재정이 취소되었을 때에는 통상실시권은 그 때부터 소멸한다.

제73조(재정에 대한 불복이유의 제한)
재정에 대하여 「행정심판법」 제3조제1항에 따라 행정심판을 청구하거나 「행정소송법」에 따라 취소소송을 제기하는 경우에는 그 재정으로 정한 대가를 불복이유로 할 수 없다.

제74조(통상실시권 등록의 효력)
① 통상실시권을 등록하였을 때에는 그 등록 후에 품종보호권이나 전용실시권을 취득한 자에 대하여도 그 효력이 발생한다.
② 제49조제5항, 제64조부터 제66조까지 및 제102조에 따른 통상실시권은 등록하지 아니하더라도 제1항에 따른 효력이 발생한다.
③ 통상실시권의 이전·변경·소멸 또는 처분의 제한, 통상실시권을 목적으로 하는 질권의 설정·이전·변경·소멸 또는 처분의 제한은 등록하지 아니하면 제3자에게 대항할 수 없다.

제75조(품종보호권 등의 포기 제한)
① 품종보호권자는 전용실시권자, 질권자 또는 제61조제4항 또는 제63조제1항에 따른 통상실시권자의 동의를 받지 아니하면 품종보호권을 포기할 수 없다.
② 전용실시권자는 질권자 또는 제61조제4항에 따른 통상실시권자의 동의를 받지 아니하면 전용실시권을 포기할 수 없다.
③ 통상실시권자는 질권자의 동의를 받지 아니하면 통상실시권을 포기할 수 없다.

제76조(포기의 효력)
품종보호권·전용실시권 또는 통상실시권을 포기하였을 때에는 품종보호권·전용실시권 또는 통상실시권은 그 때부터 소멸한다.

제77조(질권)
품종보호권·전용실시권 또는 통상실시권을 목적으로 하는 질권을 설정하였을 때에는 질권자는 계약으로 특별히 정한 경우를 제외하고는 해당 보호품종을 실시할 수 없다.

제78조(질권의 물상대위)
질권은 보호품종의 실시에 대하여 받을 대가나 물건에 대하여도 행사할 수 있다. 이 경우 그 지급 또는 인도 전에 압류를 하여야 한다.

제79조(품종보호권의 취소)
① 농림축산식품부장관 또는 해양수산부장관은 다음 각 호의 어느 하나에 해당하는 경우에는 품종보호권을 취소할 수 있다. 다만, 제2호의 경우에는 그 품종보호권을 취소하여야 한다.
   1. 제19조 또는 제20조의 요건을 충족할 수 없는 경우
   2. 제82조에 따른 보호품종의 유지 의무를 이행하지 아니하는 경우
   3. 제117조제1항에 따라 등록된 품종명칭을 취소한 경우
② 제1항에 따라 품종보호권이 취소되었을 때에는 그 품종보호권은 그 때부터 소멸한다.
③ 제1항에 따른 취소에 관하여는 제42조제2항부터 제4항까지의 규정을 준용한다. 이 경우 "거절결정"은 "취소"로 본다.

제80조(상속인이 없는 경우 품종보호권의 소멸)
상속이 개시된 경우에 상속인이 없으면 품종보호권은 소멸한다.

제81조(품종보호권의 실시 보고)
농림축산식품부장관 또는 해양수산부장관은 품종보호권자·전용실시권자 또는 통상실시권자로 하여금 보호품종의 실시 여부, 그 규모 등에 관하여 보고하게 할 수 있다.

제82조(보호품종 유지 의무)
① 품종보호권자는 해당 품종보호권의 존속기간 동안 품종보호권 설정등록 당시의 그 보호품종의 본질적 특성이 유지될 수 있도록 하여야 한다.
② 농림축산식품부장관 또는 해양수산부장관은 품종보호권자에게 제1항에 따른 보호품종의 본질적인 특성이 유지되는지를 시험·확인하는 데 필요한 종자시료 등 자료의 제출을 명할 수 있다. 이 경우 제출명령을 받은 품종보호권자는 정당한 사유가 없으면 그 명령에 따라야 한다.

제6절 품종보호권자의 보호
제83조(권리 침해에 대한 금지청구권 등)
① 품종보호권자나 전용실시권자는 자기의 권리를 침해하였거나 침해할 우려가 있는 자에 대하여 그 침해의 금지 또는 예방을 청구할 수 있다.
② 품종보호권자나 전용실시권자가 제1항에 따른 청구를 할 때에는 침해행위를 조성한 물건의 폐기, 침해행위에 제공된 설비의 제거, 그 밖에 침해 예방에 필요한 행위를 청구할 수 있다.

제84조(침해로 보는 행위)
다음 각 호의 어느 하나에 해당하는 행위는 품종보호권이나 전용실시권을 침해한 것으로 본다.
1. 품종보호권자나 전용실시권자의 허락 없이 타인의 보호품종을 업으로서 실시하는 행위
2. 타인의 보호품종의 품종명칭과 같거나 유사한 품종명칭을 해당 보호품종이 속하는 식물의 속(屬) 또는 종의 품종에 사용하는 행위

제85조(손해배상청구권)
① 품종보호권자나 전용실시권자는 고의나 과실에 의하여 자기의 권리를 침해한 자에게 손해배상을 청구할 수 있다.
② 제1항에 따른 손해배상의 청구에 관하여는 「특허법」 제128조 및 제132조를 준용한다.

제86조(과실의 추정)
타인의 품종보호권이나 전용실시권을 침해한 자는 그 침해행위에 대하여 과실이 있는 것으로 추정한다.

제87조(품종보호권자 등의 신용회복)
법원은 고의나 과실에 의하여 타인의 품종보호권이나 전용실시권을 침해함으로써 품종보호권자나 전용실시권자의 업무상 신용을 떨어뜨린 자에게는 품종보호권자나 전용실시권자의 청구에 의하여 손해배상을 갈음하거나 손해배상과 함께 품종보호권자나 전용실시권자의 업무상 신용회복을 위하여 필요한 조치를 명할 수 있다.

제88조(보호품종의 표시)
품종보호권자·전용실시권자 또는 통상실시권자는 해당 품종이 보호품종임을 표시할 수 있다.

제89조(거짓표시의 금지)
누구든지 다음 각 호의 어느 하나에 해당하는 행위를 하여서는 아니 된다.
1. 품종보호를 받지 아니하거나 품종보호 출원 중이 아닌 품종의 종자의 용기나 포장에 품종보호를 받았다는 표시 또는 품종보호 출원 중이라는 표시를 하거나 이와 혼동되기 쉬운 표시를 하는 행위
2. 품종보호를 받지 아니하거나 품종보호 출원 중이 아닌 품종을 보호품종 또는 품종보호 출원 중인 품종인 것처럼 영업용 광고, 표지판, 거래서류 등에 표시하는 행위

제7절 심판

제90조(품종보호심판위원회)

① 품종보호에 관한 심판과 재심을 관장하기 위하여 농림축산식품부에 품종보호심판위원회(이하 "심판위원회"라 한다)를 둔다.
② 심판위원회는 위원장 1명을 포함한 8명 이내의 품종보호심판위원(이하 "심판위원"이라 한다)으로 구성하되, 위원장이 아닌 심판위원 중 1명은 상임(常任)으로 한다.
③ 제2항에서 규정한 사항 외에 심판위원회의 구성·운영 등에 필요한 사항은 대통령령으로 정한다.

제91조(거절결정 또는 취소결정에 대한 심판)

제42조제1항에 따른 거절결정 또는 제79조에 따른 취소결정을 받은 자가 이에 불복하는 경우에는 그 등본을 송달받은 날부터 30일 이내에 심판을 청구할 수 있다.

제92조(품종보호의 무효심판)

① 품종보호에 관한 이해관계인이나 심사관은 품종보호가 다음 각 호의 어느 하나에 해당하는 경우에는 무효심판을 청구할 수 있다.
  1. 제16조, 제21조, 제22조, 제25조제1항 및 제2항, 제28조제1항 또는 제30조제3항을 위반한 경우. 다만, 제16조제3호 또는 제4호에 따른 균일성 또는 안정성을 위반하였다는 사유로 무효심판을 청구하려는 경우에는 출원인이 제출한 서류에 의하여 균일성 또는 안정성을 심사한 경우에만 청구할 수 있다.
  2. 무권리자에 대하여 품종보호를 한 경우
  3. 조약등을 위반한 경우
  4. 품종보호된 후 그 품종보호권자가 제22조에 따라 품종보호권을 가질 수 없는 자가 되거나 그 품종보호가 조약등을 위반한 경우
② 제1항에 따른 심판은 청구의 이익이 있으면 언제든지 청구할 수 있다.
③ 품종보호권을 무효로 한다는 심결이 확정되면 그 품종보호권은 처음부터 없었던 것으로 본다. 다만, 제1항제4호의 사유로 품종보호를 무효로 한다는 심결이 확정되면 품종보호권은 그 품종보호가 같은 호에 해당하게 된 때부터 없었던 것으로 본다.
④ 심판장은 제1항의 심판청구를 받았을 때에는 그 취지를 해당 품종의 품종보호권자·전용실시권자, 그 밖에 품종보호에 관하여 등록한 권리를 가진 자에게 알려야 한다.

제93조(심판청구방식)
① 심판을 청구하려는 자는 공동부령으로 정하는 심판청구서에 다음 각 호의 사항을 적어 심판위원회 위원장에게 제출하여야 한다.
　1. 당사자 및 대리인의 성명과 주소(법인인 경우에는 그 명칭, 대표자 성명 및 영업소 소재지)
　2. 품종명칭
　3. 품종보호 출원일 및 품종보호 출원번호
　4. 심사관의 거절결정일, 품종보호결정일 또는 취소결정일
　5. 청구의 취지 및 그 이유
② 제1항에 따라 제출된 심판청구서를 보정할 경우 그 요지는 변경할 수 없다. 다만, 제1항제5호의 청구의 이유에 대하여는 그러하지 아니하다.

제94조(심판위원)
① 심판위원회 위원장은 제93조제1항에 따른 심판청구를 받았을 때에는 심판위원에게 심판하게 한다.
② 심판위원은 직무상 독립하여 심판한다.
③ 심판위원의 자격은 대통령령으로 정한다.

제95조(심판위원의 지정 등)
① 심판위원회 위원장은 각 심판사건에 대하여 제96조에 따른 합의체를 구성할 심판위원을 지정하여야 한다.
② 심판위원회 위원장은 제1항에 따라 지정된 심판위원 중에서 1명을 심판장으로 지정하여야 하고, 심판장은 그 심판사건에 관한 사무를 총괄한다.
③ 심판위원은 다음 각 호의 어느 하나에 해당하는 경우에는 심판사건의 심의·의결에서 제척(除斥)된다.
　1. 심판위원 또는 그 배우자나 배우자였던 사람이 심판사건의 당사자가 되거나 심판사건에 관하여 공동의 권리자 또는 의무자의 관계에 있는 경우
　2. 심판위원이 심판사건의 당사자와 친족이거나 친족이었던 경우
　3. 심판위원이 심판사건에 관하여 증언, 감정, 법률자문을 한 경우
　4. 심판위원이 심판사건에 관하여 당사자의 대리인으로서 관여하거나 관여하였던 경우
　5. 심판위원이 심판사건에 관하여 당사자의 법정대리인으로서 관여하거나 관여하였던 경우
　6. 심판위원이 심판사건에 관하여 직접 이해관계를 가진 경우
④ 당사자는 심판위원에게 공정한 심의·의결을 기대하기 어려운 사정이 있으면 심판위원회에

기피신청을 할 수 있으며, 심판위원회는 기피신청이 타당하다고 인정할 때에는 기피의 결정을 한다.
⑤ 심판위원이 제3항 또는 제4항의 사유에 해당하는 경우에는 심판위원회 위원장의 허가를 받아 회피할 수 있다.

제96조(심판의 합의체)
① 심판은 3명의 심판위원으로 구성되는 합의체에서 한다.
② 제1항에 따른 합의체의 합의는 과반수에 의하여 결정한다.
③ 심판의 합의는 공개하지 아니한다.

제97조(거절결정에 대한 심판에서의 심사규정 준용)
제91조에 따른 거절결정에 대한 심판에 관하여는 제33조, 제35조, 제42조제2항 및 제43조를 준용한다.

제98조(「특허법」의 준용)
① 제91조와 제92조에 따른 심판에 관하여는 「특허법」 제139조, 제141조, 제142조, 제147조, 제149조, 제151조, 제152조제2항부터 제4항까지, 제153조, 제154조제1항, 제3항부터 제7항까지, 제155조부터 제160조까지, 제161조제1항·제3항, 제162조부터 제166조까지, 제171조, 제172조, 제176조 및 「민사소송법」 제143조, 제259조, 제299조 및 제367조를 준용한다.
② 제1항의 경우 「특허법」 제139조제1항 중 "제133조제1항, 제134조제1항·제2항 또는 제137조제1항의 무효심판이나 제135조제1항·제2항의 권리범위확인심판"은 "제92조제1항의 무효심판"으로 본다.
③ 제1항의 경우 「특허법」 제141조제1항제1호 중 "제140조제1항 및 제3항부터 제5항까지 또는 제140조의2제1항"은 "제93조제1항"으로, 같은 항 제2호나목의 "제82조"는 "제125조"로 본다.
④ 제1항의 경우 「특허법」 제165조제1항 중 "제133조제1항, 제134조제1항·제2항, 제135조 및 제137조제1항"은 "제92조제1항"으로, 같은 조 제3항 중 "제132조의17·제136조 또는 제138조"는 "제91조"로, 같은 조 제7항 중 "변리사"는 "자"로 본다.
⑤ 제1항의 경우 「특허법」 제171조 중 "특허거절결정 또는 특허권의 존속기간의 연장등록거절결정에 대한 심판"은 "제91조에 따른 거절결정에 대한 심판"으로 본다.
⑥ 제1항의 경우 「특허법」 제176조제1항 중 "제132조의17"은 "제91조"로 본다.

제8절 재심 및 소송

제99조(재심의 청구)
① 당사자는 확정된 심결에 대하여 재심을 청구할 수 있다.
② 제1항의 재심청구에 관하여는 「민사소송법」 제451조 및 제453조를 준용한다.

제100조(사해심결에 대한 불복청구)
① 심판의 당사자가 공모하여 속임수로써 제3자의 권리나 이익을 침해할 목적으로 심결을 하게 하였을 때에는 제3자는 그 확정된 심결[이하 "사해심결"(詐害審決)이라 한다]에 대하여 재심을 청구할 수 있다.
② 제1항에 따른 재심청구의 경우에는 심판의 당사자를 공동 피청구인으로 한다.

제101조(재심에 의하여 회복된 품종보호권의 효력 제한)
다음 각 호의 어느 하나에 해당하는 경우 품종보호권의 효력은 해당 심결이 확정된 후 재심청구의 등록 전에 선의로 실시한 행위에는 미치지 아니한다.
1. 품종보호권이 무효로 된 후 재심에 의하여 그 효력이 회복된 경우
2. 거절결정에 대한 심판청구를 받아들이지 아니한다는 심결이 있었던 품종보호 출원이 재심에 의하여 품종보호권의 설정등록이 된 경우

제102조(재심에 의하여 회복된 품종보호권에 대한 선사용자의 통상실시권)
제101조 각 호의 어느 하나에 해당하는 경우에 해당 심결이 확정된 후 재심청구의 등록 전에 선의로 국내에서 그 보호품종의 실시사업을 하고 있는 자 또는 그 사업을 준비하고 있는 자는 그 실시 또는 준비를 하고 있는 사업의 목적 범위에서 그 품종보호권에 대하여 통상실시권을 가진다.

제103조(심결 등에 대한 소)
① 심결에 대한 소와 심판청구서 또는 재심청구서의 보정각하결정에 대한 소는 특허법원의 전속관할로 한다.
② 제1항에 따른 소는 당사자, 참가인 또는 해당 심판이나 재심에 참가신청을 하였으나 신청이 거부된 자만 제기할 수 있다.
③ 제1항에 따른 소는 심결이나 결정의 등본을 송달받은 날부터 30일 이내에 제기하여야 한다.
④ 제3항의 기간은 불변기간으로 한다.
⑤ 심판을 청구할 수 있는 사항에 관한 소는 심결에 대한 것이 아니면 제기할 수 없다.

⑥ 제98조에 따라 준용되는 「특허법」 제165조에 따른 심판비용의 심결이나 결정에 대하여는 독립하여 제1항에 따른 소를 제기할 수 없다.
⑦ 특허법원의 판결에 대하여는 대법원에 상고할 수 있다.

제104조(대가에 대한 불복의 소)
① 제69조제2항제2호의 대가에 대하여 결정을 받은 자가 그 대가에 대하여 불복할 때에는 법원에 소를 제기할 수 있다.
② 제1항에 따른 소송은 재정서 등본을 송달받은 날부터 30일 이내에 제기하여야 한다.
③ 제1항에 따른 소송에서는 품종보호권자·전용실시권자 또는 통상실시권자를 피고로 하여야 한다.

제105조(「특허법」 등의 준용)
① 품종보호에 관한 재심의 절차 및 재심의 청구에 관하여는 「특허법」 제180조·제184조 및 「민사소송법」 제459조제1항을 준용한다.
② 품종보호에 관한 소송에 관하여는 「특허법」 제187조, 제188조 및 제189조를 준용한다.
③ 제2항의 경우 「특허법」 제187조 본문 중 "특허청장"은 "농림축산식품부장관 또는 해양수산부장관"으로, 같은 조 단서 중 "제133조제1항, 제134조제1항·제2항, 제135조제1항·제2항, 제137조제1항 또는 제138조제1항·제3항"은 "제92조제1항"으로, 같은 법 제189조제1항 중 "제186조제1항"은 "제103조제1항"으로 본다.

제3장 품종의 명칭

제106조(품종명칭)
① 제30조제1항에 따라 품종보호를 받기 위하여 출원하는 품종은 1개의 고유한 품종명칭을 가져야 한다.
② 대한민국이나 외국에 품종명칭이 등록되어 있거나 품종명칭 등록출원이 되어 있는 경우에는 그 품종명칭을 사용하여야 한다.

제107조(품종명칭 등록의 요건)
다음 각 호의 어느 하나에 해당하는 품종명칭은 제109조제8항에 따른 품종명칭의 등록을 받을 수 없다.
1. 숫자로만 표시하거나 기호를 포함하는 품종명칭

2. 해당 품종 또는 해당 품종 수확물의 품질·수확량·생산시기·생산방법·사용방법 또는 사용시기로만 표시한 품종명칭
3. 해당 품종이 속한 식물의 속 또는 종의 다른 품종의 품종명칭과 같거나 유사하여 오인하거나 혼동할 염려가 있는 품종명칭
4. 해당 품종이 사실과 달리 다른 품종에서 파생되었거나 다른 품종과 관련이 있는 것으로 오인하거나 혼동할 염려가 있는 품종명칭
5. 식물의 명칭, 속 또는 종의 명칭을 사용하였거나 식물의 명칭, 속 또는 종의 명칭으로 오인하거나 혼동할 염려가 있는 품종명칭
6. 국가, 인종, 민족, 성별, 장애인, 공공단체, 종교 또는 고인과의 관계를 거짓으로 표시하거나, 비방하거나 모욕할 염려가 있는 품종명칭
7. 저명한 타인의 성명, 명칭 또는 이들의 약칭을 포함하는 품종명칭. 다만, 그 타인의 승낙을 받은 경우는 제외한다.
8. 해당 품종의 원산지를 오인하거나 혼동할 염려가 있는 품종명칭 또는 지리적 표시를 포함하는 품종명칭
9. 품종명칭의 등록출원일보다 먼저 「상표법」에 따른 등록출원 중에 있거나 등록된 상표와 같거나 유사하여 오인하거나 혼동할 염려가 있는 품종명칭
10. 품종명칭 자체 또는 그 의미 등이 일반인의 통상적인 도덕관념이나 선량한 풍속 또는 공공의 질서를 해칠 우려가 있는 품종명칭

제108조(품종명칭의 선출원)

① 같은 품종명칭에 대하여 다른 날에 둘 이상의 품종명칭 등록출원이 있을 때에는 먼저 품종명칭 등록을 출원한 자만이 그 품종명칭에 대하여 품종명칭 등록을 받을 수 있다.
② 제1항에 따른 품종명칭 등록에 관하여는 제25조제2항 및 제5항을 준용한다. 이 경우 "품종"은 "품종명칭"으로, "품종보호"는 "품종명칭등록"으로 본다.

제109조(품종명칭의 등록절차 등)

① 품종명칭 등록을 받으려는 자(이하 "품종명칭 등록출원인"이라 한다)는 공동부령으로 정하는 서류 등을 갖추어 농림축산식품부장관 또는 해양수산부장관에게 품종명칭 등록출원을 하여야 한다.
② 제106조제1항의 경우에 해당 품종보호 출원서를 농림축산식품부장관 또는 해양수산부장관에게 제출하였을 때에는 품종명칭 등록출원을 한 것으로 본다.
③ 심사관은 제1항에 따라 출원된 품종명칭에 대하여 제107조에 따른 품종명칭 등록요건을

갖추었는지를 심사하여야 한다.
④ 심사관은 출원된 품종명칭이 다음 각 호의 어느 하나에 해당하는 경우에는 그 품종명칭 등록출원에 대하여 거절결정을 하여야 한다.
  1. 제42조제1항에 따라 해당 품종보호 출원에 대한 거절결정이 있는 경우
  2. 제106조를 위반한 경우
  3. 제107조 각 호의 어느 하나에 해당하는 경우
  4. 제108조에 따라 품종명칭의 등록을 받을 수 없는 경우
⑤ 심사관은 제4항제2호부터 제4호까지의 규정에 따라 품종명칭 등록출원을 거절하려 할 경우에는 해당 품종명칭 등록출원인에게 그 이유를 통보하여 그 품종명칭 등록출원인이 통보일부터 30일 이내에 새로운 품종명칭을 제출하게 하여야 한다.
⑥ 심사관은 제1항에 따른 품종명칭 등록출원에 대하여 제4항 각 호의 어느 하나에 해당하는 이유를 발견할 수 없을 때에는 그 품종명칭 등록출원을 공보에 게재하여 공고하여야 한다.
⑦ 제6항에 따른 품종명칭 등록출원 공고가 있으면 누구든지 공고일부터 30일 이내에 농림축산식품부장관 또는 해양수산부장관에게 품종명칭등록 이의신청(이하 "품종명칭등록 이의신청"이라 한다)을 할 수 있다.
⑧ 농림축산식품부장관 또는 해양수산부장관은 제6항에 따른 품종명칭 등록출원 공고 및 품종명칭등록 이의신청 절차가 끝난 후 품종명칭 등록출원에 대하여 제4항 각 호의 어느 하나에 해당하는 이유를 발견할 수 없을 때에는 해당 품종명칭을 지체 없이 품종명칭 등록원부에 등록하고 품종명칭 등록출원인에게 알려야 한다.

제110조(품종명칭등록 이의신청)
품종명칭등록 이의신청을 할 때에는 그 이유를 적은 품종명칭등록 이의신청서에 필요한 증거를 첨부하여 농림축산식품부장관 또는 해양수산부장관에게 제출하여야 한다.

제111조(품종명칭등록 이의신청 이유 등의 보정)
품종명칭등록 이의신청을 한 자(이하 "품종명칭등록 이의신청인"이라 한다)는 품종명칭등록 이의신청기간이 지난 후 30일 이내에 품종명칭등록 이의신청서에 적은 이유 또는 증거를 보정할 수 있다.

제112조(품종명칭등록 이의신청에 대한 결정)
① 심사관은 품종명칭등록 이의신청이 있을 때에는 품종명칭등록 이의신청서 부본을 품종명칭 등록출원인에게 송달하고 기간을 정하여 답변서를 제출할 수 있는 기회를 주어야 한다.

② 심사관은 제1항에 따른 기간이 지난 후에 품종명칭등록 이의신청에 대하여 결정하여야 한다.
③ 품종명칭등록 이의신청에 대한 결정은 서면으로 하여야 하며 그 이유를 밝혀야 한다.
④ 농림축산식품부장관 또는 해양수산부장관은 제2항에 따른 결정이 있는 때에는 그 결정의 등본을 품종명칭 등록출원인 및 품종명칭등록 이의신청인에게 송달하여야 한다.
⑤ 품종명칭등록 이의신청에 대한 결정이 있는 때에는 같은 이유로 다시 이의신청을 할 수 없다.

제113조(품종명칭 등록출원 공고 후의 직권에 의한 거절결정)
① 심사관은 품종명칭 등록출원 공고 후 제109조제4항 각 호의 어느 하나에 해당하는 이유를 발견한 경우에는 직권으로 거절결정을 할 수 있다.
② 제1항에 따라 거절결정을 하는 경우에는 품종명칭등록 이의신청이 있더라도 그 품종명칭등록 이의신청에 대하여는 결정하지 아니한다.
③ 농림축산식품부장관 또는 해양수산부장관은 제1항에 따라 거절결정을 한 경우로서 품종명칭등록 이의신청이 있을 때에는 품종명칭등록 이의신청인에게 거절결정 등본을 송달하여야 한다.
④ 제1항에 따른 거절결정에 관하여는 제42조제2항부터 제4항까지의 규정을 준용한다. 이 경우 "품종보호"는 "품종명칭등록"으로 본다.

제114조(품종명칭등록 이의신청의 경합)
① 심사관은 둘 이상의 품종명칭등록 이의신청에 대하여 그 심사 또는 결정을 병합하거나 분리할 수 있다.
② 심사관은 둘 이상의 품종명칭등록 이의신청이 있는 경우에 그 중 어느 하나의 품종명칭등록 이의신청에 대하여 심사한 결과 그 품종명칭등록 이의신청이 이유가 있다고 인정하면 다른 품종명칭등록 이의신청에 대하여는 결정하지 아니할 수 있다.
③ 제2항에 따라 품종명칭등록 이의신청이 이유가 있다고 인정되어 거절결정이 있는 경우 농림축산식품부장관 또는 해양수산부장관은 결정을 하지 아니한 품종명칭등록 이의신청을 한 품종명칭등록 이의신청인에게도 그 거절결정 등본을 송달하여야 한다.

제115조(품종명칭등록 거절결정에 대한 이의신청)
품종명칭등록 거절결정에 대한 이의신청에 관하여는 제110조부터 제114조까지의 규정을 준용한다.

제116조(품종명칭의 사용 등)
① 누구든지 제109조제8항에 따라 등록된 타인의 품종(제54조제2항에 따라 설정등록된 보호품종은 제외한다)의 품종명칭을 도용하여 종자를 판매·보급·수출하거나 수입할 수 없다.
② 누구든지 제109조제8항에 따른 품종명칭 등록원부에 등록되지 아니한 품종명칭을 사용하여 종자를 판매하거나 보급할 수 없다.
③ 품종명칭 등록출원인 또는 그 품종의 승계인은 제109조제8항에 따라 등록된 품종명칭을 사용하는 경우에는 상표명칭을 함께 표시할 수 있다. 이 경우 그 품종명칭은 쉽게 알아볼 수 있도록 표시되어야 한다.

제117조(품종명칭의 취소)
① 농림축산식품부장관 또는 해양수산부장관은 다음 각 호의 어느 하나에 해당하는 경우에는 제109조제8항에 따라 등록된 품종명칭을 취소하여야 한다.
  1. 제109조제4항제2호부터 제4호까지의 어느 하나에 해당하는 이유가 발견된 경우
  2. 품종명칭의 사용을 금지하는 판결이 있는 경우
  3. 그 밖에 대통령령으로 정하는 경우
② 농림축산식품부장관 또는 해양수산부장관은 제1항에 따라 품종명칭을 취소하려는 경우에는 등록된 해당 품종명칭의 출원인에게 취소사유를 통보하고 그 통보일부터 30일 이내에 새로운 품종명칭을 제출하게 하여야 한다.
③ 제2항에 따라 제출된 새로운 품종명칭에 관하여는 제109조제3항부터 제8항까지 및 제110조부터 제114조까지의 규정을 준용한다.

제4장 보칙

제118조(종자위원회)
① 다음 각 호의 사항을 수행하기 위하여 농림축산식품부 또는 해양수산부에 농림종자위원회 또는 수산종자위원회(이하 "종자위원회"라 한다)를 둔다.
  1. 품종보호권의 보호에 관한 농림축산식품부장관 또는 해양수산부장관의 자문에 대한 조언
  2. 제67조에 따른 통상실시권 설정에 관한 재정의 심의
  3. 품종보호권 침해분쟁의 조정
② 종자위원회는 위원장 1명과 제90조제2항에 따른 심판위원회 상임심판위원 1명을 포함한 10명 이상 15명 이하의 위원(이하 "종자위원"이라 한다)으로 구성한다.
③ 종자위원은 다음 각 호의 어느 하나에 해당하는 사람 중에서 농림축산식품부장관 또는

해양수산부장관이 임명하거나 위촉하며, 위원장은 농림축산식품부장관 또는 해양수산부장관이 종자위원 중에서 임명하거나 위촉한다.
1. 3급 이상 공무원(고위공무원단에 속하는 일반직공무원을 포함한다)의 직위에 있거나 있었던 사람으로서 종자 관련 업무에 경험이 있는 사람
2. 「고등교육법」에 따른 대학의 부교수 이상으로 재직하고 있거나 재직하였던 사람으로서 종자 관련 분야를 전공한 사람
3. 변호사 또는 변리사 자격이 있는 사람
4. 농업단체·임업단체 또는 수산업단체의 임원으로 재직하고 있거나 재직하였던 사람
5. 종자산업과 관련된 협회의 임원으로 재직하고 있거나 재직하였던 사람
6. 시민단체(「비영리민간단체지원법」 제2조에 따른 비영리민간단체를 말한다)에서 추천한 사람

④ 종자위원의 임기는 2년으로 하며, 두 차례만 연임할 수 있다.
⑤ 종자위원회의 구성·운영 등에 필요한 사항은 대통령령으로 정한다.

제119조(분쟁의 조정)

① 품종보호권 침해분쟁의 조정을 원하는 자는 종자위원회에 조정을 신청할 수 있다.
② 제1항에 따라 조정을 신청하려는 자는 공동부령으로 정하는 조정신청서를 종자위원회에 제출하여야 한다.
③ 제2항에 따른 조정신청서를 받은 종자위원회의 위원장은 필요하다고 인정하는 경우 제4항의 조정부에 회부하고, 그 조정신청서의 사본을 분쟁 상대방에게 송부하여야 한다.
④ 제1항에 따른 조정신청을 받은 종자위원회는 3명의 위원으로 조정부를 구성할 수 있으며 조정신청을 받은 날부터 1년 이내에 조정을 하여야 한다. 다만, 재배시험이 필요한 경우 등 정당한 사유가 있는 경우에는 공동부령으로 정하는 바에 따라 조정기간을 연장할 수 있다.
⑤ 조정부의 구성·운영 등에 필요한 사항은 대통령령으로 정한다.
⑥ 제1항에 따라 품종보호권 침해분쟁의 조정을 신청한 자에게는 조사에 필요한 비용을 부담하게 할 수 있다. 다만, 조정이 성립된 경우로서 특약이 없을 때에는 당사자에게 똑같이 부담하게 할 수 있다.
⑦ 제6항에 따른 부담비용의 산정 및 납부방법, 납부기간 등은 공동부령으로 정한다.

제120조(위원의 제척 등)

① 종자위원이 다음 각 호의 어느 하나에 해당하는 경우에는 해당 조정에서 제척된다.

1. 다음 각 목의 사람이 해당 분쟁의 당사자가 되거나 당사자와 공동 권리자 또는 의무자의 관계에 있는 경우
     가. 종자위원
     나. 종자위원의 배우자 또는 배우자였던 사람
  2. 종자위원이 해당 분쟁의 당사자와 친족이거나 친족이었던 경우
  3. 종자위원이 해당 분쟁에 관하여 증언이나 감정을 한 경우
  4. 종자위원이 해당 분쟁에 관하여 당사자의 대리인으로서 관여하고 있거나 관여하였던 경우

② 종자위원에게 공정한 직무집행을 기대하기 어려운 사정이 있는 경우에 당사자는 종자위원회에 기피신청을 할 수 있으며, 종자위원회는 기피신청이 타당하다고 인정할 때에는 기피의 결정을 한다.

③ 종자위원은 제1항 또는 제2항의 사유에 해당할 때에는 종자위원회 위원장의 허가를 받아 회피할 수 있다.

제121조(자료 요청 등)

① 종자위원회는 분쟁의 조정을 위하여 필요하다고 인정하면 농림축산식품부장관, 해양수산부장관 또는 그 소속 기관의 장에게 자료나 의견의 제출, 재배시험, 유전자 검사 등 필요한 협조를 요청할 수 있다.

② 제1항에 따른 협조를 요청받은 기관의 장은 정당한 사유가 없으면 협조하여야 한다

제122조(출석의 요구)

① 종자위원회는 필요한 경우 당사자나 그 대리인 또는 이해관계인에게 출석을 요구하거나 관계 서류의 제출을 요구할 수 있다.

② 제1항에 따라 당사자나 그 대리인 또는 이해관계인의 출석을 요구하거나 필요한 관계 서류를 요구하는 경우에는 회의 개최일 7일 전까지 서면으로 하여야 한다.

③ 제2항의 서면에는 정당한 사유 없이 이에 따르지 아니하는 경우 의견진술을 포기한 것으로 본다는 뜻이 포함되어야 한다.

④ 당사자가 정당한 사유 없이 제1항에 따른 출석 요구 또는 관계 서류의 제출 요구를 따르지 아니하면 조정이 성립되지 아니한 것으로 본다.

제123조(직권조정결정)

① 종자위원회는 당사자 간에 합의가 이루어지지 아니한 경우 또는 신청인의 주장이 이유

있다고 판단되는 경우에는 당사자들의 이익과 그 밖의 모든 사정을 고려하여 신청 취지에 반하지 아니하는 한도에서 직권으로 조정을 갈음하는 결정(이하 "직권조정결정"이라 한다)을 할 수 있다.

② 직권조정결정에는 다음 각 호의 사항을 포함할 수 있다.
  1. 침해행위의 중지
  2. 손해배상이나 그 밖에 필요한 구제조치
  3. 같거나 유사한 침해행위의 재발을 방지하기 위하여 필요한 조치

③ 직권조정결정에는 주문(主文)과 이유를 적고 이에 관여한 조정위원 모두가 서명·날인하여야 하며, 그 정본(正本)을 지체 없이 당사자에게 송달하여야 한다.

④ 당사자가 제3항에 따라 결정서를 송달받은 날부터 14일 이내에 이의를 신청하지 아니하면 직권조정을 수락한 것으로 본다.

⑤ 제4항의 기간 내에 이의신청이 있을 때에는 종자위원회는 이의신청의 상대방에게 그 사실을 지체 없이 통지하여야 한다.

제124조(조정의 성립 등)

① 조정은 당사자 간에 합의된 사항을 조서에 적음으로써 성립한다.

② 제1항에 따라 조정이 성립되었을 때에는 당사자 간에 조서와 같은 내용의 합의가 성립된 것으로 본다. 다만, 당사자가 임의로 처분할 수 없는 사항에 관한 것은 그러하지 아니하다.

제125조(수수료)

① 다음 각 호의 어느 하나에 해당하는 자는 수수료를 납부해야 한다.
  1. 제4조제4항에 따라 품종보호관리인의 선임 등록 또는 변경 등록을 하려는 자
  2. 제30조제1항에 따라 품종보호 출원을 하려는 자
  3. 제31조제1항에 따라 우선권을 주장하려는 자
  4. 제52조에 따른 등록(제54조에 따른 품종보호권의 설정등록은 제외한다)을 하려는 자
  5. 제67조제1항에 따라 통상실시권 설정에 관한 재정을 청구하려는 자
  6. 제91조 또는 제92조에 따른 심판을 청구하려는 자
  7. 제99조에 따른 재심을 청구하려는 자
  8. 각종 서류의 등본, 초본, 사본 또는 증명을 신청하려는 자

② 제1항에 따른 수수료와 그 납부방법 및 납부기간 등은 공동부령으로 정한다.

제126조(수수료의 면제 및 반환)

① 국가, 지방자치단체, 「국민기초생활 보장법」 제5조에 따른 수급권자 및 공동부령으로 정하는 자에 대하여는 제125조에도 불구하고 수수료를 면제한다.
② 제1항에 따라 수수료를 면제받으려는 자는 공동부령으로 정하는 서류를 농림축산식품부장관 또는 해양수산부장관에게 제출하여야 한다.
③ 납부된 수수료는 반환하지 아니한다. 다만, 잘못 납부된 수수료는 납부한 자의 청구에 의하여 반환한다.
④ 농림축산식품부장관 또는 해양수산부장관은 잘못 납부된 수수료가 있는 경우에는 그 사실을 안 즉시 이를 납부한 자에게 통지하여야 한다.
⑤ 제3항 단서에 따른 수수료의 반환 청구는 수수료를 납부한 날부터 3년 이내에 하여야 한다.

제127조(사용문자)

이 법에 따른 모든 서류는 한글로 작성하여야 하며, 한자 및 외국문자로 적어야 할 경우에는 괄호 안에 표기하여야 한다. 다만, 공동부령으로 정하는 경우에는 그러하지 아니하다.

제128조(서류의 보관 등)

① 농림축산식품부장관 또는 해양수산부장관은 품종보호 출원의 포기, 무효, 취하 또는 거절결정이 있거나 품종보호권이 소멸한 날부터 5년간 해당 품종보호 출원 또는 품종보호권에 관한 서류를 보관하여야 한다.
② 품종보호에 관한 이해관계인은 품종보호 출원 관련 서류, 품종보호권 관련 서류, 제40조 또는 제82조제2항에 따라 한 시험에 관한 서류의 열람 및 복사를 농림축산식품부장관 또는 해양수산부장관에게 신청할 수 있다.
③ 농림축산식품부장관 또는 해양수산부장관은 제2항에 따른 신청을 받은 경우 다음 각 호의 어느 하나에 해당할 때에는 열람 및 복사를 허가하여서는 아니 된다
   1. 제56조제3항제2호에 해당하는 품종으로서 해당 품종보호 출원인이 비공개를 요청한 경우
   2. 출원공개되지 아니한 품종보호 출원에 관한 서류인 경우

제129조(권한 등의 위임·위탁)

① 이 법에 따른 농림축산식품부장관 또는 해양수산부장관의 권한은 그 일부를 대통령령으로 정하는 바에 따라 농촌진흥청장, 산림청장 또는 소속 기관의 장에게 위임할 수 있다.
② 농림축산식품부장관 또는 해양수산부장관은 이 법에 따른 업무의 일부를 대통령령으로

정하는 바에 따라 공동부령으로 정하는 농림수산업 관련 법인 또는 단체에 위탁할 수 있다.

제130조(「특허법」의 준용)
품종보호에 관한 절차에서 서류의 송달 등에 관하여는 「특허법」 제217조, 제218조부터 제220조까지 및 제222조를 준용한다.

제130조의2(벌칙 적용에서 공무원 의제)
심판위원 및 종자위원 중 공무원이 아닌 위원은 「형법」 제127조 및 제129조부터 제132조까지의 규정을 적용할 때에는 공무원으로 본다.

제5장 벌칙

제131조(침해죄 등)
① 다음 각 호의 어느 하나에 해당하는 자는 7년 이하의 징역 또는 1억원 이하의 벌금에 처한다.
  1. 품종보호권 또는 전용실시권을 침해한 자
  2. 제38조제1항에 따른 권리를 침해한 자. 다만, 해당 품종보호권의 설정등록이 되어 있는 경우만 해당한다.
  3. 거짓이나 그 밖의 부정한 방법으로 품종보호결정 또는 심결을 받은 자
② 제1항제1호 또는 제2호에 따른 죄는 고소가 있어야 공소를 제기할 수 있다.

제132조(위증죄)
① 제98조에 따라 준용되는 「특허법」 제154조 또는 제157조에 따라 선서한 증인, 감정인 또는 통역인이 심판위원회에 대하여 거짓으로 진술, 감정 또는 통역을 하였을 때에는 5년 이하의 징역 또는 5천만원 이하의 벌금에 처한다.
② 제1항에 따른 죄를 지은 사람이 그 사건의 결정 또는 심결 확정 전에 자수하였을 때에는 그 형을 감경하거나 면제할 수 있다.

제133조(거짓표시의 죄)
제89조를 위반한 자는 3년 이하의 징역 또는 3천만원 이하의 벌금에 처한다.

제134조(비밀누설죄 등)
농림축산식품부·해양수산부 직원(제129조에 따라 권한이 위임된 경우에는 그 위임받은 기관

의 직원을 포함한다), 심판위원회 직원 또는 그 직위에 있었던 사람이 직무상 알게 된 품종보호 출원 중인 품종에 관하여 비밀을 누설하거나 도용하였을 때에는 5년 이하의 징역 또는 5천만원 이하의 벌금에 처한다.

제135조(양벌규정)

법인의 대표자나 법인 또는 개인의 대리인, 사용인, 그 밖의 종업원이 그 법인 또는 개인의 업무에 관하여 제131조제1항 또는 제133조의 위반행위를 하면 그 행위자를 벌하는 외에 그 법인 또는 개인에게도 해당 조문의 벌금형을 과(科)한다. 다만, 법인 또는 개인이 그 위반행위를 방지하기 위하여 해당 업무에 관하여 상당한 주의와 감독을 게을리하지 아니한 경우에는 그러하지 아니하다.

제136조(몰수 등)

① 법원은 제131조제1항제1호 또는 제2호에 해당하는 행위를 조성한 물건 또는 그 행위로부터 생긴 물건을 몰수하거나 피해자의 청구에 의하여 그 물건을 피해자에게 내줄 것을 선고하여야 한다.
② 피해자는 제1항에 따른 물건을 받은 경우에는 그 물건의 가액(價額)을 초과하는 손해에 대하여만 배상을 청구할 수 있다.

제137조(과태료)

① 다음 각 호의 어느 하나에 해당하는 자에게는 50만원 이하의 과태료를 부과한다.
 1. 제62조제2항을 위반하여 품종보호권·전용실시권 또는 질권의 상속이나 그 밖의 일반승계의 취지를 신고하지 아니한 자
 2. 제81조의 실시 보고 명령에 따르지 아니한 자
 3. 제98조에 따라 준용되는 「민사소송법」 제143조, 제259조, 제299조 및 제367조에 따라 선서한 증인, 감정인 및 통역인이 아닌 사람으로서 심판위원회에 대하여 거짓 진술을 한 사람
 4. 제98조에 따라 준용되는 「특허법」 제157조에 따라 심판위원회로부터 증거조사나 증거보전에 관하여 서류나 그 밖의 물건의 제출 또는 제시 명령을 받은 사람으로서 정당한 사유 없이 그 명령에 따르지 아니한 사람
 5. 제98조에 따라 준용되는 「특허법」 제154조 또는 제157조에 따라 심판위원회로부터 증인, 감정인 또는 통역인으로 소환된 사람으로서 정당한 사유 없이 소환을 따르지 아니하거나 선서, 진술, 증언, 감정 또는 통역을 거부한 사람

② 제1항에 따른 과태료는 대통령령으로 정하는 바에 따라 농림축산식품부장관 또는 해양수산부장관이 부과·징수한다.

05 식물신품종 보호법에 따른 품종보호료 및 수수료 징수규칙

제1조(목적)
이 규칙은 「식물신품종 보호법」 제46조 및 제125조 등에서 위임한 품종보호료 및 수수료와 그 납부방법 및 납부기간 등에 관하여 필요한 사항을 규정함을 목적으로 한다.

제2조(품종보호료)
「식물신품종 보호법」(이하 "법"이라 한다) 제46조에 따른 품종보호료(이하 "품종보호료"라 한다)는 품종보호권 설정등록일부터의 연수(年數)별로 다음 각 호의 구분에 따른다.
1. 제1년부터 제5년까지: 매년 3만원
2. 제6년부터 제10년까지: 매년 7만5천원
3. 제11년부터 제15년까지: 매년 22만5천원
4. 제16년부터 제20년까지: 매년 50만원
5. 제21년부터 제25년까지: 매년 1백만원

제3조(품종보호료의 납부방법)
품종보호료는 별지 제1호서식의 납부서에 따라 현금으로 납부하거나 정보통신망을 이용하여 전자화폐·전자결제 등의 방법으로 납부할 수 있다.

제4조(품종보호료의 납부기간)
① 품종보호료는 품종보호결정의 등본 또는 품종보호 등록 심결의 등본을 받은 날부터 1개월 이내에 연간 품종보호료를 한꺼번에 납부하여야 한다.
② 품종보호권자는 2년차분부터의 품종보호료를 해당 권리의 설정등록일을 기준으로 하여 매년 1년분씩 그 전년도에 납부하여야 한다. 다만, 품종보호권자가 여러 연도분의 품종보호료를 한꺼번에 납부하기를 희망하는 경우에는 연간 단위로 품종보호권자가 희망하는 기간까지의 품종보호료를 한꺼번에 납부하게 할 수 있다.
③ 제2항 단서에 따라 품종보호권자가 품종보호료를 한꺼번에 납부한 경우 납부 후 품종보호료가 변경되었을 때에는 변경된 품종보호료에 적합하게 납부한 것으로 본다.

제5조(납부기간 경과 후의 품종보호료 납부 등)

① 법 제47조제2항에 따라 납부기간이 경과한 후 6개월 이내에 품종보호료를 납부하는 경우에는 다음 각 호의 구분에 따른 금액을 가산하여 납부한다.
  1. 납부기간이 경과된 날부터 1개월 이내에 납부하는 경우: 품종보호료의 100분의 20에 해당하는 금액
  2. 납부기간이 경과된 날부터 1개월 초과 3개월 이내에 납부하는 경우: 품종보호료의 100분의 30에 해당하는 금액
  3. 납부기간이 경과된 날부터 3개월 초과 6개월 이내에 납부하는 경우: 품종보호료의 100분의 50에 해당하는 금액

② 법 제48조제3항에 따라 품종보호료를 보전하는 경우에는 납부하지 아니한 금액의 100분의 20에 해당하는 금액을 가산하여 납부한다.

제6조(품종보호료의 면제 및 반환)

① 법 제50조제4호에서 "그 밖에 공동부령으로 정하는 경우"란 다음 각 호의 어느 하나에 해당하는 경우(육성자와 면제 신청인이 같은 경우만 해당한다)를 말한다.
  1. 「국민기초생활 보장법」 제12조의3에 따른 의료급여 수급권자가 품종보호권의 존속기간 중에 품종보호료를 납부하여야 하는 경우
  2. 다음 각 목의 어느 하나에 해당하는 자가 품종보호권의 설정등록을 받기위하여 또는 품종보호권의 존속기간 중에 품종보호료를 납부하여야 하는 경우
     가. 「국가유공자 등 예우 및 지원에 관한 법률」 제4조 및 제5조에 따른 국가유공자와 그 유족 또는 가족
     나. 「5·18민주유공자예우에 관한 법률」 제4조 및 제5조에 따른 5·18민주유공자와 그 유족 또는 가족
     다. 「고엽제후유의증 등 환자지원 및 단체설립에 관한 법률」 제4조에 따라 등록된 고엽제후유증환자·고엽제후유의증환자 또는 고엽제후유증 2세 환자
     라. 「특수임무유공자 예우 및 단체설립에 관한 법률」 제3조 및 제4조에 따른 특수임무유공자와 그 유족 또는 가족
     마. 「독립유공자예우에 관한 법률」 제4조 및 제5조에 따른 독립유공자와 그 유족 또는가족
     바. 「참전유공자예우 및 단체설립에 관한 법률」 제5조에 따라 등록된 참전유공자
     사. 「장애인복지법」 제32조제1항에따라 등록된 장애인

② 품종보호료를 면제받으려는 자는 다음 각 호의서류를 첨부한 별지 제2호서식의 면제 신청서

를 산림청장, 국립종자원장 또는 국립수산과학원장에게 제출하여야 한다.
  1. 제1항제2호가목부터 바목까지의 어느 하나에 해당함을 증명하는 서류
  2. 대리인이 신청서를 제출하는 경우에는 대리권을 증명하는 서류 1통
③ 산림청장, 국립종자원장또는 국립수산과학원장은 제2항에 따른신청서를 받으면 「전자정부법」 제36조제1항에 따른 행정정보의 공동이용을 통하여 다음 각 호의 서류를 확인하여야 한다. 다만, 신청인이 확인에 동의하지 아니하는 경우에는 이를 첨부하도록 하여야 한다.
  1. 국민기초생활 수급자 증명서
  2. 국가유공자(유족) 확인원
  3. 장애인 증명서
④ 품종보호료 면제대상자가 제2항에 따른 면제 신청을 하지 아니한 이유 등으로 면제를 받지 못하고 품종보호료를 납부한 후에 면제분을 반환받으려는 경우에는 권리 설정등록 등을 할 당시에 면제 대상이었음을 증명하는 서류와 별지 제2호서식의 면제신청서를 그 반환의 대상이 되는 품종보호료를 납부한 날부터 5년 이내에 산림청장, 국립종자원장 또는 국립수산과학원장에게 제출하여야 한다.

제7조(반환할 품종보호료의 대체)

① 법 제51조에 따라 반환할 품종보호료는 납부한 자의 신청에 따라 납부기한이 지나지 아니한 다른 품종보호료나 수수료로 대체할 수 있다. 이 경우 다른 품종보호료나 수수료는 대체신청이 수리된 날에 납부된 것으로 본다.
② 제1항에 따른 반환할 품종보호료의 대체 절차는 농림축산식품부장관 또는 해양수산부장관이 정하여 고시한다.

제8조(품종보호 출원 등에 관한 수수료)

법 제30조에 따른 품종보호의 출원 등에 관하여 법 제125조제1항(제4호 및 제8호는 제외한다)에 따라 납부해야 하는 수수료는 다음 각 호와 같다.
1. 품종보호관리인의 선임등록 또는 변경등록 수수료: 품종당 5천5백원
2. 품종보호 출원수수료: 품종당 3만8천원
3. 품종보호 심사수수료
    가. 서류심사: 품종당 5만원
    나. 재배심사: 재배시험 때마다 품종당 50만원
4. 우선권주장 신청수수료: 품종당 1만8천원
5. 통상실시권 설정에 관한 재정신청수수료: 품종당 10만원

6. 심판청구수수료: 품종당 10만원
7. 재심청구수수료: 품종당 15만원
8. 보정료(補正料): 다음 각 목의구분에 따른 금액. 다만, 보정의 기준 및 보정료의 납부대상에 관한 구체적인 사항은 농림축산식품부장관 또는 해양수산부장관이 정하여 고시한다.
   가. 보정서를 전자문서로 제출하는 경우: 건당 3천원
   나. 보정서를 서면으로 제출하는 경우: 건당 1만3천원

제9조(품종보호권의 등록에 관한 수수료)

법 제52조제1항에 따른 품종보호권의 등록에 관하여 법 제125조제1항제4호에 따라 납부해야 하는 수수료는 다음 각 호와 같다.
1. 품종보호권의 이전등록수수료
   가. 상속에 의한 경우: 품종당 1만4천원
   나. 상속 외의 사유에 의한 경우: 품종당 5만3천원
2. 실시권의 설정등록수수료
   가. 전용실시권: 품종당 7만2천원
   나. 통상실시권: 품종당 4만3천원
3. 품종보호권・전용실시권 또는 통상실시권을 목적으로 하는 질권의 설정등록 또는 처분의 제한등록수수료: 품종당 7만원
4. 제2호 및 제3호에 따른 권리의 이전등록수수료
   가. 상속에 의한 경우: 품종당 1만1천원
   나. 상속 외의 사유에 의한 경우: 품종당 3만3천원
5. 품종보호권・실시권 또는 질권의 변경등록(행정구역 또는 지번의 변경으로 인한 경우는 제외한다)・말소등록 또는 회복등록수수료: 품종당 3천5백원
6. 품종보호권 및 실시권의 처분의 제한등록수수료: 품종당 5만5천원
7. 가등록수수료: 품종당 1만원
8. 신탁등록 또는 그 변경등록(행정구역 또는 지번의 변경으로 인한 경우는 제외한다)・말소등록 또는 회복등록수수료: 품종당 1만5천원

제10조(그 밖의 수수료)

법 제125조제1항제8호에 따라 납부해야 하는 각종 서류의 등본, 초본, 사본 또는 증명 신청에 따른 수수료는 다음 각 호와 같다.
1. 서류의 등본・초본 또는 증명의 신청수수료: 건당 5백원(복사를 필요로 하는 첨부물이 있는

경우에는 1쪽에 1백원씩을 가산한다)
2. 품종보호권 등록증의 재발급 신청수수료: 건당 6천5백원
3. 등록원부의 사본 또는 기록사항의 신청수수료: 건당 5백원
4. 출원 또는 등록 관련 서류의 사본 신청수수료: 건당 3천원
5. 그 밖의 서류의 사본 신청수수료: 1쪽에 2백원

제11조(수수료의 납부방법)
제8조부터 제10조까지의 규정에 따른 수수료(이하 "수수료"라 한다)는 별지 제1호서식의 납부서에 따라 현금으로 납부하거나 정보통신망을 이용하여 전자화폐·전자결제 등의 방법으로 납부할 수 있다.

제12조(수수료의 납부기간)
① 수수료(제8조제3호의 품종보호 심사수수료는 제외한다)는 신청 등을 할 때 납부하여야 한다.
② 제8조제3호의 품종보호 심사수수료는 심사료 납부 통지를 받은 날이 속하는 달의 다음 달 말일까지 납부하여야 한다.

제13조(수수료의 면제, 반환 및 대체)
① 법 제126조제1항에서 "공동부령으로 정하는 자"란 제6조제1항제2호 각 목의 어느 하나에 해당하는 사람을 말한다.
② 수수료의 면제신청 및 반환에 관하여는 제6조제2항부터 제4항까지를 준용한다. 이 경우 "품종보호료"는 "수수료"로, "5년 이내"는 "3년 이내"로 본다.
③ 반환할 수수료의 대체에 관하여는 제7조를 준용한다. 이 경우 "법 제51조"는 "법 제126조제3항 단서"로, "반환할 품종보호료"는 "반환할 수수료"로, "다른 품종보호료나 수수료"는 "다른 수수료나 품종보호료"로 본다.

06 종자관리요강

제1장 총 칙

제1조(목적)
이 요강은 「종자산업법」 및 「식물신품종 보호법」, 각각의 시행령 및 시행규칙에서 위임된 사항과 그 시행에 관하여 필요한 사항을 규정함을 목적으로 한다.

제2장 육성자의 권리보호

제2조(품종의 특성설명)
「식물신품종 보호법 시행령」 제33조제1항의 규정에 의한 품종의 특성설명은 별표 1과 같으며, 특성설명을 위한 작물별 조사형질 및 조사방법 등은 국립종자원장·국립수산과학원장 또는 산림청장이 정한다

제3조(사진의 제출)
「식물신품종 보호법 시행규칙」 제40조제1호에 따른 사진의 제출은 별표 2와 같다.

제4조(종자시료의 제출)
「식물신품종 보호법 시행규칙」 제40조제2호에 따른 종자시료의 제출은 국립종자원장·국립수산과학원장 또는 산림청장(국립산림품종관리센터장)이 따로 정하여 시행한다.

제5조(재배심사의 판정기준 등)
① 「식물신품종 보호법 시행규칙」 제47조제2항에 따른 재배심사의 판정기준은 별표 4와 같다.
② 재배심사를 함에 있어서 심사관이 필요하다고 인정하는 경우에는 「식물신품종 보호법」 제2조제3호에 따른 육성자의 포장에서 현지심사를 실시할 수 있다.

제6조(예정가격의 결정기준)
① 「식물신품종 보호법 시행규칙」 제35조제2항에 따른 종자의 총판매수량 또는 총판매예정수량은 유상으로 처분하는 국유품종보호권의 실시기간 중 매 연도별 판매수량 또는 판매예정수량을 합계한 것으로 본다.
② 「식물신품종 보호법 시행규칙」 제35조제2항에 따른 종자의 판매예정단가는 유상으로

처분하고자 하는 국유보호품종과 유사한 품종의 최근 3년간 평균판매가격으로 한다.
③ 「식물신품종 보호법 시행규칙」 제35조제2항에 따른 기본율은 유상으로 처분하고자 하는 국유품종보호권을 이용하여 생산한 종자의 총판매가격 또는 총판매예정가격의 2퍼센트로 하되, 그 국유품종보호권의 보호품종의 우수성 및 실용가치를 참작하여 1퍼센트 이내에서 가감할 수 있다.

제3장 품종성능의 관리

제7조(사진의 제출)
「종자산업법 시행규칙」 제5조제1호에 따른 사진의 제출은 별표 2와 같다.

제8조(종자시료의 제출)
「종자산업법 시행규칙」 제5조제1호에 따른 종자시료의 제출은 국립종자원장 또는 산림청장 (국립산림품종관리센터장)이 따로 정하여 시행한다.

제9조(품종성능의 심사기준)

제10조(종자생산대행의 확인)
① 「종자산업법」 제22조제5호 및 같은 법 시행규칙 제12조제2호에 따라 농림축산식품부장관을 대행하여 종자를 생산하고자 하는 농업인 또는 농업법인은 별지 제1호서식의 신청서를 관할 특별시장·광역시장·특별자치시장·도지사 또는 특별자치도지사(이하 '시·도지사'로 한다) 또는 관할 국립종자원 지원장에게 제출하여야 한다.
② 제1항에 따라 종자생산대행신청을 받은 시·도지사 또는 국립종자원 지원장은 그 포장이 다음 각 호의 요건에 적합한 때에는 종자생산포장으로 지정하고 별지 제2호서식의 종자생산대행확인서를 해당 신청인에게 교부하여야 한다.
1. 작물의 생육에 적합한 통풍과 채광이 양호하고 지력이 비옥·균일할 것
2. 병충해 발생 및 침수해의 상습지대가 아닐 것
3. 관수 및 배수가 용이할 것
4. 포장격리가 가능한 포장조건을 갖춘 지대일 것

제4장 종자의 보증

제11조(국가보증의 대상)

제12조(포장검사 등의 검사기준)
「종자산업법 시행규칙」 제17조에 따른 포장검사, 종자 검사 및 재검사의 작물별 검사기준은 별표 6과 같다.

제13조(포장의 종류 및 포장단위)
「종자산업법 시행규칙」 제17조에 따른 종자검사 및 재검사를 함에 있어서 포장의 종류 및 포장단위는 별표 7과 같다.

제14조(사후관리시험의 대상작물)
「종자산업법」 제33조제1항에 따라 사후관리 시험을 실시하여야 하는 작물은 「종자산업법」 제15조에 따른 국가품종목록의 등재대상작물로 한다.

제15조(사후관리시험의 기준)
「종자산업법 시행규칙」 제23조에 따른 사후관리시험의 검사기준은 별표 8과 같다.

제5장 종자의 유통

제1절 종자업등록

제16조(종자업등록번호 등)
① 「종자산업법 시행규칙」 별지 제19호서식 에 따른 종자업등록번호 또는 별지 제19호의2서식에 따른 육묘업등록번호의 작성방법은 별표 9와 같다.
② <삭제>

제17조(종자업등록사항의 변경통지)

제18조(종자업등록증의 재교부신청)

제2절 품종의 생산·수입 판매 신고

제19조(사진의 제출)
「종자산업법 시행규칙」 제27조제1항제1호에 따른 사진의 제출은 별표 2와 같다.

제20조(종자시료의 제출)
「종자산업법 시행규칙」 제27조제1항제1호에 따른 종자시료의 제출은 국립종자원장 또는 산림청장(국립산림품종관리센터장)이 따로 정하여 시행한다.

제21조(품종의 생산·수입 판매 신고번호)
「종자산업법 시행규칙」 별지 제23호서식에 따른 품종의 생산·수입 판매 신고번호의 작성방법은 별표 9와 같다.

제22조(종자를 정당하게 취득하였음을 입증하는 서류의 범위)
「종자산업법 시행규칙」 제27조제1항제7호에 따라 그 품종의 종자를 정당하게 취득하였음을 입증하는 서류로서 농림축산식품부장관이 정하여 고시하는 사항이 기재된 거래명세서는 다음 각 호의 어느 하나에 해당하는 서류와 같다.
1. 같은 법 시행규칙 제27조제1항제7호 전단에 따른 거래당사자의 성명, 서명, 품종명, 거래일시 등 농림축산식품부장관이 정하여 고시하는 사항이 기재된 거래명세서: 판매자(또는 양도자)가 발부한 작물명, 품종명, 수량, 판매업자명(또는 상호명), 거래일자 및 판매자의 서명 등 취득경로를 명확히 알 수 있는 사항을 포함. 이 경우 해당 품종이 같은 법 시행규칙 제27조제1항제7호 후단에 따른 품종으로서 「식물신품종 보호법」 제17조에 따른 신규성을 갖추지 못한 것으로 보는 경우에는 그 사실을 증명할 수 있는 사항을 포함하여야 한다.
2. 같은 법 시행규칙 제27조제1항제7호 후단에 따른 해당 품종의 실시를 할 수 있는 권리를 양도받았음을 증명하는 서류: 육성자권리의 출원인 또는 그 밖에 육성자권리를 가진 자로부터 사용 동의(성명 및 서명 포함), 권리범위(증식, 생산, 판매 등 행위), 사용범위(품종명, 기간, 수량, 사용 국가명), 계약일자, 구매자(도입자)의 성명(서명 포함) 등의 사항을 포함

제23조(품종의 생산·수입 판매 신고 취소)
① 품종의 생산·수입 판매 신고를 허위로 하거나 부정한 방법으로 신고한 사실이 확인될 경우 국립종자원장 또는 산림청장(국립산림품종관리센터장)은 신고 수리를 취소하고 그 사실을 당사자에게 알려야 한다.
② 품종의 생산·수입 판매 신고자가 신고를 취소하고자 할 경우 별지 제14호서식에 따라

품종의 생산·수입 판매 신고 취소신청서를 국립종자원장 또는 산림청장(국립산림품종관리센터장)에게 신청하여야 한다.
③ 제2항의 규정에 의하여 품종의 생산·수입 판매 신고 취소신청을 받은 국립종자원장 또는 산림청장(국립산림품종관리센터장)은 특별한 사유가 없을 경우 취소하여야 한다.

제3절 수입적응성시험

제24조(수입적응성시험의 대상작물 및 신청 등)
① 「종자산업법 시행규칙」 제29조에 따른 수입적응성시험 대상작물과 실시기관은 별표 11과 같다.
② 「종자산업법」 제41조제1항에 따라 수입적응성시험을 받고자 하는 자는 제1항의 대상작물 실시기관의 장에게 「종자산업법 시행규칙」 별지 제27호서식 수입적응성시험 신청서를 제출하여야 한다.

제25조(수입적응성시험의 대상작물)

제26조(수입적응성시험의 심사기준)
「종자산업법 시행규칙」 제30조에 따른 수입적응성시험의 심사기준은 별표 12와 같다.

제27조(수입적응성시험계획서의 검토)
① 실시기관의 장은 「종자산업법 시행규칙」 제29조에 따라 제출한 수입적응성시험계획서(이하 "시험계획서"라 한다)의 적정여부를 검토하고 그 결과를 수입적응성시험신청인(이하 "시험자"라 한다)에게 통보하여야 한다.
② 실시기관의 장은 시험계획서가 부적절하다고 인정되는 때에는 그 기간을 정하여 보완을 명할 수 있다.
③ 실시기관의 장은 수입적응성 여부 등에 관한 사항을 검토·심의하기 위하여 수입적응성시험 심의위원회 등을 둘 수 있다.

제28조(수입적응성시험결과의 제출)
시험자는 시험계획서에 따라 실시한 시험결과에 대한 종합평가서를 작성하거나 대학 및 정부 연구기관에서 실시한 시험성적이 있을 경우 그 결과를 첨부하여 실시기관의 장에게 제출하여야 한다.

제29조(수입적응성검토·심의)
① 실시기관의 장은 제28조에 따라 제출된 종합평가서 등을 취합하여 검토 또는 심의위원회에 상정하여 심의하여야 한다.
② 실시기관의 장은 제1항에 따라 검토하거나 심의결과 수입적응성이 인정된 품종은 별지 제7호서식의 수입적응성시험확인품종목록에 등재하고, 그 결과를 국립종자원장 및 시험자에게 통보하여야 한다.

제30조(수입적응성시험의 확인 등)
① 판매용으로 종자를 수입하고자 하는 자는 실시기관의 장에게 수입적응성시험확인 및 「관세법 제226조에 의한 세관장 확인물품 및 확인방법 지정 고시(관세청고시)」에 따른 수입요건확인을 받아야 한다.
② 수입적응성시험확인 및 수입요건확인을 받고자 하는 자는 다음 각 호에 따라 신청서를 실시기관의 장에게 제출하여야 한다.
  1. 수입적응성시험확인 : 별지 제8호서식 수입적응성시험확인신청서
  2. 수입요건확인 : 별지 제9호의2 서식 수입요건확인(신청)서
③ 제2항에 따른 신청서를 받은 실시기관의 장은 제29조제2항에 따른 수입적응성시험확인품종목록 등재사항을 확인하여 별지 제9호서식의 수입적응성시험확인서 및 별지 제9호의2서식 수입요건확인서를 해당 신청인에게 교부하여야 한다.
④ 국립종자원장은 「종자산업법 시행규칙」 제27조에 따른 품종의 수입판매신고시 첨부하는 실시기관의 장이 발행한 수입적응성시험확인서가 제29조제2항에 따라 수입적응성이 인정된 품종으로 통보받은 품종인지 확인하여야 한다.

제4절 행정처분의 통보 등

제31조(행정처분의 통보)
시장·군수는 「종자산업법」 제39조에 따라 종자업자에게 행정처분을 한 때에는 종자업등록번호, 영업소의 명칭, 처분내용, 처분기간 등을 명시하여 행정처분사항을 국립종자원장 또는 산림청장(국립산림품종관리센터장) 및 다른 시·도지사에게 통보하여야 한다.

제32조(유해한 잡초종자의 종류)
「종자산업법 시행령」 제16조제2항에 따른 유해한 잡초종자의 종류는 식물방역법 제2조제2호다목에 따른 잡초(그 씨앗을 포함한다)로서 농림축산식품부장관이 정하여 고시한 것을 잡초로 한다.

제33조(특정 병해충의 종류)

「종자산업법 시행령」 제16조제2항에 따른 특정 병해충의 종류는 다음 각 호와 같다.
1. 식물방역법시행규칙 별표 1에서 정하는 병해충
2. 그 밖에 농촌진흥청장 또는 산림청장이 정하는 병해충

제34조(규격묘의 규격기준)

「종자산업법 시행규칙」 제34조제1항제2호에 따른 규격묘의 규격기준은 별표 14와 같다.

제35조(규격묘의 표시)

① 「종자산업법 시행규칙」 제34조제1항제2호에 따라 묘목을 판매하거나 보급하려는 자는 최대 10주 단위로 규격묘 품질표지를 부착하여야 한다. 단, 종자업자와 최종 소비자간 직거래로 단일품종을 판매할 경우에 한하여 주수와 상관없이 하나의 규격묘 품질표지를 부착할 수 있다.
② 한번 사용한 규격묘 품질표지는 다시 사용해서는 아니된다.
③ 제1항에 따른 규격묘의 표시는 별표 15와 같다.

제36조(조사용 종자의 수거)

「종자산업법」 제45조제1항에 따른 조사에 필요한 종자의 수거는 다음 각 호에 의한다.
1. 수거대상
   농림축산식품부장관 또는 시·도지사가 정한다.
2. 종자의 수거량은 제20조의 제출량 기준에 따른다.
3. 종자의 수거방법
   가. 관계공무원은 수거대상 종자시료를 시료제공자의 입회 하에 시료제공자 보관용 5분의1, 검사용 5분의4 비율의 2봉투로 분할하여 각각 봉인한다.
   나. 관계공무원은 별지 제10호서식의 종자시료수거확인서를 3부 작성하여 그 중 1부는 검사용 종자시료와 함께 검사기관인 국립종자원장 또는 산림청장(국립산림품종관리센터장)에게 송부하고, 그 중 1부는 보관용 종자 시료와 함께 시료제공자에게 발급하되 발급일로부터 1년간 보관하게 하여야 하며, 나머지 1부는 해당 종자시료를 생산한 종자업자에게 통보하여 종자시료로 제공된 실량을 시료제공자에게 무상공급하게 하여야 한다.
   다. 수거대상종자는 「식물신품종 보호법」 제54조제2항에 따라 품종보호권이 설정등록된 보호품종의 종자, 「종자산업법」 제17조제4항에 따라 국가품종목록에 등재된 품종의

종자 또는 「종자산업법」 제38조제1항에 따라 생산·판매신고된 품종의 종자로서 「종자산업법」 제43조에 따른 품질 표시가 되어 있고 개포장이 되어 있지 않는 종자이어야 한다.
4. 제3호 가목에 따른 검사용 종자시료봉투의 전면 기재사항은 별지 제11호서식과 같다.
5. 국립종자원장 또는 산림청장(국립산림품종관리센터장)은 실검사용 종자시료를 종자업체별 품종별로 무작위 추출하여 그 중 2분의1은 공시하고 나머지 2분의1은 봉인하여 1년간 보관을 하여야 하며, 실검사에 사용되지 않은 남은 종자는 즉시 해당 종자업자에게 반송하여야 한다.

제37조(종자수거 등)
① 관계공무원이 「종자산업법」 제45조제2항에 따라 이 법에 위반하여 생산 또는 판매되고 있는 종자를 수거하고자 할 때에는 별지 제12호서식에 의한 수거목록서 2부를 작성하여 그 중 1부는 수거 당시 해당 종자를 소유 또는 소지하고 있던 자에게 교부하고, 나머지 1부는 수거된 종자의 보관기간이 경과될 때까지 비치하여야 한다.
② 시·도지사는 불법 또는 불량종자의 유통방지를 위하여 관계공무원으로 하여금 지역별 책임제에 의한 단속 또는 시·군·구간 교체단속을 실시할 수 있으며, 그 단속실적을 별지 제13호서식에 따라 다음 연도 1월20일까지 농림축산식품부장관에게 보고하여야 한다.
③ <삭제>

제38조(보관하기 곤란한 종자)
「종자산업법」 제45조제3항의 단서조항에 따라 보관하기 곤란한 종자로서 농림축산식품부장관이 정하는 작물의 종자는 별표 16과 같다.

제6장 종자산업의 기반 조성
제39조(종자산업진흥센터 시설기준)
① 종자산업법 시행령 별표2에 따른 종자산업진흥센터(이하 "진흥센터"라 한다)의 시설기준은 별표17과 같다.

제7장 기타

제40조(재검토기한)

농림축산식품부장관은 이 고시에 대하여 「훈령·예규 등의 발령 및 관리에 관한 규정」에 따라 2020년 7월 1일을 기준으로 매3년이 되는 시점(매 3년째의 6월 30일까지를 말한다)마다 그 타당성을 검토하여 개선 등의 조치를 하여야 한다.

※ 종자관리요강 주요 별표
[별표 4]
재배심사의 판정기준
1. 구별성의 판정 기준
    가. 구별성의 심사는 「식물신품종 보호법」 제18조의 규정에 의한 요건을 갖추었는지를 심사한다.
    나. 구별성이 있는 경우라는 것은 신품종심사를 위한 작물별 세부특성조사 요령에 있는 조사특성 중에서 한 가지 이상의 특성이 대조품종과 명확하게 구별되는 경우를 말한다.
    다. 잎의 모양 및 색 등과 같은 질적특성의 경우에는 관찰에 의하여 특성 조사를 실시하고 그 결과를 계급으로 표현하여 출원품종과 대조품종의 계급이 한 등급 이상 차이가 나면 출원품종은 구별성이 있는 것으로 판정한다.
    라. 잎의 길이와 같은 양적특성의 경우에는 특성별로 계급을 설정하고 품종 간에 두 계급 이상의 차이가 나면 구별성이 있다고 판정한다. 다만, 한 계급 차이가 나더라도 심사관이 명확하게 구별할 수 있다고 인정 하는 경우에는 구별성이 있는 것으로 판정할 수 있다. 계급을 설정할 수 없는 경우에는 실측에 의한 통계처리 방법을 이용하되, 두 품종간에 유의성이 있는 경우에 구별성이 있는 것으로 판정할 수 있다.

2. 균일성의 판정 기준
    가. 균일성의 심사는 동일한 번식의 단계에 속하는 식물체가 「식물신품종 보호법」 제19조의 규정에 의한 요건을 갖추었는지를 심사한다.
    나. 신품종심사기준에서 정하고 있는 품종의 조사특성들이 당대에 충분히 균일하게 발현하는 경우에 균일성이 있다고 판정한다. 즉, 출원품종 중에서 이형주의 수가 작물별 균일성 판정기준의 수치를 초과하지 아니 하는 경우에 출원품종은 균일성이 있다고 판정한다.

3. 안정성의 판정 기준
    가. 안정성의 심사는 반복적인 증식의 단계에 속하는 식물체가 「식물신품종 보호법」 제20조의 규정에 의한 요건을 갖추었는지를 심사한다.
    나. 안정성은 출원품종이 통상의 번식방법에 의하여 증식을 계속 하였을 경우에 있어서도 모든 번식단계의 개체가 위의 구별성의 판정에 관련된 특성을 발현하고 동시에 그의 균일성을 유지하고 있는지를 판정한다.
    다. 안정성은 1년차 시험의 균일성 판정결과와 2년차 이상의 시험의 균일성 판정결과가 다르지 않으면 안정성이 있다고 판정한다.

[별표 7]
포장의 종류 및 포장단위

1. 포장의 종류

    가. 포장재

    마대·지대·망대·합성수지대·비닐대상자(프라스틱·골판지 또는 목재) 또는 캔(Can) 등으로서 탈루의 우려가 없는 새 것으로 한다. 다만, 농산물 수송용기(콘테이너 등)는 완전히 세척하여 재사용할수 있으며, 대형백(bag)은 외부에 해당 품종명을 명기하고 해당 품종에만 재사용할 수 있고 재가공 판매를 위한 매입용기는 해당 품종에만 재사용할 수 있다

    나. 방법

    1) 마대·지대·망대 및 합성수지대는 강인한 망사, 면사 또는 화학사로 꿰메고 기타는 탈루의 우려가 없도록 봉한다. 다만, 지퍼식 합성수지대는 아구리의 지퍼를 닫고 열리지 않도록 손잡이를 고정시킨다.

    2) 필요한 경우에는 (1)의 자재중에서 동종 또는 이종을 겹으로 사용할 수 있다.

    3) 상자의 결박

종 류	구분	자 재	품 질	자 리
프라스틱상자 골판지 상자	봉합	종이감테프	너비 38mm 이상	상.하 날개가 맞닿은 곳
		접착테프	너비 38mm 이상	
	결속	종이끈밴드	KSA 1524 규격에 따름	세로 2개소
		PP 밴드	KSA 1507 규격에 따름	세로 2개소
		스테플러	너비: 35mm 이상 침길이 : 15mm 이상	상.하 날개를 10cm간격으로 박음
목재상자	결속	종이끈밴드	KSA 1524 규격에 따름	세로 2개소
		PP 밴드	KSA 1507 규격에 따름	세로 2개소
		철선	14 - 16 번선	세로 2개소

2. 포장단위 : 1kg미만, 1kg, 2kg, 3kg, 4kg, 5kg, 10kg, 15kg, 20kg, 25kg, 30kg, 35kg, 40kg, 45kg, 50kg, 60kg, 100kg, 또는 거래 계약상의 포장중량

[별표 8]
사후관리시험의 기준 및 방법
1. 검사항목 : 품종의 순도, 품종의 진위성, 종자전염병
2. 검사시기 : 성숙기
3. 검사횟수 : 1회 이상
4. 검사방법

   가. 품종의 순도
      1) 포장검사 : 작물별 사후관리시험 방법에 따라 품종의 특성조사를 바탕으로 이형주수를 조사하여 품종의 순도기준에 적합한지를 검사
      2) 실내검사 : 포장검사로 명확하게 판단할 수 없는 경우 유묘검사 및 전기영동을 통한 정밀검사로 품종의 순도를 검사
   나. 품종의 진위성 : 품종의 특성조사의 결과에 따라 품종고유의 특성이 발현되고 있는지를 확인
   다. 종자전염병 : 포장상태에서 식물체의 병해를 조사하여 종자에 의한 전염병 감염여부를 조사

[별표 11]
수입적응성시험의 대상작물 및 실시기관

구분	대상작물	실시기관
1. 식량작물(13)	벼, 보리, 콩, 옥수수, 감자, 밀, 호밀, 조, 수수, 메밀, 팥, 녹두, 고구마	농업기술실용화재단
2. 채소(18)	무, 배추, 양배추, 고추, 토마토, 오이, 참외, 수박, 호박, 파, 양파, 당근, 상추, 시금치, 딸기, 마늘, 생강, 브로콜리	한국종자협회
5. 버섯(11)	양송이, 느타리, 영지, 팽이, 잎새, 버들송이, 만가닥버섯, 상황버섯	한국종균생산협회
	표고, 목이, 복령	국립산림품종관리센터
6. 약용작물(22)	곽향, 당귀, 맥문동, 반하, 방풍, 산약, 작약, 지황, 택사, 향부자, 황금, 황기, 전칠, 파극, 우슬	한국생약협회
	백출, 사삼, 시호, 오가피, 창출, 천궁, 하수오	국립산림품종관리센터
7. 목초.사료 및 녹비작물(29)	오차드그라스, 톨페스큐, 티모시, 페러니얼라이그라스, 켄터키블루그라스, 레드톱, 리드카나리그라스, 알팔파, 화이트크로바, 레드크로바, 버즈풋트레포일, 메도우페스큐, 브롬그라스, 사료용 벼, 사료용 보리, 사료용 콩, 사료용 감자, 사료용 옥수수, 수수수단그라스 교잡종(Sorghum×Sudangrass Hybrid), 수수 교잡종(Sorghum×Sorghum Hybrid), 호밀, 귀리, 사료용 유채, 이탈리안라이그라스, 헤어리베치, 콤먼벳치, 자운영, 크림손클로버, 수단그라스 교잡종(Sudangrass×Sudangrass Hybrid),	농업협동조합중앙회
8. 인삼(1)	인삼	한국생약협회

[별표 12]
수입적응성시험의 심사기준

1. 재배시험기간

    재배시험기간은 2작기 이상으로 하되 실시기관의 장이 필요하다고 인정하는 경우에는 재배시험기간을 단축 또는 연장할 수 있다.

2. 재배시험지역

    재배시험지역은 최소한 2개 지역 이상(시설 내 재배시험인 경우에는 1개 지역 이상)으로 하되, 품종의 주 재배지역은 반드시 포함되어야 하며 작물의 생태형 또는 용도에 따라 지역 및 지대를 결정한다. 다만, 실시기관의 장이 필요하다고 인정하는 경우에는 작물 및 품종의 특성에 따라 지역수를 가감할 수 있다.

3. 표준품종

    표준품종은 국내외 품종 중 널리 재배되고 있는 품종 1개 이상으로 한다.

4. 평가형질

    평가대상 형질은 작물별로 품종의 목표형질을 필수형질과 추가형질을 정하여 평가하며, 신청서에 기재된 추가 사항이 있는 경우에는 이를 포함한다.

5. 평가기준

    가. 목적형질의 발현, 기후적응성, 내병충성에 대해 평가하여 국내적응성 여부를 판단한다.

    나. 국내 생태계보호 및 자원보존에 심각한 지장을 초래할 우려가 없다고 판단되어야 한다.

[별표 14]
규격묘의 규격기준

1. 과수묘목

작 물	묘목의 길이(cm)	묘목의 직경(mm)	주요 병해충 최고한도
◦ 사과			근두암종병(뿌리혹병): 무
- 이중접목묘	120 이상	12 이상	
- 왜성대목자근접목묘	140 이상	12 이상	
◦ 배	120 이상	12 이상	근두암종병(뿌리혹병): 무
◦ 복숭아	100 이상	10 이상	근두암종병(뿌리혹병): 무
◦ 포도			근두암종병(뿌리혹병): 무
- 접목묘	50 이상	6 이상	
- 삽목묘	25 이상	6 이상	
◦ 감	100 이상	12 이상	근두암종병(뿌리혹병): 무
◦ 감귤류	80 이상	7 이상	궤양병: 무
◦ 자두	80 이상	7 이상	
◦ 매실	80 이상	7 이상	
◦ 참다래	80 이상	7 이상	역병: 무

주)1) 묘목의 길이 : 지제부에서 묘목선단까지의 길이

  2) 묘목의 직경 : 접목부위 상위 10cm 부위 접수의 줄기 직경. 단, 포도 접목묘는 접목부위 상하위 10cm 부위 접수 및 대목 각각의 줄기 직경, 포도 삽목묘 및 참다래는 신초분기점 상위 10cm 부위의 줄기직경

  3) 대목의 길이 : 사과 자근대목 40cm 이상, 포도 대목 25cm 이상, 기타 과종 30㎝이상

  4) 사과 왜성대목자근접목대묘측지수 : 지제부 60cm 이상에서 발생한 15cm 길이의 곁가지 5개 이상

  5) 배 잎눈 개수 : 접목부위에서 상단 30cm 사이에 잎눈 5개 이상

  6) 주요 병해충 판정기준 : 증상이 육안으로 나타난 주

2. 뽕나무 묘목

묘목의 종류	묘목의 길이(cm)	묘목의 직경(mm)
접목묘	50 이상	7
삽목묘	50 이상	7
휘묻이묘	50 이상	7

주)1) 묘목의 길이 : 지제부에서 묘목 선단까지의 길이

  2) 묘목의 직경 : 접목부위 상위 3cm 부위 접수의 줄기 직경. 단, 삽목묘 및 휘묻이묘는 지제부에서 3cm 위의 직경

3. 기타 : 관련 종자협회장이 정한다.

[별표 16]
보관하기 곤란한 종자

분 류	작 물
◦ 식량작물	고구마, 감자
◦ 특용작물	상업적으로 영양번식하여 유통되는 작물
◦ 채소작물	마늘, 딸기, 생강, 토란, 쪽파, 기타 상업적으로 영양번식하여 유통되는 작물
◦ 화훼 및 과수작물	상업적으로 영양번식하여 유통되는 작물

[별표 17]
종자산업진흥센터 시설기준

시설구분		규모(m^2)	장비 구비 조건
분자표지 분석실	필수	60 이상	• 시료분쇄장비 • DNA추출장비 • 유전자증폭장비 • 유전자판독장비
성분분석실	선택	60 이상	• 시료분쇄장비 • 성분추출장비 • 성분분석장비 • 질량분석장비
병리검정실	선택	60 이상	• 균주배양장비 • 병원균 접종장비 • 병원균 감염확인장비 • 병리검정온실(33m^2이상, 도설치 가능)

※ 선택 시설(성분분석실, 병리검정실) 중 1개 이상의 시설을 갖출 것

PART 4 종자법규 기본50제

01 종자산업법에서 말하는 "작물"의 정의를 적으시오

해답
농산물 또는 임산물의 생산을 위하여 재배되는 모든 식물을 말한다.

02 식물신품종보호법에서 말하는 "보호품종"의 정의를 적으시오

해답
품종보호 요건을 갖추어 품종보호권이 주어진 품종을 말한다.

03 식물신품종보호법의 목적에 대해 적으시오

해답
식물의 신품종에 대한 육성자의 권리 보호에 관한 사항을 규정함으로써 농림수산업의 발전에 이바지함을 목적으로 한다.

04 종자관리요강상 규격묘의 규격기준에서 자두의 묘목의 길이를 적으시오

해답
80cm 이상

05 종자관리요강상 사후관리시험의 검사항목 3가지를 적으시오

해답
① 품종의 순도
② 품종의 진위성
③ 종자전염병

06 종자관리요강에서 안정성에 대한 판정 기준이다. ( ) 안에 적합한 단어를 채우도록 하시오.

> 안정성은 (㉠) 시험의 균일성 판정결과와 (㉡) 이상의 시험의 균일성 판정결과가 다르지 않으면 안정성이 있다고 판정한다.

해답
㉠ 1년차
㉡ 2년차

07 품종보호료가 면제되는 기준 3가지를 적으시오

해답
- 국가나 지방자치단체가 품종보호권의 설정등록을 받기 위하여 품종보호료를 납부하여야 하는 경우
- 국가나 지방자치단체가 품종보호권의 존속기간 중에 품종보호료를 납부하여야 하는 경우
- 수급권자가 품종보호권의 설정등록을 받기 위하여 품종보호료를 납부하여야 하는 경우

08 종자관리사 자격과 관련하여 이중취업을 1회 한 경우 행정처분의 기준을 적으시오

해답
업무정지 1년

09 품종성능의 정의를 적으시오

해답
"품종성능"이란 품종이 이 법에서 정하는 일정 수준 이상의 재배 및 이용상의 가치를 생산하는 능력을 말한다.

10 종자산업법의 목적을 적으시오

해답
종자와 묘의 생산·보증 및 유통, 종자산업의 육성 및 지원 등에 관한 사항을 규정함으로써 종자산업의 발전을 도모하고 농업 및 임업 생산의 안정에 이바지함을 목적으로 한다.

11 종자산업법상 "보증종자"의 원원종의 보증표시에 대해 적으시오

> **해답**
> 바탕색은 흰색, 대각선은 보라색, 글씨는 검은색

12 전용실시권자가 품종보호권자의 동의를 받지 아니하고 그 전용실시권을 이전 할 수 있는 경우 3가지 적으시오

> **해답**
> - 실시사업과 같이 이전하는 경우
> - 상속
> - 그 밖의 일반승계

13 채소의 보증의 유효기간을 적으시오

> **해답**
> 2년

14 작물의 재검사 신청에 대한 내용이다. 빈칸을 채우시오

<보기>
재검사를 받으려는 자는 종자검사 결과를 통지받은 날부터 (　　) 이내에 재검사신청서에 종자검사 결과통지서를 첨부하여 검사기관의 장 또는 종자관리사에게 제출하여야 한다.

> **해답**
> 15일

15 국가와 지방자치단체는 종자산업 관련 기술의 개발을 촉진하기 위하여 추진하여야 하는 사항 3가지를 적으시오

> **해답**
> - 종자산업 관련 기술의 동향 및 수요 조사
> - 종자산업 관련 기술에 관한 연구개발
> - 개발된 종자산업 관련 기술의 실용화
> - 종자산업 관련 기술의 교류

16 종자산업진흥센터가 수행해야 할 업무 4가지를 적으시오

해답
- 종자산업의 활성화를 위한 지원시설의 설치 등 기반조성에 관한 사업
- 종자산업과 관련된 전문인력의 지원에 관한 사업
- 종자산업의 창업 및 경영 지원, 정보의 수집·공유·활용에 관한 사업
- 종자산업 발전을 위한 유통활성화와 국제협력 및 대외시장의 진출 지원
- 종자산업 발전을 위한 종자업자에 대한 지원

17 품종보호권이 공유인 경우 각 공유자가 다른 공유자의 동의를 받지 아니하면 할 수 없는 행위 2가지 적으시오

해답
- 공유지분을 양도하거나 공유지분을 목적으로 하는 질권의 설정
- 해당 품종보호권에 대한 전용실시권의 설정 또는 통상실시권의 허락

18 종자기술연구단지를 조성하거나 그 조성을 지원하려는 경우의 면적의 기준을 적으시오

해답
10헥타르 이상으로 단지조성이 가능한 지역

19 품종보호 출원인은 공동부령으로 정하는 품종보호 출원서에 작성해야 할 사항 6가지를 적으시오

해답
- 품종보호 출원인의 성명과 주소(법인인 경우에는 그 명칭, 대표자 성명 및 영업소의 소재지)
- 품종보호 출원인의 대리인이 있는 경우에는 그 대리인의 성명·주소 또는 영업소 소재지
- 육성자의 성명과 주소
- 품종이 속하는 식물의 학명 및 일반명
- 품종의 명칭
- 제출 연월일

20 재정에서 구체적으로 밝혀야하는 사항 2가지를 적으시오

해답
- 통상실시권의 범위 및 기간
- 대가와 그 지급방법 및 지급시기

21 농림축산식품부장관 또는 해양수산부장관은 이해관계인의 신청에 의하여 또는 직권으로 재정을 취소할 수 있는 경우 3가지를 적으시오

해답
- 재정을 받은 자가 그 통상실시권을 실시하지 아니한 경우
- 통상실시권 설정을 재정한 사유가 없어지고 다시 발생할 우려가 없는 경우
- 재정을 받은 자가 그 대가를 정기적으로 또는 분할하여 지급할 때 최초 지급분 후의 지급분을 지급하지 아니하거나 공탁하지 아니한 경우

22 품종보호권이나 전용실시권을 침해한 것으로 보는 행위 2가지를 적으시오

해답
- 품종보호권자나 전용실시권자의 허락 없이 타인의 보호품종을 업으로서 실시하는 행위
- 타인의 보호품종의 품종명칭과 같거나 유사한 품종명칭을 해당 보호품종이 속하는 식물의 속 또는 종의 품종에 사용하는 행위

23 종자위원의 연임 가능한 횟수를 적으시오

해답
2회

24 직권조정결정에 포함되는 사항 3가지를 적으시오

해답
- 침해행위의 중지
- 손해배상이나 그 밖에 필요한 구제조치
- 같거나 유사한 침해행위의 재발을 방지하기 위하여 필요한 조치

25 다음 서류의 보관에 대한 내용이다. 빈칸을 적으시오.

> 농림축산식품부장관 또는 해양수산부장관은 품종보호 출원의 포기, 무효, 취하 또는 거절결정이 있거나 품종보호권이 소멸한 날부터 (   )년간 해당 품종보호 출원 또는 품종보호권에 관한 서류를 보관하여야 한다.

해답
5

26 납부기간이 경과된 날부터 1개월 이내에 납부하는 경우 품종보호료의 얼마에 해당하는 금액을 제출하는지 적으시오

> **해답**
> 100분의 20

27 수입적응성시험의 심사기준에서 표준품종에 대한 내용이다. 빈칸을 채우시오

> 표준품종은 국내외 품종 중 널리 재배되고 있는 품종 (　　)개 이상으로 한다.

> **해답**
> 1

28 보관하기 곤란한 종자에서 식량작물의 종류 2가지를 적으시오

> **해답**
> 고구마, 감자

29 종자산업법에서 의미하는 종자관리사의 정의를 적으시오

> **해답**
> "종자관리사"란 이 법에 따른 자격을 갖춘 사람으로서 종자업자가 생산하여 판매·수출하거나 수입하려는 종자를 보증하는 사람을 말한다.

30 종자산업법상 종자산업의 정의를 적으시오

> **해답**
> "종자산업"이란 종자와 묘를 연구개발·육성·증식·생산·가공·유통·수출·수입 또는 전시 등을 하거나 이와 관련된 산업을 말한다.

31 종자산업법상에서 말하는 종자의 정의를 적으시오

> **해답**
> "종자"란 증식용 또는 재배용으로 쓰이는 씨앗, 버섯 종균, 묘목, 포자 또는 영양체인 잎·줄기·뿌리 등을 말한다

32 식물신품종보호법상 실시의 의미를 적으시오

> 해답
> "실시"란 보호품종의 종자를 증식·생산·조제·양도·대여·수출 또는 수입하거나 양도 또는 대여의 청약을 하는 행위를 말한다.

33 식물신품종보호법상 "육성자"의 정의에 대해 적으시오

> 해답
> "육성자"란 품종을 육성한 자나 이를 발견하여 개발한 자를 말한다.

34 종자위원회가 수행하는 업무 3가지를 적으시오

> 해답
> · 품종보호권의 보호에 관한 농림축산식품부장관 또는 해양수산부장관의 자문에 대한 조언
> · 통상실시권 설정에 관한 재정의 심의
> · 품종보호권 침해분쟁의 조정

35 아래 품종보호심판위원회의 기준에 대한 내용이다. 빈칸을 채우시오

심판위원회는 위원장 (㉠)명 을 포함한 (㉡)명 이내의 품종보호심판위원으로 구성하되, 위원장이 아닌 심판위원 중 1명은 상임으로 한다.

> 해답
> ㉠ 1
> ㉡ 8

36 아래 품종보호권에 관련된 내용의 빈칸을 채우시오.

품종보호권·전용실시권 또는 질권을 상속하거나 그 밖의 일반승계를 한 자는 그 사유가 발생한 날부터 (   ) 이내에 공동부령으로 정하는 바에 따라 그 취지를 농림축산식품부장관 또는 해양수산부장관에게 신고하여야 한다.

> 해답
> 30일

37 품종보호권이 공유인 경우 각 공유자는 다른 공유자의 동의를 받지 아니하면 할 수 없는 행위 2가지를 적으시오

해답
- 공유지분을 양도하거나 공유지분을 목적으로 하는 질권의 설정
- 해당 품종보호권에 대한 전용실시권의 설정 또는 통상실시권의 허락

38 출원공개 후 해당 품종보호 출원의 권리가 처음부터 발생하지 않은 경우 2가지를 적으시오

해답
- 품종보호 출원이 포기·취하되거나 무효로 된 경우
- 품종보호 출원의 거절결정이 확정된 경우

39 국가보증 대상이 아닌 종자나 자체보증을 받지 아니한 종자를 판매하거나 보급하려는 자는 종자의 용기나 포장에 표시해야할 품질표시 2가지를 적으시오

해답
- 종자의 생산 연도 또는 포장 연월
- 종자의 발아(發芽) 보증시한(발아율을 표시할 수 없는 종자는 제외한다)

40 종자의 보증 효력을 잃은 것으로 보는 경우 3가지를 적으시오

해답
- 보증표시를 하지 아니하거나 보증표시를 위조 또는 변조하였을 때
- 보증의 유효기간이 지났을 때
- 포장한 보증종자의 포장을 뜯거나 열었을 때. 다만, 해당 종자를 보증한 보증기관이나 종자관리사의 감독에 따라 분포장하는 경우는 제외한다.

41 종자기술연구단지를 조성하거나 그 조성을 지원하려는 경우 고려해야 될 사항을 적으시오

해답
면적, 작물 재배환경, 개발 여건

42 종자의 수출·수입을 제한하거나 수입된 종자의 국내 유통을 제한할 수 있는 경우 3가지를 적으시오

> **해답**
> - 수입된 종자에 유해한 잡초종자가 농림축산식품부장관이 정하여 고시하는 기준 이상으로 포함되어 있는 경우
> - 수입된 종자의 증식이나 교잡에 의한 유전자 변형 등으로 인하여 농작물 생태계 등 기존의 국내 생태계를 심각하게 파괴할 우려가 있는 경우
> - 수입된 종자의 재배로 인하여 특정 병해충이 확산될 우려가 있는 경우
> - 수입된 종자로부터 생산된 농산물의 특수성분으로 인하여 국민건강에 나쁜 영향을 미칠 우려가 있는 경우
> - 재래종 종자 또는 국내의 희소한 기본종자의 무분별한 수출 등으로 인하여 국내 유전자원 보존에 심각한 지장을 초래할 우려가 있는 경우

43 신품종의 보호 요건 5가지를 적으시오

> **해답**
> - 안정성
> - 구별성
> - 균일성
> - 신규성
> - 품종명칭

44 종자 수입 시에 필요한 서류 중 "품종 생산, 수입 판매 신고서"의 첨부서류 4가지를 적으시오

> **해답**
> - 신고품종의 사진 혹은 사진이 수록된 카탈로그 및 종자시료
> - 수입적응성시험 확인서
> - 대리권을 증명하는 서류
> - 검역합격증명서
> - 종자업등록증

45 식물신품종보호법상 임시보호권이 처음부터 발생하지 아니한 것으로 보는 경우 2가지 적으시오

> **해답**
> - 품종보호 출원이 포기·취하되거나 무효로 된 경우
> - 품종보호 출원의 거절결정이 확정된 경우

46 농림축산식품부장관이 종자산업의 안정적인 정착에 필요한 기술보급을 위하여 지방자치단체의 장에게 수행하게 할 수 있는 사업 3가지 적으시오

해답
- 종자 및 묘 생산과 관련된 기술의 보급에 필요한 정보 수집 및 교육
- 지역특화 농산물 품목 육성을 위한 품종개발
- 지역특화 육종연구단지의 조성 및 지원
- 종자생산 농가에 대한 채종 관련 기반시설의 지원
- 그 밖에 농림축산식품부장관이 필요하다고 인정하는 사업

47 수입적응성시험에서 식량작물의 실시기관을 적으시오

해답
농업기술실용화재단

48 뽕나무 묘목의 접목묘의 묘목의 길이와 직경을 적으시오

해답
묘목의 길이 : 50cm 이상, 묘목의 직경 : 7mm

49 종자산업진흥센터 시설기준에 의거 분자표지분석실의 규모를 적으시오

해답
$60m^2$ 이상

50 종자관리요강상 사후관리시험의 검사 횟수 및 시기를 적으시오

해답
시기 : 성숙기, 횟수 : 1회 이상

PART 5

필답형 문제

PART 5 · 필답 기출 100제

01 조직배양 시 옥신과 시토키닌의 배지 내 비율에 따라 식물조직의 분화에 어떤 영향을 주는지 설명하시오.

해답
옥신보다 시토키닌이 많을 경우 지상부의 생장이 왕성하고 옥신보다 시토키닌이 적을 경우 지하부의 생육이 왕성하다

02 종자의 품질 향상을 위해 적용하는 종자처리 방법 종류 4가지 쓰시오.

해답
- 종자소독
- 종자 프라이밍
- 종자 코팅
- 인공종자

03 벼의 포장검사 및 종자검사 기준에 특정해토를 적으시오.

해답
피

04 암꽃은 잘 맺히나 수꽃이 잘 맺지 않은 오이 품종이 있다. 수꽃을 잘 맺게 하려면 어떤 처리를 해야하는지 3가지 적으시오.

해답
- 고온 장일
- 초산은 처리
- 지베렐린 처리

05 종자를 구별하는 특성 4가지를 적으시오.

해답
- 종자의 크기
- 종자의 길이
- 종자의 형태
- 종자의 비중
- 종자의 색깔

06 우리나라의 씨감자 채종 과정을 적으시오.

해답
조직배양 → 기본종 → 기본식물 → 원원종 → 원종 → 보급종 → 농가 보급

07 콩의 특정병과 특정해초를 적으시오

해답
- 특정병 : 자주무늬병
- 특정해초 : 새삼

08 제웅과 제정의 정의를 적으시오

해답
- 제웅 : 자가수정을 방지하기 위해 꽃망울 상태에서 모계의 수술을 제거해 주는 것
- 제정 : 암술의 기능을 유지하면서 수술의 기능을 상실시키는 방법

09 실험실에서 말하는 발아의 정의를 적으시오

해답
알맞은 토양조건에서 장차 완전한 식물로 생장할 수 있는지의 여부를 보여주는 유묘 단계까지 필수 구조들이 출현하고 발달된 것

10 종자산업법에서 보증종자와 품종성능의 정의를 적으시오

해답
- "보증종자"란 이 법에 따라 해당 품종의 진위성과 해당 품종 종자의 품질이 보증된 채종 단계별 종자를 말한다.
- "품종성능"이란 품종이 이 법에서 정하는 일정 수준 이상의 재배 및 이용상의 가치를 생산하는 능력을 말한다.

11 종자춘화형, 녹식물춘화형에 해당하는 작물을 아래 보기에서 골라 적으시오.

< 보기 >
완두, 배추, 양배추, 당근, 잠두, 사탕무

해답
- 종자춘화형 : 완두, 잠두, 배추
- 녹식물춘화형 : 양배추, 당근, 사탕무

12 포장검사에서 품종순도 산출 방법을 적으시오

해답
재배작물 중 이형주(변형주), 이품종주, 이종종자주를 제외한 해당품종 고유의 특성을 나타내고 있는 개체의 비율을 말한다.

13 종자 저장 시 수분함량이 과할 경우 발생하는 문제점 4가지 적으시오

해답
- 종자 내부에 저장된 양분이 소실된다.
- 종자의 기계적 피해가 발생하기 쉽다.
- 곰팡이가 발생할 수 있다.
- 곤충의 번식장소가 될 가능성이 있다.

14 교배 시 개화기 조절방법 4가지를 적으시오

해답
- 파종기 조절
- 일장처리
- 춘화처리
- 생장조절제 처리

15 채종포를 설정하는데 격리거리를 고려해야 한다. 격리거리의 고려사항 4가지를 적으시오

해답
① 작물의 품종
② 채종포의 크기
③ 장애물의 유무 및 크기
④ 매개곤충의 개체수 및 활동범위

16 종자의 수분함량 계량 시의 단위와 소수점 자리에 대해 적으시오

해답
수분함량 계량의 경우 중량은 그램(g)으로 소수점 아래 세 자리까지다.

17 영양번식 방법 중 접목의 장점 4가지를 적으시오

해답
- 토양전염성 방제
- 병해충에 대한 저항력 증가
- 품질의 향상
- 환경에 대한 적응성 증가

18 종자의 저장에 있어 영향을 주는 요인 5가지를 적으시오

해답
- 종자의 수분 함량
- 종자의 내부적 요인
- 온도
- 상대습도
- 기계적 손상 정도

19 식물의 조직배양의 이용분야 4가지를 적으시오

해답
- 생장점 배양
- 화분배양
- 원형질체 융합
- 형질전환

20 십자화과 채소는 자식약세로 우량모본의 유지가 어렵다. 우량모본을 유지하기 위한 방법 2가지를 적으시오

해답
분형법, 집단도태법, 모본선발법

21 유전적 원인에 의한 종자의 퇴화 원인 5가지를 적으시오

해답
- 돌연변이
- 자연교잡
- 이형유전자의 분류
- 근교약세
- 기회적 부동

22 조직배양에서 사용되는 식물생장조절제 종류 2가지를 적고 각각의 작용 특성을 적으시오

해답
- 옥신 : 옥신은 식물의 신장에 관여하는 호르몬으로 줄기나 뿌리의 선단부에서 만들어져 세포의 신장촉진에 도움을 주며 측아의 발달을 억제하는 기능을 하는 정아우세 현상이 나타난다.
- 시토키닌 : 시토키닌은 주로 뿌리에서 합성되며 옥신과 함께 작용하여 세포분열을 촉진한다. 주로 물관을 통해 이동하며 측지발생 및 세포의 분열에 관여한다.

23 웅성불임성의 종류 3가지 적으시오

해답
- 세포질 유전자적 웅성불임
- 세포질적 웅성불임
- 유전자적 웅성불임

24 종자기술연구단지를 조성하거나 그 조성을 지원하려는 경우 고려해야 될 사항을 적으시오

해답
면적, 작물 재배환경, 개발 여건

[참고]
종자기술연구단지의 조성
- 면적 : 10헥타르 이상으로 단지조성이 가능한 지역
- 작물 재배환경 : 기상(평균기온, 안개일수, 일조시간, 강수량, 적설량 등), 토양, 자연재해, 수질, 농업용수 확보의 용이성 등
- 개발 여건 : 부지 정리, 도로 건설 및 용수로 · 배수로 설치 등의 용이성

25 현탁액에 가용성 물질을 녹인 후 종자에 처리하는 방법에 대해 적으시오

해답
종자침지법

26 괴경지표법에 대해 적으시오

해답
싹을 틔워 병징을 발현, 발생유무를 관찰하는 방법으로 최아법이라고도 한다

27 잡종강세의 정의를 적으시오

> **해답**
> 잡종강세는 잡종 자손의 형질이 부모보다 우수하게 나타나는 현상이다

28 육묘의 장점 3가지를 적으시오

> **해답**
> - 수확 및 출하시기 조절이 가능하다.
> - 수확량을 늘리거나 품질 향상을 기대할 수 있다.
> - 관리 및 보호도 용이하다.
> - 토지의 이용률을 높일 수 있다.
> - 직파가 불리한 작물(딸기, 고구마 등)에 적용할 수 있다.

29 과실나무에서 이용하는 꺾꽂이를 설명하고 가지꺾꽂이의 예를 드시오

> **해답**
> - 꺾꽂이 : 모체에서 분리한 영양체의 일부를 삽상에 심어 뿌리를 내리게 하여 독립개체로 번식시키는 방법이다.
> - 예시 : 녹지삽, 숙지삽
>
> [참고]
> - 녹지삽 : 당해년에 자란 가지가 굳어지기 전에 잎을 붙인 채로 삽목하는 방법
> - 숙지삽 : 전년도에 자란 가지를 삽목하는 방법

30 엽근채류의 채종재배, 일반재배의 비배 관리의 차이점을 채종재배의 관점에서 설명하고 그 이유를 적으시오

> **해답**
> - 차이점 : 채종재배는 비료를 균형있게 시비하고 추비를 하여 양분을 충분히 공급한다.
> - 이유 : 엽근채류는 월동 혹은 이식 후에 추대하기 때문에 종자를 얻기 위해 재배기간이 길어져 많은 양분을 요구한다.

31 배추의 채종양식 3가지 적으시오

해답
① 결구모본채종
② 이식채종
③ 직파채종

[참고]
① 결구모본채종 : 원종이나 원원종 채종에 이용되며 품종의 특성 유지 및 종자의 증식을 목표로 한다.
② 이식채종 : 일대 잡종 채종시 많이 이용한다. 불결구 상태로 월동하여 이듬해 봄에 개화 결실한다.
③ 직파채종 : 집단선발종 채종으로 생산비가 가장 적게 드는 채종법이다.

32 상추 무름병의 방지대책을 3가지 적으시오

해답
• 감염된 식물체는 제거한다.
• 사용하였던 농기구는 소독한다.
• 배수와 통풍이 잘되도록 한다.
• 농약신수화제 등 약제를 살포한다.

33 아래표는 총 100립의 종자의 발아시험을 진행한 표이다. 아래표를 참고하여 발아율과 평균 발아일수를 구하시오

치상 후 일수	1	2	3	4	5	6	미발아
당일 발아립 수	5	10	20	40	15	0	10

해답

• 발아율 : $\dfrac{5+10+20+40+15}{100} \times 100 = 90(\%)$

• 평균발아일수 : $\dfrac{(일수 \times 발아수)들의 합}{총발아수} = \dfrac{(1\times5)+(2\times10)+(3\times20)+(4\times40)+(5\times15)}{5+10+20+40+15}$

$= \dfrac{5+20+60+160+75}{90} ≒ 약 3.6$

34 채소류, 화훼류 종자를 저장하는 건조저장의 방법 3가지 적으시오

해답
- 상온저장법
- 저온저장법
- 밀봉저장법

35 종자가 배병 태좌에 붙어있던 곳을 무엇이라 하는지 적으시오

해답
제(배꼽)

36 인공교배를 성공하기 위해 요구되는 기술적 처리 사항 3가지를 적으시오

해답
- 개화기 조절
- 제웅 및 제정
- 꽃가루 검사
- 배배양법

37 종자 발아검사 시 재료에서 물의 조건 2가지를 적으시오

해답
- 배지에 사용하는 물의 불순물이 없어야 한다.
- pH 6 ~ 7.5 정도이어야 한다.
- 공급하는 보통의 물이 만족스럽지 못할 때는 증류수 또는 이온 정화수를 사용할 수 있다.

38 저장 중인 종자의 품질에 영향을 주는 요인 5가지 적으시오

해답
- 온도
- 습도
- 저장고 공기조성
- 종자 수분함량
- 기계적 손상 정도

39 종자의 생화학적 검사 방법 중에서 테트라졸륨 검사의 원리에 대해 적으시오

해답
활력 종자의 조직은 호흡으로 생긴 탈수소효소가 산화상태의 테트라졸륨과 결합하면 붉은색 계통을 띄게 된다.

40 만추계 무 채종 시 어떤 작업에 주의해야 조기 추대 계통을 도태시킬 방법 및 이유를 적으시오

해답
기부의 1차 측지를 1~2본 정도만 남기고 적심하는데 등숙기 춘화에 의한 불시추대를 방지하기 때문이다.

41 십자화과 채소를 자가수분하여 종자를 얻을 수 있는 방법을 적으시오

해답
교배 양친을 순수하게 유지하기 위해 자식하려면 자가불화합성을 일시적으로 타파해야 하며 자가불화합성의 타파를 위해서 자가불화합성 물질이 생성되는 시기를 회피하거나 불화합 반응조직 제거, 불화합 유기물질 파괴, 불화합반응의 억제를 위한 뇌수분, 노화수분, 지연수분, 고온처리, 전기 자극, 이산화탄소 처리 등의 방법을 활용한다.

42 핵과류를 설명하고 종류 3가지를 적으시오

해답
- 정의 : 핵과류는 중과피가 발달하였고 과실 속에 단단한 핵이 있다.
- 종류 : 복숭아, 매실, 살구, 자두

43 배유의 가장 바깥쪽 층이며 밀기울이라고 하는 층을 적으시오

해답
호분층

44 품종보호를 받을 수 있는 품종의 요건 3가지를 적으시오

해답
- 안정성
- 구별성
- 균일성
- 신규성
- 품종명칭

45 종자건전도 검사의 종류 4가지 적으시오

> **해답**
> - 배양하지 않고 조사(직접조사, 흡수시킨 종자 조사, 씻어내어 조사)
> - 배양후 조사
> - 식물체 조사
> - 혈청반응

46 약배양의 종자생산적 이용가치에 대해 적으시오

> **해답**
> 약배양은 화분이 들어 있는 약을 식물체에 분리하여 배양하고 화분배양은 약에서 체세포 조직을 제거하여 소포자만을 분리 배양하며 이를 통해 육종 연한을 단축시킬수 있으며 열성형질의 조기 발견이 가능하다.

47 인공종자의 장점 3가지를 적으시오

> **해답**
> - 영양체 유지 및 보존에 유리하다.
> - 대량생산이 가능하다.
> - 발아력이 우수하다.

48 휴면타파의 방법 중에서 층적처리의 목적, 방법에 대해 적으시오

> **해답**
> - 목적 : 층적처리는 휴면의 타파 뿐만 아니라 발아력 저하방지, 발아억제물질 제거, 후숙 방지 등을 목적으로 한다.
> - 방법 : 나무상자나 나무통에 습기가 있는 모래 혹은 톱밥과 종자를 층을 만들어 종자를 넣어 저온 저장고에 보관한다. 일반적으로 모래 4cm, 종자 2cm 로 층을 쌓는다.

49 영양번식을 이용하는 줄기 2가지와 해당 작물 2가지를 적으시오

> **해답**
> - 괴경 : 감자, 토란
> - 인경 : 양파, 마늘
> [참고] - 영양기관
> - 덩이줄기(괴경) : 감자, 토란, 돼지감자 등
> - 알줄기(구경) : 글라디올러스, 프라이자 등
> - 비늘줄기(인경) : 마늘, 양파 등
> - 땅속줄기(지하경) : 생강, 연, 박하, 호프 등

50 종자검사 시 종자의 예비정선 작업에 이용하는 기구 2가지를 적으시오

해답
탈영기, 탈망기

51 웅성가임주와 웅성불임주 중에서 어떤 것을 많이 심어야 하는지, 가임주와 불임주를 어떻게 구별하는지 적으시오

해답
- 웅성불임주를 더 많이 심도록 한다.
- 화분의 유무를 통해 구별할 수 있다.

52 멘델의 유전법칙이 성공한 이유를 3가지 적으시오

해답
- 대립형질이 뚜렷한 완두의 선택
- 과학적으로 정밀하게 진행
- 연구결과를 통계처리 함
- 유전자를 기호로 표시하여 추리에 용이

53 자방친의 세포질이나 핵은 불임성을 가지고 화분친은 F1 이 가임이 되기도 하고 불임이 되기도 한다. 이러한 불임성의 형태와 종류를 적으시오

해답
- 형태 : 세포질 유전자적 웅성불임
- 종류 : 양파, 사탕무, 아마

54 자가불화합성 회피 및 억제를 위한 방법 2가지를 적으시오

해답
뇌수분, 노화수분, 지연수분, 고온처리, 전기 자극, 이산화탄소 처리

55 다음 ( )에 알맞은 말을 적으시오

> 두 품종 A, B간의 교배를 (①)라고 하며, A*B 교배조합의 자방친과 화분친을 바꾸어 교배하는 것을 (②)라고 한다.

해답
① 단교배
② 정역교배

56 종자관리요강에 포장검사 및 종자검사의 검사기준에서 콩의 특정병을 적으시오

해답
자주무늬병(자반병)

57 인공종자의 장점 3가지를 적으시오

해답
- 영양체 유지 및 보존에 유리하다
- 대량생산이 가능하다
- 발아력이 우수하다

58 증식용 종자의 수확적기를 적고 조기 채종 및 만기 채종의 단점을 적으시오

해답
- 수확적기 : 최고의 건물중 및 안전 저장이 가능한 수분함량일 때
- 조기 채종 단점 : 종자생산량 감소 및 종자 활력이 낮아진다
- 만기 채종 단점 : 탈립, 도복의 가능성이 높고 탈곡 시 기계적 손상이 일어난다

59 벼의 수량구성요소 중 3가지를 적으시오

해답
- 단위면적당 이삭수
- 이삭당 영화수
- 등숙비율
- 천립중

60 벼, 밀, 보리의 인공수분 시 제웅법에서 절영법에 대해 적으시오

해답
영의 선단 부위를 가위로 잘라 핀셋으로 수술을 끄집어 낸다.

61 품종의 특성 유지 방법 중 개체집단선발법과 계통집단선발법에 대해 적으시오

해답
- 개체집단선발법은 특성유지를 원하는 품종을 재배하여 그 품종의 특성을 가진 개체만을 선발한다.
- 계통집단선발법은 개체집단선발법으로 선발한 개체를 계통재배하여 그 계통을 서로 비교하여 순계만 선발한다.

62 배추과 채소의 꽃눈분화, 추대에 영향을 주는 환경적 요인을 적으시오

해답
- 꽃눈분화 : 저온 조건
- 추대 : 고온 장일 조건

63 과수의 조직배양 중 경정배양의 장점 3가지 적으시오

해답
- 무병주 양성이 가능하다.
- 정아 및 액아 모두 이용 가능하다.
- 모수와 유전적으로 동일한 형질을 얻을 수 있다.
- 대량 증식이 가능하다.

[참고]
경정배양 : 식물의 분열 조직을 포함하는 줄기 끝부분을 배양하는 것으로 모수와 유전적으로 동일한 식물을 만들 수 있다.

64 원예작물에서 고정종보다 1대잡종이 가진 장점 3가지를 적으시오

해답
- 강건성
- 내병성
- 품질의 균일성
- 다수확성

[참고]
고정종 : 특성이 유전적으로 고정되어 있어 양친과 동일한 유전자를 가진 자손의 품종

65 수명이 긴 종자의 일반적인 특성에 대해 적으시오

해답
종자의 상처가 적고 종피가 단단하며 종자수분이 적고 저온에서 저장한 종자의 경우 수명이 길다

66 조직배양기술에서 반수체를 유기하는 방법 3가지 적으시오

해답
- 화분배양
- 배배양
- 약배양
- 배주배양

67 감자의 휴면타파 방법 2가지를 적으시오

해답
- 지베렐린 처리(GA처리)
- 에틸렌-클로로하이드린 처리
- 박피절단법

68 종자관리요강에 따른 포장검사 및 종자검사의 검사기준에서 밀의 기타병을 5가지 적으시오

해답
흰가루병, 줄기녹병, 위축병, 좀녹병, 엽고병, 붉은곰팡이병

69 배추 채종적지에 적합한 환경조건 3가지를 적으시오

해답
- 겨울철에 기온이 온난한 곳
- 지리적으로 격리된 곳
- 가을파종에 의한 겨울의 저온감응, 봄철의 고온장일로 개화가 가능한 곳

70 오이 접목 재배의 장점 3가지 적으시오

해답
- 토양전염병 방제
- 양분 및 수분의 흡수력 증대
- 저온 신장성 증대
- 이식성 향상

71 수박의 채종재배 시 인공수분을 해도 착과가 잘되지 않는 경우 4가지 적으시오

해답
- 외부 환경이 저온인 경우
- 씨방의 발육이 불량한 경우
- 일조가 부족한 경우
- 질소질 비료가 과다하게 공급된 경우

72 육종연한을 단축시킬 수 있는 방법 4가지 적으시오

해답
- 약배양
- 화분배양
- 배배양
- 접목
- 원형질체 융합

73 다음 보기 중에서 호광성 종자를 고르시오.

< 보기 >
상추, 고추, 양파, 오이, 우엉, 호박, 토마토

해답
상추, 우엉
[참고]
호광성 종자 종류 : 담배, 상추, 우엉, 뽕나무, 베고니아, 샐러리 등

74 벼의 인공교배 시간은 개화 당일 어느 시간이 좋으며 그 이유를 적으시오

해답
- 시간 : 11~12시
- 이유 : 개화는 오전중에 시작되나 11~12시 사이 개화 최성기이다

75 일반 육묘에 비해 플러그 육묘의 장점 3가지 적으시오

해답
- 육묘기간이 단축된다.
- 묘의 대량생산이 가능하다.
- 기계화로 생산비가 절감된다.
- 집중관리가 용이하다.

- 정식 후 활착이 빠르다.

76 속씨식물의 배유형성 과정에 대해 적으시오

해답
피자식물(속씨식물)의 수정은 배낭 내로 들어간 2개의 정핵 중 하나는 난핵과 융합하여 2n 인 배를 형성하고 다른 하나는 2개의 극핵과 융합하여 3n 의 배유를 형성한다.

77 순도 높은 씨고구마 선발을 위한 방법 2가지를 적으시오

해답
개체선발법, 계통선발법

78 겉보리의 특정병 2가지를 적으시오

해답
겉깜부기병, 속깜부기병, 보리줄무늬병

79 종자 저장에서 철제용기가 종이용기보다 저장에 유리한 이유를 적으시오

해답
수분 함량 유지에 효과적이기 때문이다.

80 종자프라이밍의 기대효과 4가지를 적으시오

해답
- 발아율 증대
- 발아의 균일성 향상
- 포장 출현율 증대
- 휴면타파

81 채소 종자의 보증 유효기간을 적으시오

해답
2년

82 약배양에 대해 설명하시오

해답

약배양은 화분이 들어 있는 약을 식물체에 분리하여 배양하고 화분배양은 약에서 체세포 조직을 제거하여 소포자만을 분리 배양한다.

83 자발휴면과 타발휴면에 대해 적으시오

해답

- 자발휴면 : 외적요인이 생육에 적합하여도 내적요인에 의하여 휴면을 하는 경우
- 타발휴면 : 외적요인이 종자가 발아하기 부적합한 경우

84 종자번식과 영양번식을 비교할 때 종자번식의 장점 3가지를 적으시오

해답

- 번식 방법이 쉽다.
- 발육이 왕성하다.
- 수명이 길다.
- 종자의 수송이 용이하고 육묘비가 저렴하다.

85 테트라졸륨 검사시 활력이 있는 종자는 무슨 색으로 변하는지 적으시오

해답

적색

86 저온항온기법으로 수분을 측정하는 작물의 종류 5가지를 적으시오

해답

마늘, 파, 부추, 콩, 유채

87 품종의 순도 유지방법 3가지를 적으시오

해답

- 격리재배
- 포장검사
- 유전적 순도 검정
- 보증종자의 사용

88 종자의 수분 흡수 속도에 영향을 주는 요인 3가지를 적으시오.

해답
- 종피의 상태
- 종자의 화학성분
- 작물의 종류
- 온도

89 정상묘의 정의 및 범주를 적으시오.

해답
- 정의 : 정상묘는 질 좋은 흙과, 적당한 수분, 온도, 광의 조건에서 식물로 계속 자랄 수 있는 능력을 보이는 것으로 다음과 같이 구분된다.
- 범주
  - 완전묘 : 모든 필수 구조가 잘 발달하고 무병하며 균형이 완전한 묘
  - 경 결함묘 : 완전묘와 비교하여 균형 있게 발달하고 다른 조건도 만족할 만한 묘이지만 필수구조에 가벼운 결함이 있는 묘
  - 2차 감염묘 : 완전묘, 경결함 묘로서 종자 자체의 전염이 아닌 외부의 다른 원인으로 진균이나 세균의 감염을 받은 묘

90 멀칭에 사용되는 투명플라스틱 필름의 효과 3가지를 적으시오.

해답
- 지온의 상승
- 토양의 건조 방지
- 비료의 유실 방지

91 아조변이의 정의를 적으시오.

해답
아조변이는 체세포돌연변이의 일종인데 식물의 줄기와 가지의 생장점 세포가 돌연변이를 일으킨 것으로 과수류의 신품종 육성에 이용된다.

92 십자화과채소 중 자가불화합성을 이용하여 1대 잡종종자 생산이 용이한 작물 2가지를 적으시오.

해답
무, 배추

93 종자소독용 훈증제가 구비해야 할 조건을 4가지를 적으시오.

해답
- 휘발성이 강해야 한다.
- 비인화성이어야 한다.
- 침투성이 좋아야 한다.
- 가격이 저렴해야 한다.

94 종자세의 정의를 적으시오.

해답
종자세는 종자의 발아와 유묘의 출현 중에 보이는 활성과 능력의 정도를 결정하는 종자의 성질이나 광범위한 포장조건 하에서 신속 균일하게 출현하여 정상의 묘로 자라는 능력을 결정짓는 종자의 성질로 종자의 품질을 결정하는 척도라 할 수 있다.

95 점파, 조파, 산파에 대해 설명하시오.

해답
- 점파 : 일정 간격으로 종자를 수 개씩 파종하는 방법
- 조파 : 종자를 줄지어 뿌리는 방법
- 산파 : 포장 전면에 종자를 흩어 뿌리는 방법

96 아래 보기의 작물을 장일식물, 단일식물, 중성식물로 분류하여 적으시오..

<보기>
보리, 국화, 고추, 가지, 당근, 옥수수, 상추

해답
- 장일식물 : 보리, 상추, 당근
- 단일식물 : 옥수수, 국화
- 중성식물 : 고추, 가지

97 종자검사요령에서 유채의 특정병을 적으시오.

해답
균핵병

98 포장검사의 목적을 적으시오.

해답
포장검사의 주된 목적은 품종의 유전적 순도검사이며, 주로 작물의 개화기를 전후하여 실시한다.

99 식물의 조직배양에서 발근 촉진을 위해 배지에 주로 사용하는 식물생장조절제를 적으시오.

해답
옥신

100 아래 보기의 작물을 단명종자, 중명종자, 장명종자로 구분하여 적으시오.

<보기>
수박, 보리, 메밀, 상추, 무, 배추, 토마토, 양파

해답
- 단명종자 : 양파, 메밀, 상추
- 중명종자 : 보리, 무
- 장명종자 : 수박, 배추, 토마토

2019 제1회 종자기사

*본문제는 수험생들의 기억을 바탕으로 작성 된 것으로 실제 문제와 차이가 있을 수 있습니다.

01 재외자가 품종보호를 받을 수 있는 경우에 대하여 적으시오

해답
국내에 주소, 영업소를 가진 품종보호에 관한 대리인(품종보호관리인)을 선임 하여야 한다. 품종보호를 받으려는 자가 대리인을 선임하는 경우에는 위임장을 산림청장, 국립종자원장, 국립수산과학원장, 품종보호심판위원회의 위원장에게 제출하여야 한다.

02 전용실시권자가 품종보호권자의 동의를 받지 아니하고 그 전용실시권을 이전 할 수 있는 경우 3가지 적으시오

해답
- 실시사업과 같이 이전하는 경우
- 상속
- 그 밖의 일반승계

03 종자산업법상 "종자"의 정의에 대해 적으시오

해답
"종자"란 증식용 또는 재배용으로 쓰이는 씨앗, 버섯 종균, 묘목, 포자 또는 영양체인 잎·줄기·뿌리 등을 말한다.

04 식물의 번식방법인 분주에 대해 적으시오

해답
분주는 뿌리가 달린채로 분리하여 번식시키는 방법이다.

05
벼의 포장검사에 대한 내용이다. (　　)에 알맞은 것을 적으시오

◎ 검사시기 및 회수 : 유숙기로부터 호숙기 사이에 (㉠)회 검사한다. 다만, 특정병에 한하여 검사횟수 및 시기 조정하여 실시할 수 있다.
◎ 포장격리 : 원원종포, 원종포는 이품종으로부터 (㉡)m 이상 격리되어야 하고 채종포는 이품종으로부터 (㉢)m 이상 격리되어야 한다. 다만, 각 포장과 이품종이 논둑 등으로 구획되어 있는 경우에는 그러하지 아니한다.

해답
㉠ 1
㉡ 3
㉢ 1

06
단순순환선발법에 대해 적으시오

해답
기본집단에서 선발한 우량개체를 자가수분하고 동시에 검정친과 교배한다. 검정교배 F_1중에서 잡종강세가 큰 자식계통으로 개량집단을 만들고, 개체간 상호교배하여 집단을 개량하는데 일반조합능력 개량에 효과적이다.

07
농림축산식품부장관은 종자산업의 육성 및 지원을 위하여 5년마다 농림종자산업의 육성 및 지원에 관한 종합계획을 수립·시행하여야 한다. 종합계획에 포함되어야 할 사항을 3가지 이상 적으시오

해답
- 종자산업의 현황과 전망
- 종자산업의 지원 방향 및 목표
- 종자산업의 육성 및 지원을 위한 중기·장기 투자계획
- 종자산업 관련 기술의 교육 및 전문인력의 육성방안
- 종자 및 묘 관련 농가의 안정적인 소득증대를 위한 연구개발 사업
- 민간의 육종연구를 지원하기 위한 기반구축 사업
- 수출 확대 등 대외시장 진출 촉진방안
- 종자 및 묘에 대한 교육 및 이해 증진방안
- 지방자치단체의 종자 및 묘 관련 산업 지원방안
- 그 밖에 종자산업의 육성 및 지원을 위하여 대통령령으로 정하는 사항

08 뽕나무는 무병 묘목인지 확인되지 않은 뽕밭과 최소 몇 m 이상 격리되어야 하는지 적으시오

해답
5m

참고
뽕나무는 무병 묘목인지 확인되지 않은 뽕밭과 최소 5m 이상 격리되어 근계의 접촉이 없어야 한다.

09 식물신품종보호법상 "실시"의 정의에 대해 적으시오

해답
"실시"란 보호품종의 종자를 증식·생산·조제·양도·대여·수출 또는 수입하거나 양도 또는 대여의 청약을 하는 행위를 말한다.

10 종자산업진흥센터의 업무 중 3가지를 적으시오

해답
- 종자산업의 활성화를 위한 지원시설의 설치 등 기반조성에 관한 사업
- 종자산업과 관련된 전문인력의 지원에 관한 사업
- 종자산업의 창업 및 경영 지원, 정보의 수집·공유·활용에 관한 사업
- 종자산업 발전을 위한 유통활성화와 국제협력 및 대외시장의 진출 지원
- 종자산업 발전을 위한 종자업자에 대한 지원
- 그 밖에 종자산업의 발전에 필요한 사업

11 성토법에 대해 설명하시오

해답
나무의 줄기를 지면 부근에서 절단하고 성토하여 그곳에서 새로운 가지의 밑부분에서 뿌리가 나오게 하는 방법이다.

12 피자식물의 중복수정을 정의하시오

해답
피자식물에서 꽃가루가 암술머리에 붙어 수분이 이루어지면 꽃가루가 발아하여 꽃가루관이 뻗어나와 암술대를 통과하여 배낭으로 들어간다. 꽃가루에 있던 2개의 정핵 중 1개는 난핵과 결합하여 배가 되고 다른 1개는 2개의 극핵과 결합해서 배젖(배유)이 된다.

13 자가불화합성은 식물육종 중 어디에 이용되는지 적으시오

> 해답
> ① 잡종강세를 나타내는 작물의 1대잡종(F_1) 종자를 대량 생산할 수 있어 국내의 경우 무, 배추, 양배추 종자 생산에 이용된다
> ② 자가불화합성인 계통은 계통 내의 결실이 불가능하여 자가불화합성인 2계통을 혼식하여 두 계통 간의 1대잡종(F_1)을 채종할 수 있다
> ③ 동일한 개체를 재배하면 종자가 형성되지 않는 품질 좋은 과실을 생산할 수 있어 파인애플 등 단위결과성이 높은 씨 없는 과실의 생산이 가능하다
> ④ 동일 개체를 재배하면 수정이 이루어지지 않아 개화 기간을 연장할 수 있어 화훼류의 개화 연장에 이용한다.

14 식물신품종보호법상 "품종보호권"의 정의를 적으시오

> 해답
> "품종보호권"이란 이 법에 따라 품종보호를 받을 수 있는 권리를 가진 자에게 주는 권리를 말한다.

15 품종보호권이 공유인 경우 각 공유자가 다른 공유자의 동의를 받지 아니하면 할 수 없는 행위 2가지 적으시오

> 해답
> • 공유지분을 양도하거나 공유지분을 목적으로 하는 질권의 설정
> • 해당 품종보호권에 대한 전용실시권의 설정 또는 통상실시권의 허락

16 농림축산식품부장관이 종자산업의 안정적인 정착에 필요한 기술보급을 위하여 지방자치단체의 장에게 수행하게 할 수 있는 사업 3가지 적으시오

> 해답
> • 종자 및 묘 생산과 관련된 기술의 보급에 필요한 정보 수집 및 교육
> • 지역특화 농산물 품목 육성을 위한 품종개발
> • 지역특화 육종연구단지의 조성 및 지원
> • 종자생산 농가에 대한 채종 관련 기반시설의 지원
> • 그 밖에 농림축산식품부장관이 필요하다고 인정하는 사업

17 식물신품종보호법상 임시보호권이 처음부터 발생하지 아니한 것으로 보는 경우 2가지 적으시오

> 해답
> • 품종보호 출원이 포기·취하되거나 무효로 된 경우
> • 품종보호 출원의 거절결정이 확정된 경우

18 종자관리요강 중 조사용 종자의 수거에 대한 내용이다. ( )에 알맞은 것을 적으시오.

> ◎ 수거대상 : 농림축산식품부장관 또는 시·도지사가 정한다.
> ◎ 종자의 수거량은 제20조의 제출량 기준에 따른다
> ◎ 종자 수거방법
> 가. 관계공무원은 수거대상 종자시료를 시료제공자의 입회하에 시료제공자 보관용 5분의 1, 검사용 5분의4 비율의 2봉투로 분할하여 각각 봉인한다
> 나. 국립종자원장 또는 산림청장(국립산림품종관리센터장)은 실검사용 종자시료를 종자업체별 품종별로 무작위 추출하여 그 중 (①)은 공시하고 나머지 (②)은 봉인하여 (③)년간 보관을 하여야 하며, 실검사에 사용되지 않은 남은 종자는 즉시 해당 종자업자에게 반송하여야 한다.

해답
① 2분의1
② 2분의1
③ 1

19 공정육묘 장점 5가지 적으시오.

해답
· 육묘기간이 단축된다.
· 묘의 대량생산이 가능하다.
· 기계화로 생산비가 절감된다.
· 집중관리가 용이하다.
· 정식 후 활착이 빠르다.

20 채소류를 접목했을 때의 장점 3가지

해답
· 토양전염성 방제
· 재배기간의 연장
· 품질의 향상

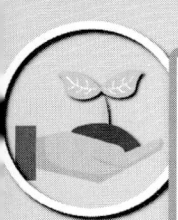

2019 제2회 종자기사

*본문제는 수험생들의 기억을 바탕으로 작성 된 것으로 실제 문제와 차이가 있을 수 있습니다.

01 약배양육종법의 주요 절차에 대해 적으시오

> **해답**
> 약을 채취할 식물 양성 → 식물의 전처리 → 식물 유전자형 차이 확인 → 꽃가루 세포의 발육단계 확인 → 배지 선정 → 소독, 배양

02 원예작물의 품종개발에 이용되는 생물공학기술 3가지 적으시오

> **해답**
> 약배양, 배배양, 세포융합

03 영양번식의 장점 4가지 적으시오

> **해답**
> ① 영양번식은 채종이 곤란한 작물에 적용하면 유리하다.
> ② 우량한 상태의 유전형질을 유지할 수 있다.
> ③ 종자번식보다 생육이 왕성하고 짧은 기간 내에 수확이 가능하고 수량도 증가한다.
> ④ 접목의 경우 환경에 대한 적응성, 병해충에 대한 저항력이 증가한다.

04 조직배양 시 배지 조제에 이용되는 무기염류 중에서 필수 다량원소 5가지를 적으시오

> **해답**
> 질소(N), 칼륨(K), 칼슘(Ca), 마그네슘(Mg), 인(P), 황(S)

05 부정배생식에 대해 적으시오

> **해답**
> 배낭을 둘러싸고 있는 많은 체세포들이 여러 개의 배가 발생하는 경우 부정배형성 혹은 부정배생식이라 한다.

06 십자화과 채소는 자식약세 때문에 우량모본 유지가 어렵다. 모본을 유지하기 위한 방법 2가지를 적으시오.

> **해답**
>
> 분형법, 집단도태법, 모본선발법

07 양전화 작물의 교배방법에 대해 적으시오

> **해답**
>
> 양전화(양성화) 작물의 경우 개화 전날 제웅하여 모계와 부계의 봉지를 씌우고 수분을 하고 나서 봉지를 제거한다. 개화 당일 봉지를 벗기고 교배를 하며 다시 봉지를 씌워 표찰을 부착한다

08 감자의 휴면타파에 효과적인 약제 2가지 적으시오

> **해답**
>
> - 지베렐린
> - 에틸린-클로로하이드린

09 종자 발아능검사에서 셀레나이트법의 원리에 대해 적으시오

> **해답**
>
> 종자의 발아능을 검사하는 방법으로 셀레나이트염을 이용하여 살아있는 종자의 세포에 탈수소효소의 활성으로 적색의 셀레늄이 환원되는 원리를 이용하며 착색되지 않는 종자는 발아하지 않는다

10 "이물"의 정의와 예시 3가지 적으시오

> **해답**
>
> - 정의 : 정립이나 이종종자로 분류되지 않는 종자구조를 가졌거나 종자가 아닌 모든 물질
> - 예시
>   ① 원형의 반 미만의 작물종자 쇄립 또는 피해립
>   ② 완전 박피된 두과종자, 십자화과 종자 및 야생겨자종자
>   ③ 작물종자 중 불임소수
>   ④ 맥각병해립, 균핵병해립, 깜부기병해립, 선충에 의한 충영립
>   ⑤ 배아가 없는 잡초종자

11 채종포에서 격리거리가 필요한 이유와 격리거리에 영향을 주는 요인 4가지를 적으시오

> **해답**
> - 이유 : 자연교잡 방지
> - 영향 요인
>   ① 작물의 품종
>   ② 채종포의 크기
>   ③ 장애물의 유무 및 크기
>   ④ 매개곤충의 개체수 및 활동범위

12 인공 영양번식방법 중 취목의 정의와 종류에 대해 설명하시오

> **해답**
> - 정의 : 취목은 식물의 가지나 줄기를 모체에서 분리하지 않고 흙에 묻거나 암흑상태에 습기와 공기 조건을 맞추어 주면 발근이 되어 이 발근된 부위를 독립적으로 번식시키는 방법이다
> - 종류
>   ① 단순취목(선취법) : 가지를 굽혀서 땅속에 묻고 자기의 선단을 지상으로 나오게 하는 방법이다
>   ② 공중취목(고취법) : 가지나 줄기의 일부에 상처를 주고 그 자리에 수태 혹은 황토로 싸서 건조하지 않도록 해주며 물을 주어 적당한 습도 조건에 유지하여 발근하는 방법이다
>   ③ 맹아지취목(성토법) : 나무의 줄기를 지면 부근에서 절단하고 성토하여 그곳에서 새로운 가지의 밑부분에서 뿌리가 나오게 하는 방법이다

13 양파를 가을에 정식하고 봄에 채종하려고 하였으나 추대가 잘 되지 않아 채종이 어려웠다. 이러한 이유 2가지를 적으시오

> **해답**
> - 양파 모본저장 시 온도가 0~5℃ 또는 20℃ 이상일 경우 추대가 적거나 추대하지 않는다.
> - 기본영양생장이 이루어지기 전에 생식생장으로 전환되는 경우 추대가 잘 되지 않는다.

14 종자의 종류를 구별하는 검사 방법 3가지 적으시오

> **해답**
> 전생육검사, 자외선검사, 화학적 검사, 염색체수 조사, 전기영동검사, 크로마토그래피검사, 세포학적 검사

15 양배추 F₁의 양친을 대량생산하는 방법을 적으시오

해답
양배추의 1대 종자의 대량 생산을 위해서는 자가불화합성을 이용하며 자가불화합성이 있는 교배양친을 순수하게 유지하기 위해 자식하려면 자가불화합성을 일시적으로 타파해야 하며 뇌수분, 노화수분, 지연수분, 고온처리, 전기 자극, 이산화탄소 처리 등의 방법을 활용한다.

16 아래 보기 중 제웅이 필요한 작물 2가지를 고르고 그 이유를 적으시오.

< 보기 >
시금치, 아스파라거스, 호프, 고추, 수박

해답
- 제웅이 필요한 작물 : 아스파라거스, 호프
- 이유 : 자연교잡 및 자가수정 방지

17 망실에서 방임수분을 할 때 취해야 할 조치를 적으시오

해답
망실 내에서 인공수분이 필요하기에 매개곤충을 이용하여 수분을 한다

참고 방임수분
바람, 곤충 등에 의해 자연적으로 이루어지는 수분

18 석회결핍 시 채종재배에 미치는 영향 3가지를 적으시오

해답
- 정상 종자가 줄어든다.
- 발아율이 저하된다.
- 종자의 수명이 단축된다.

19 작물별 포장검사 규격에서 감자의 특정병 2가지를 적으시오

해답
모자이크바이러스, 걀쭉병, 풋마름병, 둘레썩음병

20 계통육종법에 대해 서술하시오

해답

계통육종법은 교배를 하여 잡종을 만들고 그 분리세대인 F_2 이후부터 계속 개체선발을 하고 선발된 개체를 개체별 계통재배를 되풀이 하면 그들 계통을 서로 비교하여 우량한 계통을 선발, 고정하여 순계를 만들어 가는 방법으로 자가수정작물의 대표적인 육종방법이다.

2019 제3회 종자기사

*본문제는 수험생들의 기억을 바탕으로 작성 된 것으로 실제 문제와 차이가 있을 수 있습니다.

01 휴립구파법에 대해 설명하시오

해답
이랑을 세우고 낮은 골에 파종하는 방법이다.

02 집단육종법에 대해 설명하시오

해답
집단육종법은 교배를 하여 잡종을 만들고 잡종 초기세대에 선발을 하지 않고 집단채종이나 혼합재배를 하여 수세대를 거쳐 개체가 순종이 되었을 때 선발을 시작하는 육종법이다.

03 테트라졸륨 용액의 pH를 적으시오

해답
· pH 범위 : 6.5~7.5

04 다음 ( )에 알맞은 말을 적으시오.

> 두 식물 영양체를 ( )이 밀착되도록 접합시켜 독립개체로 접합하도록 하는 방법을 접목이라 하고 정부가 되는 부분을 접수, 기부가 되는 부분을 대목이라 한다. 접목 후 생리작용이 원활하게 이루어지는 것을 ( )이라 하고 발육과 결실이 좋은 경우 ( )이 있다고 한다

해답
㉠ 형성층 ㉡ 활착 ㉢ 친화성

05 식물신품종보호법상 "실시"의 정의를 적으시오

해답
"실시"란 보호품종의 종자를 증식·생산·조제·양도·대여·수출 또는 수입하거나 양도 또는 대여의 청약을 하는 행위를 말한다.

06 식물신품종보호법상 "육성자"의 정의에 대해 적으시오

> **해답**
>
> "육성자"란 품종을 육성한 자나 이를 발견하여 개발한 자를 말한다.

07 발아율의 공식과 벼, 보리, 밀, 콩의 최저발아율 기준을 적으시오

> **해답**
>
> - 공식 : 발아율 $= \dfrac{\text{정상묘 발아입수}}{\text{총 종자입수}} \times 100(\%)$
> - 최저발아율 기준 : 85%

08 종자산업법상 "보증종자"의 정의와 보증표시에 대해 적으시오

> **해답**
>
> - 정의 : "보증종자"란 이 법에 따라 해당 품종의 진위성과 해당 품종 종자의 품질이 보증된 채종단계별 종자를 말한다.
> - 보증표시
>   - 원원종 : 바탕색은 흰색, 대각선은 보라색, 글씨는 검은색
>   - 원종 : 바탕색은 흰색, 글씨는 검은색
>   - 보급종(Ⅰ) : 바탕색은 흰색, 글씨는 검은색
>   - 보급종(Ⅱ) : 바탕색은 붉은색, 글씨는 검은색

09 다음 화서의 명칭을 적으시오.

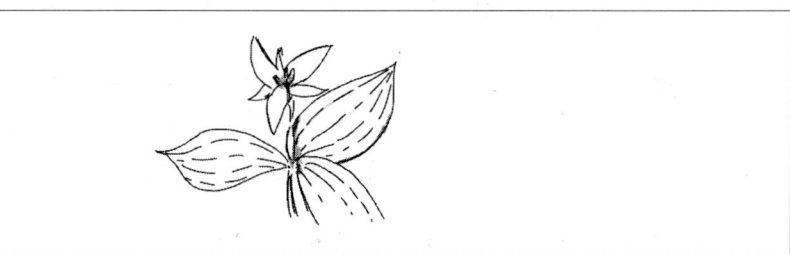

> **해답**
>
> 단정화서

10 경 결함묘의 정의, 예시 3가지 적으시오

해답
- 정의 : 완전묘와 비교하여 균형 있게 발달하고 다른 조건도 만족할 만한 묘이지만 필수구조에 가벼운 결함이 있는 묘
- 예시
  - 초생근이 약간 손상된 경우
  - 하배축, 중경, 상배축에 약간의 장해가 있는 경우
  - 초생근에 결함이 있으나 2차근이 충분히 발달한 경우
  - 둘 대신 3개의 자엽
  - 둘 대신 3개의 자엽
  - 단지 두 개의 종자근

11 보기에서 단명종자를 고르시오

< 보기 >
사탕무, 가지, 고추, 양파, 수박, 토마토, 당근

해답
고추, 양파, 당근

12 약배양에 대해서 설명하고 장점과 단점을 적으시오

해답
- 정의 : 약배양은 화분이 들어 있는 약을 식물체에 분리하여 배양하고 화분배양은 약에서 체세포 조직을 제거하여 소포자만을 분리 배양한다.
- 장점 : 약배양은 육종연한을 단축시킬수 있고 열성형질의 조기 발견이 가능하다.
- 단점 : 유전자 조환 가능성이 적고 반수체 착출 효율이 낮다.

13 식물신품종 보호법상 안정성에 대해 설명하시오

해답
품종의 본질적 특성이 반복적으로 증식된 후 에도 그 품종의 본질적 특성이 변하지 아니하는 경우에는 그 품종은 안정성을 갖춘 것으로 본다.

14 1차시료와 합성시료를 설명하시오

해답
- 1차 시료 : 소집단의 한 부분으로부터 얻어진 적은 양의 시료를 말한다.
- 합성시료 : 소집단에서 추출한 모든 1차시료를 혼합하여 만든 시료를 말한다.

15 종자의 증식단계를 적으시오

해답
기본식물, 원원종, 원종, 채종포(보급종), 농가 보급

16 육묘재배의 장점 3가지를 적으시오

해답
- 수확 및 출하시기 조절이 가능하다.
- 수확량을 늘리거나 품질 향상을 기대할 수 있다.
- 관리 및 보호도 용이하다.
- 토지의 이용률을 높일 수 있다.
- 직파가 불리한 작물(딸기, 고구마 등)에 적용할 수 있다.

17 벼의 특정병 2가지 적으시오

해답
- 키다리병
- 선충심고병

18 장명종자에 대해 설명하시오

해답
장명종자는 종자의 수명이 4~6년 혹은 6년 이상인 종자를 말한다.

19 종자산업법에서 "종자업"에 대해 정의하시오

해답
"종자업"이란 종자를 생산·가공 또는 다시 포장하여 판매하는 행위를 업으로 하는 것을 말한다.

2019 제3회 종자산업기사

*본문제는 수험생들의 기억을 바탕으로 작성 된 것으로 실제 문제와 차이가 있을 수 있습니다.

01 식물신품종보호법상 "품종보호권"의 정의를 적으시오

해답

"품종보호권"이란 이 법에 따라 품종보호를 받을 수 있는 권리를 가진 자에게 주는 권리를 말한다.

02 식물신품종보호법상 보호품종의 정의를 적으시오

해답

"보호품종"이란 이 법에 따른 품종보호 요건을 갖추어 품종보호권이 주어진 품종을 말한다.

03 아래 그림을 보고 알맞은 화서의 종류를 적으시오

해답

육수화서

04 작휴방법 중 휴립휴파법에 대해 설명하시오

해답

이랑을 세우고 이랑에 파종하는 방법이다.

05 인공종자의 제조방법에 대해 서술하시오

해답

인공종자는 조직배양으로 생산한 배양 가능물질을 수분과 양분, 통기성이 있는 겔(gel)로 포장하고 캡슐로 만든 종자를 말한다.

06 과수접목에 있어 활착과 친화성에 정의를 적으시오

해답
- 활착 : 접목 후 생리작용이 원활하게 이루어지는 것을 말한다.
- 친화성 : 접목 후 발육과 결실이 좋은 경우 친화성이 있다라고 한다.

07 발아율 공식을 적으시오

해답

$$발아율 = \frac{정상묘\ 발아입수}{총\ 종자입수} \times 100(\%)$$

08 발아세의 정의를 적으시오

해답
치상 후 일정기간까지의 발아율 또는 표준발아검사에서 중간발아조사일까지의 발아율을 말한다.

09 종자산업법상 종자산업의 정의를 적으시오

해답
"종자산업"이란 종자와 묘를 연구개발·육성·증식·생산·가공·유통·수출·수입 또는 전시 등을 하거나 이와 관련된 산업을 말한다.

10 종자산업법상 작물의 정의를 적으시오

해답
"작물"이란 농산물 또는 임산물의 생산을 위하여 재배되는 모든 식물을 말한다.

11 테트라졸륨 검사법에서 용액의 농도 조건을 적으시오

해답
농도 0.1~1.0%

12 계통육종법에 대해 서술하시오

해답
계통육종법은 교배를 하여 잡종을 만들고 그 분리세대인 F_2 이후부터 계속 개체선발을 하고 선발된 개체를 개체별 계통재배를 되풀이 하면 그들 계통을 서로 비교하여 우량한 계통을 선발, 고정하여 순계를 만들어 가는 방법으로 자가수정작물의 대표적인 육종방법이다.

13 작물별 포장검사 규격에서 감자의 특정병 2가지를 적으시오

해답

모자이크바이러스, 갈쭉병, 풋마름병, 둘레썩음병

14 아래 보기의 작물 중에서 장명종자를 모두 고르시오

<보기>
수박, 고추, 토마토, 상추, 파, 땅콩

해답

토마토, 가지, 수박

15 합성시료의 정의를 적으시오

해답

소집단에서 추출한 모든 1차시료를 혼합하여 만든 시료를 말한다.

16 아래 고추 종자의 그림을 보고 표시된 부위의 명칭을 적으시오

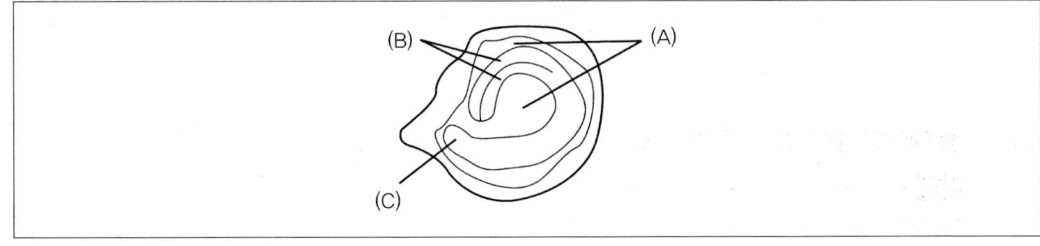

해답

A : 배유, B : 자엽, C : 유근

17 기존의 육묘법과 비교했을 때 공정육묘의 장점 5가지를 적으시오

해답

- 육묘기간이 단축된다.
- 묘의 대량생산이 가능하다.
- 기계화로 생산비가 절감된다.
- 집중관리가 용이하다.
- 정식 후 활착이 빠르다.

18 채소류를 접목했을 때의 장점 3가지

> **해답**
> • 토양전염성 방제
> • 재배기간의 연장
> • 품질의 향상

19 녹지삽의 정의를 적으시오

> **해답**

당해년에 자란 가지가 굳어지기 전에 잎을 붙인 채로 삽목하는 방법을 녹지삽이라 한다.

2020 제1회 종자기사

*본문제는 수험생들의 기억을 바탕으로 작성 된 것으로 실제 문제와 차이가 있을 수 있습니다.

01 종자건전도 검정에서 배추과의 뿌리썩음병에 대한 내용이다. 아래 빈칸을 채우시오.

> ◎ 시험시료 : (①) 립
> ◎ 방법 : 샤레에 여과지(Whatman No.1) 3장씩을 깔고 5mL의 2,4-D의sodium염 (②)% 용액을 떨어트려 종자발아를 억제시킨다. 여분의 2,4-D액을 따라 버리고 종자를 무균수로 씻은 다음 샤레에 50입씩 치상한다.

해답

① 1000
② 0.2

02 과수 바이러스 및 바이로이드 검정방법에서 아래 채취량의 기준을 적으시오

> ◎ 묘목당 ( ) 잎

해답

5

03 합성시료의 정의를 적으시오

해답

합성시료는 소집단에서 추출한 모든 1차시료를 혼합하여 만든 시료를 말한다.

04 식물신품종법에서 말하는 육성자의 정의를 적으시오

해답

"육성자"란 품종을 육성한 자나 이를 발견하여 개발한 자를 말한다.

05 종자관리요강에서 구별성에 대한 판정 기준이다. ( ) 안에 적합한 단어를 채우도록 하시오.

> 잎의 모양 및 색 등과 같은 질적특성의 경우에는 관찰에 의하여 특성 조사를 실시하고 그 결과를 계급으로 표현하여 출원품종과 대조품종의 계급이 (㉠) 등급 이상 차이가 나면 출원품종은 구별성이 있는 것으로 판정한다.

해답
한등급

06 자가불화합성 정의를 적으시오

해답
동일개체 내의 암·수 생식세포 간에 수정이 이루어지지 않는 현상

07 자가불화합성을 타파하는 방법 3가지를 적으시오

해답
뇌수분, 노화수분, 지연수분, 고온처리, 전기 자극, 이산화탄소 처리

08 콩의 특정병을 적으시오

해답
자반병

09 파, 양파의 종자의 외형적 형상을 적으시오

해답
방패형

10 총상화서의 형태에 대해 설명하시오

해답
총상화서는 긴 화경에 여러 개의 작은 소화경이 붙어 꽃이 배열되어 개화하는 형태이다

11 아래 그림의 화서 명칭을 적으시오.

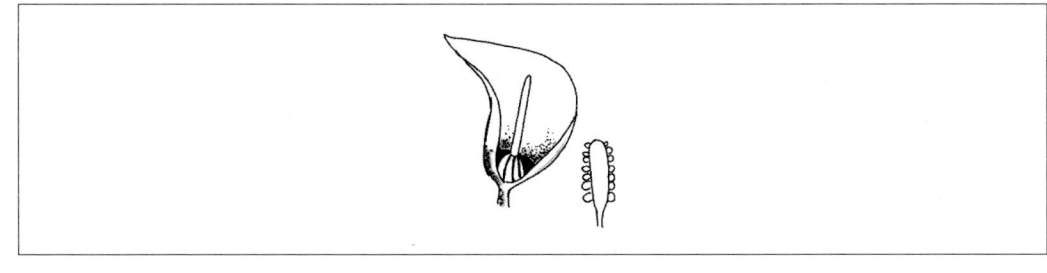

> **해답**
> 육수화서

12 종자산업법에서 말하는 품종성능의 정의를 적으시오

> **해답**
> "품종성능"이란 품종이 이 법에서 정하는 일정 수준 이상의 재배 및 이용상의 가치를 생산하는 능력을 말한다.

13 종자의 활력을 검사하는 방법 중 테트라졸리움의 경우 사용하는 용액의 농도를 적으시오

> **해답**
> 0.1 ~ 1.0 %

14 조직배양에 있어 물리적으로 돌연변이를 유발하는 방법 3가지를 적으시오

> **해답**
> 자외선 조사, 방사선 조사, 유전자 재조합

15 삽목 중에서 녹지삽에 대해 적으시오

> **해답**
> 당해년에 자란 가지가 굳어지기 전에 잎을 붙인 채로 삽목하는 방법이다

16 식물신품종 보호법의 목적을 적으시오

> **해답**
> 이 법은 식물의 신품종에 대한 육성자의 권리 보호에 관한 사항을 규정함으로써 농림수산업의 발전에 이바지함을 목적으로 한다.

17 도꼬마리의 화아분화 전, 후의 일장형을 적으시오

> **해답**
> - 화아분화 전 : 단일성
> - 화아분화 후 : 중일성

18 아래 종자 구조의 그림을 보고 해당 부위의 명칭을 적으시오.

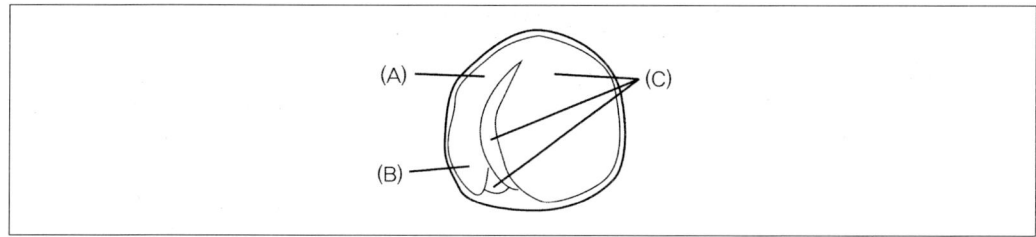

> **해답**
> A : 하배축 , B : 유근 , C : 자엽

19 작물 중에서 수박의 인공교배 조작 방법을 순서대로 서술하시오

> **해답**
> ① 개화 전날 암꽃용의 수술을 제거하고 봉지를 씌운다.
> ② 개화 전날에 수꽃용은 그대로 봉지를 씌운다.
> ③ 개화하면 수꽃용의 수술에 화분을 따서 암술 머리에 바른다.
> ④ 수분이 끝나면 암꽃용에 다시 봉지를 씌운다.
> ⑤ 교배가 끝나고 표찰을 붙이고 수일 후 봉지를 제거한다.

20 뽕나무가 무병 묘목인지 확인되지 않은 경우 뽕밭과의 격리 거리를 몇 m 이상 해야하는지 적으시오

> **해답**

5m

2020 제1회 종자산업기사

*본문제는 수험생들의 기억을 바탕으로 작성 된 것으로 실제 문제와 차이가 있을 수 있습니다.

01 종자산업법에서 말하는 품종성능의 정의를 적으시오

해답
"품종성능"이란 품종이 이 법에서 정하는 일정 수준 이상의 재배 및 이용상의 가치를 생산하는 능력을 말한다.

02 종자 프라이밍을 실시하는 이유를 적으시오

해답
종자프라이밍은 일정 조건에서 종자에 삼투압 용액이나 수용성 화합물을 흡수시켜 종자 내 대사작용이 진행되지만 발아하지 않도록 처리하는 기술로 발아 촉진과 발아 후 생육 촉진을 목적으로 한다.

03 종자산업법의 목적을 적으시오

해답
종자와 묘의 생산·보증 및 유통, 종자산업의 육성 및 지원 등에 관한 사항을 규정함으로써 종자산업의 발전을 도모하고 농업 및 임업 생산의 안정에 이바지함을 목적으로 한다.

04 화훼종자 중 단명종자를 적으시오

< 보기 >
팬지, 백일홍, 카네이션, 거베라, 채송화, 맨드라미

해답
팬지, 거베라

05 종자산업법상 종자의 정의를 적으시오

해답
"종자"란 증식용 또는 재배용으로 쓰이는 씨앗, 버섯 종균, 묘목, 포자 또는 영양체인 잎·줄기·뿌리 등을 말한다.

06 발아시의 정의를 적으시오

해답

파종된 종자 중 최초 1개체가 발아한 날

07 종자코팅 방법 중 필름코팅의 정의를 적으시오

해답

필름코팅은 농약, 색소를 혼합하여 접착제로 종자 표면에 코팅 처리를 한다

08 포장검사에서 원원종의 정의를 적으시오

해답

원원종은 품종 고유의 특성을 보유하고 종자의 증식에 기본이 되는 종자를 말한다

09 접목의 장점 4가지를 적으시오

해답

- 토양전염성 방제
- 병해충에 대한 저항력 증가
- 품질의 향상
- 환경에 대한 적응성 증가

10 단아삽의 정의를 적으시오

해답

단아삽 : 하나의 눈을 삽상에 꽂아 새로운 개체를 번식시키는 영양번식법으로 가지접의 일종으로 취급한다.

11 종자의 수분함량 계량 시의 단위와 소수점 자리에 대해 적으시오

해답

수분함량 계량의 경우 중량은 그램(g)으로 소수점 아래 세 자리까지다.

12 아래 빈칸에 제정의 다른말을 적으시오

> 한 꽃 속에 수술과 암술이 모두있는 양전화에서 자가수정을 방지하기 위해 꽃망울 상태에서 꽃의 영 부위를 가위로 잘라내고 핀셋으로 수술을 끄집어내거나 꽃봉오리의 꽃잎을 핀셋으로 헤쳐 꽃밥을 들어내는 작업을 제정이라고 하는데, 보통 제정 대신에 (   )단어를 사용하여 모든 제정과정을 통칭한다.

해답
제웅

13 아래 양파 종자의 구조를 보고 해당 명칭을 적으시오

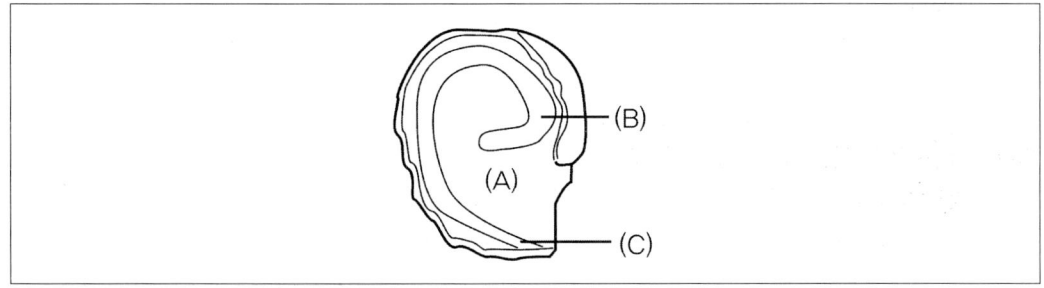

해답
A: 배유 , B: 자엽 , C: 유근

14 공정육묘 장점 5가지 적으시오
해답
- 육묘기간이 단축된다.
- 묘의 대량생산이 가능하다.
- 기계화로 생산비가 절감된다.
- 집중관리가 용이하다.
- 취급 및 운반이 용이하다.
- 생력화가 가능하다.

15 아래 그림을 보고 알맞은 화서의 종류를 적으시오

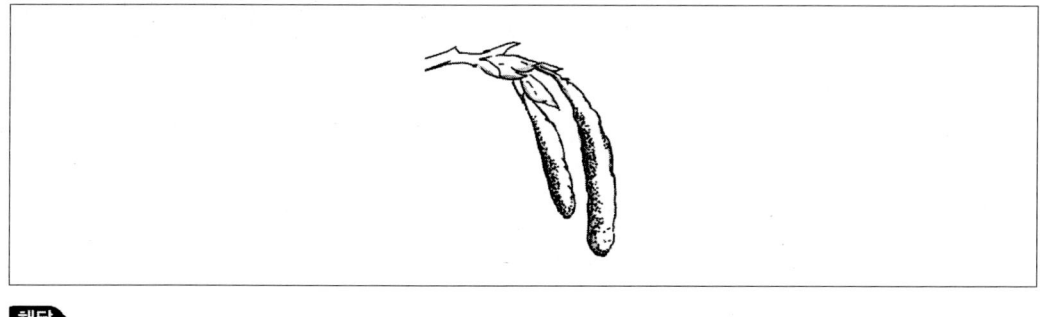

해답
유이화서

16 집단육종법의 정의를 적으시오

해답
집단육종법은 교배를 하여 잡종을 만들고 잡종 초기세대에 선발을 하지 않고 집단채종이나 혼합재배를 하여 수세대를 거쳐 개체가 순종이 되었을 때 선발을 시작하는 육종법이다.

2020 제2회 종자기사

*본문제는 수험생들의 기억을 바탕으로 작성 된 것으로 실제 문제와 차이가 있을 수 있습니다.

01 종자산업법상에서 말하는 종자의 정의를 적으시오

해답
"종자"란 증식용 또는 재배용으로 쓰이는 씨앗, 버섯 종균, 묘목, 포자 또는 영양체인 잎·줄기·뿌리 등을 말한다.

02 식물신품종보호법상 실시의 의미를 적으시오

해답
"실시"란 보호품종의 종자를 증식·생산·조제·양도·대여·수출 또는 수입하거나 양도 또는 대여의 청약을 하는 행위를 말한다.

03 신품종보호법 목적을 적으시오

해답
식물의 신품종에 대한 육성자의 권리 보호에 관한 사항을 규정함으로써 농림수산업의 발전에 이바지함을 목적으로 한다.

04 종자관리사의 정의를 적으시오

해답
종자산업법에 따른 자격을 갖춘 사람으로서 종자업자가 생산하여 판매·수출하거나 수입하려는 종자를 보증하는 사람을 말한다.

05 종자의 이식 방법 중 '난식'에 대한 정의를 적으시오

해답
일정한 질서 없이 점점이 이식하는 방법

06 무한화서 중에서 두상화서에 대한 정의를 적으시오

해답
두상화서는 꽃차례축의 끝이 원형판으로 되어 그 위에 작은 꽃자루가 없는 꽃들이 밀집하여 모여 달리는 머리모양을 띠고 있다.

07 아래의 작물 중에서 복토의 깊이가 10cm 이상의 작물을 고르시오.

<보기>
파, 히아신스, 상추, 시금치, 옥수수, 귀리, 감자, 수선

해답
수선, 히아신스

08 육종의 목표에 따른 과정을 순서대로 적으시오

해답
육종은 목표에 따라 재료 및 방법을 결정으로 시작된다. 이후 변이 작성 및 우량계통의 육성하고 이를 생산성 검정 및 지역적응성 검정하고 농가에 보급하게 된다.

09 종자의 발아과정을 순서대로 적으시오

해답
수분흡수 → 분해효소의 활성 → 저장양분의 분해 → 배의 생장 → 종피의 파열 → 유묘의 형성

10 아래 아스파라거스의 종자 그림의 빈칸의 구조 명칭을 적으시오.

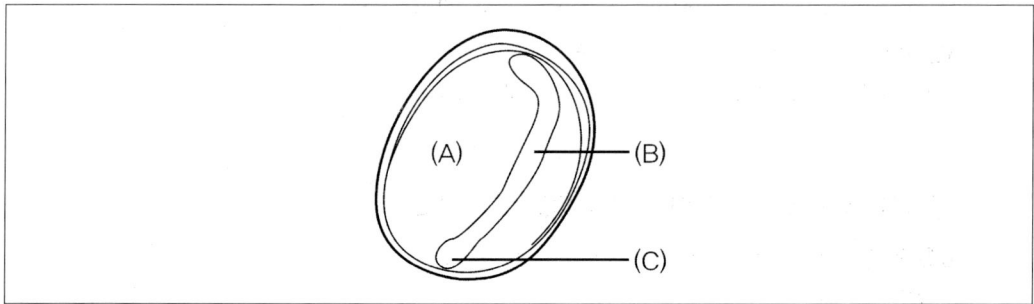

해답
A: 배유, B: 자엽, C: 유근

11 경실종자의 휴면타파를 위한 적합한 방법 3가지를 적으시오

해답
종피파상법, 황산처리법, 건열처리법, 진탕처리법

12 호밀 TTC 용액의 농도를 적으시오

해답
1%

13 뽕나무 포장검사의 시기 및 횟수를 적으시오

해답
- 시기 : 생육기
- 횟수 : 1회

14 웅성단위생식으로 배가 만들어지는 과정을 적으시오

해답
난세포에 들어간 정세포가 단독으로 분열하여 배를 형성한다.

15 신초삽의 정의를 적으시오

해답
신초삽은 줄기꽂이의 방법 중 하나로 줄기 끝의 연한 새순을 삽수로 이용하는 것이다.

16 종자의 특수기관에 해당하는 주공에 대해 설명하시오

해답
제(배꼽)의 끝에 위치하며 꽃가루의 침입구이다.

17 종자검사요령에서 고구마의 특정예을 적으시오

해답
흑반병

18 종자관리요강상 사후검사기준의 검사항목 3가지를 적으시오

> 해답
> 품종의 순도, 품종의 진위성, 종자전염병

19 정지작업 중 '배상형'의 정의를 적으시오

> 해답
> 배상형(vase form)은 짧은 원줄기 상에 3~4개의 원가지를 동일한 위치에 발생시켜 수형이 술잔모양으로 되는 방법이다.

20 아래 그림의 화서의 명칭을 적으시오.

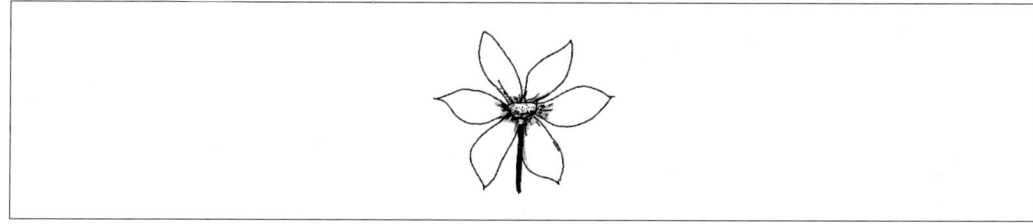

> 해답
> 집단화서

2020 제2회 종자산업기사

*본문제는 수험생들의 기억을 바탕으로 작성 된 것으로 실제 문제와 차이가 있을 수 있습니다.

01 식물 신품종 보호법에서 "목적"의 정의를 적으시오

해답

식물의 신품종에 대한 육성자의 권리보호에 관한 사항을 규정함으로써 농림, 수산업의 발전에 이바지함을 목적한다.

02 아래 보기에서 장명종자를 모두 고르시오

<보기>
비트, 토마토, 콩, 목화, 옥수수, 기장, 가지

해답

비트, 토마토, 가지

03 식물신품종 보호법에서 말하는 육성자의 정의를 적으시오

해답

"육성자"란 품종을 육성한 자나 이를 발견하여 개발한 자를 말한다.

04 종자의 휴면타파 방법 3가지를 적으시오

해답

종피파상법, 생장조절제 처리, 광처리, 저온 처리,

05 종자산업법에서 보증종자의 정의를 적으시오

해답

"보증종자"란 이 법에 따라 해당 품종의 진위성과 해당 품종 종자의 품질이 보증된 채종 단계별 종자를 말한다.

06 종자산업법에서 말하는 종자업의 정의를 적으시오

해답
"종자업"이란 종자를 생산·가공 또는 다시 포장(包裝)하여 판매하는 행위를 업(業)으로 하는 것을 말한다.

07 무포자생식의 정의를 적으시오

해답
배낭을 만들지만 배낭의 조직세포가 배를 형성한다

08 배추속썩음병 원인 2가지를 적으시오

해답
칼슘부족, 토양의 건조, 질소 및 칼륨의 과잉

09 종자산업법의 목적을 적으시오

해답
종자와 묘의 생산·보증 및 유통, 종자산업의 육성 및 지원 등에 관한 사항을 규정함으로써 종자산업의 발전을 도모하고 농업 및 임업 생산의 안정에 이바지함을 목적으로 한다.

10 단순취목법에 대해 설명하시오

해답
가지를 굽혀서 땅속에 묻고 자기의 선단을 지상으로 나오게 하는 방법이다

11 아래는 종자검사요령에서 양파 시료의 최소 중량의 표이다. 빈칸에 적합한 중량을 적으시오.

1. 작물	2. 소집단의 최대중량	시료의 최소 중량			
		3. 제출시료	4. 순도검사	5. 이종계수용	6. 수분검정용
	톤	g	g	g	g
양파(Allium cepa L.)	10	80	( )	80	50

해답
8

12 유전적 원인에 의한 종자의 퇴화 원인 5가지를 적으시오

해답
- 돌연변이
- 자연교잡
- 이형유전자의 분류
- 근교약세
- 기회적 부동

13 식물신품종 보호법상 안정성에 대해 설명하시오

해답
품종의 본질적 특성이 반복적으로 증식된 후 에도 그 품종의 본질적 특성이 변하지 아니하는 경우에는 그 품종은 안정성을 갖춘 것으로 본다.

14 육묘용 상토의 조건 2가지를 적으시오

해답
- 통기성, 투수성, 보수력이 있어야 한다.
- 토양의 산도가 4.5 ~ 5.5 정도이어야 한다.
- 병원균 및 잡초 종자가 없어야 한다.

15 맥류의 특정병 2가지를 적으시오

해답
겉깜부기병, 속깜부기병

16 인공 영양번식방법 중 취목의 정의와 종류에 대해 설명하시오

해답
- 정의 : 취목은 식물의 가지나 줄기를 모체에서 분리하지 않고 흙에 묻거나 암흑상태에 습기와 공기 조건을 맞추어 주면 발근이 되어 이 발근된 부위를 독립적으로 번식시키는 방법이다
- 종류
  ① 단순취목(선취법) : 가지를 굽혀서 땅속에 묻고 자기의 선단을 지상으로 나오게 하는 방법이다
  ② 공중취목(고취법) : 가지나 줄기의 일부에 상처를 주고 그 자리에 수태 혹은 황토로 싸서 건조하지 않도록 해주며 물을 주어 적당한 습도 조건에 유지하여 발근하는 방법이다
  ③ 맹아지취목(성토법) : 나무의 줄기를 지면 부근에서 절단하고 성토하여 그곳에서 새로운 가지의 밑부분에서 뿌리가 나오게 하는 방법이다

17 종자가 배병 태좌에 붙어있던 곳을 무엇이라 하는지 적으시오

해답
제(배꼽)

18 펠릿종자에 대해 설명하시오

해답
소립 종자나 부정형의 종자를 점토로 피복하여 둥근 알약 같은 형태로 만들어 기계 파종에 편리하게 한 것을 말한다.

2020 제3회 종자기사

*본문제는 수험생들의 기억을 바탕으로 작성 된 것으로 실제 문제와 차이가 있을 수 있습니다.

01 단아삽의 정의를 적으시오

해답
하나의 눈을 삽상에 꽂아 새로운 개체를 번식시키는 영양번식법으로 가지접의 일종으로 취급한다.

02 종자코팅 방법 중 필름코팅의 정의를 적으시오

해답
필름코팅은 농약, 색소를 혼합하여 접착제로 종자 표면에 코팅 처리를 한다.

03 아래 작물들을 복토 깊이가 깊은 순서대로 나열하시오.

< 보기 >
튤립, 생강, 상추, 토마토, 귀리

해답
튤립, 생강, 귀리, 토마토, 상추

04 종자산업법에서 품종성능의 정의를 적으시오

해답
"품종성능"이란 품종이 이 법에서 정하는 일정 수준 이상의 재배 및 이용상의 가치를 생산하는 능력을 말한다.

05 집단육종법의 정의를 적으시오

해답
집단육종법은 교배를 하여 잡종을 만들고 잡종 초기세대에 선발을 하지 않고 집단채종이나 혼합재배를 하여 수세대를 거쳐 개체가 순종이 되었을 때 선발을 시작하는 육종법이다.

06 식물신품종 보호법의 목적을 적으시오

해답
이 법은 식물의 신품종에 대한 육성자의 권리 보호에 관한 사항을 규정함으로써 농림수산업의 발전에 이바지함을 목적으로 한다.

07 과수 바이러스 및 바이로이드 검정방법에서 1년에 몇 회인지 적으시오.

해답
2회

08 아래 양파 종자의 구조를 보고 해당 명칭을 적으시오.

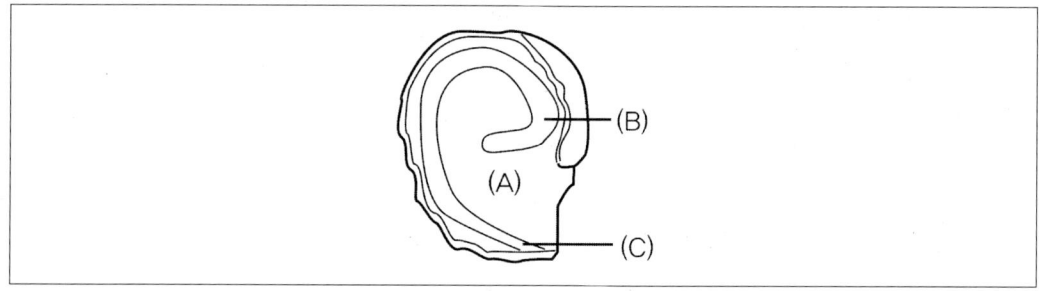

해답
A: 배유 , B: 자엽 , C: 유근

09 아래 화서의 명칭을 적으시오.

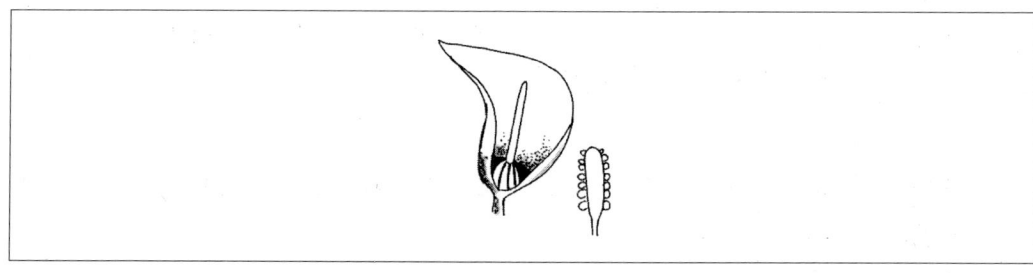

해답
육수화서

10 아래 빈칸을 채우시오.

(㉠)은 종자산업의 육성 및 지원을 위하여 (㉡)마다 농림종자산업의 육성 및 지원에 관한 종합계획을 수립·시행하여야 한다.

해답
㉠ 농림축산식품부장관
㉡ 5년

11 아래 빈칸을 채우시오.

식물의 세포, 조직, 기관 등을 기내의 영양배지에서 무균적으로 배양하여 완전한 식물체로 재분화시키는 것을 (　　) 이라고 한다.

해답
조직배양

12 중성식물의 정의를 적으시오

해답
개화에 일장의 영향을 받지 않는 식물을 말한다

13 작휴방법 중에서 평휴법과 휴립휴파법에 대해 설명하시오

해답
- 평휴법 : 이랑을 평평하게 하여 이랑과 고랑 높이를 같게 하는 방법이다
- 휴립휴파법 : 이랑을 세우고 이랑에 파종하는 방법이다

14 뽕나무의 접목묘, 삽목묘, 휘묻이묘의 묘목 직경 기준을 적으시오

해답
7mm

15 식물신품종보호법상 "육성자"의 정의에 대해 적으시오

해답
"육성자"란 품종을 육성한 자나 이를 발견하여 개발한 자를 말한다.

16 이식의 종류 중 점식에 대해 설명하시오

해답
점식은 포기를 일정한 간격을 두고 띄어서 점점이 이식하는 방법이다

17 채소류를 접목했을 때의 장점 3가지

해답
- 토양전염성 방제
- 불량환경에 대한 내성 증대
- 품질의 향상

18 테트라졸륨 검사법의 pH범위와 농도를 적으시오

해답
- pH 범위 : 6.5~7.5
- 농도 : 0.1~1%

19 위수정생식의 정의를 적으시오

해답
위수정생식은 종간 혹은 속간교배 후 수정이 정상적으로 이루어지지 않았으나 난세포의 발육으로 배가 형성된다.

20 종자관리요강상 사후관리시험의 검사항목 3가지를 적으시오

해답
① 품종의 순도
② 품종의 진위성
③ 종자전염병

2020 제3회 종자산업기사

*본문제는 수험생들의 기억을 바탕으로 작성 된 것으로 실제 문제와 차이가 있을 수 있습니다.

01 종자 팰릿의 정의를 적으시오

해답

종자에 기타 물질을 첨가하여 일정 크기 및 모양으로 정형화 하는 것을 말한다.

02 당근 검정 잎마름병의 건전도 검정 시 시험시료는 몇 립인지 적으시오

해답

400 입

03 아래 고추 종자의 그림을 보고 표시된 부위의 명칭을 적으시오

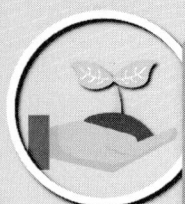

해답

A: 배유 , B: 자엽 , C: 유근

04 종자의 증식단계를 적으시오

해답

기본식물, 원원종, 원종, 채종포(보급종), 농가 보급

05 종자관리요강상 종자산업진흥센터 시설기준에 대한 장비 구비조건 4가지를 적으시오

해답

시료분쇄장비, DNA추출장비, 유전자증폭장비, 유전자판독장비

06 취목의 선취법에 대해 설명하시오

해답
선취법은 가지를 굽혀서 땅속에 묻고 자기의 선단을 지상으로 나오게 하는 방법이다

07 적아의 정의를 적으시오

해답
눈이 트려고 할 때 필요하지 않은 눈을 손끝으로 따주는 것을 말한다.

08 여교잡 육종법에 대해 적으시오

해답
여교잡육종법은 양친의 제1대 잡종에 양친 중 한쪽의 유전자형을 가진 개체를 교잡하고 이것을 수세대 반복하여 우량개체를 선발하는 방법이다.

09 종자산업법에서 품종성능의 정의를 적으시오

해답
"품종성능"이란 품종이 이 법에서 정하는 일정 수준 이상의 재배 및 이용상의 가치를 생산하는 능력을 말한다.

10 발아시의 정의를 적으시오

해답
파종된 종자 중 최초 1개체가 발아한 날

11 중성식물의 정의를 적으시오

해답
중성식물은 개화에 일장의 영향을 받지 않는 식물을 말한다

12 산파에 대해 설명하시오

해답
산파는 포장 전면에 종자를 흩어 뿌리는 방법이다

13 벼의 포장검사에 대한 내용이다. ( )에 알맞은 것을 적으시오

> 포장격리; 원원종포, 원종포는 이품종으로부터 (㉠)m 이상 격리되어야 하고 채종포는 이품종으로부터 (㉡)m 이상 격리되어야 한다. 다만, 각 포장과 이품종이 논둑 등으로 구획되어 있는 경우에는 그러하지 아니한다

해답
㉠ 3
㉡ 1

14 신품종보호법 목적을 적으시오

해답
식물의 신품종에 대한 육성자의 권리 보호에 관한 사항을 규정함으로써 농림수산업의 발전에 이바지함을 목적으로 한다.

15 무포자생식에 대해 설명하시오

해답
배가 발생하는 배낭이 하나의 배주에서 2개 이상 발생하는 경우를 무포자생식이라 한다

16 식물신품종보호법상 "육성자"의 정의에 대해 적으시오

해답
"육성자"란 품종을 육성한 자나 이를 발견하여 개발한 자를 말한다.

17 포장검사 및 종자검사 실시요령에서 발아검사 시 종이배지의 pH 조건을 적으시오

해답
pH 6.0 ~ 7.5

18 아래 그림의 화서 명칭을 적으시오

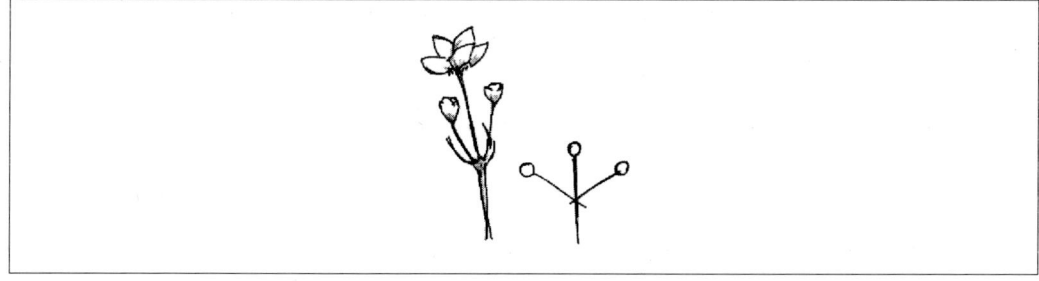

> **해답**
> 단집산화서

19 작휴방법 중에서 휴립구파법과 휴립휴파법에 대해 설명하시오

> **해답**
> • 휴립구파법 : 이랑을 세우고 낮은 골에 파종하는 방법이다
> • 휴립휴파법 : 이랑을 세우고 이랑에 파종하는 방법이다

2020 제4회 종자기사

*본문제는 수험생들의 기억을 바탕으로 작성 된 것으로 실제 문제와 차이가 있을 수 있습니다.

01 식물신품종 보호법상 보호품종의 정의를 적으시오

해답

"보호품종"이란 이 법에 따른 품종보호 요건을 갖추어 품종보호권이 주어진 품종을 말한다.

02 육묘의 장점 5가지를 적으시오

해답

- 종자의 소비량을 줄일수 있다.
- 품질향상을 기대할 수 있다.
- 관리 및 보호가 용이하다.
- 토지의 이용률을 높일수 있다.
- 직파에 불리한 작물에 적용 가능하다.

03 과수 바이로이드 시료 채취횟수는 1년에 몇 회 실시하는지 적으시오

해답

2회

04 아래는 종자관리요강의 안정성의 판정기준에 대한 내용이다. 빈칸에 채우시오.

> 안정성은 (㉠)년차 시험의 균일성 판정결과와 (㉡)년차 이상의 시험의 균일성 판정결과가 다르지 않으면 안정성이 있다고 판정한다.

해답

㉠ 1
㉡ 2

05 여교잡 육종법에 대해 적으시오

해답
여교잡육종법은 양친의 제1대 잡종에 양친 중 한쪽의 유전자형을 가진 개체를 교잡하고 이것을 수 세대 반복하여 우량개체를 선발하는 방법이다.

06 아래 보기의 작물 중에서 무배유종자를 모두 고르시오.

< 보기 >
벼, 보리, 콩, 완두, 밀, 팥, 당근, 오이

해답
콩, 팥, 완두, 오이

07 조직배양에 대한 설명이다. 빈칸에 들어갈 말을 적으시오

조직배양은 식물체의 (　　) 을 이용한 방법으로, 이것으로 인해 식물체가 복원되는것을 이용한다.

해답
전체형성능(전능성)

08 아래 보기의 작물 중에서 장명종자를 모두 고르시오

< 보기 >
양파 당근 클로버 토마토 상추 파 가지

해답
클로버, 토마토, 가지

09 테트라졸륨 용액의 pH를 적으시오

해답
• pH 범위 : 6.5~7.5

10 다음은 접목에 대한 내용이다. 아래 빈칸에 들어갈 말을 적으시오.

접목은 두가지 식물의 (　　) 부위를 밀착시켜 접합하도록 한다.

해답
형성층

11 단순순환선발법에 대해 적으시오

해답
기본집단에서 선발한 우량개체를 자가수분하고 동시에 검정친과 교배한다. 검정교배 F_1중에서 잡종강세가 큰 자식계통으로 개량집단을 만들고, 개체간 상호교배하여 집단을 개량하는데 일반조합능력 개량에 효과적이다.

12 다음은 셀러리 종자 그림이다. 빈칸을 채우시오.

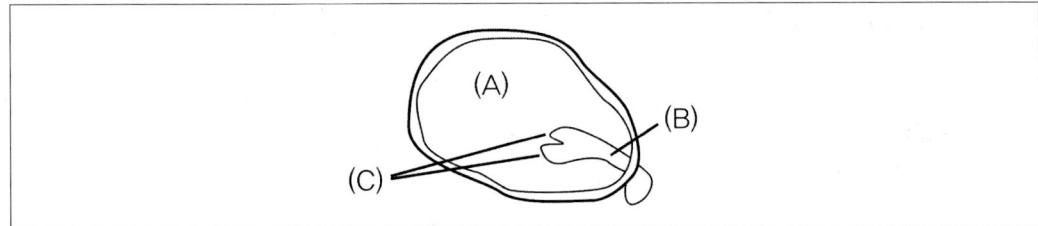

해답
A: 배유, B: 유근, C: 자엽

13 종자검사 요령상 소집단과 시료의 중량을 나타낸 표이다. 다음 시금치의 이종계수용의 중량을 적으시오

1. 작물 (Species)	2. 소집단의 최대중량	시료의 최소 중량			
		3.제출시료	4.순도검사	5.이종계수용	6.수분검정용
	톤	g	g	g	g
시금치(Spinacia oleracea L.)	10	250	25	(A)	50

해답
250 (g)

14 복상포자생식의 정의를 적으시오

해답

복상포자생식에 의해 형성된 난세포는 수정 없이 배발생을 해서 모체의 유전자형과 동일한 종자를 형성하게 된다.

15 식물신품종 보호법의 목적을 적으시오

해답

이 법은 식물의 신품종에 대한 육성자의 권리 보호에 관한 사항을 규정함으로써 농림수산업의 발전에 이바지함을 목적으로 한다.

16 아래 화서의 명칭을 적으시오

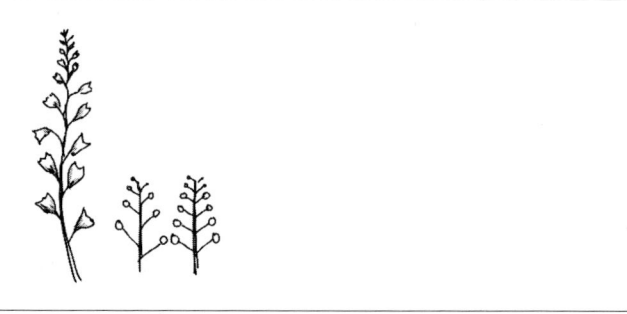

해답

총상화서

17 종자산업법상 종자산업의 정의를 적으시오

해답

"종자산업"이란 종자와 묘를 연구개발·육성·증식·생산·가공·유통·수출·수입 또는 전시 등을 하거나 이와 관련된 산업을 말한다.

18 포장검사시 고구마 특정병 1가지를 적으시오

해답

흑반병

19 포장검사에서 원원종의 정의를 적으시오

해답
원원종은 품종 고유의 특성을 보유하고 종자의 증식에 기본이 되는 종자를 말한다.

20 종자산업법상 작물의 정의를 적으시오

해답
"작물"이란 농산물 또는 임산물의 생산을 위하여 재배되는 모든 식물을 말한다.

2021 제1회 종자기사

*본문제는 수험생들의 기억을 바탕으로 작성 된 것으로 실제 문제와 차이가 있을 수 있습니다.

01 다음은 종자의 안전저장에 대한 내용으로 아래 빈칸을 채우시오.

> 벼(쌀) 보관 시 저장온도는 (①)℃, 상대습도는 (②)% 에서 보관한다.

해답
① 15
② 70

02 양배추 종자의 내부 그림을 보고 종자 기관에 맞는 명칭을 적으시오.

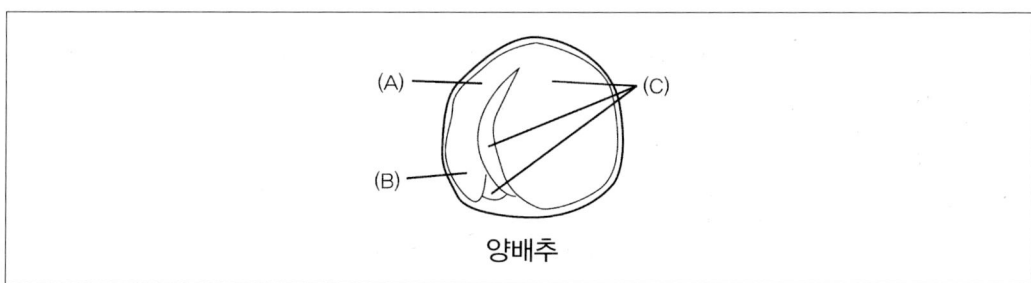

해답
A : 하배축 , B : 유근 , C : 자엽

03 종자 발아 과정 과정을 적으시오

해답
① 수분의 흡수
② 효소의 활성
③ 저장 양분의 분해
④ 배의 생장
⑤ 종피의 파열
⑥ 유묘의 형성

04 아래의 육종 과정에서 빈칸에 적합한 과정을 적으시오.

> 육종목표 설정 → 육종재료 및 육종방법 결정 → (㉠) → 우량계통 육성 → 생산성 검정 → (㉡) → 신품종 결정 및 등록

해답
㉠ 변이 작성
㉡ 지역적응성 검정

05 아래는 테트라졸륨의 검사법에 대한 설명이다. 아래 빈칸을 채우시오

> 테트로졸륨의 시약은 pH (㉠), 농도 (㉡)% 의 용액을 사용한다.

해답
㉠ 6.5~7.5
㉡ 0.1~1

06 벼, 맥류의 특정병 1개, 기타병 1개를 적으시오

해답
- 벼
  - 특정병 : 키다리병
  - 기타병 : 이삭도열병
- 맥류
  - 특정병 : 겉깜부기병
  - 기타병 : 흰가루병

07 아래 화서의 명칭을 적으시오.

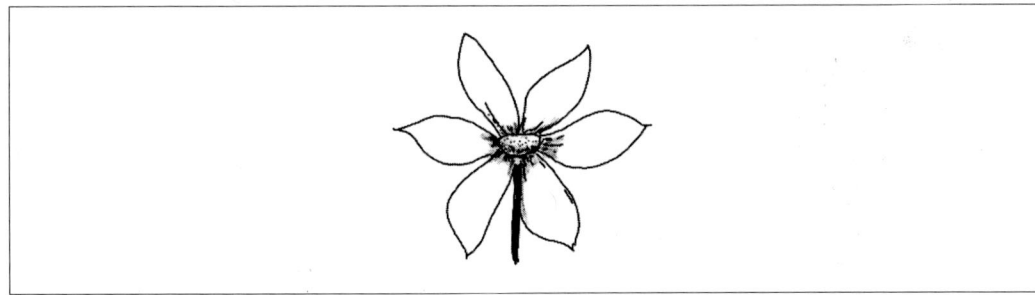

해답
집단화서

08 경지삽과 신초삽에 대해 설명하시오.

해답
- 경지삽 : 전년생 가지를 삽수로 이용한 것이다
- 신초삽 : 줄기 끝의 연한 새순을 삽수로 이용하는 것이다

09 계통육종법에 대해 서술하시오.

해답
계통육종법은 교배를 하여 잡종을 만들고 그 분리세대인 F_2 이후부터 계속 개체선발을 하고 선발된 개체를 개체별 계통재배를 되풀이 하면 그들 계통을 서로 비교하여 우량한 계통을 선발, 고정하여 순계를 만들어 가는 방법으로 자가수정작물의 대표적인 육종방법이다

10 품종보호 요건의 균일성에 대한 정의를 적으시오.

해답
품종의 본질적 특성이 그 품종의 번식방법상 예상되는 변이를 고려한 상태에서 충분히 균일한 경우에는 그 품종은 균일성을 갖춘 것으로 본다.

11 휴립구파법에 대해 설명하시오.

해답
이랑을 세우고 낮은 골에 파종하는 방법이다.

12 공정육묘 장점 3가지 적으시오.

해답
- 육묘기간이 단축된다.
- 묘의 대량생산이 가능하다.
- 기계화로 생산비가 절감된다.

13 종자산업법에서 품종성능의 정의를 적으시오.

해답
"품종성능"이란 품종이 이 법에서 정하는 일정 수준 이상의 재배 및 이용상의 가치를 생산하는 능력을 말한다.

14 농림축산식품부장관은 종자산업의 육성 및 지원을 위하여 5년마다 농림종자산업의 육성 및 지원에 관한 종합계획을 수립·시행하여야 한다. 종합계획에 포함되어야 할 사항을 3가지 이상 적으시오.

> **해답**
> - 종자산업의 현황과 전망
> - 종자산업의 지원 방향 및 목표
> - 종자산업의 육성 및 지원을 위한 중기·장기 투자계획
> - 종자산업 관련 기술의 교육 및 전문인력의 육성방안
> - 종자 및 묘 관련 농가의 안정적인 소득증대를 위한 연구개발 사업
> - 민간의 육종연구를 지원하기 위한 기반구축 사업
> - 수출 확대 등 대외시장 진출 촉진방안
> - 종자 및 묘에 대한 교육 및 이해 증진방안
> - 지방자치단체의 종자 및 묘 관련 산업 지원방안
> - 그 밖에 종자산업의 육성 및 지원을 위하여 대통령령으로 정하는 사항

15 식물신품종보호법상 "실시"의 정의에 대해 적으시오.

> **해답**
> "실시"란 보호품종의 종자를 증식·생산·조제·양도·대여·수출 또는 수입하거나 양도 또는 대여의 청약을 하는 행위를 말한다.

16 아래 표는 규격묘의 규격기준이다. 빈칸의 기준을 적으시오

작물	묘목의 길이 (cm)	묘목의 직경 (mm)	주요 병해충 최고한도
○ 사과 - 이중접목묘 - 왜성대목자근접목묘	(㉠) 이상 140 이상	12 이상 (㉡) 이상	근두암종병(뿌리혹병): 무

> **해답**
> ㉠ 120
> ㉡ 12

17 다음은 배추과 종자 건전도 시험에 대한 내용이다. 빈칸을 채우도록 하시오.

■ 뿌리썩음병
◎ 시험시료 : (㉠)입
◎ 방법 : 샤레에 여과지(Whatman No.1) 3장씩을 깔고 (㉡)㎖의 2,4-D의sodium염 (㉢)% 용액을 떨어트려 종자발아를 억제시킨다. 여분의 2,4-D액을 따라 버리고 종자를 무균수로 씻은 다음 샤레에 50입씩 치상한다.

해답
㉠ 1000
㉡ 5
㉢ 0.2

18 품종명칭의 등록을 받을 수 없는 요건 3가지를 적으시오.

해답
- 숫자로만 표시하거나 기호를 포함하는 품종명칭
- 해당 품종 또는 해당 품종 수확물의 품질·수확량·생산시기·생산방법 또는 사용방법 또는 사용시기로만 표시한 품종명칭
- 해당 품종이 속한 식물의 속 또는 종의 다른 품종의 품종명칭과 같거나 유사하여 오인하거나 혼동할 염려가 있는 품종명칭
- 해당 품종이 사실과 달리 다른 품종에서 파생되었거나 다른 품종과 관련이 있는 것으로 오인하거나 혼동할 염려가 있는 품종명칭
- 식물의 명칭, 속 또는 종의 명칭을 사용하였거나 식물의 명칭, 속 또는 종의 명칭으로 오인하거나 혼동할 염려가 있는 품종명칭
- 국가, 인종, 민족, 성별, 장애인, 공공단체, 종교 또는 고인과의 관계를 거짓으로 표시하거나, 비방하거나 모욕할 염려가 있는 품종명칭
- 저명한 타인의 성명, 명칭 또는 이들의 약칭을 포함하는 품종명칭. 다만, 그 타인의 승낙을 받은 경우는 제외한다.
- 해당 품종의 원산지를 오인하거나 혼동할 염려가 있는 품종명칭 또는 지리적 표시를 포함하는 품종명칭
- 품종명칭의 등록출원일보다 먼저 「상표법」에 따른 등록출원 중에 있거나 등록된 상표와 같거나 유사하여 오인하거나 혼동할 염려가 있는 품종명칭
- 품종명칭 자체 또는 그 의미 등이 일반인의 통상적인 도덕관념이나 선량한 풍속 또는 공공의 질서를 해칠 우려가 있는 품종명칭

19 아래는 벼의 포장검사 규격이다. 빈칸을 채우도록 하시오

항목 채종단계		최저한도 (%)	최고한도(%)					작황
		품종순도	이종 종자주	잡초		병주		
				특정해초	기타해초	특정병	기타병	
원원종포		99.9	무	무	-	0.01	(㉠)	균일
원종포		99.9	무	0.00	-	0.01	(㉡)	균일
채종포	1세대	99.7	무	0.01	-	0.02	(㉢)	균일
	2세대	99.0						

해답

㉠ 10
㉡ 15
㉢ 20

20 아래 보기의 작물 중에서 종자의 형상이 난형에 해당하는 작물을 모두 고르시오.

< 보기 >
고추, 배추, 벼, 메밀, 삼, 무, 파

해답

고추, 무

2021 제1회 종자산업기사

*본문제는 수험생들의 기억을 바탕으로 작성 된 것으로 실제 문제와 차이가 있을 수 있습니다.

01 단집산화서의 정의를 적으시오

해답
단집산화서는 가운데 꽃이 맨 먼저 피고 다음 측지 또는 소화경에서 꽃이 핀다.

02 종자관리요강상 사후관리시험의 검사항목 3가지를 적으시오

해답
① 품종의 순도
② 품종의 진위성
③ 종자전염병

03 종종자의 증식단계를 적으시오

해답
기본식물, 원원종, 원종, 채종포(보급종), 농가 보급

04 계통육종법에 대해 서술하시오

해답
계통육종법은 교배를 하여 잡종을 만들고 그 분리세대인 F_2 이후부터 계속 개체선발을 하고 선발된 개체를 개체별 계통재배를 되풀이 하면 그들 계통을 서로 비교하여 우량한 계통을 선발, 고정하여 순계를 만들어 가는 방법으로 자가수정작물의 대표적인 육종방법이다.

05 아래는 종자검사요령에서 시금치 시료의 최소 중량의 표이다. 빈칸에 적합한 중량을 적으시오

작물	소집단의 최대중량	시료의 최소 중량			
		제출시료	순도검사	이종계수용	수분검정용
시금치	10톤	250g	25g	250g	( )g

해답
50

06 다음 화서의 명칭을 적으시오

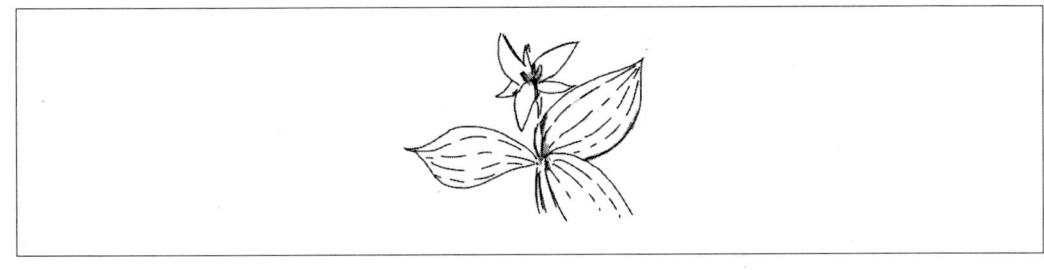

해답
단정화서

07 아래 고추 종자의 그림을 보고 표시된 부위의 명칭을 적으시오

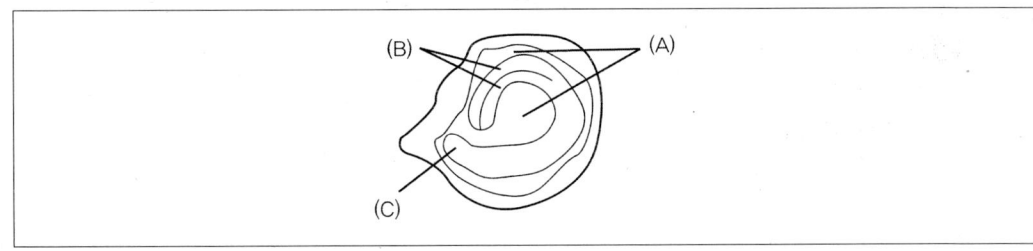

해답
A: 배유, B: 자엽, C: 유근

08 들깨의 포장검정시 특정병을 적으시오

해답
녹병

09 산파에 대해 설명하시오

해답
포장 전면에 종자를 흩어 뿌리는 방법이다

10 식물신품종보호법상 품종의 정의를 적으시오

해답
식물학에서 통용되는 최저분류의 단위의 식물군으로서 품종보호 요건을 갖추었는지와 관계없이 유전적으로 나타나는 특성 중 한 가지 이상의 특성이 다른 식물군과 구별되고 변함없이 증식될 수 있는 것을 말한다.

11 육묘 이식의 장점 5가지를 적으시오

> **해답**
> - 조기수확 및 증수
> - 토지의 활용도 증가
> - 추대의 방지
> - 종자의 절약
> - 묘의 집중 관리

12 적아의 정의를 적으시오

> **해답**
> 눈이 트려고 할 때 필요하지 않은 눈을 손끝으로 따주는 것을 말한다.

13 고추의 화아분화 전, 후의 일장형을 적으시오

> **해답**
> - 화아분화 전 : 중일성
> - 화아분화 후 : 중일성

14 과실에서 복과의 정의를 적으시오

> **해답**
> 복과는 많은 꽃의 자방들이 모여 하나의 덩어리를 이룬다.

15 식물신품종 보호법의 목적을 적으시오

> **해답**
> 이 법은 식물의 신품종에 대한 육성자의 권리 보호에 관한 사항을 규정함으로써 농림수산업의 발전에 이바지함을 목적으로 한다.

16 감자의 원원종포의 포장격리 기준을 적으시오

> **해답**
> 불합격포장, 비채종포장으로부터 50m 이상 격리되어야 한다.

17 아래 보기의 작물을 보고 복토 깊이가 깊은 순서대로 나열하시오

> <보기>
> 옥수수, 호박, 수선, 당근

해답
수선 > 옥수수 > 호박 > 당근

18 식물의 번식방법인 분주에 대해 적으시오

해답
분주는 뿌리가 달린 채로 분리하여 번식시키는 방법이다

19 종자산업법상 "종자"의 정의에 대해 적으시오

해답
"종자"란 증식용 또는 재배용으로 쓰이는 씨앗, 버섯 종균, 묘목, 포자 또는 영양체인 잎·줄기·뿌리 등을 말한다.

20 종자산업법상 "보증종자"의 정의를 적으시오

해답
"보증종자"란 이 법에 따라 해당 품종의 진위성과 해당 품종 종자의 품질이 보증된 채종 단계별 종자를 말한다.

2021 제2회 종자기사

*본문제는 수험생들의 기억을 바탕으로 작성 된 것으로 실제 문제와 차이가 있을 수 있습니다.

01 종자산업법의 목적을 적으시오

해답

종자와 묘의 생산·보증 및 유통, 종자산업의 육성 및 지원 등에 관한 사항을 규정함으로써 종자산업의 발전을 도모하고 농업 및 임업 생산의 안정에 이바지함을 목적으로 한다.

02 식물신품종보호법상 품종보호권이나 전용실시권을 침해한 것으로 보는 경우 2가지를 적으시오

해답

- 품종보호권자나 전용실시권자의 허락 없이 타인의 보호품종을 업으로서 실시하는 행위
- 타인의 보호품종의 품종명칭과 같거나 유사한 품종명칭을 해당 보호품종이 속하는 식물의 속 또는 종의 품종에 사용하는 행위

03 아래는 국가품종목록의 등재 대상 및 신청에 대한 내용이다. 빈칸을 채우도록 하시오.

국가품종목록에 등재 신청을 하려는 자는 품종목록 등재신청서를 (㉠) 또는 (㉡)에게 제출하여야 한다.

해답

㉠ 산림청장
㉡ 국립종자원장

04 다음은 셀러리 종자 그림이다. 빈칸을 채우시오

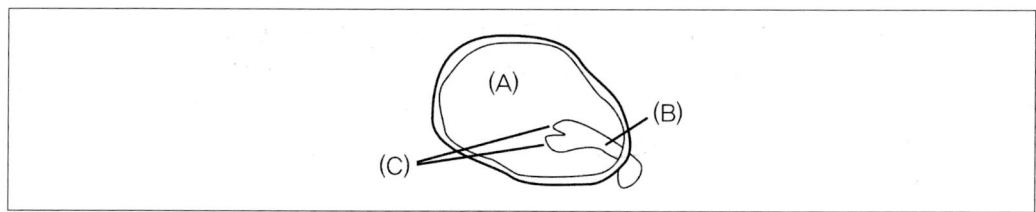

해답

A: 배유, B: 유근, C: 자엽

05 아래 그림을 보고 알맞은 화서의 종류를 적으시오

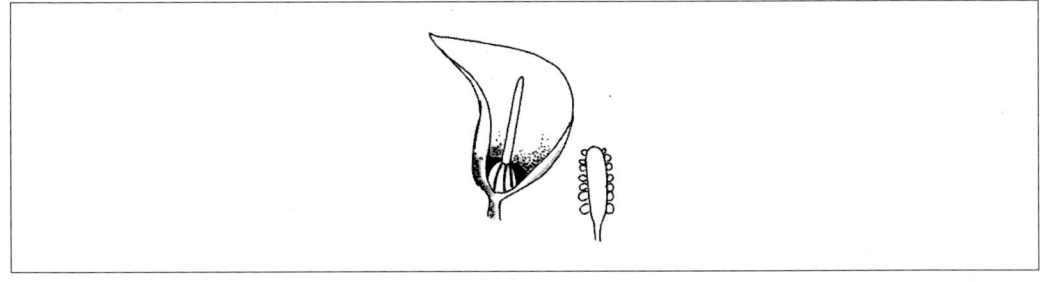

해답
육수화서

06 과실의 위과와 복과의 정의를 적으시오

해답
- 위과는 꽃받침이 발달해 과실이 된다.
- 복과는 많은 꽃의 자방들이 모여 하나의 덩어리를 이룬다.

07 취목의 선취법과 고취법에 대해 설명하시오

해답
- 선취법 : 가지를 굽혀서 땅속에 묻고 자기의 선단을 지상으로 나오게 하는 방법이다
- 고취법 : 가지나 줄기의 일부에 상처를 주고 그 자리에 수태 혹은 황토로 싸서 건조하지 않도록 해주며 물을 주어 적당한 습도 조건에 유지하여 발근하는 방법이다

08 식물신품종보호법상 품종보호를 받을 수 있는 권리를 가진 자를 적으시오

해답
육성자나 그 승계인

09 다음은 감자의 포장검사 차수 및 검사시기에 대한 내용이다. 빈칸을 채우도록 하시오.

◎ 봄감자는 유묘 15cm 정도 자랐을때 검사 (㉠)회 실시한다.
◎ 가을감자는 유묘 15cm 정도 자랐을때 검사 (㉡)회 실시한다.

해답
㉠ 1
㉡ 1

10 수입적응성시험의 심사기준에서 재배시험지역의 선정 방법에 대해 설명하시오

해답
재배시험지역은 최소한 2개 지역 이상(시설 내 재배시험인 경우에는 1개 지역 이상)으로 하되, 품종의 주 재배지역은 반드시 포함되어야 하며 작물의 생태형 또는 용도에 따라 지역 및 지대를 결정한다. 다만, 실시기관의 장이 필요하다고 인정하는 경우에는 작물 및 품종의 특성에 따라 지역수를 가감할 수 있다.

11 아래 보기의 작물의 복토 깊이가 깊은 순서대로 나열하시오.

< 보기 >
고추, 호밀, 감자, 옥수수, 나리, 파

해답
나리, 감자, 옥수수, 호밀, 고추, 파

12 아래는 육종과정을 나열하였다. 빈칸에 적합한 순서를 적으시오.

육종목표 설정 → 육종재료 및 육종방법 결정 → (㉠) → 생산성 검정 → (㉡) → 신품종 결정 및 등록 → (㉢) → 신품종 보급

해답
㉠ 변이 작성
㉡ 지역적응성 검정
㉢ 종자의 증식

13 과수 바이러스, 바이로이드 검정방법에서 검사를 위한 시료 전처리 및 보관 방법을 적으시오

해답
채취한 시료 전체를 액체질소에 급랭 후 막자사발을 이용하여 최대한 곱게 마쇄하거나 유사기구를 사용하여 마쇄한다. 마쇄된 시료 일부는 검정용으로 사용하고 나머지는 적당한 시료 튜브 또는 식물체 자체로 일부분을 냉동 보관한다.

14 복대립유전자의 정의를 적으시오

해답
복대립유전자는 염색체상 같은 유전자좌에 동일형질에 관여하는 3개 이상의 유전자가 존재하는 경우이다.

15 종자의 수분함량 검사의 분쇄 과정에 대한 내용이다. 빈칸을 채우시오.

> 곱게 마쇄하여야 하는 종은 분쇄된 것이 0.50mm 그물체를 최소한 (㉠)%통과하고 남는 것이 1.00mm 그물체 위에 (㉡)% 이하이어야 한다.

해답
㉠ 50
㉡ 10

16 아래 보기의 종자를 단명종자와 장명종자로 분류하시오.

> < 보기 >
> 수박, 기장, 목화, 토마토

해답
- 단명종자 : 기장, 목화
- 장명종자 : 토마토, 수박

17 테트라졸륨 검사법에서 용액의 pH 및 농도의 조건을 적으시오

해답
농도 0.1~1.0%, pH 6.5~7.5

18 기존의 육묘법과 비교했을 때 공정육묘의 장점 5가지를 적으시오

해답
- 육묘기간이 단축된다.
- 묘의 대량생산이 가능하다.
- 기계화로 생산비가 절감된다.
- 집중관리가 용이하다.
- 정식 후 활착이 빠르다.

19 종자관리요강상 사후관리시험의 검사항목 3가지를 적으시오

해답
① 품종의 순도
② 품종의 진위성
③ 종자전염병

20 버널리제이션의 정의를 적으시오

해답

생육 초기에 일정기간 인위적 저온처리를 하는 것을 버널리제이션 혹은 춘화처리라 한다

2021 제3회 종자기사

*본문제는 수험생들의 기억을 바탕으로 작성 된 것으로 실제 문제와 차이가 있을 수 있습니다.

01 아래는 종자검사요령에서 밀 시료의 최소 중량의 표이다. 빈칸에 적합한 중량을 적으시오

작 물	시료의 최소 중량			
	제출시료	순도검사	이종계수용	수분검정용
	g	g	g	g
밀	1,000	㉠	1,000	㉡

해답

㉠ 120
㉡ 100

02 아래는 화훼 구근류의 포장검사 기준이다. 빈칸을 채우시오.

불합격 포장, 다른 구근류 재배포장으로부터 ( )m 이상 격리되어야 한다. 다만, 망실재배를 하는 포장의 경우에는 10분의 1로 단축할 수 있다.

해답

20

03 제얼의 정의를 적으시오

해답

한 포기로부터 여러 개의 싹이 나올 경우 그 중 충실한 것을 몇 개 남기고 나머지는 제거하는 작업을 제얼이라 한다.

05 아래 고추 종자의 그림을 보고 표시된 부위의 명칭을 적으시오.

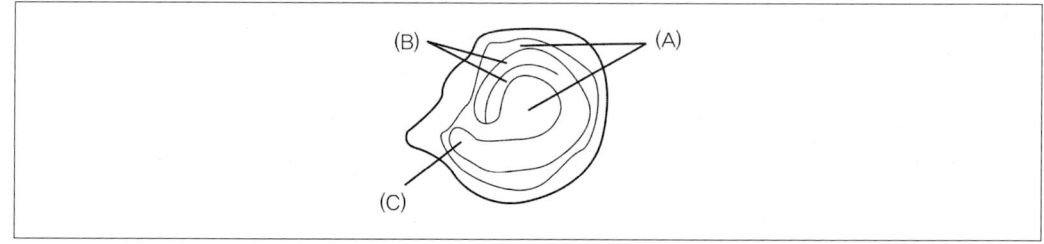

해답
A: 배유 , B: 자엽 , C: 유근

06 아래 그림의 화서의 이름을 적으시오

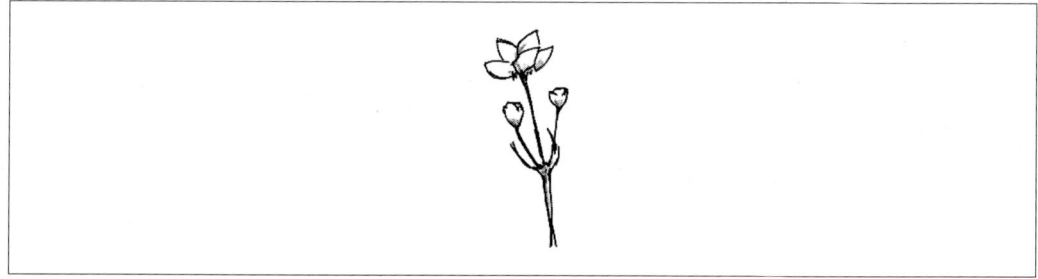

해답
단집서화서

07 분주 및 성토법에 대한 정의를 적으시오

해답
- 분주 : 모식물에서 발생하는 흡지를 뿌리가 달린 채로 분리하여 번식하는 방법
- 성토법 : 모식물의 기부에 새로운 측지가 나오게 하여 끝이 보일 정도로 흙을 덮어 뿌리가 내리면 잘라 번식시키는 방법

08 파생계통육종과 1개체 1계통육종에 대해 설명하시오

해답
- 파생계통육종
  파생계통육종법은 분리 초기인 F_2 나 F_3 집단에 내병성, 조만성 등 생리적 형질과 질적형질에 대해서 선발하고 계통별 집단재배를 몇 세대 거친후 개체 선발하는 육종방법이다
- 1개체 1계통 육종
  1개체 1계통 육종은 집단육종과 계통육종의 이점을 모두 살리는 육종방법으로 초기 집단재배를 해서 유용유전자를 유지할수 있고 육종규모가 작아 온실에서 육종연한을 단축할 수 있다

09 아래 보기 중에서 단명종자만 적으시오

> <보기>
> 팬지, 봉선화, 맨드라미, 백일홍, 코스모스

해답
팬지

10 식물신품종 보호법의 목적을 적으시오

해답
이 법은 식물의 신품종에 대한 육성자의 권리 보호에 관한 사항을 규정함으로써 농림수산업의 발전에 이바지함을 목적으로 한다.

11 종자산업법에서 의미하는 종자관리사의 정의를 적으시오

해답
"종자관리사"란 이 법에 따른 자격을 갖춘 사람으로서 종자업자가 생산하여 판매·수출하거나 수입하려는 종자를 보증하는 사람을 말한다.

12 종자의 발아과정을 순서대로 적으시오

해답
수분흡수 → 분해효소의 활성 → 저장양분의 분해 → 배의 생장 → 종피의 파열 → 유묘의 형성

13 신초삽, 단아삽의 정의를 적으시오

해답
- 신초삽 : 신초삽은 줄기꽂이의 방법 중 하나로 줄기 끝의 연한 새순을 삽수로 이용하는 것이다
- 단아삽 : 하나의 눈을 삽상에 꽂아 새로운 개체를 번식시키는 영양번식법으로 가지접의 일종으로 취급한다.

14 공정육묘 정의를 적으시오

해답
자동화 육묘시설을 이용한 육묘방법으로 상토준비 및 혼입, 파종, 재배관리 작업 등이 자동으로 이루어진다.

15 순환선발의 정의를 적으시오

해답
한 자식 계통 집단 내에서 개체의 조합능력검정을 하고 선발, 육성된 계통의 자유교배를 되풀이하여 자식계통의 능력을 개량한다.

16 종자산업법상 종자산업의 정의를 적으시오

해답
"종자산업"이란 종자와 묘를 연구개발·육성·증식·생산·가공·유통·수출·수입 또는 전시 등을 하거나 이와 관련된 산업을 말한다.

17 종자관리요강에서 생산 및 수입판매신고품종의 경우 식량작물의 촬영부위 및 방법에 대해 적으시오

해답
수확기 포장의 전경, 이삭특성, 종실특성이 나타나야 한다.

18 과수 바이러스, 바이로이드 검정방법에서 검사를 위한 시료 전처리 및 보관 방법을 적으시오

해답
채취한 시료 전체를 액체질소에 급랭 후 막자사발을 이용하여 최대한 곱게 마쇄하거나 유사기구를 사용하여 마쇄한다. 마쇄된 시료 일부는 검정용으로 사용하고 나머지는 적당한 시료 튜브 또는 식물체 자체로 일부분을 냉동 보관한다.

19 품종보호 요건의 균일성에 대한 정의를 적으시오

해답
품종의 본질적 특성이 그 품종의 번식방법상 예상되는 변이를 고려한 상태에서 충분히 균일한 경우에는 그 품종은 균일성을 갖춘 것으로 본다.

20 최아의 정의를 적으시오

해답
발육 및 생육을 촉진할 목적으로 종자의 싹을 틔워 파종하는 방법

2021 제3회 종자산업기사

*본문제는 수험생들의 기억을 바탕으로 작성 된 것으로 실제 문제와 차이가 있을 수 있습니다.

01 집단육종법의 정의를 적으시오

해답

집단육종법은 교배를 하여 잡종을 만들고 잡종 초기세대에 선발을 하지 않고 집단채종이나 혼합재배를 하여 수세대를 거쳐 개체가 순종이 되었을 때 선발을 시작하는 육종법이다.

02 영양번식을 이용하는 줄기 2가지와 해당 작물 2가지를 적으시오

해답

- 괴경 : 감자, 토란
- 인경 : 양파, 마늘

03 아래 표는 규격묘의 규격기준이다. 빈칸의 기준을 적으시오

작물	묘목의 길이 (cm)	묘목의 직경 (mm)
○ 배	(㉠) 이상	12 이상
○ 복숭아	100 이상	(㉡) 이상

해답

㉠ 120
㉡ 10

04 부정배생식 및 무포자생식에 대해 설명하시오

해답

- 부정배생식 : 배낭을 둘러싸고 있는 많은 체세포들이 여러 개의 배가 발생하는 경우 부정배형성 혹은 부정배생식이라 한다.
- 무포자생식 : 배낭을 만들지만 배낭의 조직세포가 배를 형성한다.

05 쌀보리, 겉보리 및 맥주보리의 포장검사의 검사 규격을 적으시오

항목 채종단계		최저한도 (%)	최고한도(%)					작황
		품종순도	이종 종자주	잡초		병주		
				특정해초	기타해초	특정병	기타병	
원원종포		㉠	0.01	-	-	0.10	10.00	균일
원종포		99.9	㉡	-	-	㉢	15.00	균일
채종포	1세대	99.7	0.05	-	-	0.40	20.00	균일
	2세대	99.0						

해답
㉠ 99.9
㉡ 0.01
㉢ 0.10

06 종자산업법의 목적을 적으시오

해답
종자와 묘의 생산·보증 및 유통, 종자산업의 육성 및 지원 등에 관한 사항을 규정함으로써 종자산업의 발전을 도모하고 농업 및 임업 생산의 안정에 이바지함을 목적으로 한다.

07 아래 양파 종자의 구조를 보고 해당 명칭을 적으시오

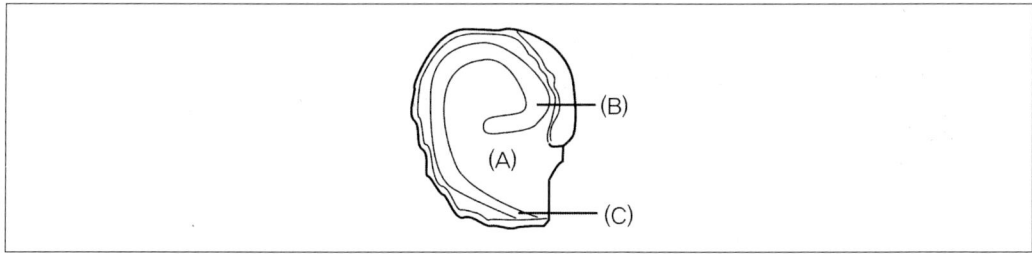

해답
A: 배유, B: 자엽, C: 유근

08 아래는 곡물 및 과실의 수량을 구하는 공식이다. 빈칸을 채우시오

곡물 수량 = 단위면적당 이삭수 × (㉠) × 등숙률 × 천립중
과실 수량 = 과수당 과실수 × (㉡)

해답
㉠ 이삭당 영화수
㉡ 과실의 크기

09 분주 및 성토법에 대한 정의를 적으시오

해답
- 분주 : 모식물에서 발생하는 흡지를 뿌리가 달린 채로 분리하여 번식하는 방법
- 성토법 : 모식물의 기부에 새로운 측지가 나오게 하여 끝이 보일 정도로 흙을 덮어 뿌리가 내리면 잘라 번식시키는 방법

10 아래의 특정병에 해되는 작물을 적으시오

(㉠) : 모자이크바이러스, 잎말림바이러스, 둘레썩음병, 풋마름병 등
(㉡) : 흑반병, 마이코프라스마병

해답
㉠ 감자
㉡ 고구마

11 혼파의 장점 3가지를 적으시오

해답
- 토양이나 기상에 대한 적응력이 높아진다.
- 병해충에 대한 위험성이 낮아진다.
- 공간의 이용이 효율적이다.

12 테트라졸륨 검사법의 pH범위를 적으시오

해답
pH 범위 : 6.5~7.5

13 식물신품종 보호법상 안정성에 대해 설명하시오

해답
품종의 본질적 특성이 반복적으로 증식된 후에도 그 품종의 본질적 특성이 변하지 아니하는 경우에는 그 품종은 안정성을 갖춘 것으로 본다.

14 아래 보기에서 방추형 종자를 모두 고르시오

> < 보기 >
> 보리, 벼, 메밀, 고추, 모시풀, 양파, 목화

해답
보리, 모시풀

15 버널리제이션의 정의를 적으시오

해답
생육 초기에 일정기간 인위적 저온처리를 하는 것을 버널리제이션 혹은 춘화처리라 한다.

16 종자산업법상 작물의 정의를 적으시오

해답
"작물"이란 농산물 또는 임산물의 생산을 위하여 재배되는 모든 식물을 말한다.

17 아래 그림을 보고 알맞은 화서의 종류를 적으시오

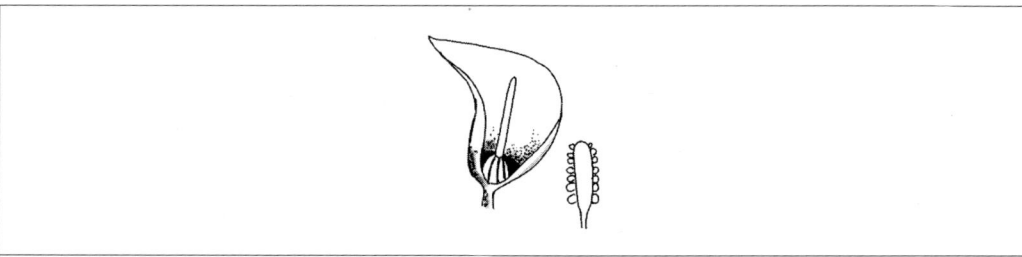

해답
육수화서

18 식물신품종보호법상 품종의 정의를 적으시오

해답
식물학에서 통용되는 최저분류의 단위의 식물군으로서 품종보호 요건을 갖추었는지와 관계없이 유전적으로 나타나는 특성 중 한 가지 이상의 특성이 다른 식물군과 구별되고 변함없이 증식될 수 있는 것을 말한다.

19 조직 배양의 정의를 적으시오

해답

식물의 일부 조직을 무균으로 배양하여 조직 자체의 증식생장, 각종 조직 및 기관의 분화 발달에 의해 완전한 개체로 육성하는 방법을 조직배양이라 한다.

20 가뭄해에 대비하기 위한 방법 3가지를 적으시오

해답

- 관개시설을 만든다.
- 가뭄해에 강한 작물을 선택한다.
- 피복 작업을 실시한다.

2022 제1회 종자기사

*본문제는 수험생들의 기억을 바탕으로 작성 된 것으로 실제 문제와 차이가 있을 수 있습니다.

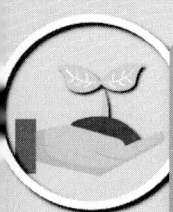

01 식물신품종 보호법의 목적을 적으시오

해답

이 법은 식물의 신품종에 대한 육성자의 권리 보호에 관한 사항을 규정함으로써 농림수산업의 발전에 이바지함을 목적으로 한다.

02 깎기접에 대해 설명하시오

해답

깎기접(절접)은 널리 사용되는 방법으로 대목은 지상 약 5~10cm 높이를 절단하고 절단면과 수직되게 수피가 평활한 곳에 목질부가 약간 들어가게 하여 상단부에서 아래로 쪼개는 방법이다

03 영양번식의 장점 3가지 적으시오

해답

① 영양번식은 채종이 곤란한 작물에 적용하면 유리하다.
② 우량한 상태의 유전형질을 유지할수 있다
③ 종자번식보다 생육이 왕성하고 짧은 기간 내에 수확이 가능하고 수량도 증가한다
④ 접목의 경우 환경에 대한 적응성, 병해충에 대한 저항력이 증가한다

04 양배추 F1의 양친을 대량생산하는 방법을 적으시오

해답

양배추의 1대 종자의 대량 생산을 위해서는 자가불화합성을 이용하며 자가불화합성이 있는 교배양친을 순수하게 유지하기 위해 자식하려면 자가불화합성을 일시적으로 타파해야 하며 뇌수분, 노화수분, 지연수분, 고온처리, 전기 자극, 이산화탄소 처리 등의 방법을 활용한다.

05 아래 작물들을 복토 깊이가 깊은 순서대로 나열하시오.

> < 보기 >
> 튤립, 생강, 상추, 토마토, 귀리

해답
튤립, 생강, 귀리, 토마토, 상추

06 인공 영양번식방법 중 취목의 정의를 적으시오

해답
취목은 식물의 가지나 줄기를 모체에서 분리하지 않고 흙에 묻거나 암흑상태에 습기와 공기 조건을 맞추어 주면 발근이 되어 이 발근된 부위를 독립적으로 번식시키는 방법이다.

07 웅성단위생식으로 배가 만들어지는 과정을 적으시오

해답
난세포에 들어간 정세포가 단독으로 분열하여 배를 형성한다.

08 집단육종법의 정의를 적으시오

해답
집단육종법은 교배를 하여 잡종을 만들고 잡종 초기세대에 선발을 하지 않고 집단채종이나 혼합재배를 하여 수세대를 거쳐 개체가 순종이 되었을 때 선발을 시작하는 육종법이다.

09 종자코팅 방법 중 필름코팅의 정의를 적으시오

해답
필름코팅은 농약, 색소를 혼합하여 접착제로 종자 표면에 코팅 처리를 한다.

10 포장검사에서 벼 특정병 1가지를 적으시오

해답
키다리병

11 아래 그림의 화서의 명칭을 적으시오.

해답
집단화서

12 복상포자생식의 정의를 적으시오

해답
복상포자생식에 의해 형성된 난세포는 수정 없이 배발생을 해서 모체의 유전자형과 동일한 종자를 형성하게 된다.

13 합성시료의 정의를 적으시오

해답
소집단에서 추출한 모든 1차시료를 혼합하여 만든 시료를 말한다.

14 식물신품종 보호법상 안정성에 대해 설명하시오

해답
품종의 본질적 특성이 반복적으로 증식된 후 에도 그 품종의 본질적 특성이 변하지 아니하는 경우에는 그 품종은 안정성을 갖춘 것으로 본다.

15 양배추 종자의 내부 그림을 보고 종자 기관에 맞는 명칭을 적으시오.

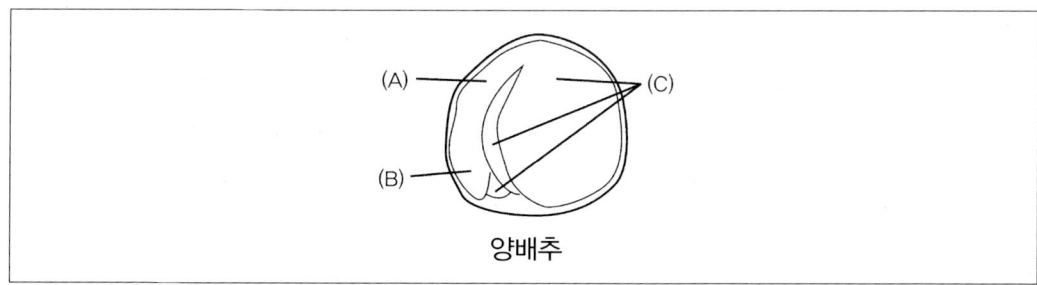

양배추

해답
A : 하배축 , B : 유근 , C : 자엽

16 파, 양파의 종자의 외형적 형상을 적으시오

해답

방패형

17 종자산업법상 종자산업의 정의를 적으시오

해답

"종자산업"이란 종자와 묘를 연구개발·육성·증식·생산·가공·유통·수출·수입 또는 전시 등을 하거나 이와 관련된 산업을 말한다.

18 휴립구파법에 대해 설명하시오

해답

이랑을 세우고 낮은 골에 파종하는 방법이다.

19 육묘재배의 장점 5가지를 적으시오

해답

- 수확 및 출하시기 조절이 가능하다.
- 수확량을 늘리거나 품질 향상을 기대할 수 있다.
- 관리 및 보호도 용이하다.
- 토지의 이용률을 높일 수 있다.
- 직파가 불리한 작물(딸기, 고구마 등)에 적용할 수 있다.

20 총상화서의 형태에 대해 설명하시오

해답

총상화서는 긴 화경에 여러 개의 작은 소화경이 붙어 꽃이 배열되어 개화하는 형태이다.

2022 제1회 종자산업기사

*본문제는 수험생들의 기억을 바탕으로 작성 된 것으로 실제 문제와 차이가 있을 수 있습니다.

01 식물의 조직배양의 이용분야 4가지를 적으시오

해답
- 생장점 배양
- 화분배양
- 원형질체 융합
- 형질전환

02 종자산업법에서 말하는 품종성능의 정의를 적으시오

해답
"품종성능"이란 품종이 이 법에서 정하는 일정 수준 이상의 재배 및 이용상의 가치를 생산하는 능력을 말한다.

03 성토법에 대한 정의를 적으시오

해답
성토법 : 모식물의 기부에 새로운 측지가 나오게 하여 끝이 보일 정도로 흙을 덮어 뿌리가 내리면 잘라 번식시키는 방법

04 식물신품종보호법상 보호품종의 정의를 적으시오

해답
"보호품종"이란 이 법에 따른 품종보호 요건을 갖추어 품종보호권이 주어진 품종을 말한다.

05 발아세의 정의를 적으시오

해답
치상 후 일정기간까지의 발아율 또는 표준발아검사에서 중간발아조사일까지의 발아율을 말한다

06 계통육종법에 대해 서술하시오

해답

계통육종법은 교배를 하여 잡종을 만들고 그 분리세대인 F_2 이후부터 계속 개체선발을 하고 선발된 개체를 개체별 계통재배를 되풀이 하면 그들 계통을 서로 비교하여 우량한 계통을 선발, 고정하여 순계를 만들어 가는 방법으로 자가수정작물의 대표적인 육종방법이다.

07 계통육종법의 장점과 단점을 적으시오

해답

계통육종법은 질적형질이나 유전력이 높은 양적형질의 개량에 효과적이나 F_3, F_4 세대에 공시하는 계통수가 많으면 큰 면적의 포장이 필요하고 세대촉진이 어렵다.

08 자가불화합성을 타파하는 방법 3가지를 적으시오

해답

뇌수분, 노화수분, 지연수분, 고온처리, 전기 자극, 이산화탄소 처리

09 다음 화서의 명칭을 적으시오

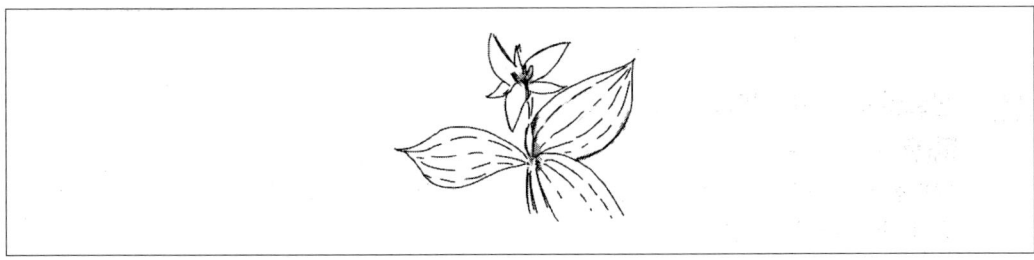

해답

단정화서

10 혼파의 장점 3가지를 적으시오

해답

- 토양 및 기상에 대한 적응력이 높아진다.
- 병해충에 대한 위험성이 낮아진다.
- 공간의 이용이 효율적이다.
- 재배의 안정성이 증가한다.

11 피자식물의 중복수정을 정의하시오

해답

피자식물에서 꽃가루가 암술머리에 붙어 수분이 이루어지면 꽃가루가 발아하여 꽃가루관이 뻗어나와 암술대를 통과하여 배낭으로 들어간다. 꽃가루에 있던 2개의 정핵 중 1개는 난핵과 결합하여 배가 되고 다른 1개는 2개의 극핵과 결합해서 배젖(배유)이 된다.

12 여교잡 육종법에 대해 적으시오

해답

여교잡육종법은 양친의 제1대 잡종에 양친 중 한쪽의 유전자형을 가진 개체를 교잡하고 이것을 수세대 반복하여 우량개체를 선발하는 방법이다.

13 들깨의 특정병을 적으시오

해답

녹병

14 아래 양파 종자의 구조를 보고 해당 명칭을 적으시오

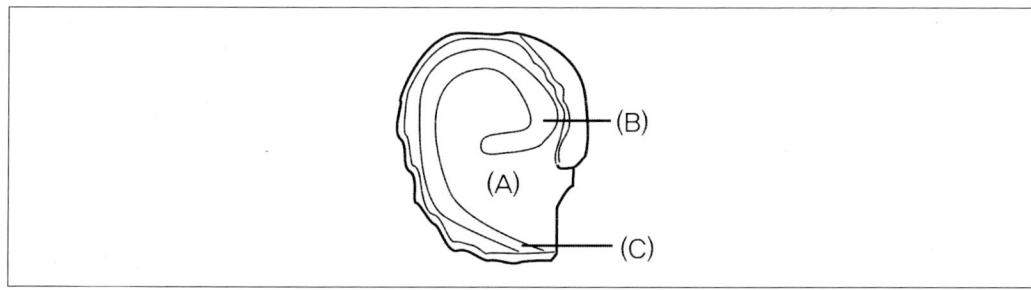

해답

A: 배유, B: 자엽, C: 유근

15 식물신품종보호법상 "품종보호권"의 정의를 적으시오

해답

"품종보호권"이란 이 법에 따라 품종보호를 받을 수 있는 권리를 가진 자에게 주는 권리를 말한다.

16 아래 조직배양의 유묘 증식체계에서 ( )를 채우도록 하시오

> 재료 채취 및 소독 → 식물체 기내배양 → (㉠) → (㉡) → (㉢)

해답
㉠ 캘러스 증식
㉡ 식물체 분화 및 유묘의 출현
㉢ 이식 후 관리

17 조직 배양의 정의를 적으시오

해답
식물의 일부 조직을 무균으로 배양하여 조직 자체의 증식생장, 각종 조직 및 기관의 분화 발달에 의해 완전한 개체로 육성하는 방법을 조직배양이라 한다.

18 종자의 순도 및 발아율의 공식을 적으시오

해답
$$순도 = \frac{순정종자 중량}{총 중량} \times 100$$
$$발아율 = \frac{정상묘 발아입수}{총 종자입수} \times 100(\%)$$

2022 제2회 종자기사

*본문제는 수험생들의 기억을 바탕으로 작성 된 것으로 실제 문제와 차이가 있을 수 있습니다.

01 아래 화서의 명칭을 적으시오.

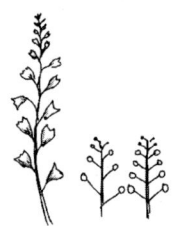

해답
총상화서

02 영양번식 방법 중에서 선취법과 당목취법에 대해 설명하시오

해답
- 선취법 : 가지를 굽혀서 땅속에 묻고 자기의 선단을 지상으로 나오게 하는 방법이다
- 당목취법 : 가지를 수평으로 묻고, 각 마디에서 발생하는 새가지를 발근시켜 한가지에서 여러 취목을 하는 방법이다

03 1개체 1계통육종에 대해 설명하시오

해답
1개체 1계통 육종은 집단육종과 계통육종의 이점을 모두 살리는 육종방법으로 초기 집단재배를 해서 유용유전자를 유지할수 있고 육종규모가 작아 온실에서 육종연한을 단축할 수 있다.

04 양배추 종자의 내부 그림을 보고 종자 기관에 맞는 명칭을 적으시오.

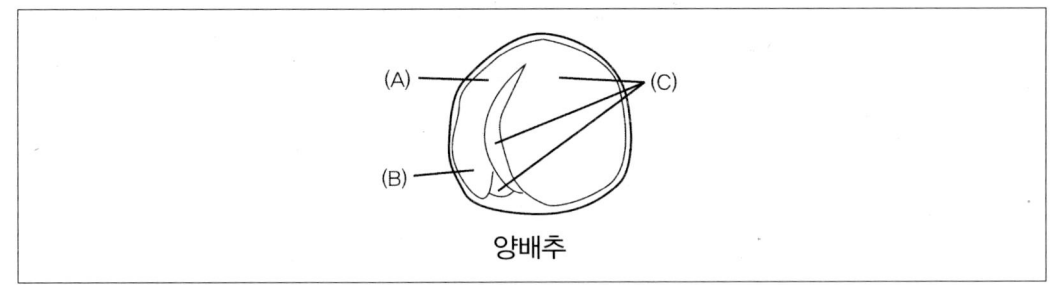

해답

A : 하배축 , B : 유근 , C : 자엽

05 혼파의 장점 5가지를 적으시오

해답

- 토양이나 기상에 대한 적응력이 높아진다.
- 병해충에 대한 위험성이 낮아진다.
- 공간의 이용이 효율적이다.
- 잡초가 경감된다.
- 재배에 대한 안정성이 증가한다.

06 종자의 발아과정을 순서대로 적으시오

해답

수분흡수 → 분해효소의 활성 → 저장양분의 분해 → 배의 생장 → 종피의 파열 → 유묘의 형성

07 식물신품종보호법상 "실시"의 정의에 대해 적으시오

해답

"실시"란 보호품종의 종자를 증식·생산·조제·양도·대여·수출 또는 수입하거나 양도 또는 대여의 청약을 하는 행위를 말한다.

08 품종성능의 정의를 적으시오

해답

"품종성능"이란 품종이 이 법에서 정하는 일정 수준 이상의 재배 및 이용상의 가치를 생산하는 능력을 말한다.

09 아래 종자를 적합한 종자의 형상에 따라 분류하시오.

< 보기 >
고추, 양파, 파, 무, 보리, 모시풀

- 방패형
- 난형
- 방추형

해답
- 방패형 : 파, 양파
- 난형 : 고추, 무
- 방추형 : 보리, 모시풀

10 다음 보기의 작물의 적합한 복토 깊이를 기준으로 분류하시오

< 보기 >
양파, 파, 옥수수, 수선, 히아신스, 완두

- 종자가 보이지 않을 정도 :
- 3.5 ~ 4cm :
- 10cm 이상 :

해답
- 종자가 보이지 않을 정도 : 양파, 파
- 3.5 ~ 4cm : 옥수수, 완두
- 10cm 이상 : 수선, 히아신스

11 아래 표는 규격묘의 규격기준이다. 빈칸의 기준을 적으시오

작물	묘목의 길이 (cm)	묘목의 직경 (mm)
○ 배	(㉠) 이상	12 이상
○ 복숭아	100 이상	(㉡) 이상
○ 매실	80 이상	(㉢) 이상

해답
㉠ 120
㉡ 10
㉢ 7

12 아래는 종자검사요령에서 밀 시료의 최소 중량의 표이다. 빈칸에 적합한 중량을 적으시오

작물	시료의 최소 중량			
	제출시료	순도검사	이종계수용	수분검정용
	g	g	g	g
배추	㉠	㉡	㉢	㉣

해답

㉠ 70 ㉡ 7 ㉢ 70 ㉣ 50

13 원예작물의 품종개발에 이용되는 생물공학기술 3가지 적으시오

해답

약배양, 배배양, 세포융합

14 농림축산식품부장관은 종자산업의 육성 및 지원을 위하여 5년마다 농림종자산업의 육성 및 지원에 관한 종합계획을 수립·시행하여야 한다. 종합계획에 포함되어야 할 사항을 3가지 이상 적으시오

해답

- 종자산업의 현황과 전망
- 종자산업의 지원 방향 및 목표
- 종자산업의 육성 및 지원을 위한 중기·장기 투자계획
- 종자산업 관련 기술의 교육 및 전문인력의 육성방안
- 종자 및 묘 관련 농가의 안정적인 소득증대를 위한 연구개발 사업
- 민간의 육종연구를 지원하기 위한 기반구축 사업
- 수출 확대 등 대외시장 진출 촉진방안
- 종자 및 묘에 대한 교육 및 이해 증진방안
- 지방자치단체의 종자 및 묘 관련 산업 지원방안
- 그 밖에 종자산업의 육성 및 지원을 위하여 대통령령으로 정하는 사항

15 작물별 적합한 저장온도를 아래 보기에서 골라 적으시오.

> < 보기 >
> 1~4°C, 10°C, 7~13°C, 13~15°C, 20°C, 25~27°C
>
> • 감자
> • 고구마
> • 바나나

해답
- 감자 : 1~4°C
- 고구마 : 13~15°C
- 바나나 : 7~13°C

16 포장검사 병주 판정기준에서 아래 병명에 적합한 기준을 적으시오

작물	구분	병명	병주판정기준
벼	특정병	키다리병	㉠
	기타병	이삭도열병	㉡

해답
㉠ 증상이 나타난 주
㉡ 이삭의 1/3 이상이 불임 고사된 주

17 저온항온기법으로 수분을 측정하는 작물을 4가지 적으시오

해답
마늘, 파, 부추, 콩, 땅콩, 배추씨, 유채, 고추, 목화, 피마자, 참깨, 아마, 겨자, 무

18 식물신품종 보호법의 목적을 적으시오

해답
이 법은 식물의 신품종에 대한 육성자의 권리 보호에 관한 사항을 규정함으로써 농림수산업의 발전에 이바지함을 목적으로 한다.

19 종자검사에서 시료를 추출하는 목적을 적으시오

해답
종자검사에서 균일하고 정확한 결과를 얻기 위해서 1차, 합성, 제출시료의 추출을 실시한다.

2022 제3회 종자기사

*본문제는 수험생들의 기억을 바탕으로 작성 된 것으로 실제 문제와 차이가 있을 수 있습니다.

01 아래 그림을 보고 알맞은 화서의 종류를 적으시오.

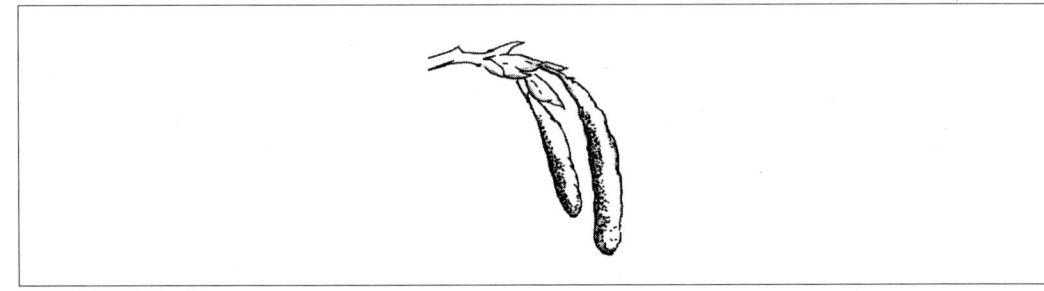

해답

유이화서

02 종자산업법에서 품종성능의 정의를 적으시오

해답

"품종성능"이란 품종이 이 법에서 정하는 일정 수준 이상의 재배 및 이용상의 가치를 생산하는 능력을 말한다.

03 식물신품종보호법상 "육성자"의 정의에 대해 적으시오

해답

"육성자"란 품종을 육성한 자나 이를 발견하여 개발한 자를 말한다.

04 **품종보호 요건의 구별성에서 일반인에게 알려져 있는 품종 2가지에 해당하는 빈칸을 채우도록 하시오**

> ① 제32조제2항에 따른 품종보호 출원일 이전(제31조제1항에 따라 우선권을 주장하는 경우에는 최초의 품종보호 출원일 이전)까지 일반인에게 알려져 있는 품종과 명확하게 구별되는 품종은 제16조제2호의 구별성을 갖춘 것으로 본다.
> ② 제1항에서 일반인에게 알려져 있는 품종이란 다음 각 호의 어느 하나에 해당하는 품종을 말한다. 다만, 품종보호를 받을 수 있는 권리를 가진 자의 의사에 반하여 일반인에게 알려져 있는 품종은 제외한다.
> 1. (㉠)
> 2. 보호품종
> 3. 품종목록에 등재되어 있는 품종
> 4. (㉡)

해답
㉠ 유통되고 있는 품종
㉡ 공동부령으로 정하는 종자산업과 관련된 협회에 등록되어 있는 품종

05 **발아세의 정의를 적으시오**

해답
치상 후 일정기간까지의 발아율 또는 표준발아검사에서 중간발아조사일까지의 발아율을 말한다.

06 **아래 고추 종자의 그림을 보고 표시된 부위의 명칭을 적으시오**

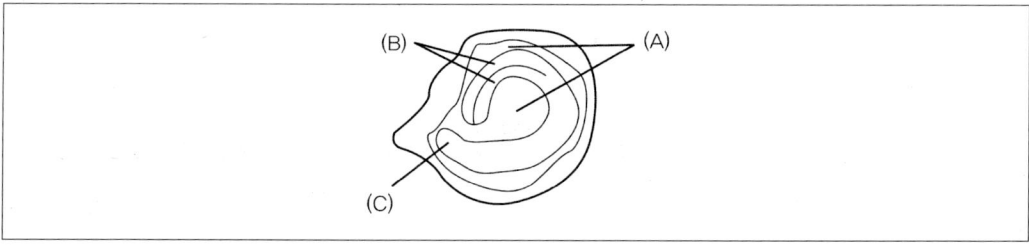

해답
A: 배유 , B: 자엽 , C: 유근

07 과수 바이러스 및 바이로이드 검정방법에서 아래 채취량의 기준을 적으시오

묘목당 ( ) 잎

해답
5

08 아래 보기의 작물 중에서 장명종자를 모두 고르시오

< 보기 >
양파 당근 클로버 토마토 상추 파 가지

해답
클로버, 토마토, 가지

09 성토법에 대한 정의를 적으시오

해답
성토법 : 모식물의 기부에 새로운 측지가 나오게 하여 끝이 보일 정도로 흙을 덮어 뿌리가 내리면 잘라 번식시키는 방법

10 교배육종의 정의를 적으시오

해답
자연집단에서 육종하려고 하는 목표형질을 만들 수 없을 때 새로운 유전자형을 교배를 통해 만드는 것

11 제시된 양파 소집단의 최대중량과 순도검사 시 시료의 최소중량을 쓰시오

소집단의 최대중량	시료의 최소중량			
	제출시료	순도검사	이종계수용	수분검정용
톤	g	g	g	g
①	80	②	80	50

해답
① 10톤
② 8

12 조직배양의 정의를 적으시오

해답

식물의 세포, 조직, 기관 등을 기내의 영양배지에서 무균적으로 배양하여 완전한 식물체로 재분화시키는 것을 조직배양이라 한다.

13 무포자생식의 정의를 적으시오

해답

배낭을 만들지만 배낭의 조직세포가 배를 형성한다.

14 중성식물의 정의를 적으시오

해답

중성식물은 개화에 일장의 영향을 받지 않는 식물을 말한다.

15 종자산업법상 "보증종자"의 정의를 적으시오

해답

"보증종자"란 이 법에 따라 해당 품종의 진위성과 해당 품종 종자의 품질이 보증된 채종 단계별 종자를 말한다.

16 식물신품종 보호법상 안정성에 대해 설명하시오

해답

품종의 본질적 특성이 반복적으로 증식된 후에도 그 품종의 본질적 특성이 변하지 아니하는 경우에는 그 품종은 안정성을 갖춘 것으로 본다.

17 종자관리요강상 사후검사기준의 검사항목 3가지를 적으시오

해답

품종의 순도, 품종의 진위성, 종자전염병

18 피자식물의 중복수정을 정의하시오

해답

피자식물에서 꽃가루가 암술머리에 붙어 수분이 이루어지면 꽃가루가 발아하여 꽃가루관이 뻗어나와 암술대를 통과하여 배낭으로 들어간다. 꽃가루에 있던 2개의 정핵 중 1개는 난핵과 결합하여 배가 되고 다른 1개는 2개의 극핵과 결합해서 배젖(배유)이 된다.

19 종자 프라이밍을 실시하는 이유를 적으시오

해답

종자프라이밍은 일정 조건에서 종자에 삼투압 용액이나 수용성 화합물을 흡수시켜 종자 내 대사작용이 진행되지만 발아하지 않도록 처리하는 기술로 발아 촉진과 발아 후 생육 촉진을 목적으로 한다.

2022 제3회 종자산업기사

*본문제는 수험생들의 기억을 바탕으로 작성 된 것으로 실제 문제와 차이가 있을 수 있습니다.

01 뽕나무는 무병 묘목인지 확인되지 않은 뽕밭과 최소 몇 m 이상 격리되어야 하는지 적으시오.

해답
5m

02 아래 보기의 작물 중에서 장명종자를 모두 고르시오.

< 보기 >
나팔꽃 수박 콩 옥수수 토마토 팬지 목화

해답
나팔꽃, 토마토, 수박

03 호밀 TTC 용액의 농도를 적으시오.

해답
1%

04 발아시의 정의를 적으시오.

해답
파종된 종자 중 최초 1개체가 발아한 날

05 과수의 꽃눈의 분화 촉진 방법에 대해서 2가지를 적으시오.

해답
- 질소질 비료의 과용 방지 및 적절한 인산 시비
- 뿌리 단근 및 환상박피 등을 통한 C/N 율 조절
- 식물호르몬의 활용

06 채소종자의 후숙의 효과 2가지를 적으시오.

> **해답**
> • 종자의 충실도가 높아진다.
> • 발아세 및 발아율이 향상된다.
> • 종자의 수명이 연장된다.
> • 2차 휴면이 타파된다.

07 여교배 육종의 구비조건 2가지를 적으시오.

> **해답**
> • 여교배육종을 위해 만족할 만한 반복친이 있어야 한다.
> • 이전형질의 특성이 변하지 않아야 한다.
> • 반복친의 특성을 충분히 회복해야 한다.

08 배추과 채소의 꽃눈분화, 추대에 영향을 주는 환경적 요인을 적으시오.

> **해답**
> • 꽃눈분화 : 저온 조건
> • 추대 : 고온 장일 조건

09 종자산업법에서 보증종자의 정의를 적으시오.

> **해답**
> "보증종자"란 이 법에 따라 해당 품종의 진위성과 해당 품종 종자의 품질이 보증된 채종 단계별 종자를 말한다.

10 다음 화서의 명칭을 적으시오.

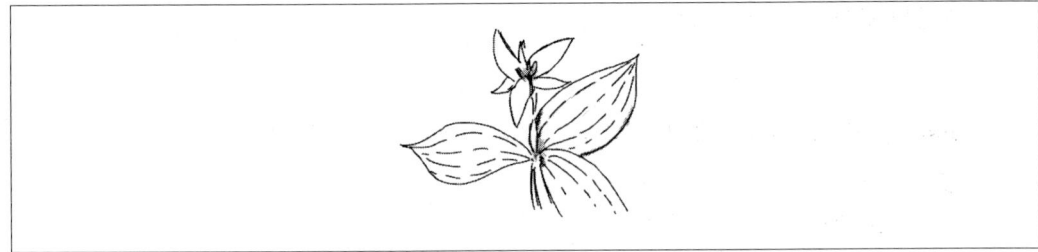

> **해답**
> 단정화서

11 식물신품종보호법상 "품종보호권"의 정의를 적으시오.

해답
"품종보호권"이란 이 법에 따라 품종보호를 받을 수 있는 권리를 가진 자에게 주는 권리를 말한다.

12 종자산업법에서 품종성능의 정의를 적으시오.

해답
"품종성능"이란 품종이 이 법에서 정하는 일정 수준 이상의 재배 및 이용상의 가치를 생산하는 능력을 말한다.

13 품종보호 요건의 균일성에 대한 정의를 적으시오.

해답
품종의 본질적 특성이 그 품종의 번식방법상 예상되는 변이를 고려한 상태에서 충분히 균일한 경우에는 그 품종은 균일성을 갖춘 것으로 본다.

14 종자코팅 방법 중 필름코팅의 정의를 적으시오.

해답
필름코팅은 농약, 색소를 혼합하여 접착제로 종자 표면에 코팅 처리를 한다.

15 종자관리요강상 사후관리시험의 검사항목 3가지를 적으시오.

해답
① 품종의 순도
② 품종의 진위성
③ 종자전염병

16 아래 고추 종자의 그림을 보고 표시된 부위의 명칭을 적으시오.

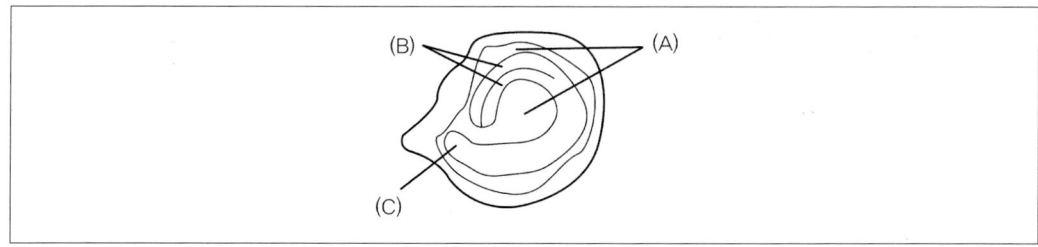

해답
A: 배유 , B: 자엽 , C: 유근

17 삽목 중에서 녹지삽에 대해 적으시오.

> **해답**
> 당해년에 자란 가지가 굳어지기 전에 잎을 붙인 채로 삽목하는 방법이다.

18 공정육묘 장점 3가지 적으시오.

> **해답**
> - 육묘기간이 단축된다.
> - 묘의 대량생산이 가능하다.
> - 기계화로 생산비가 절감된다.

19 합성시료의 정의를 적으시오.

> **해답**
> 소집단에서 추출한 모든 1차시료를 혼합하여 만든 시료를 말한다.

2023 제1회 종자기사

*본문제는 수험생들의 기억을 바탕으로 작성 된 것으로 실제 문제와 차이가 있을 수 있습니다.

01 맥류와 콩의 특정병을 각 1가지씩 적으시오.

해답
- 맥류 : 겉깜부기병
- 콩 : 자반병

02 식물신품종보호법상 실시의 의미를 적으시오.

해답
"실시"란 보호품종의 종자를 증식·생산·조제·양도·대여·수출 또는 수입하거나 양도 또는 대여의 청약을 하는 행위를 말한다.

03 고구마의 접목에서 삽목으로 사용 가능한 식물체의 부위 2가지를 적으시오.

해답
줄기, 뿌리

04 식물신품종보호법상 "육성자"의 정의에 대해 적으시오.

해답
"육성자"란 품종을 육성한 자나 이를 발견하여 개발한 자를 말한다.

05 작물 중에서 오이의 성 분화가 저온단일, 고온장일의 조건에서 어떻게 되는지 적으시오.

해답
- 저온단일 : 암꽃 착생
- 고온장일 : 수꽃 착생

06 아래의 단어에 정의를 적으시오.

◎ 필름코팅 :
◎ 종자펠렛 :

해답
- 필름코팅 : 수용성 중합체를 종자의 표면에 얇게 씌우는 것을 말한다.
- 종자펠렛 : 종자 표면에 불활성 고체물질을 피족하여 종자를 크게 만드는 것을 말한다.

07 다음 중 장명종자를 모두 고르시오.

< 보기 >
토마토, 수박, 목화, 팬지, 콩, 나팔, 옥수수

해답
토마토, 수박, 나팔꽃

08 다음 화서의 명칭을 적으시오.

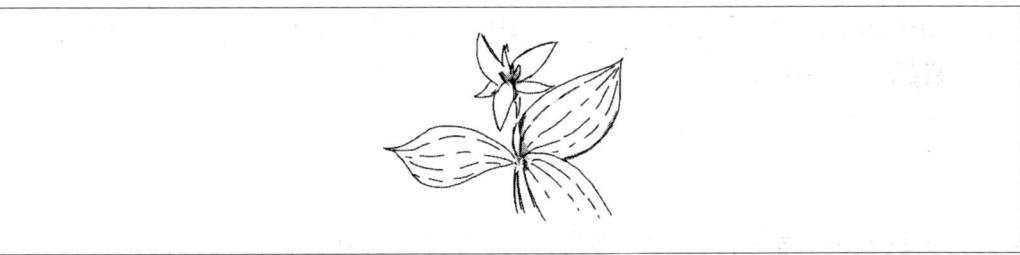

해답
단정화서

09 종자산업법에서 "종자산업"에 대해 정의하시오.

해답
"종자산업"이란 종자와 묘를 연구개발·육성·증식·생산·가공·유통·수출·수입 또는 전시 등을 하거나 이와 관련된 산업을 말한다.

10 종자산업법에서 말하는 품종성능의 정의를 적으시오.

해답
"품종성능"이란 품종이 이 법에서 정하는 일정 수준 이상의 재배 및 이용상의 가치를 생산하는 능력을 말한다.

11 단순순환선발법에 대해 적으시오.

해답
기본집단에서 선발한 우량개체를 자가수분하고 동시에 검정친과 교배한다. 검정교배 F_1 중에서 잡종강세가 큰 자식계통으로 개량집단을 만들고, 개체간 상호교배하여 집단을 개량하는데 일반조합능력 개량에 효과적이다.

12 일반 육묘에 비해 플러그 육묘의 장점 3가지 적으시오.

해답
- 육묘기간이 단축된다.
- 묘의 대량생산이 가능하다.
- 기계화로 생산비가 절감된다.
- 집중관리가 용이하다.
- 정식 후 활착이 빠르다.

13 과수 바이러스, 바이로이드 검정방법에서 검사를 위한 시료 전처리 및 보관 방법을 적으시오.

해답
채취한 시료 전체를 액체질소에 급랭 후 막자사발을 이용하여 최대한 곱게 마쇄하거나 유사기구를 사용하여 마쇄한다. 마쇄된 시료 일부는 검정용으로 사용하고 나머지는 적당한 시료 튜브 또는 식물체 자체로 일부분을 냉동 보관한다.

14 약배양의 종자생산적 이용가치에 대해 적으시오.

해답
약배양은 화분이 들어 있는 약을 식물체에 분리하여 배양하고 화분배양은 약에서 체세포 조직을 제거하여 소포자만을 분리 배양하며 이를 통해 육종 연한을 단축시킬수 있으며 열성형질의 조기 발견이 가능하다

15 아래는 화훼 구근류의 포장검사 기준이다. 빈칸을 채우시오.

◎ 불합격 포장, 다른 구근류 재배포장으로부터 (　　　)m 이상 격리되어야 한다. 다만, 망실재배를 하는 포장의 경우에는 10분의 1로 단축할 수 있다.

해답
20

16 유전적 원인에 의한 종자의 퇴화 원인 5가지를 적으시오.

해답
- 돌연변이
- 자연교잡
- 이형유전자의 분류
- 근교약세
- 기회적 부동

17 육종연한을 단축시킬 수 있는 방법 4가지 적으시오.

해답
- 약배양
- 화분배양
- 배배양
- 접목
- 원형질체 융합

18 성토법에 대한 정의를 적으시오.

해답
성토법 : 모식물의 기부에 새로운 측지가 나오게 하여 끝이 보일 정도로 흙을 덮어 뿌리가 내리면 잘라 번식시키는 방법

19 아래 종자 구조의 그림을 보고 해당 부위의 명칭을 적으시오.

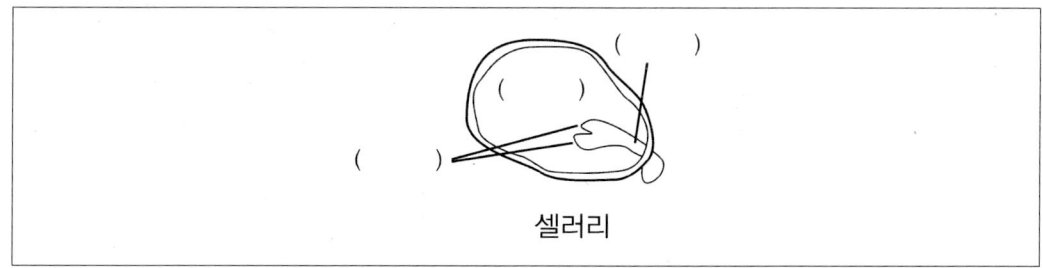

해답

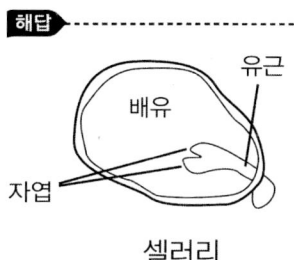

셀러리

2023 제1회 종자산업기사

*본문제는 수험생들의 기억을 바탕으로 작성 된 것으로 실제 문제와 차이가 있을 수 있습니다.

01 복토 깊이가 1.5 ~ 2cm 인 작물을 보기에서 모두 고르시오.

< 보기 >
토마토, 수박, 순무, 호박, 수수, 밀

해답
수박, 호박, 수수

02 아래 보기의 작물 중에서 장명종자를 모두 고르시오.

< 보기 >
양파 당근 클로버 토마토 상추 파 가지

해답
클로버, 토마토, 가지

03 아래 보기 중에서 1년생 잡초를 모두 고르시오.

< 보기 >
나도겨풀, 강피, 너도방동사니, 돌피, 여뀌, 가래

해답
강피, 돌피, 여뀌

04 위수정생식의 정의를 적으시오.

해답
위수정생식은 종간 혹은 속간교배 후 수정이 정상적으로 이루어지지 않았으나 난세포의 발육으로 배가 형성된다.

05 자가수정작물의 집단선발법의 정의를 적으시오.

해답

자가수정작물에 발수법이 이용되는데 원품종 중에서 이형을 없애는 정도로 국한되며 순계선발법 때와 같이 유전자형을 개량하는 효과는 거의 없다.

06 경실종자의 휴면타파를 위한 적합한 방법 3가지를 적으시오.

해답

종피파상법, 황산처리법, 건열처리법, 진탕처리법

07 시금치의 화아분화 전, 후의 일장형을 적으시오.

해답

· 화아분화 전 : 장일성
· 화아분화 후 : 장일성

08 할접 방법에 대해 설명하시오.

해답

할접은 대목이 비교적 굵고 접수가 가는 경우 사용하는 접목법으로 대목의 중앙부를 접수의 절단면 길이만큼 잘라 쐐기 모양으로 깎은 접수를 삽입하여 맞추는 방법이다.

09 버널리제이션의 정의를 적으시오.

해답

생육 초기에 일정기간 인위적 저온처리를 하는 것을 버널리제이션 혹은 춘화처리라 한다.

10 육묘 이식의 장점 5가지를 적으시오.

해답

· 조기수확 및 증수
· 토지의 활용도 증가
· 추대의 방지
· 종자의 절약
· 묘의 집중 관리

11 재래식 육묘와 비교하여 공정육묘 장점 5가지 적으시오.

해답
- 육묘기간이 단축된다.
- 묘의 대량생산이 가능하다.
- 기계화로 생산비가 절감된다.
- 집중관리가 용이하다.
- 정식 후 활착이 빠르다.

12 다음 화서의 명칭을 적으시오.

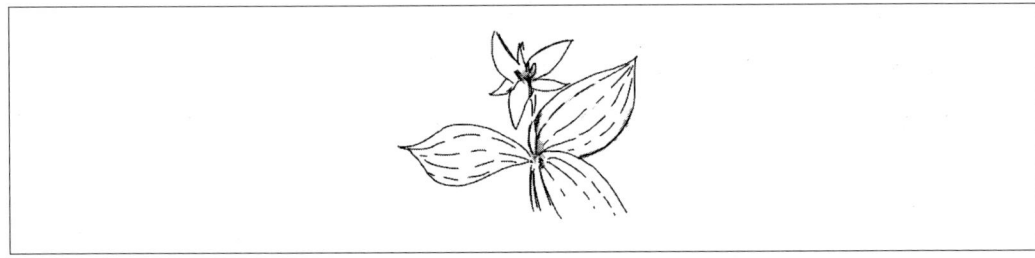

해답
단정화서

13 양배추 종자의 내부 그림을 보고 종자 기관에 맞는 명칭을 적으시오.

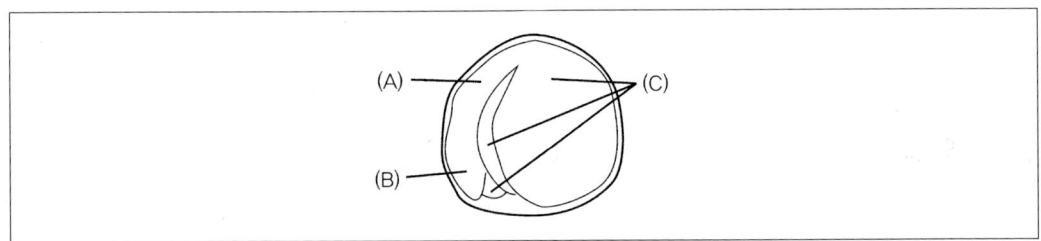

해답
A : 하배축 , B : 유근 , C : 자엽

14 아래 내용에서 빈칸에 채우시오.

◎ 작물이 심긴 부분과 심기지 않은 부분이 규칙적으로 반복 될 때 이 반복되는 1단위를 (㉠) 이라 하고 함몰부를 (㉡) 이라 한다.

해답
㉠ 이랑
㉡ 고랑

15 염색체의 구조 변화 현상의 종류 3가지를 적으시오.

해답
결단, 결실, 중복, 전좌, 역위

16 아래는 1수1렬법의 잔수법에 대한 내용이다. 빈칸을 채우시오.

◎ 제 1년째 선발한 개체의 우수성을 제 2년째 (㉠)으로 확인하고 제 3년째에는 (㉡)이 확인된 계통에 대하여 제 1년째에 남겨 놓은 종자를 심어 우량계통을 선발한다.

해답
㉠ 후대검정
㉡ 우수성

17 제얼의 정의를 적으시오.

해답
한 포기로부터 여러 개의 싹이 나올 경우 그 중 충실한 것을 몇 개 남기고 나머지는 제거하는 작업을 제얼이라 한다.

18 정지작업 중 '배상형'의 정의를 적으시오.

해답
배상형은 짧은 원줄기 상에 3~4개의 원가지를 동일한 위치에 발생시켜 수형이 술잔모양으로 되는 방법이다.

19 아래 보기의 작물 중에서 무배유종자를 모두 고르시오.

< 보기 >
벼, 보리, 콩, 완두, 밀, 팥, 당근

해답
콩, 팥, 완두

20 아래는 종자의 발아과정을 나열한 것이다. 빈칸에 적합한 순서를 적으시오.

수분흡수 → (㉠) → 저장양분의 분해 → 배의 생장 → (㉡) → 유묘의 형성

해답
㉠ 분해효소의 활성
㉡ 종피의 파열

2023 제2회 종자기사

*본문제는 수험생들의 기억을 바탕으로 작성 된 것으로 실제 문제와 차이가 있을 수 있습니다.

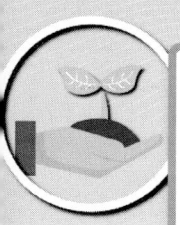

01 아래 보기 중에서 산성토양에 강한 작물을 모두 고르시오

< 보기 >
벼 / 감자 / 부추 / 시금치

해답

벼, 감자

02 제시된 팥 소집단의 최대중량과 순도검사 시 시료의 최소중량을 쓰시오

소집단의 최대중량	시료의 최소중량			
	제출시료	순도검사	이종계수용	수분검정용
톤	g	g	g	g
30	(①)	(②)	(③)	(④)

해답

① 1000
② 250
③ 1000
④ 100

03 품종명칭의 등록을 받을 수 없는 요건 3가지를 적으시오.

해답

- 숫자로만 표시하거나 기호를 포함하는 품종명칭
- 해당 품종 또는 해당 품종 수확물의 품질·수확량·생산시기·생산방법·사용방법 또는 사용시기로만 표시한 품종명칭
- 해당 품종이 속한 식물의 속 또는 종의 다른 품종의 품종명칭과 같거나 유사하여 오인하거나 혼동할 염려가 있는 품종명칭
- 해당 품종이 사실과 달리 다른 품종에서 파생되었거나 다른 품종과 관련이 있는 것으로 오인하거나 혼동할 염려가 있는 품종명칭
- 식물의 명칭, 속 또는 종의 명칭을 사용하였거나 식물의 명칭, 속 또는 종의 명칭으로 오인하거나 혼동할 염려가 있는 품종명칭
- 국가, 인종, 민족, 성별, 장애인, 공공단체, 종교 또는 고인과의 관계를 거짓으로 표시하거나, 비방

하거나 모욕할 염려가 있는 품종명칭
- 저명한 타인의 성명, 명칭 또는 이들의 약칭을 포함하는 품종명칭. 다만, 그 타인의 승낙을 받은 경우는 제외한다.
- 해당 품종의 원산지를 오인하거나 혼동할 염려가 있는 품종명칭 또는 지리적 표시를 포함하는 품종명칭
- 품종명칭의 등록출원일보다 먼저 「상표법」에 따른 등록출원 중에 있거나 등록된 상표와 같거나 유사하여 오인하거나 혼동할 염려가 있는 품종명칭
- 품종명칭 자체 또는 그 의미 등이 일반인의 통상적인 도덕관념이나 선량한 풍속 또는 공공의 질서를 해칠 우려가 있는 품종명칭

04 국가와 지방자치단체는 종자산업의 국제협력 및 대외시장의 진출을 촉진하기 위하여 할 수 있는 2가지를 적으시오

해답
- 종자산업관련 기술과 인력의 국제교류
- 종자산업관련 국제공동연구

05 다음 화서의 명칭을 적으시오

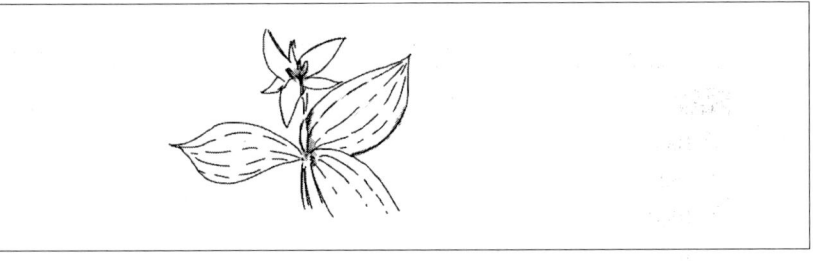

해답
단정화서

06 아래 보기에서 비늘줄기에 해당하는 것을 모두 고르시오

< 보기 >
나리 / 마 / 마늘 / 시금치 / 부추

해답
나리 마늘

07 종자관리사와 종자업의 정의를 적으시오

해답
- "종자관리사"란 이 법에 따른 자격을 갖춘 사람으로서 종자업자가 생산하여 판매·수출하거나 수입하려는 종자를 보증하는 사람을 말한다.
- "종자업"이란 종자를 생산·가공 또는 다시 포장하여 판매하는 행위를 업으로 하는 것을 말한다.

08 식물신품종보호법에서 말하는 품종과 육성자의 정의를 적으시오

해답
- "육성자"란 품종을 육성한 자나 이를 발견하여 개발한 자를 말한다.
- "품종"이란 식물학에서 통용되는 최저분류 단위의 식물군을 말한다.

09 아래 보기를 보고 난원형과 방추형 종자를 1개씩 고르시오

< 은행나무, 굴참나무, 참나무, 보리 >

해답
- 난원형 : 은행나무
- 방추형 : 보리

10 아래 내용을 보고 빈칸을 채우시오

◎ (①)는 체세포의 조직배양으로 유기된 체세포를 캡슐에 넣어 만든다. (②) 육종은 연속적으로 교배하면서 이전하려는 1회친의 특성만 선발하므로 육종효과가 확실하고 재현성이 높은 장점이 있다.

해답
① 인공종자
② 여교배

11 아래 내용을 보고 빈칸을 채우시오

◎ (①) : 배낭을 만들지 않고 포자체의 조직세포가 직접 배를 형성한다.
◎ (②) : 배낭을 만들지만 배낭의 조직세포가 직접 배를 형성한다.

해답
① 부정배형성
② 무포자생식

12 분주 및 취목의 정의를 적으시오

해답
- 분주는 뿌리가 달린 채로 분리하여 번식시키는 방법이다
- 취목은 식물의 가지나 줄기를 모체에서 분리하지 않고 흙에 묻거나 암흑상태에 습기와 공기 조건을 맞추어 주면 발근이 되어 이 발근된 부위를 독립적으로 번식시키는 방법이다

13 아래는 버널리제이션에 대한 내용이다. 빈칸을 채우시오

◎ 버널리제이션은 생육의 일정시기에 (   )을 주어 화성을 유도 촉진하는 것을 말한다

해답
인위적인 저온 처리

14 다음은 감자의 포장검사의 기준에 대한 내용이다. 빈칸을 채우시오

◎ 춘작 : 유묘가 (㉠)cm 정도 자랐을 때 개화기부터 낙화기 사이에 각각 1회 실시한다.
◎ 원원종포 : 불합격포장, 비채종포장으로부터 (㉡)m 이상 격리되어야 한다.

해답
㉠ 15
㉡ 50

15 주위작과 답전윤환에 대한 정의를 적으시오

해답
- 주위작 : 포장의 주위에 포장내의 작물과는 다른 작물을 재배하는 방식으로 주위에 빈공간을 이용하는 것이다.
- 답전윤환 : 논상태와 밭상태로 몇 해씩 돌려가면서 벼와 작물을 재배하는 방식을 말한다.

16 아래 보기에서 과실이 나출된 종자와 과실이 영에 쌓인 종자를 모두 적으시오

< 시금치, 귀리, 들깨, 겉보리 >

◎ 과실이 나출된 종자 :
◎ 과실이 영에 쌓인 종자 :

해답
과실이 나출된 종자 : 들깨, 시금치
과실이 영에 쌓인 종자 : 귀리, 겉보리

17 아래 표는 규격묘의 규격기준이다. 빈칸의 기준을 적으시오

작물	묘목의 길이(cm)	묘목의 직경(mm)
○ 매실	(①) 이상	(②) 이상

해답
① 80
② 7

18 양배추 종자의 내부 그림을 보고 종자 기관에 맞는 명칭을 적으시오

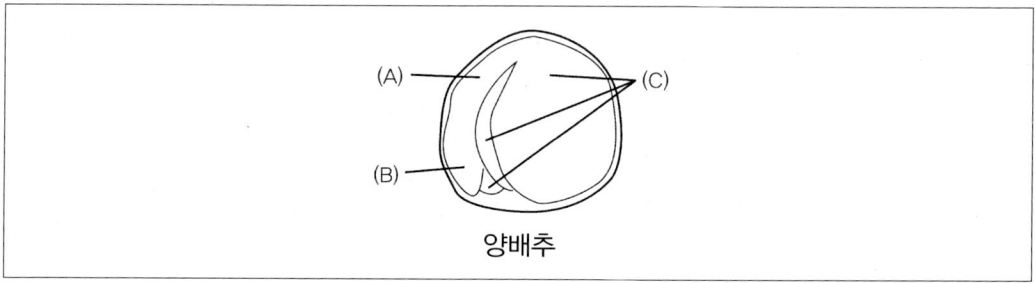

해답
A : 하배축 , B : 유근 , C : 자엽

19 다음은 종자건전도 검정 특별지침에서 벼도열병에 대한 내용이다. 빈칸의 기준을 적으시오

◎ 검사시료 : (㉠)입
◎ 배양 : 암기 12시간, 명기 12시간씩 22°C에서 (㉡)일간

해답
㉠ 400
㉡ 7

20 코스모스의 화아분화 전, 후의 일장형을 적으시오

해답
- 화아분화 전 : 단일성
- 화아분화 후 : 단일성

2023 제3회 종자기사

*본문제는 수험생들의 기억을 바탕으로 작성 된 것으로 실제 문제와 차이가 있을 수 있습니다.

01 보기의 작물을 산성에 저항력이 강한 순서대로 나열하시오

<보기>
팥, 유채, 감자

해답
감자, 유채, 팥

02 종자관련법상 국가품종목록의 등재대상 작물 3가지를 적으시오

해답
벼, 보리, 콩

03 아래 종자의 그림을 보고 표시된 부위의 명칭을 적으시오

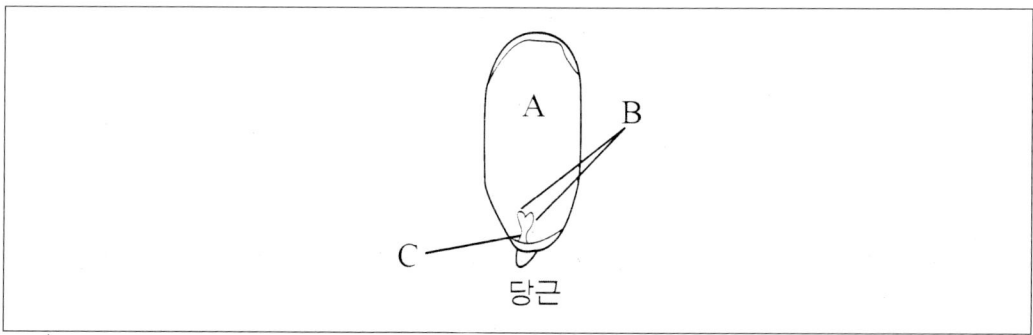

해답
A: 배유 , B: 자엽 , C: 유근

04 아래 그림을 보고 알맞은 화서의 종류를 적으시오

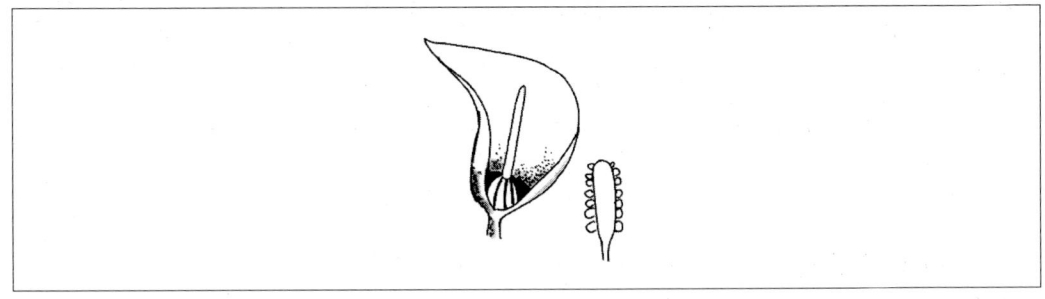

해답
육수화서

05 아래 빈칸을 모두 채우시오

◎ 염색체 구조 변화의 종류에는 ( ), ( ), ( ), 전좌 등이 있다

해답
절단, 결실, 중복, 역위

06 사탕무의 화아분화 전, 후의 일장형을 적으시오

해답
- 화아분화 전 : 장일성
- 화아분화 후 : 중일성

07 아래 보기에서 영양번식 종류 중 알줄기에 해당되는 작물을 모두 고르시오

<보기>
글라디올러스, 마, 고사리, 부추

해답
글라디올러스

08 식물신품종보호법상 "품종보호권"의 정의 및 "실시"의 정의를 적으시오

해답
- "품종보호권"이란 이 법에 따라 품종보호를 받을 수 있는 권리를 가진 자에게 주는 권리를 말한다.
- "실시"란 보호품종의 종자를 증식·생산·조제·양도·대여·수출 또는 수입하거나 양도 또는 대여의 청약(양도 또는 대여를 위한 전시를 포함한다. 이하 같다)을 하는 행위를 말한다.

09 아래는 종자검사요령에서 유채 시료의 최소 중량의 표이다. 빈칸에 적합한 중량을 적으시오.

1. 작물	2. 소집단의 최대중량	시료의 최소 중량			
		3. 제출시료	4. 순도검사	5. 이종계수용	6. 수분검정용
	톤	g	g	g	g
유채	10	(㉠)	(㉡)	100	(㉢)

해답
㉠ 100 ㉡ 10 ㉢ 50

10 진정광합성과 광포화점의 정의를 적으시오

해답
- 진정광합성 : 호흡을 무시하고 본 절대적인 광합성을 진정광합성이라 한다.
- 광포화점 : 광포화점은 광도가 높아짐에 따라 광합성이 증가하다가 어느 한계점에 이후 더 이상 광합성이 증대되지 않는 점을 말한다. 결국 광포화점에서는 광합성량이 최대가 되는 시점을 말한다.

11 기지와 성휴법에 대해 설명하시오

해답
- 기지 : 연작으로 인하여 토양에 특정 양분이 부족하게 되어 작물이 제대로 못자라는 경우 발생되는 피해를 기지라고 한다.
- 성휴법 : 작휴법 중 하나로 이랑을 보통보다 넓고 크게 하는 방법이다.

12 아래는 과실에 관련된 설명이다. 빈칸에 적합한 단어를 적으시오

◎ (　)는 많은 꽃의 자방들이 모여 하나의 덩어리를 이룬다.
◎ (　)는 1개의 씨방이 자라 열매를 맺는다.

해답
㉠ 복과
㉡ 단과

13 아래 표는 규격묘의 규격기준이다. 빈칸의 기준을 적으시오

작물	묘목의 길이(cm)	묘목의 직경(mm)
○ 자두	(㉠) 이상	(㉡) 이상

해답
㉠ 80
㉡ 7

14 아래는 종자산업법에 관련된 내용이다. 빈칸에 적합한 내용을 채우시오

종자업 등록을 한 날부터 (㉠)년 이내에 사업을 시작하지 아니하거나 정당한 사유 없이 1년 이상 계속하여 휴업한 경우 시장, 군수, 구청장은 종자업등록을 취소하거나 (㉡)개월 이내의 기간을 정하여 영업의 전부 또는 일부의 정지를 명할수 있다

해답
㉠ 1
㉡ 6

15 단아삽과 신초삽의 정의를 적으시오

해답
· 단아삽 : 하나의 눈을 삽상에 꽂아 새로운 개체를 번식시키는 영양번식법으로 가지접의 일종으로 취급한다.
· 신초삽 : 줄기꽂이의 방법 중 하나로 줄기 끝의 연한 새순을 삽수로 이용하는 것이다.

16
아래는 신물신품종보호법에 관한 내용이다. 빈칸을 채우시오

◎ 품종보호권의 설정등록을 받으려는 자나 품종보호권자는 품종보호료 납부기간이 지난 후에도 (㉠)개월 이내에는 품종보호료를 납부할 수 있다.
◎ 품종보호권의 존속기간은 품종보호권이 설정등록된 날부터 (㉡)년으로 한다.

해답
㉠ 6
㉡ 20

17
다음은 산형과의 종자 건전도 시험에 대한 내용이다. 빈칸을 채우도록 하시오

- 당근 검은 잎마름병
◎ 시험시료 : (㉠)입
◎ 방법 : 플라스틱 샤레에 흡습지 (㉡)장을 깔고 샤레당 (㉢)입씩 치상, 흡지는 살균된 증류수를 흡수시키고 남는 물은 따라 버림.

해답
㉠ 400
㉡ 3
㉢ 10

18
집단육종법과 여교잡육종법에 대한 정의를 적으시오

해답
- 여교잡육종법은 양친의 제1대 잡종에 양친 중 한쪽의 유전자형을 가진 개체를 교잡하고 이것을 수세대 반복하여 우량개체를 선발하는 방법이다.
- 집단육종법은 교배를 하여 잡종을 만들고 잡종 초기세대에 선발을 하지 않고 집단채종이나 혼합재배를 하여 수세대를 거쳐 개체가 순종이 되었을 때 선발을 시작하는 육종법이다

19
아래 보기의 작물 중에서 종자의 형상이 도란형에 해당하는 것을 모두 고르시오

< 보기 >
목화, 무, 배추, 양파

해답
목화

20 다음은 겉보리의 포장검사에 대한 내용이다. 빈칸을 채우시오

◎ 검사시기 및 회수 : 유숙기로부터 황숙기 사이에 (㉠)회 실시한다.
◎ 전작물 조건 : 품종의 순도유지를 위하여 (㉡)년 이상 윤작을 하여야 한다.

해답
㉠ 1
㉡ 2

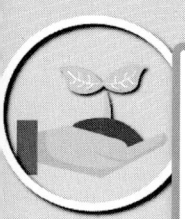

2023 제3회 종자산업기사

*본문제는 수험생들의 기억을 바탕으로 작성 된 것으로 실제 문제와 차이가 있을 수 있습니다.

01 아래 용어의 정의를 적으시오

◎ 종자산업법의 목적
◎ 보증종자의 정의

해답

- 종자산업법의 목적 : 종자와 묘의 생산·보증 및 유통, 종자산업의 육성 및 지원 등에 관한 사항을 규정함으로써 종자산업의 발전을 도모하고 농업 및 임업 생산의 안정에 이바지함을 목적으로 한다.
- "보증종자"란 이 법에 따라 해당 품종의 진위성과 해당 품종 종자의 품질이 보증된 채종 단계별 종자를 말한다.

02 아래는 품종보호요건의 용어이다. 정의를 적으시오

◎ 균일성
◎ 안정성

해답

- 균일성 : 품종의 본질적 특성이 그 품종의 번식방법상 예상되는 변이를 고려한 상태에서 충분히 균일한 경우에는 그 품종은 균일성을 갖춘 것으로 본다.
- 안정성 : 품종의 본질적 특성이 반복적으로 증식된 후 에도 그 품종의 본질적 특성이 변하지 아니하는 경우에는 그 품종은 안정성을 갖춘 것으로 본다.

03 아래 화서의 명칭을 적으시오

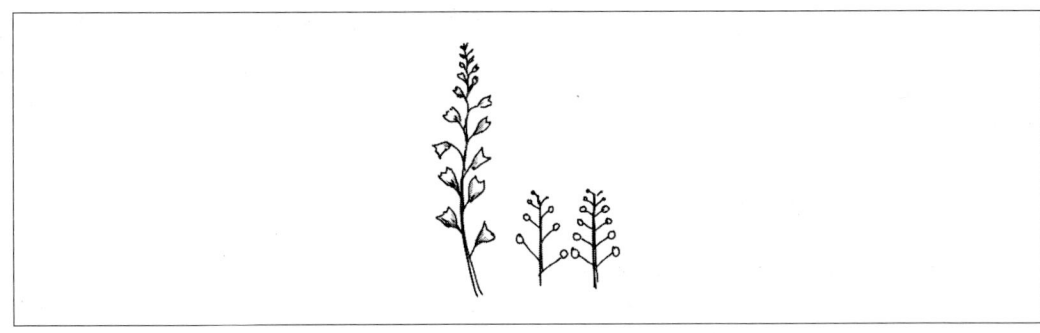

해답
총상화서

04 아래 고추 종자의 그림을 보고 표시된 부위의 명칭을 적으시오

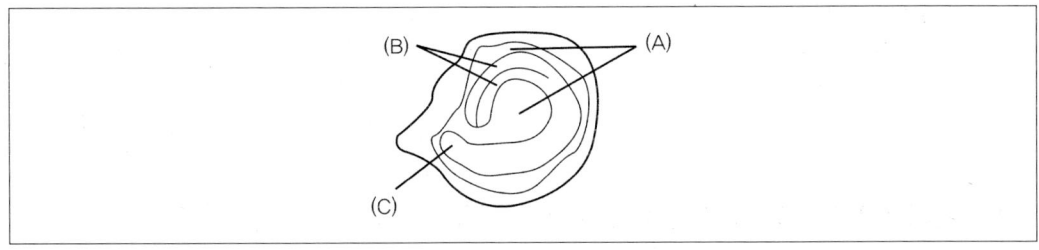

해답
A: 배유 , B: 자엽 , C: 유근

05 아래는 관개법에 관련된 내용이다. 빈칸을 채우시오

◎ (㉠) : 포장을 수평으로 구획하고 관개하는 방법이다.
◎ (㉡) : 등고선에 따라 수로를 내어 임의의 장소로부터 월류하도록 하는 방법이다.

해답
㉠ 수반법   ㉡ 일류관개

06 중성식물과 단일식물의 정의를 적으시오

해답
- 중성식물은 개화에 일장의 영향을 받지 않는 식물을 말한다.
- 단일식물은 한계일장보다 짧은 일장에서 개화하는 식물을 말한다.

07
농림축산식품부장관은 종자산업의 육성 및 지원을 위하여 5년마다 농림종자산업의 육성 및 지원에 관한 종합계획을 수립·시행하여야 한다. 종합계획에 포함되어야 할 사항을 3가지 이상 적으시오

해답
- 종자산업의 현황과 전망
- 종자산업의 지원 방향 및 목표
- 종자산업의 육성 및 지원을 위한 중기·장기 투자계획
- 종자산업 관련 기술의 교육 및 전문인력의 육성방안
- 종자 및 묘 관련 농가의 안정적인 소득증대를 위한 연구개발 사업
- 민간의 육종연구를 지원하기 위한 기반구축 사업
- 수출 확대 등 대외시장 진출 촉진방안
- 종자 및 묘에 대한 교육 및 이해 증진방안
- 지방자치단체의 종자 및 묘 관련 산업 지원방안
- 그 밖에 종자산업의 육성 및 지원을 위하여 대통령령으로 정하는 사항

08
영양번식 방법 중 접목의 장점 3가지를 적으시오

해답
- 토양전염성 방제
- 병해충에 대한 저항력 증가
- 품질의 향상
- 환경에 대한 적응성 증가

09
아래 보기 중에서 맥류의 특정병에 3가지를 골라 적으시오

<보기>
겉깜부기병, 흰가루병, 붉은곰팡이병, 위축병, 속깜부기병, 보리줄무늬병

해답
겉깜부기병, 속깜부기병, 보리줄무늬병

10 아래 용어의 정의를 적으시오

◎ 발아세
◎ 발아율

해답
- 발아세 : 치상 후 일정기간까지의 발아율 또는 표준발아검사에서 중간발아조사일까지의 발아율을 말한다.
- 발아율 : 정해진 기간과 조건에서 정상묘로 분류되는 종자의 숫자 비율을 말한다.

11 병해충의 물리적 방제법 3가지를 적으시오

해답
- 병든 종자를 제거한다.
- 종자를 소독한다.
- 냉수온탕침법을 활용한다.

12 다음은 종자관리요강 중 사진의 제출규격에서 생산, 수입판매신고품종에 대한 내용이다. 빈칸을 채우시오

◎ (㉠) : 수확기 포장의 전경, 이삭특성, 종실특성이 나타나야 한다.
◎ (㉡) : 개화기의 포장전경 및 꽃의 측면과 상면이 나타나야 한다.

해답
㉠ 식량작물
㉡ 화훼작물

13 피자식물의 중복수정을 정의하시오

해답
피자식물에서 꽃가루가 암술머리에 붙어 수분이 이루어지면 꽃가루가 발아하여 꽃가루관이 뻗어 나와 암술대를 통과하여 배낭으로 들어간다. 꽃가루에 있던 2개의 정핵 중 1개는 난핵과 결합하여 배가 되고 다른 1개는 2개의 극핵과 결합해서 배젖(배유)이 된다.

14
다음은 비대립유전자에 대한 내용이다. 내용을 보고 빈칸을 채우시오

- (㉠) : 두쌍의 비대립유전자가 공동으로 작용하여 한가지 표현형으로 나타나는 유전자를 말한다.
- (㉡) : 두쌍의 비대립유전자간 자신은 어떤 형질도 발현하지 못하고 다른 우성유전자의 작용을 억제시키는 유전자이다.

해답
㉠ 보족유전자
㉡ 억제유전자

15
과수 바이러스 및 바이로이드 검정방법에서 아래 채취량의 기준을 적으시오

시료 채취시기 및 부위	채취량
(㉠)월 발아신초, 경지수피, 꽃	묘목당 (㉡)잎

해답
㉠ 4~6
㉡ 5

16
다음은 잡종강세육종법에 대한 용어이다. 아래 단어의 정의를 적으시오

- 단교배 :
- 다계교배 :

해답
- 단교배 : 두 개 품종 또는 두 개 계통간의 교배이다
- 다계교배 : 많은 계통 간 잡종을 만드는 것이다

17
아래 용어의 정의를 적으시오

- 경실 :
- 휴면종자 :

해답
- 경실 : 종피가 수분의 투과를 저해하여 장기간 발아하지 않는 종자를 말한다.
- 휴면종자 : 배 자체의 생리적 원인에 의해 휴면이 발생한 종자를 말한다.

18 다음은 식물의 진화과정을 표현한 것이다. 빈칸에 순서대로 적으시오

도태 → (㉠) → (㉡)

해답
㉠ 적응
㉡ 순화

19 테트라졸륨 검사법의 pH범위와 농도를 적으시오

해답
- pH 범위 : 6.5~7.5
- 농도 : 0.1~1%

20 식물신품종보호법의 목적과 보호품종의 정의를 적으시오

해답
- 목적 : 이 법은 식물의 신품종에 대한 육성자의 권리 보호에 관한 사항을 규정함으로써 농림수산업의 발전에 이바지함을 목적으로 한다.
- "보호품종"이란 이 법에 따른 품종보호 요건을 갖추어 품종보호권이 주어진 품종을 말한다.

2024 제1회 종자기사

*본문제는 수험생들의 기억을 바탕으로 작성 된 것으로 실제 문제와 차이가 있을 수 있습니다.

01 아래 내용을 보고 빈칸을 채우시오.

◎ 식물이 광조사의 방향에 반응하여 굴곡반응을 나타내는 것을 (㉠)이라 한다.
◎ (㉡) 같은 단파장은 식물의 신장을 억제한다.

해답
㉠ 굴광성(굴광현상)
㉡ 자외선

02 아래 그림의 화서의 명칭을 적으시오.

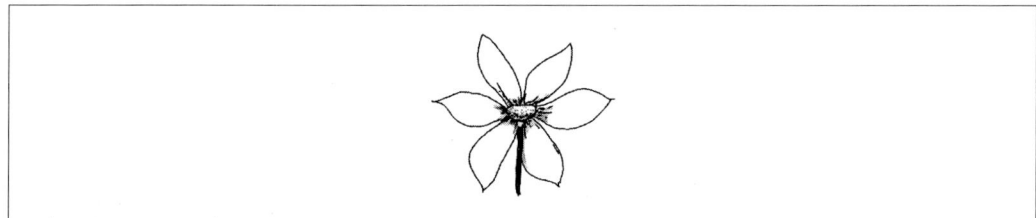

해답
집단화서

03 아래 표는 규격묘의 규격기준이다. 빈칸의 기준을 적으시오.

작물	묘목의 길이 (cm)	묘목의 직경 (mm)	주요 병해충 최고한도
○ 참다래	(㉠) 이상	(㉡) 이상	역병 : 무

해답
㉠ 80
㉡ 7

04 아래는 종자검사요령에서 참외 시료의 최소 중량의 표이다. 빈칸에 적합한 중량을 적으시오

작 물	시료의 최소 중량			
	제출시료	순도검사	이종계수용	수분검정용
	g	g	g	g
참외	(㉠)	(㉡)	-	(㉢)

해답
㉠ 150
㉡ 70
㉢ 50

05 참깨의 포장검사에 대한 내용이다. ( )에 알맞은 것을 적으시오

◎ 검사시기 및 회수 : 개화기에 (㉠)회 실시한다.
◎ 포장격리 : 이품종으로부터 (㉡)m 이상 격리되어야 한다.

해답
㉠ 1
㉡ 500

06 다음은 종자 건전도 검정에 대한 내용이다. 아래 내용을 보고 빈칸을 채우시오.

◎ 완두 갈색무늬병
· 검사시료 : (㉠) 입
· 전처리 : 차아염소산소다
· 방　법 : malt 또는 potato dextrose agar 배지
　한천배지표면에 샤레당 (㉡)입씩 치상
· 배　양 : 암상태에서 20°C로 7일간

해답
㉠ 400
㉡ 10

07 식물신품종보호법의 목적과 육성자의 정의에 대해 적으시오.

해답
- 식물의 신품종에 대한 육성자의 권리 보호에 관한 사항을 규정함으로써 농림수산업의 발전에 이바지함을 목적으로 한다.
- "육성자"란 품종을 육성한 자나 이를 발견하여 개발한 자를 말한다.

08 종자산업법에서 "묘"의 정의를 적으시오.

해답
묘란 재배용으로 쓰이는 씨앗을 뿌려 발아시킨 어린식물체와 그 어린식물체를 서로 접목시킨 어린식물체를 말한다.

09 윤작과 휴립구파법에 대해 설명하시오.

해답
- 휴립구파법 : 이랑을 세우고 낮은 골에 파종하는 방법이다.
- 윤작 : 한 농경지에 다른 종류의 작물을 순차적으로 재배하는 방식이다.

10 아래 설명을 보고 빈칸에 적합한 것을 적으시오.

◎ (㉠) : 기본집단에서 선발한 우량개체를 자가수분하고 동시에 검정친과 교배하는 방법이다
◎ (㉡) : 잡종 F_1 에서 나타났던 잡종강세가 자식 혹은 근계교배를 계속함에 따라 현저하게 생활력이 감퇴되는 현상이다

해답
㉠ 단순순환선발법
㉡ 근교약세

11 삽목과 파상취목법에 대해 설명하시오

해답
- 파상취목법 : 가지를 여러번 파상적으로 굽혀 굴곡시켜 번식하는 방법이다.
- 삽목 : 모체에서 분리한 영양체의 일부를 삽상에 심어 뿌리를 내리게 하여 독립개체로 번식시키는 방법이다.

12 아래 보기의 작물을 보고 내염성이 강한작물과 약한 작물을 분류하시오(단, 모두 맞추어 적어야 정답으로 인정함)

> < 보기 >
> 유채, 사탕무, 가지, 감자
> ◎ 내염성이 강한 작물 :
> ◎ 내염성이 약한 작물 :

해답
- 내염성이 강한 작물 : 유채, 사탕무
- 내염성이 약한 작물 : 가지, 감자

13 다음은 Soueges와 Johansen의 배의 발생법칙에 대한 내용이다. 아래 내용을 보고 적합한 법칙을 적으시오

> ◎ (㉠) : 필요 이상의 세포는 만들지 않는다.
> ◎ (㉡) : 미리 정해진 방향에 따라 분열하고 미래에 발휘할 기능에 따라 일정한 위치를 정한다.

해답
㉠ 절약의 법칙
㉡ 목적불변의 법칙

참고 배의 발생법칙
- 절약의 법칙 : 필요 이상의 세포는 만들지 않는다.
- 기원의 법칙 : 세포의 형성과 발달순서는 유전적으로 정해져 있으므로 어떤 세포의 기원은 이전의 세포에 의해 결정된다.
- 수의 법칙 : 세포의 수는 식물의 정에 따라 다르며 동일 세대에 있는 세포들은 세포분열 속도에 따라 다르다.
- 목적불변의 법칙 : 미리 정해진 방향에 따라 분열하고 미래에 발휘할 기능에 따라 일정한 위치를 정한다.

14 아래 고추 종자의 그림을 보고 표시된 부위의 명칭을 적으시오

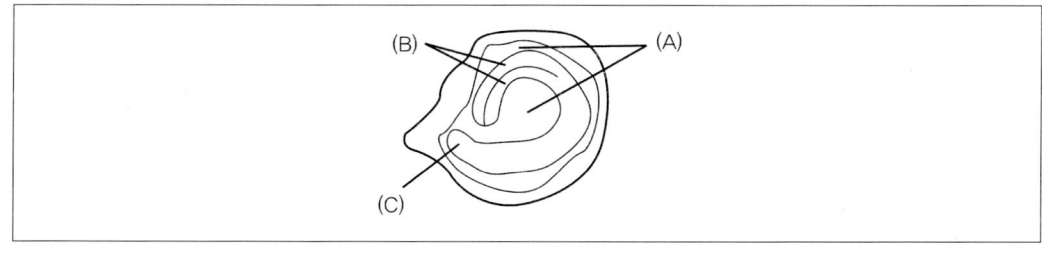

> **해답**
> A: 배유 , B: 자엽 , C: 유근

15 나팔꽃의 화아분화 전, 후의 일장형을 적으시오.
> **해답**
> • 화아분화 전 : 단일성
> • 화아분화 후 : 단일성

16 식물신품종보호법상 품종보호권이나 전용실시권을 침해한 것으로 보는 경우 1가지를 적으시오.
> **해답**
> 품종보호권자나 전용실시권자의 허락 없이 타인의 보호품종을 업으로서 실시하는 행위

17 농림축산식품부장관이 종자산업의 안정적인 정착에 필요한 기술보급을 위하여 지방자치단체의 장에게 수행하게 할 수 있는 사업 3가지 적으시오.
> **해답**
> • 종자 및 묘 생산과 관련된 기술의 보급에 필요한 정보 수집 및 교육
> • 지역특화 농산물 품목 육성을 위한 품종개발
> • 지역특화 육종연구단지의 조성 및 지원
> • 종자생산 농가에 대한 채종 관련 기반시설의 지원
> • 그 밖에 농림축산식품부장관이 필요하다고 인정하는 사업

18 아래 보기를 보고 해당되는 종자의 형상을 각 1가지씩 적으시오

> < 보기 >
> 보리, 모시풀, 양귀비, 굴참나무
>
> ◎ 접시형 :
> ◎ 신장형 :

해답
- 접시형 : 굴참나무
- 신장형 : 양귀비

19 아래 보기 중에서 엽삽에 의해 번식되는 종류 1가지를 적으시오

> < 보기 >
> 베고니아, 카네이션, 페튜니아

해답
베고니아

참고 ▶ 엽삽
엽삽은 줄기를 제외한 잎과 잎자루를 잘라 배양토에 꽂아 뿌리를 내리고 새로운 잎과 줄기를 만드는 방법으로 산세베리아, 페페로미아, 베고니아 등의 번식에 이용된다.

20 다음은 염색체돌연변이에 대한 내용이다. 빈칸을 채우시오

> ◎ 결실 : 결실이형접합체는 결실부위에 해당하는 정상 염색체의 열성유전자가 발현되어 (㉠) 현상이 나타난다.
> ◎ 중복 : 같은 염색체에 동일한 염색체 단편이 2개 이상 있게 되는 것으로, 염색체의 위치가 변동하여 표현형이 달라지게 되는데 이를 (㉡)라 한다.

해답
㉠ 위우성
㉡ 위치효과

2024 제1회 종자산업기사

*본문제는 수험생들의 기억을 바탕으로 작성 된 것으로 실제 문제와 차이가 있을 수 있습니다.

01 경 결함묘의 예시 5가지를 적으시오.

해답
- 초생근이 약간 손상된 경우
- 하배축, 중경, 상배축에 약간의 장해가 있는 경우
- 초생근에 결함이 있으나 2차근이 충분히 발달한 경우
- 둘 대신 3개의 자엽
- 둘 대신 3개의 자엽

02 발아시의 정의를 적으시오.

해답
파종된 종자 중 최초 1개체가 발아한 날

03 고추의 화아분화 전, 후의 일장형을 적으시오.

해답
- 화아분화 전 : 중일성
- 화아분화 후 : 중일성

04 아래 그림을 보고 알맞은 화서의 종류를 적으시오.

해답
유이화서

05 아래 당근 종자의 그림을 보고 표시된 부위의 명칭을 적으시오.

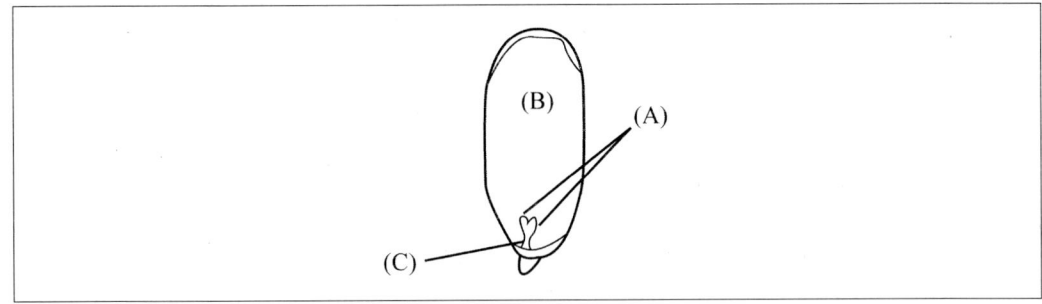

> **해답**
> (A) : 자엽
> (B) : 배유
> (C) : 유근

06 배유의 가장 바깥쪽 층이며 밀기울이라고 하는 층을 적으시오.
> **해답**
> 호분층

07 아래 보기의 작물 중에서 장명종자를 모두 고르시오.

< 보기 >
수박, 클로버, 고추, 팬지, 콩, 옥수수, 토마토

> **해답**
> 수박, 클로버, 토마토

08 테트라졸륨 검사법의 pH범위를 적으시오.
> **해답**
> 6.5~7.5

09 포장검사시 고구마 특정병 1가지를 적으시오.
> **해답**
> 흑반병

10 교배육종의 정의를 적으시오.

해답
자연집단에서 육종하려고 하는 목표형질을 만들 수 없을 때 새로운 유전자형을 교배를 통해 만드는 것

11 성토법에 대해 설명하시오.

해답
나무의 줄기를 지면 부근에서 절단하고 성토하여 그곳에서 새로운 가지의 밑부분에서 뿌리가 나오게 하는 방법이다.

12 생육 초기에 일정기간 인위적 저온처리를 하는 것을 무엇이라 하는지 적으시오.

해답
버널리제이션(춘화처리)

13 자방친의 세포질이나 핵은 불임성을 가지고 화분친은 F1 이 가임이 되기도 하고 불임이 되기도 한다. 이러한 불임성의 형태와 관련식물 2가지를 적으시오.

해답
- 형태 : 세포질 유전자적 웅성불임
- 종류 : 양파, 사탕무, 아마

14 종자 2차휴면의 정의와 원인 2가지를 적으시오.

해답
- 정의 : 성숙한 종자가 불량한 환경조건이 오래 지속되어 새로이 발생되는 휴면은 2차 휴면이라 한다.
- 원인
  - 고온 및 저온에 의한 불리한 환경 조건
  - 산소 부족에 의한 불리한 환경 조건

15 과수 바이러스 및 바이로이드 검정방법에서 아래 채취량의 기준을 적으시오.

◎ 묘목당 ( ) 잎

해답
5

16 여교배육종에 있어 구비조건 2가지를 적으시오.

해답
- 우수한 반복친이 있어야 한다.
- 여교배 후 반복친의 특성을 충분히 회복해야 한다.

17 순계가 선발효과가 없는 이유를 설명하시오.

해답
완전히 자가수정하는 작물의 한 개체에서 나온 자손을 순계라고 하는데 순계는 유전적으로 동형접합체이다. 순계 내의 변이는 유전되지 않는 환경변이라 순계 내에서 선택의 교화를 볼 수 없다.

18 아래 내용을 보고 빈칸을 채우시오.

◎ 종자생산포장의 채종량은 보통 재배에 비해 원원종포 (㉠)%, 원종포 (㉡)%, 채종포 (㉢)%가 되도록 계획 및 관리한다.

해답
㉠ 50
㉡ 80
㉢ 100

19 고구마의 접목에서 삽목으로 사용 가능한 식물체의 부위 2가지를 적으시오.

해답
줄기, 뿌리

20 배유에 포함되어 자당으로 변하는 에너지원 2가지를 적으시오.

해답

종자의 저장물질에는 탄수화물, 지방, 단백질, 핵산, 유기산 및 무기화합물 등이 있다.

2024 제2회 종자기사

*본문제는 수험생들의 기억을 바탕으로 작성 된 것으로 실제 문제와 차이가 있을 수 있습니다.

01 아래 고추 종자의 그림을 보고 표시된 부위의 명칭을 적으시오

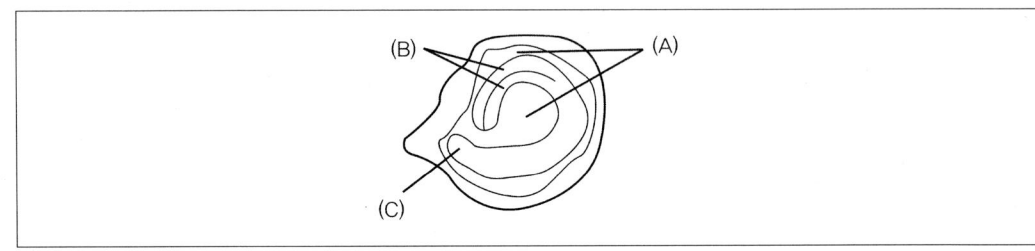

해답

A: 배유 , B: 자엽 , C: 유근

02 아래 그림의 화서의 명칭을 적으시오

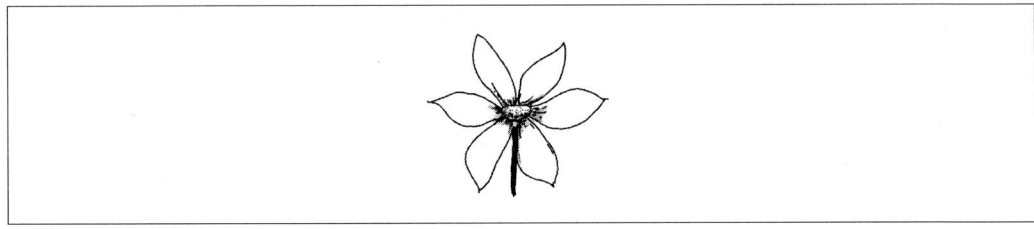

해답

집단화서

03 종자산업법상 종자의 정의를 적으시오

해답

"종자"란 증식용 또는 재배용으로 쓰이는 씨앗, 버섯 종균, 묘목, 포자 또는 영양체인 잎·줄기·뿌리 등을 말한다.

04 종자산업법에서 보증종자의 정의를 적으시오

해답

"보증종자"란 이 법에 따라 해당 품종의 진위성과 해당 품종 종자의 품질이 보증된 채종 단계별 종자를 말한다.

05 과수 바이러스 및 바이로이드 검정방법에서 아래 채취량의 기준을 적으시오

◎ 묘목당 ( ) 잎

해답

5

06 테트라졸륨 검사법의 pH범위와 농도를 적으시오

해답

- pH 범위 : 6.5~7.5
- 농도 : 0.1~1%

07 과실의 위과와 복과의 정의를 적으시오

해답

- 위과는 꽃받침이 발달해 과실이 된다
- 복과는 많은 꽃의 자방들이 모여 하나의 덩어리를 이룬다

08 최아의 정의를 적으시오

해답

발육 및 생육을 촉진할 목적으로 종자의 싹을 틔워 파종하는 방법

09 뽕나무는 무병 묘목인지 확인되지 않은 뽕밭과 최소 몇 m 이상 격리되어야 하는지 적으시오

해답

5m

10 단순순환선발법에 대해 적으시오

해답

기본집단에서 선발한 우량개체를 자가수분하고 동시에 검정친과 교배한다. 검정교배 F_1 중에서 잡종강세가 큰 자식계통으로 개량집단을 만들고, 개체간 상호교배하여 집단을 개량하는데 일반조합능력 개량에 효과적이다.

11 전용실시권자가 품종보호권자의 동의를 받지 아니하고 그 전용실시권을 이전 할 수 있는 경우 3가지 적으시오

해답

- 실시사업과 같이 이전하는 경우
- 상속
- 그 밖의 일반승계

12 경지삽과 신초삽에 대해 설명하시오

해답

- 경지삽 : 전년생 가지를 삽수로 이용한 것이다
- 신초삽 : 줄기 끝의 연한 새순을 삽수로 이용하는 것이다

13 종자코팅 방법 중 필름코팅의 정의를 적으시오

해답

필름코팅은 농약, 색소를 혼합하여 접착제로 종자 표면에 코팅 처리를 한다

14 식물의 일부 조직을 무균적으로 배양하여 조직 자체를 증식생장하며 각종 조직 및 기관의 분화 발들을 통해 개체를 육성하는 방법 적으시오

해답

조직배양

15 종자관리요강상 사후관리시험의 검사항목 3가지를 적으시오

해답

① 품종의 순도
② 품종의 진위성
③ 종자전염병

16 아래 보기의 작물 중에서 무배유종자를 모두 고르시오

< 보기 >
벼, 보리, 콩, 완두, 밀, 팥, 당근, 오이

해답

콩, 팥, 완두, 오이

17 다음 보기의 작물을 보고 복토의 깊이 기준에 맞게 분류하여 적으시오

< 보기 >
고추, 옥수수, 생강, 오이, 호밀, 감자

깊이 기준(cm)	작물 종류
0.5 ~ 1	㉠
2.5 ~ 5	㉡
5 ~ 9	㉢

해답

㉠ 고추, 오이
㉡ 호밀, 옥수수
㉢ 생강, 감자

18 계통육종법에 대해 서술하시오

해답

계통육종법은 교배를 하여 잡종을 만들고 그 분리세대인 F_2 이후부터 계속 개체선발을 하고 선발된 개체를 개체별 계통재배를 되풀이 하면 그들 계통을 서로 비교하여 우량한 계통을 선발, 고정하여 순계를 만들어 가는 방법으로 자가수정작물의 대표적인 육종방법이다

19 식물신품종 보호법에 의거 재외자 중 외국인이 품종보호권이나 품종보호를 받을 수 있는 권리를 가지는 경우 2가지를 적으시오

> **해답**
> · 해당 외국인이 속하는 국가에서 대한민국 국민에 대하여 그 국민과 같은 조건으로 품종보호권 또는 품종보호를 받을 수 있는 권리를 인정하는 경우
> · 대한민국이 해당 외국인에게 품종보호권 또는 품종보호를 받을 수 있는 권리를 인정하는 경우에는 그 외국인이 속하는 국가에서 대한민국 국민에 대하여 그 국민과 같은 조건으로 품종보호권 또는 품종보호를 받을 수 있는 권리를 인정하는 경우

20 아래 내용을 보고 빈칸을 채우시오

> ◎ 일반 재배에 비하여 종자 생산 포장의 채종량은 원원종포 (㉠)%, 원종포 (㉡)%, 채종포 (㉢)%를 채종한다

> **해답**
> ㉠ 50   ㉡ 80   ㉢ 100

2024 제3회 종자기사

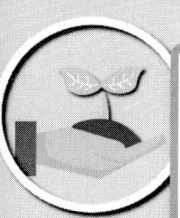

*본문제는 수험생들의 기억을 바탕으로 작성 된 것으로 실제 문제와 차이가 있을 수 있습니다.

01 종자산업법상 종자산업의 정의를 적으시오

해답

"종자산업"이란 종자와 묘를 연구개발·육성·증식·생산·가공·유통·수출·수입 또는 전시 등을 하거나 이와 관련된 산업을 말한다.

02 식물신품종보호법상 실시 및 육성자의 정의를 적으시오

해답

- "육성자"란 품종을 육성한 자나 이를 발견하여 개발한 자를 말한다.
- "실시"란 보호품종의 종자를 증식·생산·조제·양도·대여·수출 또는 수입하거나 양도 또는 대여의 청약을 하는 행위를 말한다.

03 휴면타파의 방법 중에서 층적처리의 목적, 방법에 대해 적으시오

해답

- 목적 : 층적처리는 휴면의 타파 뿐만 아니라 발아력 저하방지, 발아억제물질 제거, 후숙 방지 등을 목적으로 한다.
- 방법 : 나무상자나 나무통에 습기가 있는 모래 혹은 톱밥과 종자를 층을 만들어 종자를 넣어 저온 저장고에 보관한다. 일반적으로 모래 4cm, 종자 2cm 로 층을 쌓는다.

04 품종의 특성 유지 방법 중 개체집단선발법과 계통집단선발법에 대해 적으시오

해답

- 개체집단선발법은 특성유지를 원하는 품종을 재배하여 그 품종의 특성을 가진 개체만을 선발한다.
- 계통집단선발법은 개체집단선발법으로 선발한 개체를 계통재배하여 그 계통을 서로 비교하여 순계만 선발한다.

05 피자식물의 중복수정을 정의하시오

해답

피자식물에서 꽃가루가 암술머리에 붙어 수분이 이루어지면 꽃가루가 발아하여 꽃가루관이 뻗어나와 암술대를 통과하여 배낭으로 들어간다. 꽃가루에 있던 2개의 정핵 중 1개는 난핵과 결합하여 배가 되고 다른 1개는 2개의 극핵과 결합해서 배젖(배유)이 된다.

06 오이 접목 재배의 장점 3가지 적으시오

해답
- 토양전염병 방제
- 양분 및 수분의 흡수력 증대
- 저온 신장성 증대
- 이식성 향상

07 종자의 생화학적 검사 방법 중에서 테트라졸륨 검사의 원리에 대해 적으시오

해답

활력 종자의 조직은 호흡으로 생긴 탈수소효소가 산화상태의 테트라졸륨과 결합하면 붉은색 계통을 띠게 된다.

08 영양번식의 장점 4가지 적으시오

해답

① 영양번식은 채종이 곤란한 작물에 적용하면 유리하다.
② 우량한 상태의 유전형질을 유지할 수 있다.
③ 종자번식보다 생육이 왕성하고 짧은 기간 내에 수확이 가능하고 수량도 증가한다.
④ 접목의 경우 환경에 대한 적응성, 병해충에 대한 저항력이 증가한다.

09 벼의 특정병 1가지를 적으시오

해답

키다리병

10 아래 화서의 명칭을 적으시오

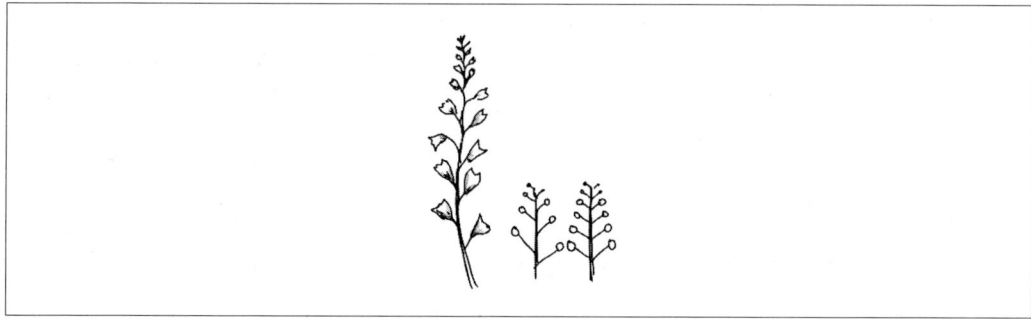

해답
총상화서

11 다음은 샐러리 종자 그림이다. 빈칸을 채우시오

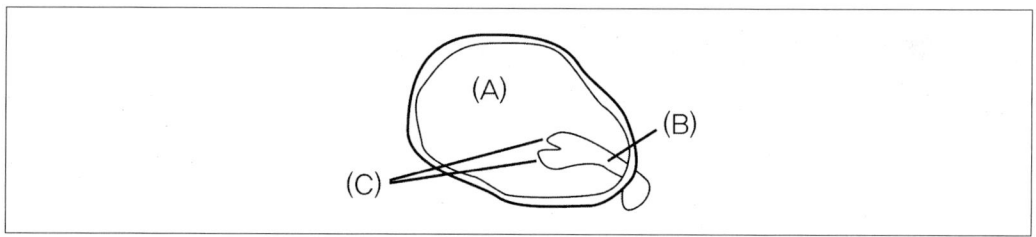

해답
A : 배유, B : 유근, C : 자엽

12 품종보호 요건의 균일성에 대한 정의를 적으시오

해답
품종의 본질적 특성이 그 품종의 번식방법상 예상되는 변이를 고려한 상태에서 충분히 균일한 경우에는 그 품종은 균일성을 갖춘 것으로 본다.

13 종자의 수분함량 검사의 분쇄 과정에 대한 내용이다. 빈칸을 채우시오

◎ 곱게 마쇄하여야 하는 종은 분쇄된 것이 0.50mm 그물체를 최소한 (㉠)%통과하고 남는 것이 1.00mm 그물체 위에 (㉡)% 이하이어야 한다.

해답
㉠ 50
㉡ 10

14 과수 바이러스, 바이로이드 검정방법에서 검사를 위한 시료 전처리 및 보관 방법을 적으시오

해답

채취한 시료 전체를 액체질소에 급랭 후 막자사발을 이용하여 최대한 곱게 마쇄하거나 유사기구를 사용하여 마쇄한다. 마쇄된 시료 일부는 검정용으로 사용하고 나머지는 적당한 시료 튜브 또는 식물체 자체로 일부분을 냉동 보관한다.

15 수입적응성시험의 심사기준에서 재배시험지역의 선정 방법에 대해 설명하시오

해답

재배시험지역은 최소한 2개 지역 이상(시설 내 재배시험인 경우에는 1개 지역 이상)으로 하되, 품종의 주 재배지역은 반드시 포함되어야 하며 작물의 생태형 또는 용도에 따라 지역 및 지대를 결정한다. 다만, 실시기관의 장이 필요하다고 인정하는 경우에는 작물 및 품종의 특성에 따라 지역수를 가감할 수 있다.

16 육종연한을 단축시킬 수 있는 방법 4가지 적으시오

해답
- 약배양
- 화분배양
- 배배양
- 접목
- 원형질체 융합

17 약배양의 종자생산적 이용가치에 대해 적으시오

해답

약배양은 화분이 들어 있는 약을 식물체에 분리하여 배양하고 화분배양은 약에서 체세포 조직을 제거하여 소포자만을 분리 배양하며 이를 통해 육종 연한을 단축시킬 수 있으며 열성형질의 조기 발견이 가능하다.

18 과수의 경우 생장점배양의 장점 2가지 적으시오

해답
- 무병주 생산이 가능하다.
- 대량 생산이 가능하다.
- 모체의 유전적 형질이 유지된다.

19 뇌수분의 정의 및 이용분야에 대해 적으시오

해답
뇌수분은 억제물질이 생성되기 전인 개화 2~3일전 꽃봉오리에 수분하는 것으로 자가수정률이 높아 자가불화합성 계통을 유지할 수 있어 배추와 같은 십자화과식물의 채종에 많이 이용된다.

20 종자의 발아에 관여하는 외적 요인 4가지를 적으시오

해답
수분, 온도, 산소, 광

2024 제3회 종자산업기사

*본문제는 수험생들의 기억을 바탕으로 작성 된 것으로 실제 문제와 차이가 있을 수 있습니다.

01 조직배양 및 전체형성능의 정의를 적으시오

해답
- 조직배양 : 식물의 세포, 조직, 기관 등을 기내의 영양배지에서 무균적으로 배양하여 완전한 식물체로 재분화시키는 것을 조직배양이라 한다.
- 전체형성능 : 식물은 하나의 기관이나 조직, 세포하나라도 적정 조건이 되면 모체와 동일한 유전형질을 갖는 완전한 식물체로 발달하는 전체형성능이라는 재생능력을 갖는다.

02 아래 그림의 화서 명칭을 적으시오

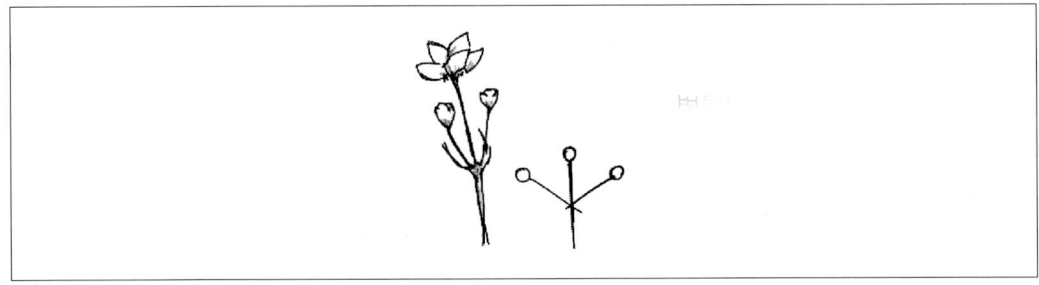

해답
단집산화서

03 아래 양파 종자의 구조를 보고 해당 명칭을 적으시오

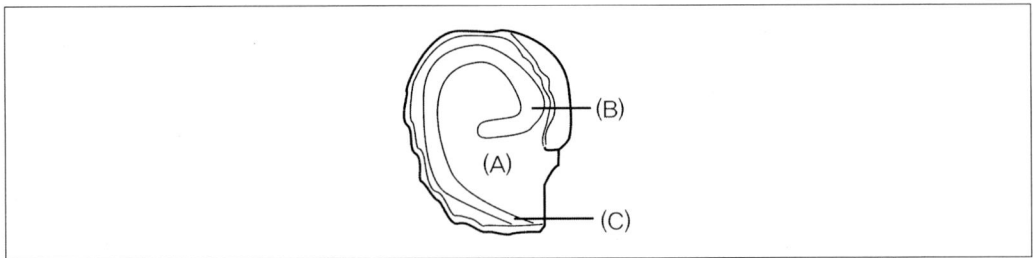

해답
A : 배유, B : 자엽, C : 유근

04 다음 보기를 보고 호광성종자와 혐광성종자를 구분하시오

< 보기 >
호박 / 상추 / 무 / 우엉 / 담배 / 가지

해답
- 호광성종자 : 상추, 우엉, 담배
- 혐광성종자 : 호박, 무, 가지

05 부정배생식 및 무포자생식에 대해 설명하시오

해답
- 부정배생식 : 배낭을 둘러싸고 있는 많은 체세포들이 여러 개의 배가 발생하는 경우 부정배형성 혹은 부정배생식이라 한다.
- 무포자생식 : 배낭을 만들지만 배낭의 조직세포가 배를 형성한다.

06 다음은 당근 검은 잎마름병에 대한 종자 건전도 검정 기준이다. 빈칸을 채우시오

◎ 당근 검은 잎마름병
- 시험시료 : (㉠) 입
- 방법 : 플라스틱 샤레에 흡습지 3장을 깔고 샤레당 10입씩 치상, 흡지는 살균된 증류수를 흡수시키고 남은 물을 따라 버림

해답
㉠ 400

07 염색체의 구조 변화 중 결실 및 전좌의 정의를 적으시오

해답
- 결실 : 염색체가 절단되어 생겨난 염색체 단편이 소멸 되서 정상적인 염색체에 비해 절단된 부분만큼 염색체의 내용이 적어진다.
- 전좌 : 염색체가 절단되어 그 단편이 비상동염색체 일부로 이동하여 유합되는 현상을 말한다.

08 아래의 단어에 정의를 적으시오

◎ 필름코팅 :
◎ 종자펠렛 :

해답
- 필름코팅 : 수용성 중합체를 종자의 표면에 얇게 씌우는 것을 말한다.
- 종자펠렛 : 종자 표면에 불활성 고체물질을 피복하여 종자를 크게 만드는 것을 말한다.

09 아래의 육종 과정에서 빈칸에 적합한 과정을 적으시오

육종목표 설정 → 육종재료 및 육종방법 결정 → (㉠) → 우량계통 육성 → 생산성 검정 → (㉡) → 신품종 결정 및 등록

해답
㉠ 변이 작성
㉡ 지역적응성 검정

10 계통육종법에 대해 서술하시오

해답
계통육종법은 교배를 하여 잡종을 만들고 그 분리세대인 F_2 이후부터 계속 개체선발을 하고 선발된 개체를 개체별 계통재배를 되풀이 하면 그들 계통을 서로 비교하여 우량한 계통을 선발, 고정하여 순계를 만들어 가는 방법으로 자가수정작물의 대표적인 육종방법이다.

11 종자관리요강상 규격묘의 규격기준에서 뽕나무 묘목(접목묘, 삽목묘, 휘묻이묘)의 길이와 직경을 적으시오

해답
- 묘목의 길이 : 50cm 이상
- 묘목의 직경 : 7mm

12 신초삽, 단아삽, 숙지삽의 정의를 적으시오

해답
- 신초삽 : 신초삽은 줄기꽂이의 방법 중 하나로 줄기 끝의 연한 새순을 삽수로 이용하는 것이다
- 단아삽 : 하나의 눈을 삽상에 꽂아 새로운 개체를 번식시키는 영양번식법으로 가지접의 일종으로 취급한다.
- 숙지삽 : 전년도에 자란 가지를 삽목하는 방법

13 영양번식 방법 중에서 휘묻이와 당목취법에 대해 설명하시오

해답
- 휘묻이 : 가지의 일부를 흙속에 묻는 방법이다
- 당목취법 : 가지를 수평으로 묻고, 각 마디에서 발생하는 새가지를 발근시켜 한가지에서 여러 취목을 하는 방법이다

14 경실종자의 휴면타파를 위한 적합한 방법 5가지를 적으시오

해답
종피파상법, 황산처리법, 건열처리법, 진탕처리법, 저온처리

15 작물의 분화에서 지리적 격절, 생리적 격절의 정의를 적으시오

해답
- 지리적 격절 : 지리적으로 떨어져 있어 유전적 교섭이 일어나지 않는다.
- 생리적 격절 : 개화기의 차이, 교잡불능 등으로 유전적 교섭이 방지된다.

16 다음은 과수의 포장검사의 검사시기 및 회수에 대한 내용이다. 빈칸을 채우시오

◎ 검사시기 및 회수 : 생육기에 1회 실시하며, 품종의 순도, 진위성, 무병성 등의 확인을 위해 필요할 경우 추가 검사한다. 다만, 과수 바이러스·바이로이드 검사는 3개 시기 (4~6월, ㉠, ㉡) 중 선택하여 2회 이상 실시한다.

해답
㉠ 7 ~ 9월
㉡ 10월 ~ 익년2월

17 종자의 수확 및 관리에서 건탈곡 및 생탈곡의 정의를 적으시오

해답
- 건탈곡 : 곡물의 함수율이 20~25%일 때 함수율이 15~18%가 될 때까지 곡물을 천일 건조하여 탈곡하는 작업이다.
- 생탈곡 : 곡물을 건조하지 않고 수확한 상태에서 탈곡하는 것을 말한다.

18 약배양에 대해 설명하시오

해답
약배양은 화분이 들어 있는 약을 식물체에 분리하여 배양하고 화분배양은 약에서 체세포 조직을 제거하여 소포자만을 분리 배양한다.

19 아래 보기의 작물을 보고 종자의 안전저장을 위한 최대수분함량이 높은 것부터 순서대로 나열하시오

< 보기 >
토마토 / 옥수수 / 고추 / 상추

해답
옥수수(8.4) > 고추(6.8) > 토마토(5.7) > 상추(5.1)

※ 참고

작물	안전저장 수분함량(%)
무, 배추, 상추, 호박	5.1
오이, 호박	5.6
참외, 토마토	5.7
가지	6.3
고추, 당근	6.8
시금치	7.8
벼	7.9
옥수수	8.4

20 아래는 테트라졸륨의 검사법에 대한 설명이다. 아래 빈칸을 채우시오

◎ 테트로졸륨의 시약은 pH (㉠), 농도 (㉡)% 의 용액을 사용한다.

해답
㉠ 6.5 ~ 7.5
㉡ 0.1 ~ 1

올배움BOOK 이러닝 강의 및 교재내용 문의

올배움 홈페이지 **www.kisa.co.kr**에
방문하시면 본 교재의 저자직강 강의를 통하여
자격증 단기합격을 할 수 있습니다.
또한 본 교재의 정오표는
올배움 홈페이지를 통해 확인이 가능하며
그 밖의 다른 의견 및 오탈자를 제보해주시면
더 좋은 강의와 교재로 보답하겠습니다.

www.kisa.co.kr

📞 1544-8509   💬 카톡ID : kisa

올배움BOOK
홈페이지
바로가기 >

종자기사 · 산업기사 실기

1판1쇄 발행 2023년 1월 10일	2판1쇄 발행 2024년 1월 10일
3판1쇄 발행 2025년 1월 10일	

지 은 이 • 권 현 준
펴 낸 이 • 이 정 훈
펴 낸 곳 •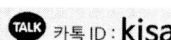
주   소 • 서울시 금천구 가산디지털1로 168 B동 B105(가산동, 우림라이온스밸리)
전   화 • 1544-8509 / FAX 0505-909-0777
홈페이지 • www.kisa.co.kr

법인등록번호 • 110111-5784750
I S B N • 979-11-6517-161-2 (13520)

정가 25,000원

이 책에서 내용의 일부 또는 도해를 다음과 같은 행위자들이 사전 승인없이 인용할 경우에는
저작권법 제93조 「손해배상청구권」에 적용 받습니다.
① 단순히 공부할 목적으로 부분 또는 전체를 복제하여 사용하는 학생 또는 복사업자
② 공공기관 및 사설교육기관(학원, 인정직업학교), 단체 등에서 영리를 목적으로 복제·배포
   하는 대표, 또는 당해 교육자
③ 디스크 복사 및 기타 정보 재생 시스템을 이용하여 사용하는 자

※ 파본은 구입하신 서점에서 교환해 드립니다.